TURING 图灵数学经典

线性代数入门

An Introduction to Linear Algebra

-

Masahiko Saito

[日] 斋藤正彦 —————— 著

游杰 段连连 康建召 ———— 译

線型代数入門

人民邮电出版社

北京

图书在版编目(CIP)数据

线性代数入门/（日）斋藤正彦著；游杰，段连连，康建召译．—北京：人民邮电出版社，2023.6

（图灵数学经典）

ISBN 978-7-115-61860-3

Ⅰ．①线… Ⅱ．①斋… ②游… ③段… ④康… Ⅲ．①线性代数 Ⅳ．O151.2

中国国家版本馆 CIP 数据核字（2023）第 097341 号

内 容 提 要

本书为日本东京大学数学教学成果的总结性著作，由时任东京大学理学院院长的弥永昌吉策划，教学经验丰富的斋藤正彦教授执笔创作，是日本久负盛名的线性代数图书．本书内容结合了东京大学教养学部的线性代数课程实践，以及东京大学数学系诸多教授的探讨与思索．本书内容循序渐进，结构严谨，从直观描述开始，逐步引入形式描述，注重从几何角度引导读者理解线性代数的本质，是帮助读者学习线性代数、加深对线性代数理解的数学教材．

本书适合高中生、大学生和对线性代数感兴趣的读者阅读．

◆ 著　　　　[日] 斋藤正彦

译　　　　游　杰　段连连　康建召

责任编辑　戴　童

责任印制　胡　南

◆ 人民邮电出版社出版发行　　北京市丰台区成寿寺路 11 号

邮编 100164　　电子邮件　315@ptpress.com.cn

网址：https://www.ptpress.com.cn

北京盛通印刷股份有限公司印刷

◆ 开本：720×960　1/16

印张：16.5　　　　　　2023 年 6 月第 1 版

字数：300 千字　　　　2025 年 4 月北京第 6 次印刷

著作权合同登记号　图字：01-2021-1416 号

定价：79.80 元

读者服务热线：(010) 84084456-6009　印装质量热线：(010) 81055316

反盗版热线：(010)81055315

版 权 声 明

序

将大学各学科的理想教材整合起来是东京大学出版会出版计划中的一环. 当然，编写所有学科的教材既没必要，也不合适，但关于低年级（以东京大学为例就是指驹场校区的教养学部）数学教材是否应该统一标准，包括我在内的许多人讨论已久.

在日本，高中的教授内容由文部省的指导纲要决定，所以大学低年级的数学课程要求学生有一定的预备知识. 尽管数学这个科目有文理之分，但无论是文科生还是理科生中，都有很多人学习这个科目. 教学内容一般分成两大板块：代数几何板块和解析板块. 数学可以说是一门稳定的学科，因此编写教材是有意义的. 另外，指导纲要不久前进行了修订，学习过集合、向量等新教学内容的学生今年也跨入了大学的校门，这也对教材提出了新的要求.

现代数学发展日新月异，指导纲要的修订也跟不上脚步，教育自然会受到影响. 就连初等数学领域也不断出现“实现数学教育现代化”的呼声，大学的数学教育就更不必说了.

但说实话，关于“新教材”的具体方案，要让大多数人意见一致是相当困难的. 哪怕是驹场校区的教养学部，也只确定了最低限度的内容，不同讲师的教授方式也千变万化，我觉得这是没问题的. 其实，在编写教材的时候，作者也需要听取许多人的意见，并以统一的视角来加以整理. 这才能让教材成为一本自成风格的好书.

本书便是以此为理念整理而成的大学低年级数学“新教材”的第一册. 关于本教材的标题，过去叫作《代数学和几何学》，现在我们依照新的变化，将其命名为《线性代数入门》. 本书虽然通篇整合了现代数学的技巧，但作者也通过将公理系统收录于附录之中等方法，避免内容过于抽象. 在本书的编写方面，作者将自身的研究体验和在驹场校区教养学部的教学经验运用其中. 本书包含在驹场校区教养学部教授的内容，与此同时，也涉及一些难度较大的知识.

下一本书，我们打算编写解析方面的教材. 本书的价值尽管可通过内容体现，但作为参与策划的其中一人，请允许我在此对本书的背景加以说明.

弥永昌吉

1966 年 3 月

序

前　　言

线性代数的入门书需要让读者适应数学的思考方式，加深对现代数学分支的理解，与此同时，还需要让读者掌握线性代数所特有的解题方法.

线性代数的内容选择和叙述方法上存在各种各样的方式，本书呈现其中一种思路. 本书的思路基于我自身的经验，以及平日与东京大学教养学部、理学部数学教研室的同事的讨论和闲聊. 在此感谢数学教研室的所有同事. 其中，弥永昌吉教授推荐我编纂本书，他也为本书写了序；古屋茂教授在许多内容的推敲和编排上提供了宝贵的建议. 由衷感谢他们.

本书包含 7 章和 3 个附录. 线性代数的初学者最好通读第 1 章，并尝试自己解决正文中和各章末尾的问题. 学过矩阵和行列式的读者，也可以从第 4 章开始阅读. 不管哪种情况，都可以适当参照后记，想必能加深对理论背景和理论意义的理解.

如果将本书作为大学低年级的教材，第一年应以学到第 5 章为目标. 如果课时数不够，便需要对教学内容进行取舍. 2.7 节，5.2 节、5.3 节的后半部分及 5.6 节的内容可以酌情省去.

第 1 章是几何，这部分内容全面使用向量的概念加以阐述. 初学者可通过学习本章对向量和矩阵的几何意义有一个大致的理解.

第 2 章、第 3 章的主要内容是矩阵及行列式的相关理论，以及线性方程组的解法. 虽然这些理论的本质要和线性空间、线性映射的理论结合才能得到充分理解，但本书更注重实践和练习，所以把这些内容提前了.

第 4 章是基于公理定义的线性空间的理论，第 5 章是线性变换中关于矩阵特征值和特征向量的理论. 第 4 章的内容对读者理解线性代数的本质是不可或缺的. 第 5 章是本书的重中之重，所以内容上可能过于详细了. 到第 5 章为止，我们希望读者能掌握线性代数的思想和解题方法.

第 6 章虽然介绍了若尔当标准形的存在和唯一性，但基于各种理由，并没有涉及几何的证明，只给出了基于不变因子理论的证明. 这一章用到了多项式整除的理论，大家可参照附录 1 的内容.

方便起见，我将本书会用到的与解析有关的所有内容放到了第 7 章. 从教学层面上来讲，读者最好能随时穿插阅读. 尤其是 7.1 节和 7.2 节的部分内容，推荐在第 3 章结束后阅读.

附录 1 阐述了本书需要用到的一元多项式和多元多项式的理论，以及代数基本定理的证明.

本书为追求严谨性的读者提供了附录 2 和附录 3，附录 2 阐述了欧几里得几何的公理，附录 3 阐述了群与域的公理，以及实数域和复数域的构成方法.

各章的重要事项用“**[2.3]**”（第 2 节的第 3 个命题）之类的标题标出，非常重要的内容使用了“**定理 [2.2]**”之类的标题. 各章中插入的例子和问题对读者理解本书不可或缺.

最后，我一直受到东京大学出版会的佐佐木贞次等诸位的关照，请允许我在此表达感谢.

斋藤正彦

1966 年 3 月

目　　录

第 1 章　平面向量和空间向量

首先对现代数学中最基本的概念——集合和映射进行简单的说明.

对象的总体叫作**集合**. 所有实数、所有自然数、平面上所有的点都可以组成集合. 对于一个集合 A，我们把构成集合 A 的所有个体叫作 A 的**元素**. 如果 x 是 A 的元素，我们可以将其记作 $x \in A$. 如果集合 A 由元素 $x_1, x_2, \cdots, x_n, \cdots$ 组成，我们可以将其记作 $A = \{x_1, x_2, \cdots, x_n, \cdots\}$.

映射是一般化的函数概念. 18 世纪的时候，函数的定义是“一个解析式”，现在我们摒弃这种想法，把任意实数 x 与相应的一个实数 $f(x)$ 之间的对应规则 f 定义成函数（准确来说，是定义域为全体实数的实值函数）. 一般地，对于集合 A、B，我们把 A 中每个元素与 B 中某个元素相对应的法则，叫作集合 A 到集合 B 的**映射**. 如果 T 是从集合 A 到集合 B 的映射，我们就把 A 的元素 x 通过映射 T 对应的 B 的元素叫作 x 在 T 下的**像**，用 $T(x)$ 或 Tx 表示. 对于集合 A 到集合 B 的两个映射 T 和 S，如果集合 A 中的所有元素 x 都满足 $Tx = Sx$，那么两个映射相等，记作 $T = S$.

现有 3 个集合 A、B、C，A 到 B 的映射是 T，B 到 C 的映射是 S. 我们可以知道，A 中元素 x 必与 C 中元素 $S(Tx)$ 相对应，我们把集合 A 到集合 C 的映射叫作 T 和 S 的**复合映射**，写作 $S \circ T$ 或 ST.

对于集合 A 到集合 B 的映射 T，当 A 中每个元素和 B 中每个元素无一例外形成对应关系时，我们把映射 T 叫作集合 A 和集合 B 之间的**一一对应**.

我们把集合 A 到它本身的映射叫作集合 A 的**变换**.

1.1　平面向量和空间向量

平面向量和空间向量包含方向和长度两个概念.

我们通常用有向线段表示向量. 如果有向线段的起点是 P，终点是 Q，我们就把这个向量写作 $\overrightarrow{PQ}$. 但要注意，因为向量是一个与位置无关的概念，所以如果在别的地方存在一个方向相同、长度相同的有向线段 $\overrightarrow{P'Q'}$，则我们认为这两个向量是相同的.

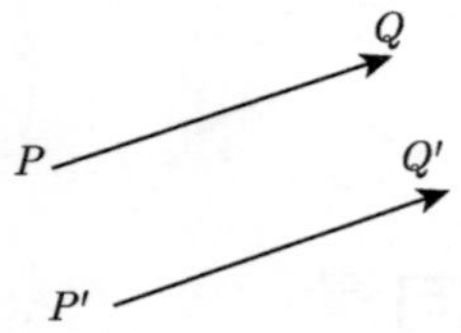

换句话说，方向和长度都相同的所有有向线段是相等向量. 如果有读者对上述说明存疑，请参照 4.1 节.

为了强调向量 $\boldsymbol{a}$ 和有向线段 $\overrightarrow{PQ}$ 在概念上有所不同，我们采用记号 $(\overrightarrow{PQ})$，即 $\boldsymbol{a}=(\overrightarrow{PQ})=(\overrightarrow{P'Q'})$.

有一种长度为 0、没有方向的特殊向量，我们把它叫作**零向量**，用 $\mathbf{0}$ 表示.①

我们注意到，对任意向量 $\boldsymbol{a}$ 和任意的点 P，满足 $\boldsymbol{a}=(\overrightarrow{PQ})$ 的点 Q 只有一个. 当 $\boldsymbol{a}=\mathbf{0}$ 的时候，$Q=P$，我们认为 $\mathbf{0}=(\overrightarrow{PP})$.

为了区分以后我们遇到的向量，我们把上面定义的向量叫作**几何向量**.

所有平面向量的集合记作 $\boldsymbol{V}^2$，所有空间向量的集合记作 $\boldsymbol{V}^3$.

接下来，我们定义 $\boldsymbol{V}^2$ 或 $\boldsymbol{V}^3$ 中的某种计算.

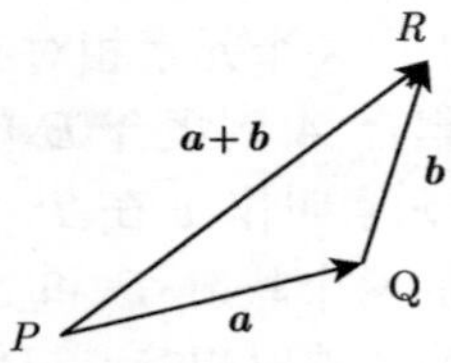

对于平面或空间的两个向量 $\boldsymbol{a}$、$\boldsymbol{b}$，如果 $\boldsymbol{a}=(\overrightarrow{PQ})$，$\boldsymbol{b}=(\overrightarrow{QR})$，那么我们把向量 $(\overrightarrow{PR})$ 叫作 $\boldsymbol{a}$ 与 $\boldsymbol{b}$ 的**和**，用 $\boldsymbol{a}+\boldsymbol{b}$ 来表示.

虽然按照这个定义，$\boldsymbol{a}$ 的起点 P 可以任意选择，但很明显向量 $\boldsymbol{a}+\boldsymbol{b}$ 与点 P 的选择无关.

[1.1]　关于向量的加法，下述法则成立.

$\boldsymbol{a}+\boldsymbol{b}=\boldsymbol{b}+\boldsymbol{a}$　（交换律），

$(\boldsymbol{a}+\boldsymbol{b})+\boldsymbol{c}=\boldsymbol{a}+(\boldsymbol{b}+\boldsymbol{c})$　（结合律），

$\boldsymbol{a}+\mathbf{0}=\boldsymbol{a}$.

下图给出了明确的证明.

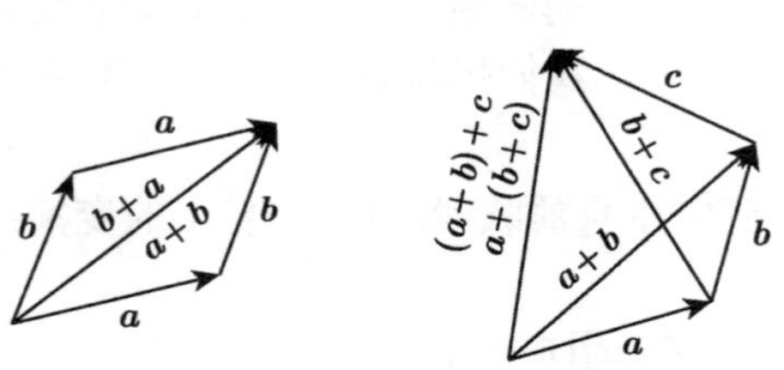

对于 $\boldsymbol{a}=(\overrightarrow{PQ})$，方向相反的向量 $(\overrightarrow{QP})$ 叫作 $\boldsymbol{a}$ 的**相反向量**，用 $-\boldsymbol{a}$ 表示. 另外，我们用 $\boldsymbol{a}-\boldsymbol{b}$ 表示 $\boldsymbol{a}+(-\boldsymbol{b})$. 当然，$\boldsymbol{a}-\boldsymbol{a}=\mathbf{0}$.

对于向量 $\boldsymbol{a}$ 和实数 c，我们将向量 $c\boldsymbol{a}$（读作 $\boldsymbol{a}$ 的 c 倍）定义如下：当 $c>0$ 时，$c\boldsymbol{a}$ 是与 $\boldsymbol{a}$ 方向相同、长度是 $\boldsymbol{a}$ 的 c 倍的向量；当 $c<0$ 时，$c\boldsymbol{a}$ 是

① 零向量其实是有方向的，只是方向不确定. ——译者注

与 $\boldsymbol{a}$ 方向相反、长度是 $\boldsymbol{a}$ 的 $|c|$ 倍的向量；当 $c=0$ 时，$c\boldsymbol{a}=\boldsymbol{0}$. 另外，对任意的 c，$c\boldsymbol{0}=\boldsymbol{0}$.

[1.2] 我们很容易证明下述法则.

$c(\boldsymbol{a}+\boldsymbol{b})=c\boldsymbol{a}+c\boldsymbol{b}$,

$(c+d)\boldsymbol{a}=c\boldsymbol{a}+d\boldsymbol{a}$,

$(cd)\boldsymbol{a}=c(d\boldsymbol{a})$.

接着，我们用一个直角坐标系确定平面或空间. 无论是空间还是平面，讨论的内容都是完全一致的.

对空间中的点 P，总有 3 个实数（对于平面中的点 P，则是有 2 个实数）组成的实数组与其对应，我们把它叫作坐标.

现有向量 $\boldsymbol{a}=(\overrightarrow{PQ})$，如果点 P 的坐标是 (x_1,y_1,z_1)，点 Q 的坐标是 (x_2,y_2,z_2)，我们很容易就能知道 $a=x_2-x_1$、$b=y_2-y_1$、$c=z_2-z_1$ 这 3 个数与有向线段 $\overrightarrow{PQ}$ 的具体位置无关，只与向量 $\boldsymbol{a}$ 本身有关. 我们把 a、b、c 叫作向量 $\boldsymbol{a}$ 在这个坐标系的**元素**，写作：

$$\boldsymbol{a}=\begin{pmatrix} a \\ b \\ c \end{pmatrix}.$$

换言之，向量与 3 个实数组成的实数组是等价的. 为方便表达，我们竖着写向量的元素.

特别是当表示向量 $\boldsymbol{a}$ 的有向线段的起点为原点 O 时，$\boldsymbol{a}=(\overrightarrow{OQ})$. 此时 a、b、c 就是点 Q 的坐标.

$$\text{如果 } \boldsymbol{a}=\begin{pmatrix} a \\ b \\ c \end{pmatrix}，\boldsymbol{b}=\begin{pmatrix} a' \\ b' \\ c' \end{pmatrix},$$

$$\text{那么 } \boldsymbol{a}+\boldsymbol{b}=\begin{pmatrix} a+a' \\ b+b' \\ c+c' \end{pmatrix}，t\boldsymbol{a}=\begin{pmatrix} ta \\ tb \\ tc \end{pmatrix}.$$

对于点 P，我们把有向箭头 $\overrightarrow{OP}$ 确定的向量 $\boldsymbol{x}=(\overrightarrow{OP})$ 叫作点 P 关于这个坐标系的**位置矢量**. 如果点 P 的坐标是 (x,y,z)，那么

$$\boldsymbol{x}=\begin{pmatrix} x \\ y \\ z \end{pmatrix}.$$

任意向量 $\boldsymbol{a}$ 是某个点的位置矢量. 换言之，当 $\boldsymbol{a}=(\overrightarrow{OP})$ 时，$\boldsymbol{a}$ 是终点 P 的位置矢量. 由此，空间中的点和 $\boldsymbol{V}^3$ 的向量构成了一一对应的关系.

如果坐标系已固定，我们将

$$\boldsymbol{e}_1=\begin{pmatrix}1\\0\\0\end{pmatrix},\ \boldsymbol{e}_2=\begin{pmatrix}0\\1\\0\end{pmatrix},\ \boldsymbol{e}_3=\begin{pmatrix}0\\0\\1\end{pmatrix}$$

这 3 个特殊向量叫作 $\boldsymbol{V}^3$ 关于这个坐标系的**单位向量**. 对任意向量 $\boldsymbol{x}=\begin{pmatrix}x\\y\\z\end{pmatrix}$，总有 $\boldsymbol{x}=x\boldsymbol{e}_1+y\boldsymbol{e}_2+z\boldsymbol{e}_3$.

如果向量 $\boldsymbol{a}$ 和向量 $\boldsymbol{b}$ 不平行，我们就说它们**线性独立**. 如果 $\boldsymbol{a}$、$\boldsymbol{b}$、$\boldsymbol{c}$ 这 3 个向量不能用同一平面上的有向箭头表示，我们也说它们**线性独立**. 换言之，如果 $\boldsymbol{a}=(\overrightarrow{OP})$，$\boldsymbol{b}=(\overrightarrow{OQ})$，$\boldsymbol{c}=(\overrightarrow{OR})$，那么 O、P、Q、R 这 4 个点不在同一平面上. 单位向量 $\boldsymbol{e}_1$、$\boldsymbol{e}_2$、$\boldsymbol{e}_3$ 是线性独立的.

在斜坐标系中，如果 $\boldsymbol{a}$、$\boldsymbol{b}$、$\boldsymbol{c}$ 线性独立，那么任意向量都可以唯一表示为 $x\boldsymbol{a}+y\boldsymbol{b}+z\boldsymbol{c}$ 的形式. 此时，我们将这个向量叫作 $\boldsymbol{a}$、$\boldsymbol{b}$、$\boldsymbol{c}$ 的**线性组合**.

问题 1　当点 P、点 Q 的位置矢量是 $\boldsymbol{a}$、$\boldsymbol{b}$ 时，证明线段 PQ 中点的位置矢量是 $\dfrac{\boldsymbol{a}+\boldsymbol{b}}{2}$.

问题 2　当点 P、点 Q 和点 R 的位置矢量是 $\boldsymbol{a}$、$\boldsymbol{b}$、$\boldsymbol{c}$ 时，证明 PQR 重心的位置矢量是 $\dfrac{\boldsymbol{a}+\boldsymbol{b}+\boldsymbol{c}}{3}$.

最后，我们考虑向量的长度和夹角.

我们用 $\|\boldsymbol{a}\|$ 表示向量 $\boldsymbol{a}$ 的长度.

如果直角坐标系已确定，平面向量 $\boldsymbol{a}=\begin{pmatrix}a\\b\end{pmatrix}$ 的长度就是 $\|\boldsymbol{a}\|=\sqrt{a^2+b^2}$，空间向量 $\boldsymbol{a}=\begin{pmatrix}a\\b\\c\end{pmatrix}$ 的长度是 $\|\boldsymbol{a}\|=\sqrt{a^2+b^2+c^2}$.

如果两个向量的夹角是 $\theta(0\leqslant\theta\leqslant\pi)$，根据余弦定理，有

$$\|\boldsymbol{a}\|\cdot\|\boldsymbol{b}\|\cos\theta=\frac{1}{2}\left(\|\boldsymbol{a}\|^2+\|\boldsymbol{b}\|^2-\|\boldsymbol{b}-\boldsymbol{a}\|^2\right).$$

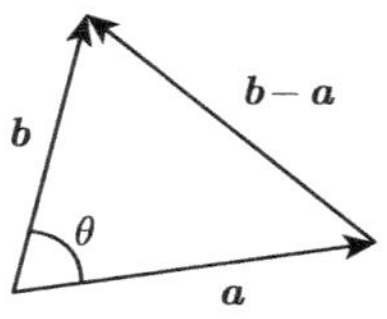

这个等式的两边叫作向量 $\boldsymbol{a}$ 和向量 $\boldsymbol{b}$ 的**内积**，写作 $(\boldsymbol{a},\boldsymbol{b})$. 显然，$(\boldsymbol{a},\boldsymbol{a}) = ||\boldsymbol{a}||^2$.

建立坐标系，利用等式右边进行计算，可知：

对于平面向量 $\boldsymbol{a} = \begin{pmatrix} a \\ b \end{pmatrix}$，$\boldsymbol{b} = \begin{pmatrix} a' \\ b' \end{pmatrix}$，

$$(\boldsymbol{a},\boldsymbol{b}) = aa' + bb'; \tag{1}$$

对于空间向量 $\boldsymbol{a} = \begin{pmatrix} a \\ b \\ c \end{pmatrix}$，$\boldsymbol{b} = \begin{pmatrix} a' \\ b' \\ c' \end{pmatrix}$，

$$(\boldsymbol{a},\boldsymbol{b}) = aa' + bb' + cc'. \tag{2}$$

所以，

$$\cos\theta = \frac{(\boldsymbol{a},\boldsymbol{b})}{\|\boldsymbol{a}\| \cdot \|\boldsymbol{b}\|} \tag{3}$$

成立.

让 $\boldsymbol{a}$、$\boldsymbol{b}$ 垂直的条件是

$$(\boldsymbol{a},\boldsymbol{b}) = 0. \tag{4}$$

[1.3]　易证下述各关系.

$$|(\boldsymbol{a}\cdot\boldsymbol{b})| \leqslant \|\boldsymbol{a}\| \cdot \|\boldsymbol{b}\| \qquad \text{（施瓦茨不等式）}, \tag{5}$$

$$\|\boldsymbol{a}+\boldsymbol{b}\| \leqslant \|\boldsymbol{a}\| + \|\boldsymbol{b}\| \qquad \text{（三角不等式）}, \tag{6}$$

$$c\,(\boldsymbol{a},\boldsymbol{b}) = (c\boldsymbol{a},\boldsymbol{b}) = (\boldsymbol{a},c\boldsymbol{b})\,, \tag{7}$$

$$\begin{cases} (\boldsymbol{a},\boldsymbol{b}_1+\boldsymbol{b}_2) = (\boldsymbol{a},\boldsymbol{b}_1) + (\boldsymbol{a},\boldsymbol{b}_2)\,, \\ (\boldsymbol{a}_1+\boldsymbol{a}_2,\boldsymbol{b}) = (\boldsymbol{a}_1,\boldsymbol{b}) + (\boldsymbol{a}_2,\boldsymbol{b})\,, \end{cases} \tag{8}$$

$$(\boldsymbol{a},\boldsymbol{b}) = (\boldsymbol{b},\boldsymbol{a})\,. \tag{9}$$

问题　求与向量 $\begin{pmatrix} 1 \\ 1 \\ 1 \end{pmatrix}$ 夹角是 $\dfrac{\pi}{6}$、与向量 $\begin{pmatrix} 1 \\ 1 \\ 4 \end{pmatrix}$ 夹角是 $\dfrac{\pi}{4}$、长度为 1 的向量.

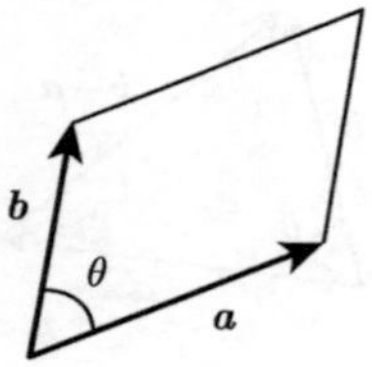

[1.4]　求向量 $\boldsymbol{a}$ 和向量 $\boldsymbol{b}$ 构成的平行四边形的面积 S. 设 $\boldsymbol{a}$ 和 $\boldsymbol{b}$ 的夹角是 $\theta(0 \leqslant \theta \leqslant \pi)$. 因为 $S = ||\boldsymbol{a}|| \cdot ||\boldsymbol{b}|| \sin\theta$，

所以，

$$S^2 = \|\boldsymbol{a}\|^2\|\boldsymbol{b}\|^2\left(1-\cos^2\theta\right) = \|\boldsymbol{a}\|^2\|\boldsymbol{b}\|^2 - (\boldsymbol{a},\boldsymbol{b})^2,$$

故

$$S = \sqrt{\|\boldsymbol{a}\|^2\|\boldsymbol{b}\|^2 - (\boldsymbol{a},\boldsymbol{b})^2}. \tag{10}$$

特别是当 $\boldsymbol{a}$、$\boldsymbol{b}$ 是平面向量，$\boldsymbol{a} = \begin{pmatrix} a \\ b \end{pmatrix}$，$\boldsymbol{b} = \begin{pmatrix} a' \\ b' \end{pmatrix}$ 时，

$$S = |ab' - a'b|. \tag{11}$$

问题　求以 $P_1(x_1, y_1, z_1)$、$P_2(x_2, y_2, z_2)$、$P_3(x_3, y_3, z_3)$ 为顶点的三角形的面积.

1.2　直线和平面

① 众所周知，平面上的直线可通过坐标求出它的一次方程. 现在，我们考虑如何运用向量的概念表示直线.

在直线 (l) 上取 P_1 和 P_2 这两个点，P_1 的位置矢量是 $\boldsymbol{x}_1$，令向量 $\boldsymbol{a}=\left(\overrightarrow{P_1P_2}\right)$.

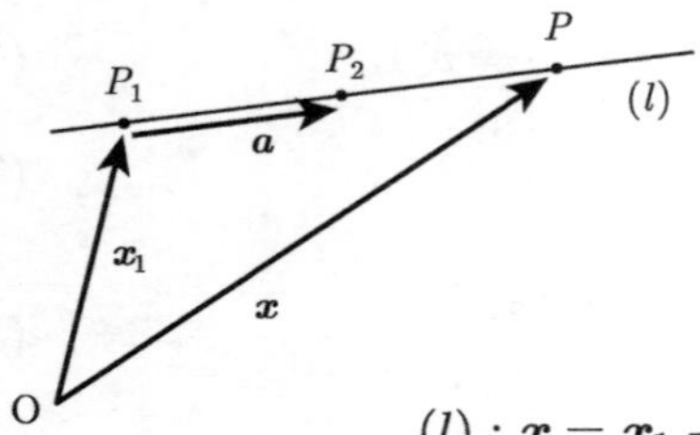

对任意实数 t，位置矢量 $\boldsymbol{x}_1 + t\boldsymbol{a}$ 对应的点在直线 (l) 上. 反之，对于直线 (l) 上的任意一点 P，我们都可取适当的实数 t，使 $(\overrightarrow{OP}) = \boldsymbol{x}_1 + t\boldsymbol{a}$.

如果点 P 的位置矢量是 $\boldsymbol{x}$，那么

$$(l): \boldsymbol{x} = \boldsymbol{x}_1 + t\boldsymbol{a}\ (-\infty < t < +\infty). \tag{1}$$

这叫作直线 (l) 的**向量表示**或**参数表示**. 变量 t 叫作**参数**，$\boldsymbol{a}$ 叫作直线 (l) 的**方向向量**.

当然，方向向量并不唯一. 我们通常取长度为 1 的向量（这种情况也有两个向量）.

试着利用坐标表示直线. 如果 P_2 的坐标向量是 $\boldsymbol{x}_2$，其中

$$\boldsymbol{x}=\begin{pmatrix}x\\y\end{pmatrix},\ \boldsymbol{x}_1=\begin{pmatrix}x_1\\y_1\end{pmatrix},\ \boldsymbol{x}_2=\begin{pmatrix}x_2\\y_2\end{pmatrix}=\boldsymbol{x}_1+\boldsymbol{a},$$

我们就可以推出

$$\begin{cases}x-x_1=t\,(x_2-x_1)\\y-y_1=t\,(y_2-y_1)\end{cases},$$

所以，

$$\frac{x-x_1}{x_2-x_1}=\frac{y-y_1}{y_2-y_1}.$$

这正是经过 P_1、P_2 这两点的直线方程.

因为直线的向量表示方法和一次方程表示方法可以相互转化，所以今后我们会根据问题选择适当的表示方法.

问题 1 求下列直线方程的方向向量.

(1) $2x+3y=4$.　　(2) $x=3$.

问题 2 求下列直线的直线方程.

(1) $\begin{pmatrix}x\\y\end{pmatrix}=\begin{pmatrix}1\\-1\end{pmatrix}+t\begin{pmatrix}2\\1\end{pmatrix}$.　(2) $\begin{pmatrix}x\\y\end{pmatrix}=\begin{pmatrix}-1\\-2\end{pmatrix}+t\begin{pmatrix}1\\0\end{pmatrix}$.

我们来思考平面上直线方程

$$(l):ax+by=c \tag{2}$$

的意义.

经过原点且与这条直线平行的直线 (l_0) 的直线方程是

$$(l_0):\ ax+by=0. \tag{3}$$

代入 $\boldsymbol{a}=\begin{pmatrix}a\\b\end{pmatrix}$，$\boldsymbol{x}=\begin{pmatrix}x\\y\end{pmatrix}$，式 (2) 和式 (3) 可以分别写成：

$$(l):(\boldsymbol{a},\boldsymbol{x})=c, \tag{2'}$$

$$(l_0):(\boldsymbol{a},\boldsymbol{x})=0. \tag{3'}$$

式 (3′) 表示向量 $\boldsymbol{a}$ 与直线 (l_0) 垂直，也就是与直线 (l) 垂直. 我们把向量 $\boldsymbol{a}$ 叫作 (l) 的**法向量**.

例 1 过平面上点 P 作直线 (l) 的垂线段，垂足为 P'，求点 P 与 (l) 的最短距离 $\overline{PP'}$.

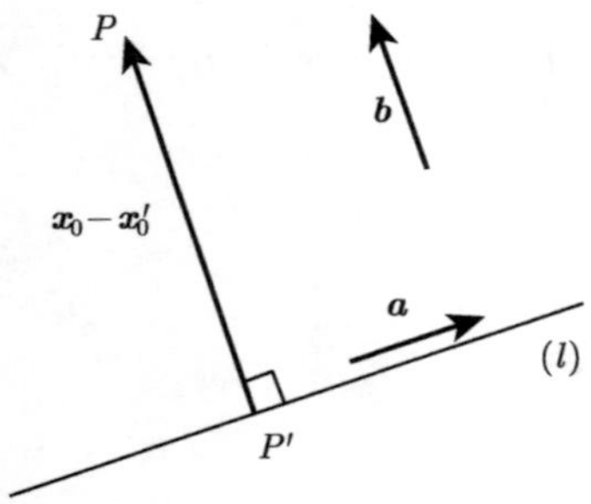

设 $\boldsymbol{x}_0$ 和 $\boldsymbol{x}_0'$ 为点 P 和点 P' 的位置矢量.

将直线 (l) 用向量表示为

$$(l): \boldsymbol{x} = \boldsymbol{x}_1 + t\boldsymbol{a}(-\infty < t < +\infty)$$

后，在 $\boldsymbol{x}_0' = \boldsymbol{x}_1 + t\boldsymbol{a}$，$(\boldsymbol{a}, \boldsymbol{x}_0 - \boldsymbol{x}_0') = 0$ 中消去 t，得到

$$\boldsymbol{x}_0' = \boldsymbol{x}_1 + \frac{(\boldsymbol{a}, \boldsymbol{x}_0 - \boldsymbol{x}_1)}{(\boldsymbol{a}, \boldsymbol{a})}\boldsymbol{a}, \tag{4}$$

所以最短距离是

$$\|\boldsymbol{x}_0 - \boldsymbol{x}_0'\| = \frac{\sqrt{\|\boldsymbol{a}\|^2 \|\boldsymbol{x}_0 - \boldsymbol{x}_1\|^2 - (\boldsymbol{a}, \boldsymbol{x}_0 - \boldsymbol{x}_1)^2}}{\|\boldsymbol{a}\|}. \tag{5}$$

如果直线 (l) 的方程是

$$(l): (\boldsymbol{b}, \boldsymbol{x}) = c,$$

那么从 $\boldsymbol{x}_0 - \boldsymbol{x}_0' = s\boldsymbol{b}$，$(\boldsymbol{b}, \boldsymbol{x}_0') = c$ 中消去 s 后，我们就会得到

$$\boldsymbol{x}_0' = \boldsymbol{x}_0 - \frac{(\boldsymbol{b}, \boldsymbol{x}_0) - c}{(\boldsymbol{b}, \boldsymbol{b})}\boldsymbol{b}, \tag{6}$$

所以最短距离是

$$\|\boldsymbol{x}_0 - \boldsymbol{x}_0'\| = \frac{|(\boldsymbol{b}, \boldsymbol{x}_0) - c|}{\|\boldsymbol{b}\|}. \tag{7}$$

② 接下来思考空间上的直线. 在空间，我们可以用关于坐标 x、y、z 的一个一次方程来表示平面，直线则需要两个一次方程表示. 但是，如果用向量表示的话，我们就完全可以照搬平面上的思路.

换言之，在直线 (l) 上取一个点 P_1，设其位置矢量是 $\boldsymbol{x}_1$. 在此基础上，如果取一个与直线 (l) 平行的非零向量 $\boldsymbol{a}$，那么直线 (l) 的向量表示就是

$$(l): \boldsymbol{x} = \boldsymbol{x}_1 + t\boldsymbol{a}(-\infty < t < +\infty). \tag{8}$$

这里，$\boldsymbol{x}$ 是 (l) 上点 P 的位置矢量. 如果有

$$\boldsymbol{x} = \begin{pmatrix} x \\ y \\ z \end{pmatrix}, \quad \boldsymbol{x}_1 = \begin{pmatrix} x_1 \\ y_1 \\ z_1 \end{pmatrix}, \quad \boldsymbol{x}_2 = \boldsymbol{x}_1 + \boldsymbol{a} = \begin{pmatrix} x_2 \\ y_2 \\ z_2 \end{pmatrix},$$

那么

$$\frac{x-x_1}{x_2-x_1}=\frac{y-y_1}{y_2-y_1}=\frac{z-z_1}{z_2-z_1}.$$

这正是经过 $P_1(x_1,y_1,z_1)$ 和 $P_2(x_2,y_2,z_2)$ 这两点的直线方程（两个一次方程）.

问题 1 用向量表示直线 $\begin{cases} x+2y+3z=1 \\ 3x+2y+z=-1 \end{cases}$.

问题 2 直线 (l) 上 P_1 和 P_2 这两个点的位置矢量是 $\boldsymbol{x}_1$、$\boldsymbol{x}_2$. 证明线段 P_1P_2 上的点的位置矢量可表示为 $t_1\boldsymbol{x}_1+t_2\boldsymbol{x}_2$，其中 $t_1,t_2\geqslant 0$，$t_1+t_2=1$.

例 2 如果平面或空间内的两条直线

$$(l_1):\boldsymbol{x}=\boldsymbol{x}_1+t\boldsymbol{a},$$

$$(l_2):\boldsymbol{x}=\boldsymbol{x}_2+t\boldsymbol{b}$$

的夹角是 $\theta\left(0\leqslant\theta\leqslant\dfrac{\pi}{2}\right)$，那么

$$\cos\theta=\frac{|(\boldsymbol{a},\boldsymbol{b})|}{\|\boldsymbol{a}\|\cdot\|\boldsymbol{b}\|}. \tag{9}$$

例 3 假设直线 (l) 用向量表示为

$$(l):\boldsymbol{x}=\boldsymbol{x}_1+t\boldsymbol{a}(-\infty<t<+\infty),$$

这时从对应位置矢量 $\boldsymbol{x}_0$ 的点 P 向 (l) 作垂线段，垂足为 P'. 与平面类似，P' 的位置矢量 $\boldsymbol{x}_0'$ 满足：

$$\boldsymbol{x}_0'=\boldsymbol{x}_1+\frac{(\boldsymbol{a},\boldsymbol{x}_0-\boldsymbol{x}_1)}{(\boldsymbol{a},\boldsymbol{a})}\boldsymbol{a}, \tag{10}$$

所以点 P 和 (l) 的最短距离是

$$\|\boldsymbol{x}_0-\boldsymbol{x}_0'\|=\frac{\sqrt{\|\boldsymbol{a}\|^2\|\boldsymbol{x}_0-\boldsymbol{x}_1\|^2-(\boldsymbol{a},\boldsymbol{x}_0-\boldsymbol{x}_1)^2}}{\|\boldsymbol{a}\|}. \tag{11}$$

③ 接下来思考空间内的平面. 它可以用一个普通的一次平面方程表示，也可以用向量来表示.

在平面 (S) 上取一点 P_1，它的位置矢量是 $\boldsymbol{x}_1$. 然后在平面 (S) 上取两个线性独立的向量 $\boldsymbol{a}=(\overrightarrow{P_1P_2})$，$\boldsymbol{b}=(\overrightarrow{P_1P_3})$（比如，可取长度为 1、互相垂直的两个向量）.

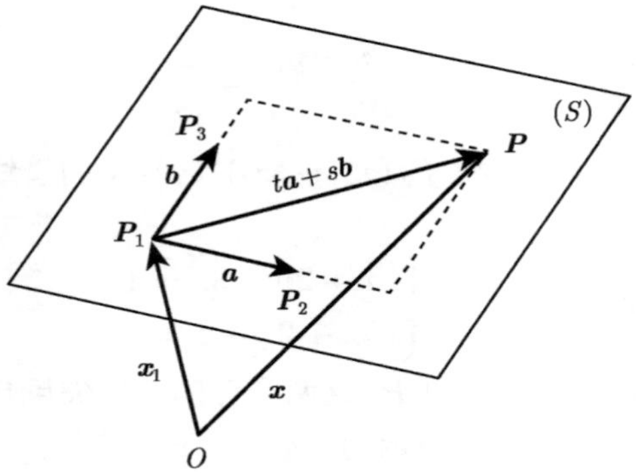

对任意实数 t、s，向量 $t\boldsymbol{a}+s\boldsymbol{b}$ 在平面 (S) 上，位置矢量为 $\boldsymbol{x}_1+t\boldsymbol{a}+s\boldsymbol{b}$ 的点 P 也在平面 (S) 上. 反之，可对平面 (S) 上任意一点 P 取适当的实数 t 和 s，使 $(\overrightarrow{OP})=\boldsymbol{x}_1+t\boldsymbol{a}+s\boldsymbol{b}$.

如果点 P 的位置矢量是 $\boldsymbol{x}$，可得

$$(S):\boldsymbol{x}=\ \boldsymbol{x}_1+t\boldsymbol{a}+s\boldsymbol{b}(-\infty<t,s<+\infty). \tag{12}$$

这是平面 (S) 的**向量表示**.

不过，空间内的平面用一次平面方程表示通常会方便一些.

问题 1　给出平面 $2x-y+3z=1$ 的向量表示方式.

问题 2　求平面 $\begin{pmatrix}x\\y\\z\end{pmatrix}=\begin{pmatrix}1\\2\\0\end{pmatrix}+t\begin{pmatrix}1\\-1\\2\end{pmatrix}+s\begin{pmatrix}-1\\-2\\1\end{pmatrix}$ 的平面方程.

问题 3　P_1、P_2、P_3 这 3 个点的位置矢量是 $\boldsymbol{x}_1$、$\boldsymbol{x}_2$、$\boldsymbol{x}_3$. 证明 $P_1P_2P_3$ 的边及三角形内的点的位置矢量可表示如下.

$$t_1\boldsymbol{x}_1+t_2\boldsymbol{x}_2+t_3\boldsymbol{x}_3,\quad \text{其中 } t_1,t_2,t_3\geqslant 0,t_1+t_2+t_3=1.$$

④ 思考空间内的平面方程

$$(S):ax+by+cz=d \tag{13}$$

的意义.

经过原点，与这个平面平行的平面 (S_0) 的方程是

$$(S_0):ax+by+cz=0. \tag{14}$$

如果有 $\boldsymbol{a}=\begin{pmatrix}a\\b\\c\end{pmatrix}$, $\boldsymbol{x}=\begin{pmatrix}x\\y\\z\end{pmatrix}$，那么上面两个式子可以分别写成

$$(S):(\boldsymbol{a},\boldsymbol{x})=d, \tag{13'}$$

$$(S_0):(\boldsymbol{a},\boldsymbol{x})=0. \tag{14'}$$

式 (14′) 说明向量 $\boldsymbol{a}$ 与平面 (S_0) 是垂直的. 因此，$\boldsymbol{a}$ 与平面 (S) 也是垂直的. 我们把 $\boldsymbol{a}$ 叫作平面 (S) 的**法向量**. 平面的方向也根据法向量确定了.

如果 (S) 和 (S') 这两个平面的法向量 $\boldsymbol{a}$ 与 $\boldsymbol{a}'$ 垂直，那么这两个平面**垂直**. 另外，我们把 $\boldsymbol{a}$ 与 $\boldsymbol{a}'$ 的夹角叫作平面 (S) 与 (S') 的**夹角**.

例 4 过点 P 作平面 (S) 的垂线，垂足为 P'，求点 P 与平面 (S) 的最短距离 $\overline{PP'}$.

设 $\boldsymbol{x}_0$、$\boldsymbol{x}'_0$ 是点 P、P' 的位置矢量. 如果平面 (S) 的方程是 $(\boldsymbol{a},\boldsymbol{x})=d$，从 $\boldsymbol{x}_0-\boldsymbol{x}'_0=t\boldsymbol{a}$，$(\boldsymbol{a},\boldsymbol{x}'_0)=d$ 中消去 t，我们就能得到

$$\boldsymbol{x}'_0=\boldsymbol{x}_0-\frac{(\boldsymbol{a},\boldsymbol{x}_0)-d}{(\boldsymbol{a},\boldsymbol{a})}\boldsymbol{a}, \tag{15}$$

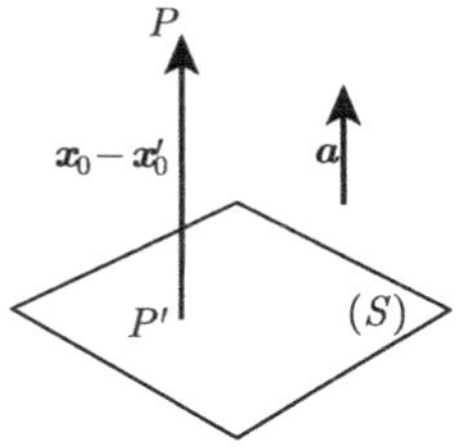

所以最短距离是

$$\|\boldsymbol{x}_0-\boldsymbol{x}'_0\|=\frac{|(\boldsymbol{a},\boldsymbol{x}_0)-d|}{\|\boldsymbol{a}\|}\quad（参照例 1）. \tag{16}$$

例 5 如果直线 (l) 与平面 (S) 不垂直，那么有且仅有一个经过 (l) 的平面与 (S) 垂直. 从 (l) 上的每个点向 (S) 作垂线（两端无限延长的直线），将其上所有点的集合记作平面 (S')，实际上，这个 (S') 就是唯一经过直线 (l) 且与 (S) 垂直的平面.

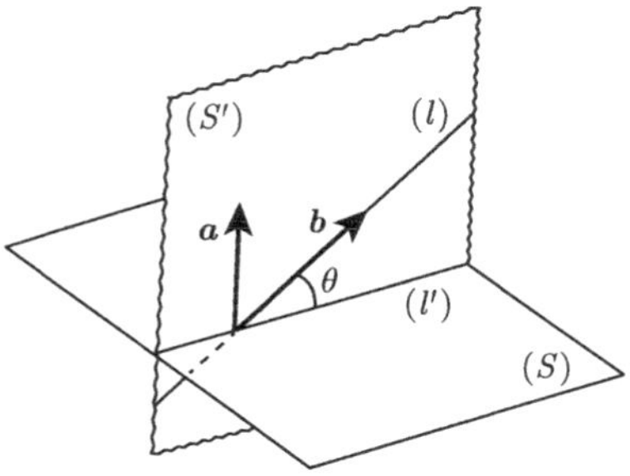

(S) 与 (S') 的交线 (l') 与直线 (l) 形成的角，叫作直线 (l) 与平面 (S) 的夹角. 令其为 $\theta\left(0 \leqslant \theta \leqslant \dfrac{\pi}{2}\right)$，由图易知 $\sin\theta = \dfrac{|(\boldsymbol{a}, \boldsymbol{b})|}{\|\boldsymbol{a}\| \cdot \|\boldsymbol{b}\|}$. 这里，$\boldsymbol{a}$ 是 (S) 的法向量，$\boldsymbol{b}$ 是 (l) 的方向向量.

问题 1　求平面

$$(S_1) : x + 2y + 2z = 3,$$

$$(S_2) : 3x + 3y = 1$$

的夹角.

问题 2　证明存在一个平面与任意两个平面同时垂直.

1.3　线性变换：平面上的旋转与矩阵

今后，在没有特别指出的情况下，我们默认直角坐标系为 x 轴正方向绕原点逆时针旋转 $\dfrac{\pi}{2}$ 角度后得到 y 轴正方向.

① 考虑将平面上所有的点绕原点 O 逆时针旋转角 α. 点 P 的对应点是点 P'，如果点 P、P' 的位置矢量是 $\boldsymbol{x} = \begin{pmatrix} x \\ y \end{pmatrix}$，$\boldsymbol{x}' = \begin{pmatrix} x' \\ y' \end{pmatrix}$，那么下述等式成立.

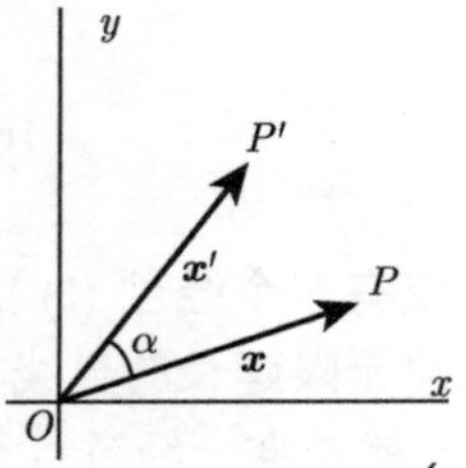

$$\begin{cases} x' = \cos\alpha \cdot x - \sin\alpha \cdot y \\ y' = \sin\alpha \cdot x + \cos\alpha \cdot y \end{cases}. \tag{1}$$

将这两个等式整理成一个式子，可写成下述形式.

$$\begin{pmatrix} x' \\ y' \end{pmatrix} = \begin{pmatrix} \cos\alpha & -\sin\alpha \\ \sin\alpha & \cos\alpha \end{pmatrix} \begin{pmatrix} x \\ y \end{pmatrix}. \tag{2}$$

换言之，我们将 (1) 式右边的系数提取出来，排成了一个方阵. 我们把它叫作与旋转角 α 对应的**矩阵**. 本例是我们之后学习的一般矩阵中非常特殊的情况.

为方便表述，我们将上述矩阵用字母 $\boldsymbol{A}$ 表示.

$$\boldsymbol{A} = \begin{pmatrix} \cos\alpha & -\sin\alpha \\ \sin\alpha & \cos\alpha \end{pmatrix}.$$

这样一来，(2) 式就可以简写成以下形式.

$$\boldsymbol{x}' = \boldsymbol{A}\boldsymbol{x}. \tag{3}$$

我们把构成向量或矩阵的数，叫作向量或矩阵的**元素**.

我们可以将 (2) 式和 (3) 式的右边看作矩阵与向量的乘积. 这样一来，矩阵和向量的乘法的运算法则就是下图表示的那样. 换言之，我们将矩阵 $\boldsymbol{A}$ 上面一行从左向右的元素与向量 $\boldsymbol{x}$ 从上向下的元素对应相乘，并将乘积相加，得到 $\boldsymbol{A}\boldsymbol{x}$ 上面位置的元素. 然后，我们将矩阵 $\boldsymbol{A}$ 下面一行从左向右的元素与向量 $\boldsymbol{x}$ 从上向下的元素对应相乘，并将乘积相加，得到 $\boldsymbol{A}\boldsymbol{x}$ 下面位置的元素.

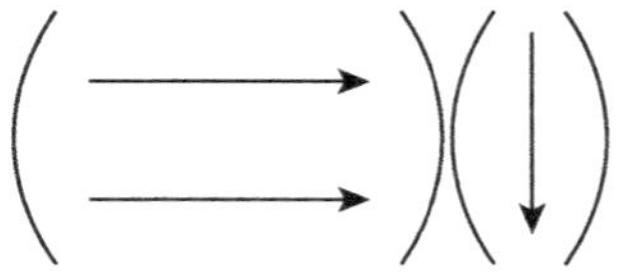

依照前面矩阵与向量乘法的定义，我们易证下述性质.

$$\begin{cases} \boldsymbol{A}(\boldsymbol{x}+\boldsymbol{y}) = \boldsymbol{A}\boldsymbol{x} + \boldsymbol{A}\boldsymbol{y} \\ \boldsymbol{A}(c\boldsymbol{x}) = c(\boldsymbol{A}\boldsymbol{x}) \end{cases}. \tag{4}$$

② 在刚才逆时针旋转角 α 的基础上进一步逆时针旋转角 β. 这样一来，点 P' 的对应点就是 P''. 如果点 P'' 的位置矢量是 $\boldsymbol{x}'' = \begin{pmatrix} x'' \\ y'' \end{pmatrix}$，与刚才类似，我们可以得到

$$\begin{pmatrix} \boldsymbol{x}'' \\ \boldsymbol{y}'' \end{pmatrix} = \begin{pmatrix} \cos\beta & -\sin\beta \\ \sin\beta & \cos\beta \end{pmatrix} \begin{pmatrix} x' \\ y' \end{pmatrix}, \tag{5}$$

或者将其写成

$$\boldsymbol{x}'' = \boldsymbol{B}\boldsymbol{x}'. \tag{6}$$

这里，

$$\boldsymbol{B} = \begin{pmatrix} \cos\beta & -\sin\beta \\ \sin\beta & \cos\beta \end{pmatrix}.$$

我们把 (2) 式或 (3) 式的右边代入 (5) 式或 (6) 式，得到

$$\begin{pmatrix} x'' \\ y'' \end{pmatrix} = \begin{pmatrix} \cos\beta & -\sin\beta \\ \sin\beta & \cos\beta \end{pmatrix} \left\{ \begin{pmatrix} \cos\alpha & -\sin\alpha \\ \sin\alpha & \cos\alpha \end{pmatrix} \begin{pmatrix} x \\ y \end{pmatrix} \right\}, \tag{7}$$

或者

$$\boldsymbol{x}'' = \boldsymbol{B}(\boldsymbol{A}\boldsymbol{x}). \tag{8}$$

先逆时针旋转角 α，再逆时针旋转角 β，就等价于逆时针旋转角 $\alpha+\beta$. 于是我们可以得到

$$\begin{pmatrix} \boldsymbol{x}'' \\ \boldsymbol{y}'' \end{pmatrix} = \begin{pmatrix} \cos(\alpha+\beta) & -\sin(\alpha+\beta) \\ \sin(\alpha+\beta) & \cos(\alpha+\beta) \end{pmatrix} \begin{pmatrix} \boldsymbol{x} \\ \boldsymbol{y} \end{pmatrix}, \tag{9}$$

或者将其写成

$$\boldsymbol{x}'' = \boldsymbol{C}\boldsymbol{x}. \tag{10}$$

这里，

$$\boldsymbol{C} = \begin{pmatrix} \cos(\alpha+\beta) & -\sin(\alpha+\beta) \\ \sin(\alpha+\beta) & \cos(\alpha+\beta) \end{pmatrix}.$$

比较 (8) 式和 (10) 式，我们将矩阵 $\boldsymbol{C}$ 定义成矩阵 $\boldsymbol{B}$ 与矩阵 $\boldsymbol{A}$ 的**乘积**，写作 $\boldsymbol{C}=\boldsymbol{B}\boldsymbol{A}$. 依照上述定义，可知

$$\boldsymbol{B}(\boldsymbol{A}\boldsymbol{x}) = (\boldsymbol{B}\boldsymbol{A})\boldsymbol{x} \tag{11}$$

成立. 根据三角函数的加法定理（两角和的三角函数公式），我们可以知道，矩阵 $\boldsymbol{B}\boldsymbol{A}$ 从上向下第 i 行（$i=1,2$）、从左向右第 k 列（$k=1,2$）的元素，是将矩阵 $\boldsymbol{B}$ 第 i 行从左向右的元素与矩阵 $\boldsymbol{A}$ 第 k 列从上向下的元素对应相乘，并将乘积相加得到的结果（一般我们将矩阵中横向的一排叫作**行**，纵向的一排叫作**列**）.

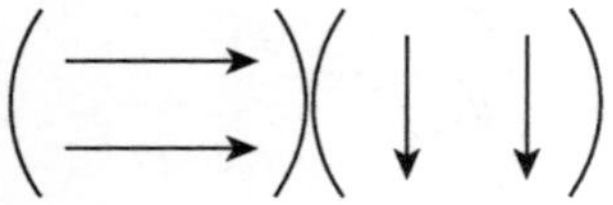

③ 一般地，我们把由 4 个数字排成的方阵 $\boldsymbol{A}=\begin{pmatrix} a & b \\ c & d \end{pmatrix}$ 叫作矩阵.

依照相同的规则，我们定义它与向量 $\boldsymbol{x}=\begin{pmatrix} x \\ y \end{pmatrix}$ 的乘法运算.

$$\boldsymbol{x}' = \boldsymbol{A}\boldsymbol{x} = \begin{pmatrix} a & b \\ c & d \end{pmatrix} \begin{pmatrix} x \\ y \end{pmatrix} = \begin{pmatrix} ax+by \\ cx+dy \end{pmatrix}. \tag{12}$$

点 P 的位置矢量是 $\boldsymbol{x}$，它的对应点 P' 的位置矢量是 $\boldsymbol{x}'$，这里其实发生了一个从平面到平面的映射，也就是平面变换. 例如，矩阵 $\begin{pmatrix} 1 & 0 \\ 0 & -1 \end{pmatrix}$ 引发了一个变换，它将所有的点移动到关于 x 轴对称的位置，我们称之为关于 x 轴**对称**.

进行完矩阵 $\boldsymbol{A}$ 的变换后，再进行矩阵 $\boldsymbol{B}=\begin{pmatrix} p & q \\ r & s \end{pmatrix}$ 的变换.

如此，点 P' 的对应点就是点 P''，P'' 的位置矢量是 $\boldsymbol{x}''$. 根据定义，有

$$\boldsymbol{x}''=\boldsymbol{B}\boldsymbol{x}'=\begin{pmatrix} p & q \\ r & s \end{pmatrix}\begin{pmatrix} ax+by \\ cx+dy \end{pmatrix}=\begin{pmatrix} (pa+qc)\,x+(pb+qd)\,y \\ (ra+sc)\,x+(rb+sd)\,y \end{pmatrix}. \tag{13}$$

如果按照同样的方法定义矩阵 $\boldsymbol{B}$ 和矩阵 $\boldsymbol{A}$ 的乘积，那么下式成立.

$$\boldsymbol{x}''=\boldsymbol{B}\,(\boldsymbol{A}\boldsymbol{x})=(\boldsymbol{B}\boldsymbol{A})\,\boldsymbol{x}. \tag{14}$$

例 1 现有矩阵 $\boldsymbol{A}=\begin{pmatrix} 0 & -1 \\ 1 & 0 \end{pmatrix}$，其变换是逆时针方向旋转 $\dfrac{\pi}{2}$，以及矩阵 $\boldsymbol{B}=\begin{pmatrix} 1 & 0 \\ 0 & -1 \end{pmatrix}$，其变换是关于 x 轴对称. 易知 $\boldsymbol{AB}=\begin{pmatrix} 0 & 1 \\ 1 & 0 \end{pmatrix}$，$\boldsymbol{BA}=\begin{pmatrix} 0 & -1 \\ -1 & 0 \end{pmatrix}$.

我们发现，$\boldsymbol{AB}$ 和 $\boldsymbol{BA}$ 不相等. 矩阵 $\boldsymbol{AB}$ 的变换是先关于 x 轴对称，再逆时针旋转 $\dfrac{\pi}{2}$，本质上是关于直线 $y=x$ 对称的变换. 实际上有

$$(\boldsymbol{AB})\,\boldsymbol{x}=\begin{pmatrix} 0 & 1 \\ 1 & 0 \end{pmatrix}\begin{pmatrix} x \\ y \end{pmatrix}=\begin{pmatrix} y \\ x \end{pmatrix}.$$

矩阵 $\boldsymbol{BA}$ 的变换是先逆时针旋转 $\dfrac{\pi}{2}$，再关于 x 轴对称，本质上是关于直线 $y=-x$ 对称的变换. 实际上有

$$(\boldsymbol{BA})\,\boldsymbol{x}=\begin{pmatrix} 0 & -1 \\ -1 & 0 \end{pmatrix}\begin{pmatrix} x \\ y \end{pmatrix}=\begin{pmatrix} -y \\ -x \end{pmatrix}.$$

从这个例子可以看出，矩阵的乘法一般不满足交换律. 尤其需要注意的是先进行变换的矩阵应写在右边.

问题 针对矩阵 $\boldsymbol{A}$、$\boldsymbol{B}$、$\boldsymbol{C}$，证明 $(\boldsymbol{AB})\boldsymbol{C}=\boldsymbol{A}(\boldsymbol{BC})$.

④ 对任意矩阵 A 及任意向量 $\boldsymbol{x}$、$\boldsymbol{y}$ 和实数 c，都有

$$\begin{cases} \boldsymbol{A}\,(\boldsymbol{x}+\boldsymbol{y})=\boldsymbol{A}\boldsymbol{x}+\boldsymbol{A}\boldsymbol{y} \\ \boldsymbol{A}\,(c\boldsymbol{x})=c\,(\boldsymbol{A}\boldsymbol{x}) \end{cases} \tag{15}$$

成立. 对于这个性质，我们称矩阵 $\boldsymbol{A}$ 引发的 $\boldsymbol{V}^2$ 上的变换 $T_{\boldsymbol{A}}:\boldsymbol{x}\to\boldsymbol{A}\boldsymbol{x}$ 是**线性的**.

一般地，$\boldsymbol{V}^2$ 上的变换 T，即让任意向量 $\boldsymbol{x}$ 与另一个向量 $T\boldsymbol{x}$ 对应的法则 T 如果满足

$$\begin{cases} T(\boldsymbol{x}+\boldsymbol{y}) = T\boldsymbol{x}+T\boldsymbol{y} \\ T(c\boldsymbol{x}) = c(T\boldsymbol{x}) \end{cases} \tag{16}$$

这两个性质，我们便把这样的 T 叫作 $\boldsymbol{V}^2$ 上的**线性变换**.

T 和 S 这两个线性变换的复合变换 $S\circ T$ 依旧是线性变换，一般用 ST 表示.

(15) 式表明，任意矩阵 $\boldsymbol{A}$ 规定的变换 $T_{\boldsymbol{A}}$ 是线性变换. 反之，也可证明线性变换由某个矩阵唯一确定.

实际上，当 T 是线性变换时，关注单位向量 $\boldsymbol{e}_1$、$\boldsymbol{e}_2$，有 $T\boldsymbol{e}_1=\begin{pmatrix} a \\ c \end{pmatrix}$，$T\boldsymbol{e}_2=\begin{pmatrix} b \\ d \end{pmatrix}$. 因为任意向量 $\boldsymbol{x}=\begin{pmatrix} x \\ y \end{pmatrix}$ 都可用 $\boldsymbol{x}=x\boldsymbol{e}_1+y\boldsymbol{e}_2$ 表示，所以根据 T 的线性特征，有

$$\begin{aligned} T\boldsymbol{x} &= T(x\boldsymbol{e}_1+y\boldsymbol{e}_2) = xT\boldsymbol{e}_1+yT\boldsymbol{e}_2 = x\begin{pmatrix} a \\ c \end{pmatrix}+y\begin{pmatrix} b \\ d \end{pmatrix} \\ &= \begin{pmatrix} ax+by \\ cx+dy \end{pmatrix} = \begin{pmatrix} a & b \\ c & d \end{pmatrix}\begin{pmatrix} x \\ y \end{pmatrix}. \end{aligned}$$

据此，我们说 T 与矩阵 $\boldsymbol{A}=\begin{pmatrix} a & b \\ c & d \end{pmatrix}$ 定义的变换是等价的.

问题 1 证明所有点关于原点对称的变换是线性变换，并求出对应的矩阵.

问题 2 证明 $T_{\boldsymbol{A}}$ 和 $T_{\boldsymbol{B}}$ 的复合变换 $T_{\boldsymbol{B}}T_{\boldsymbol{A}}$ 和 $T_{\boldsymbol{BA}}$ 是等价的.

例 2 已知向量 $\boldsymbol{a}$ 是非零向量. 对任意向量 $\boldsymbol{x}$，存在唯一向量 $\boldsymbol{x}'$，它与 $\boldsymbol{a}$ 平行且 $\boldsymbol{x}-\boldsymbol{x}'$ 与 $\boldsymbol{a}$ 垂直. 我们把令 $\boldsymbol{x}$ 与 $\boldsymbol{x}'$ 对应的变换 T 叫作 $\boldsymbol{V}^2$ 上对 $\boldsymbol{a}$ 的**投影**，$\boldsymbol{x}'=T\boldsymbol{x}$ 叫作 $\boldsymbol{x}$ 在 $\boldsymbol{a}$ 上的**射影**. 根据 1.2 节中例 1 的 (4) 式，可知

$$T\boldsymbol{x} = \frac{(\boldsymbol{a},\boldsymbol{x})}{(\boldsymbol{a},\boldsymbol{a})}\boldsymbol{a} \tag{17}$$

成立. 不难知道，投影 T 是 $\boldsymbol{V}^2$ 上的线性变换.

问题 1 平面直角坐标系中有一向量 $\boldsymbol{a}=\begin{pmatrix}a\\b\end{pmatrix}$ 满足 $a^2+b^2=1$，求对 $\boldsymbol{a}$ 的投影 T 所对应的矩阵.

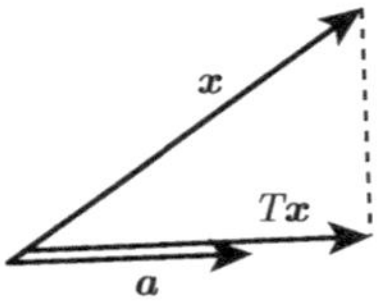

问题 2 非零向量 $\boldsymbol{a}$ 和 $\boldsymbol{b}$ 垂直，对 $\boldsymbol{a}$ 的投影是 T，对 $\boldsymbol{b}$ 的投影是 S，求证：

(i) $T^2=T,\ S^2=S$；

(ii) $TS=ST=O$ （将所有向量转化成 $\mathbf{0}$ 的变换）；

(iii) 对任意向量 $\boldsymbol{x}$，有 $T\boldsymbol{x}+S\boldsymbol{x}=\boldsymbol{x}$.

1.4 三阶矩阵和 V^3 上的线性变换

关于 $\boldsymbol{V}^3$ 上的线性变换 T，换言之，如果空间内任意向量 $\boldsymbol{x}$ 与空间内另一向量 $T\boldsymbol{x}$ 对应的法则 T 满足条件

$$\begin{cases} T(\boldsymbol{x}+\boldsymbol{y})=T\boldsymbol{x}+T\boldsymbol{y} \\ T(c\boldsymbol{x})=c(T\boldsymbol{x}) \end{cases}, \tag{1}$$

我们便把这样的 T 叫作 $\boldsymbol{V}^3$ 上的**线性变换**.

T 和 S 这两个线性变换的复合变换 $S\circ T$ 依旧是线性变换，一般用 ST 表示.

例 1 空间内所有的点关于原点对称的变换会产生位置矢量的变换 T：$T\boldsymbol{x}=-\boldsymbol{x}$. 这是 $\boldsymbol{V}^3$ 上的线性变换. 另外，空间内所有的点绕 z 轴逆时针旋转角 α 的变换同样是 $\boldsymbol{V}^3$ 上的线性变换.

另一方面，我们把 9 个数 $a_{ij}(1\leqslant i,\ j\leqslant 3)$ 排成的正方形阵

$$\boldsymbol{A}=\begin{pmatrix} a_{11} & a_{12} & a_{13} \\ a_{21} & a_{22} & a_{23} \\ a_{31} & a_{32} & a_{33} \end{pmatrix}$$

叫作三阶矩阵.

矩阵和向量的乘积，矩阵与矩阵的乘积，都与 1.3 节中的定义完全相同. 换言之，如果 $\boldsymbol{x}=\begin{pmatrix}x\\y\\z\end{pmatrix}$，那么定义 $\boldsymbol{A}\boldsymbol{x}=\begin{pmatrix}a_{11}x+a_{12}y+a_{13}z\\a_{21}x+a_{22}y+a_{23}z\\a_{31}x+a_{32}y+a_{33}z\end{pmatrix}$；

如果 $\boldsymbol{B}=\begin{pmatrix} b_{11} & b_{12} & b_{13} \\ b_{21} & b_{22} & b_{23} \\ b_{31} & b_{32} & b_{33} \end{pmatrix}$，那么定义 $\boldsymbol{AB}=\begin{pmatrix} c_{11} & c_{12} & c_{13} \\ c_{21} & c_{22} & c_{23} \\ c_{31} & c_{32} & c_{33} \end{pmatrix}$，其中

$$c_{ik}=\sum_{j=1}^{3}a_{ij}b_{jk}=a_{i1}b_{1k}+a_{i2}b_{2k}+a_{i3}b_{3k}(i,j=1,2,3).$$

对此，1.3 节中的如下运算法则依旧成立.

$$(\boldsymbol{AB})\,\boldsymbol{x}=\boldsymbol{A}\,(\boldsymbol{Bx}),\quad (\boldsymbol{AB})\,\boldsymbol{C}=\boldsymbol{A}\,(\boldsymbol{BC}),\tag{2}$$

$$\boldsymbol{A}\,(\boldsymbol{x}+\boldsymbol{y})=\boldsymbol{Ax}+\boldsymbol{Ay},\quad \boldsymbol{A}\,(c\boldsymbol{x})=c\,(\boldsymbol{Ax}).\tag{3}$$

对三阶矩阵 $\boldsymbol{A}$ 定义 $\boldsymbol{V}^3$ 上的变换 $T_{\boldsymbol{A}}$，即 $T_{\boldsymbol{A}}\boldsymbol{x}=\boldsymbol{Ax}$. 据此，满足 (3) 式的 $T_{\boldsymbol{A}}$ 是 $\boldsymbol{V}^3$ 上的线性变换. 显然，$T_{\boldsymbol{BA}}=T_{\boldsymbol{B}}T_{\boldsymbol{A}}$ 成立.

反之，可证明 $\boldsymbol{V}^3$ 上的线性变换可由某个矩阵唯一确定.

实际上，当 T 是线性变换时，关注单位向量 $\boldsymbol{e}_1$、$\boldsymbol{e}_2$、$\boldsymbol{e}_3$，有 $T\boldsymbol{e}_1=\begin{pmatrix}a_{11}\\a_{21}\\a_{31}\end{pmatrix}$，$T\boldsymbol{e}_2=\begin{pmatrix}a_{12}\\a_{22}\\a_{32}\end{pmatrix}$，$T\boldsymbol{e}_3=\begin{pmatrix}a_{13}\\a_{23}\\a_{33}\end{pmatrix}$. 因为任意向量 $\boldsymbol{x}=\begin{pmatrix}x\\y\\z\end{pmatrix}$ 都可用 $\boldsymbol{x}=x\boldsymbol{e}_1+y\boldsymbol{e}_2+z\boldsymbol{e}_3$ 表示，所以根据 T 的线性特征，有

$$\begin{aligned}T\boldsymbol{x}&=T\,(x\boldsymbol{e}_1+y\boldsymbol{e}_2+z\boldsymbol{e}_3)=xT\boldsymbol{e}_1+yT\boldsymbol{e}_2+zT\boldsymbol{e}_3\\&=x\begin{pmatrix}a_{11}\\a_{21}\\a_{31}\end{pmatrix}+y\begin{pmatrix}a_{12}\\a_{22}\\a_{32}\end{pmatrix}+z\begin{pmatrix}a_{13}\\a_{23}\\a_{33}\end{pmatrix}=\begin{pmatrix}a_{11}x+a_{12}y+a_{13}z\\a_{21}x+a_{22}y+a_{23}z\\a_{31}x+a_{32}y+a_{33}z\end{pmatrix}\\&=\begin{pmatrix}a_{11}&a_{12}&a_{13}\\a_{21}&a_{22}&a_{23}\\a_{31}&a_{32}&a_{33}\end{pmatrix}\begin{pmatrix}x\\y\\z\end{pmatrix}=\boldsymbol{Ax}=T_{\boldsymbol{A}}\boldsymbol{x}.\end{aligned}$$

据此，$T=T_{\boldsymbol{A}}$.

接下来，我们确定空间坐标系的方向. 将右手拇指、食指和中指分别指向单位向量 $\boldsymbol{e}_1$、$\boldsymbol{e}_2$、$\boldsymbol{e}_3$ 的方向. 这样的坐标系满足**右手定则**. 今后，在没有特别指出的情况下，坐标系均满足右手定则.

例 2　空间内所有的点关于原点对称的变换所对应的矩阵是

$$\begin{pmatrix}-1&0&0\\0&-1&0\\0&0&-1\end{pmatrix}.$$

另外，绕 z 轴逆时针旋转角 α 的变换所对应的矩阵是

$$\begin{pmatrix} \cos\alpha & -\sin\alpha & 0 \\ \sin\alpha & \cos\alpha & 0 \\ 0 & 0 & 1 \end{pmatrix}.$$

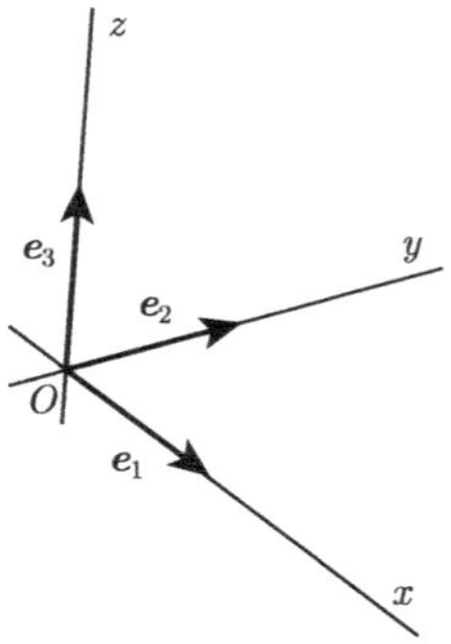

例 3　对于非零向量 $\boldsymbol{a}$，在 $\boldsymbol{a}$ 上的投影 T，其定义与 $\boldsymbol{V}^2$ 情况下的定义相同，该投影为 $\boldsymbol{V}^3$ 上的线性变换. 此时，

$$T\boldsymbol{x} = \frac{(\boldsymbol{a},\boldsymbol{x})}{(\boldsymbol{a},\boldsymbol{a})}\boldsymbol{a} \tag{4}$$

依旧成立.

另一方面，设向量 $\boldsymbol{b}$ 和 $\boldsymbol{c}$ 线性独立. 对任意向量 $\boldsymbol{x}$，存在 $\boldsymbol{b}$、$\boldsymbol{c}$ 唯一的线性组合 $\boldsymbol{x}'$，使得 $\boldsymbol{x}-\boldsymbol{x}'$ 与 $\boldsymbol{b}$ 和 $\boldsymbol{c}$ 都垂直. 我们把使 $\boldsymbol{x}$ 与 $\boldsymbol{x}'$ 对应的变换 S 叫作 $\boldsymbol{V}^3$ 上对 $\boldsymbol{b}$、$\boldsymbol{c}$ 所在平面上的**投影**，$\boldsymbol{x}' = S\boldsymbol{x}$ 叫作 $\boldsymbol{x}$ 在 $\boldsymbol{b}$、$\boldsymbol{c}$ 所在平面上的**射影**.

取与 $\boldsymbol{b}$、$\boldsymbol{c}$ 都垂直的非零向量 $\boldsymbol{a}$，根据 1.2 节中例 4 的 (15) 式，可知

$$S\boldsymbol{x} = \boldsymbol{x} - \frac{(\boldsymbol{a},\boldsymbol{x})}{(\boldsymbol{a},\boldsymbol{a})}\boldsymbol{a}. \tag{5}$$

不难得知，投影 S 是 $\boldsymbol{V}^3$ 上的线性变换.

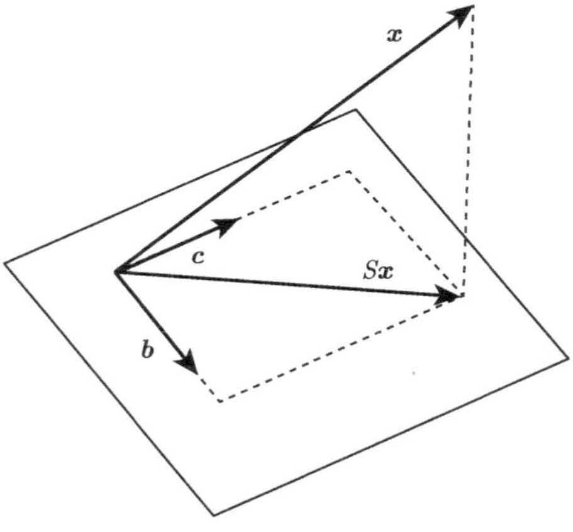

问题 1 思考下述矩阵对应的空间变换的几何意义.

$$\text{(i)}\begin{pmatrix} -1 & 0 & 0 \\ 0 & 1 & 0 \\ 0 & 0 & -1 \end{pmatrix}. \text{(ii)}\begin{pmatrix} 1 & 0 & 0 \\ 0 & \cos\alpha & -\sin\alpha \\ 0 & \sin\alpha & \cos\alpha \end{pmatrix}. \text{(iii)}\begin{pmatrix} 0 & 1 & 0 \\ 0 & 0 & 1 \\ 1 & 0 & 0 \end{pmatrix}.$$

问题 2 空间直角坐标系中有一向量 $\boldsymbol{a}=\begin{pmatrix} a \\ b \\ c \end{pmatrix}$ 满足 $a^2+b^2+c^2=1$，求 $\boldsymbol{V}^3$ 上对 $\boldsymbol{a}$ 的投影 T 所对应的矩阵.

问题 3 非零向量 $\boldsymbol{a}$、$\boldsymbol{b}$、$\boldsymbol{c}$ 两两垂直. 假设对 $\boldsymbol{a}$ 的投影是 T，对 $\boldsymbol{b}$、$\boldsymbol{c}$ 所在平面的投影是 S，求证：

(i) $T^2=T$, $S^2=S$;

(ii) $TS=ST=O$;

(iii) 对任意向量 $\boldsymbol{x}$，有 $T\boldsymbol{x}+S\boldsymbol{x}=\boldsymbol{x}$.

1.5 行列式和向量积

① 对矩阵 $\boldsymbol{A}=\begin{pmatrix} a & b \\ c & d \end{pmatrix}$，我们把 $ad-bc$ 叫作 $\boldsymbol{A}$ 的**行列式**（determinant），也可写作

$$\begin{vmatrix} a & b \\ c & d \end{vmatrix}, \qquad |\boldsymbol{A}|, \qquad \det\boldsymbol{A}.$$

如果 $\boldsymbol{a}=\begin{pmatrix} a \\ c \end{pmatrix}$，$\boldsymbol{b}=\begin{pmatrix} b \\ d \end{pmatrix}$，那么这个行列式也可写成 $\det(\boldsymbol{a}, \boldsymbol{b})$.

[5.1] 易证下述各性质.

(i) $\boldsymbol{a}$、$\boldsymbol{b}$ 线性独立 $\Leftrightarrow \det(\boldsymbol{a}, \boldsymbol{b})\neq 0$

(ii) $\det(\boldsymbol{a},\boldsymbol{b})=-\det(\boldsymbol{b},\boldsymbol{a})$. (1)

(iii) $\det(\boldsymbol{a}_1+\boldsymbol{a}_2,\boldsymbol{b})=\det(\boldsymbol{a}_1,\boldsymbol{b})+\det(\boldsymbol{a}_2,\boldsymbol{b})$. (2)

(iv) $\det(c\boldsymbol{a},\boldsymbol{b})=c\det(\boldsymbol{a},\boldsymbol{b})$. (3)

(v) $|\boldsymbol{AB}|=|\boldsymbol{A}|\cdot|\boldsymbol{B}|$. (4)

根据 [1.4]，$\det(\boldsymbol{a}, \boldsymbol{b})$ 的值与以 $\boldsymbol{a}$、$\boldsymbol{b}$ 为邻边的平行四边形的面积（含正负）相等. 至于正负，当 $\boldsymbol{a}$ 逆时针旋转角 θ 与 $\boldsymbol{b}$ 的方向重合时，如果 θ 小于 π，值为正；如果 θ 大于 π，值为负. 实际上，当 $\theta<\pi$ 时，因为向量

组 $\boldsymbol{e}_1$, $\boldsymbol{e}_2$ 到 $\boldsymbol{a}$, $\boldsymbol{b}$ 是连续的，所以 $\boldsymbol{a}$、$\boldsymbol{b}$ 在变换过程中总是保持线性独立. 因为 $\det(\boldsymbol{e}_1, \boldsymbol{e}_2) = 1$，所以 $\det(\boldsymbol{a}, \boldsymbol{b})$ 不可能为负.

如果

$$\boldsymbol{x}_1 = \begin{pmatrix} x_1 \\ y_1 \end{pmatrix}, \boldsymbol{x}_2 = \begin{pmatrix} x_2 \\ y_2 \end{pmatrix}, \boldsymbol{X} = \begin{pmatrix} x_1 & x_2 \\ y_1 & y_2 \end{pmatrix},$$

那么 $|\boldsymbol{AX}| = \det(\boldsymbol{Ax}_1, \boldsymbol{Ax}_2)$.

另一方面，因为 $|\boldsymbol{AX}| = |\boldsymbol{A}||\boldsymbol{X}| = |\boldsymbol{A}|\det(\boldsymbol{x}_1, \boldsymbol{x}_2)$，所以 $|\boldsymbol{A}| = \dfrac{\det(\boldsymbol{Ax}_1, \boldsymbol{Ax}_2)}{\det(\boldsymbol{x}_1, \boldsymbol{x}_2)}$.

换言之，通过线性变换 $T_{\boldsymbol{A}}$，任意的平行四边形仍旧可以变换成平行四边形（重合线段或一个点的情况也包含在内），而行列式 $|\boldsymbol{A}|$ 是它们的面积比（含正负）.

因此，如果线性变换 $T_{\boldsymbol{A}}$ 已确定，则行列式 $|\boldsymbol{A}|$ 也随之确定，它与坐标系的选择无关. 当线性变换 $T_{\boldsymbol{A}}$ 变换的两个角始终为正角时，$\boldsymbol{A}$ 的行列式也为正.

例 1 如果 $ad - bc \neq 0$，那么一次方程组 $\begin{cases} ax + by = e \\ cx + dy = f \end{cases}$ 有唯一解，解为

$$x = \frac{\begin{vmatrix} e & b \\ f & d \end{vmatrix}}{\begin{vmatrix} a & b \\ c & d \end{vmatrix}}, \quad y = \frac{\begin{vmatrix} a & e \\ c & f \end{vmatrix}}{\begin{vmatrix} a & b \\ c & d \end{vmatrix}}.$$

实际上，通过计算便可证明它是正确的.

关于方程组有唯一解，我们可以通过下述方法理解. 令

$$\boldsymbol{a} = \begin{pmatrix} a \\ c \end{pmatrix}, \boldsymbol{b} = \begin{pmatrix} b \\ d \end{pmatrix}, \boldsymbol{c} = \begin{pmatrix} e \\ f \end{pmatrix},$$

原方程组可写成 $x\boldsymbol{a} + y\boldsymbol{b} = \boldsymbol{c}$.

当 $\det(\boldsymbol{a}, \boldsymbol{b}) \neq 0$ 时，$\boldsymbol{a}$、$\boldsymbol{b}$ 线性独立，所以任意向量 $\boldsymbol{c}$ 都可唯一表示成 $\boldsymbol{a}$、$\boldsymbol{b}$ 的线性组合. 这正是方程组有唯一解的原因.

② $\boldsymbol{V}^3$ 内有两个线性独立的向量 $\boldsymbol{a}$、$\boldsymbol{b}$，有且仅有一个向量 $\boldsymbol{c}$ 满足下述性质：

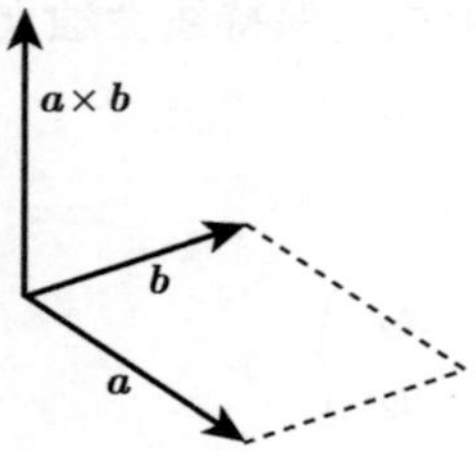

(1) $\boldsymbol{c}$ 与 $\boldsymbol{a}$ 和 $\boldsymbol{b}$ 都垂直；

(2) $\boldsymbol{a}$、$\boldsymbol{b}$、$\boldsymbol{c}$ 满足右手定则；

(3) $\boldsymbol{c}$ 的长度是以 $\boldsymbol{a}$、$\boldsymbol{b}$ 为邻边的平行四边形的面积.

我们把满足条件的 $\boldsymbol{c}$ 叫作 $\boldsymbol{a}$ 与 $\boldsymbol{b}$ 的**向量积**或**外积**，写成 $\boldsymbol{a}\times\boldsymbol{b}$. 如果 $\boldsymbol{a}$、$\boldsymbol{b}$ 线性相关，那么定义 $\boldsymbol{a}\times\boldsymbol{b}=\boldsymbol{0}$.

通过定义可知，

$$\boldsymbol{a}\times\boldsymbol{b}=-\boldsymbol{b}\times\boldsymbol{a}, \tag{5}$$

$$c(\boldsymbol{a}\times\boldsymbol{b})=c\boldsymbol{a}\times\boldsymbol{b}=\boldsymbol{a}\times c\boldsymbol{b}. \tag{6}$$

[5.2]　在满足右手定则的坐标系中，如果

$$\boldsymbol{a}=\begin{pmatrix} a \\ b \\ c \end{pmatrix}, \boldsymbol{b}=\begin{pmatrix} a' \\ b' \\ c' \end{pmatrix},$$

那么有

$$\boldsymbol{a}\times\boldsymbol{b}=\begin{pmatrix} \begin{vmatrix} b & b' \\ c & c' \end{vmatrix} \\ \begin{vmatrix} c & c' \\ a & a' \end{vmatrix} \\ \begin{vmatrix} a & a' \\ b & b' \end{vmatrix} \end{pmatrix}. \tag{7}$$

证明：令式 (7) 右边为 $\boldsymbol{c}$，下证 $\boldsymbol{c}$ 满足上述 3 个条件.

可通过直接计算证明 $\boldsymbol{c}$ 与 $\boldsymbol{a}$ 和 $\boldsymbol{b}$ 都垂直.

$$\begin{aligned} \|\boldsymbol{c}\|^2 &= (bc'-cb')^2+(ca'-ac')^2+(ab'-ba')^2 \\ &= \left(a^2+b^2+c^2\right)\left(a'^2+b'^2+c'^2\right)-(aa'+bb'+cc')^2 \\ &= \|\boldsymbol{a}\|^2\|\boldsymbol{b}\|^2-(\boldsymbol{a},\boldsymbol{b})^2. \end{aligned}$$

根据 [1.4]，$\|\boldsymbol{c}\|$ 的值等于以 $\boldsymbol{a}$、$\boldsymbol{b}$ 为邻边的平行四边形的面积.

当 $\boldsymbol{a}=\boldsymbol{e}_1$，$\boldsymbol{b}=\boldsymbol{e}_2$ 时，(7) 式两边都是 $\boldsymbol{e}_3$. 因为向量组 $\boldsymbol{e}_1$, $\boldsymbol{e}_2$, $\boldsymbol{e}_3$ 到 $\boldsymbol{a}$, $\boldsymbol{b}$, $\boldsymbol{c}$ 是连续的，所以 $\boldsymbol{a}$、$\boldsymbol{b}$ 在变换过程中保持线性独立，故 $\boldsymbol{a}$、$\boldsymbol{b}$、$\boldsymbol{c}$ 在

变换过程中总是满足右手定则. 究其原因，如果在变换过程中变成满足左手定则，根据介值定理，$\boldsymbol{c}$ 的长度总有一个瞬间会变成 0. 此时 $\boldsymbol{a}$、$\boldsymbol{b}$ 不满足线性独立. 所以 $\boldsymbol{a}$、$\boldsymbol{b}$、$\boldsymbol{c}$ 满足右手定则，证毕.

根据 [5.2]，我们可以证明

$$\begin{cases} \boldsymbol{a}\times(\boldsymbol{b}_1+\boldsymbol{b}_2)=\boldsymbol{a}\times\boldsymbol{b}_1+\boldsymbol{a}\times\boldsymbol{b}_2 \\ (\boldsymbol{a}_1+\boldsymbol{a}_2)\times\boldsymbol{b}=\boldsymbol{a}_1\times\boldsymbol{b}+\boldsymbol{a}_2\times\boldsymbol{b} \end{cases}. \tag{8}$$

例 2　点 P 的位置矢量是 $\boldsymbol{x}_0$，直线的向量表示 $(l):\boldsymbol{x}=\boldsymbol{x}_1+t\boldsymbol{a}$. 根据 1.2 节中例 3 的 (11) 式，可知点 P 和直线 (l) 的最短距离是

$$\frac{\|\boldsymbol{a}\times(\boldsymbol{x}_0-\boldsymbol{x}_1)\|}{\|\boldsymbol{a}\|}.$$

[5.3]　以向量 $\boldsymbol{a}$、$\boldsymbol{b}$、$\boldsymbol{c}$ 为邻边的平行六面体的体积 $V=|(\boldsymbol{a}\times\boldsymbol{b},\boldsymbol{c})|$.

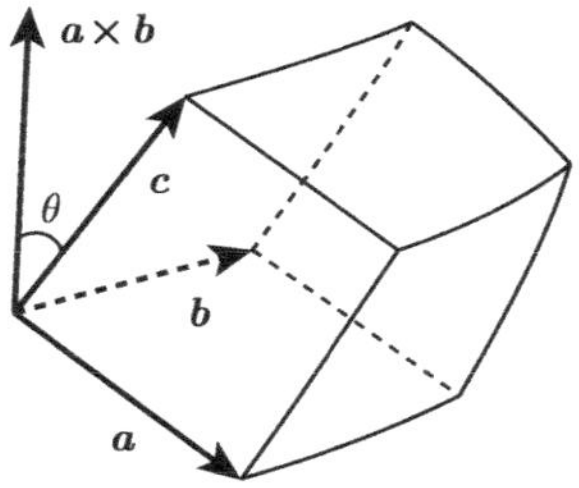

证明：设 $\boldsymbol{c}$ 与 $\boldsymbol{a}\times\boldsymbol{b}$ 的夹角是 $\theta(0\leqslant\theta\leqslant\pi)$，那么

$$V=\|\boldsymbol{a}\times\boldsymbol{b}\|\cdot\|\boldsymbol{c}\|\,|\cos\theta|=|(\boldsymbol{a}\times\boldsymbol{b},\boldsymbol{c})|.$$

③ 对于三阶矩阵 $\boldsymbol{A}=\begin{pmatrix} a_{11} & a_{12} & a_{13} \\ a_{21} & a_{22} & a_{23} \\ a_{31} & a_{32} & a_{33} \end{pmatrix}$，有

$$\boldsymbol{a}_1=\begin{pmatrix} a_{11} \\ a_{21} \\ a_{31} \end{pmatrix},\quad \boldsymbol{a}_2=\begin{pmatrix} a_{12} \\ a_{22} \\ a_{32} \end{pmatrix},\quad \boldsymbol{a}_3=\begin{pmatrix} a_{13} \\ a_{22} \\ a_{33} \end{pmatrix}.$$

我们把 $\boldsymbol{a}_1\times\boldsymbol{a}_2$ 与 $\boldsymbol{a}_3$ 的内积叫作矩阵 A 的**行列式**，写作

$$\begin{vmatrix} a_{11} & a_{12} & a_{13} \\ a_{21} & a_{22} & a_{23} \\ a_{31} & a_{32} & a_{33} \end{vmatrix},\quad |\boldsymbol{A}|,\quad \det\boldsymbol{A},\quad \det(\boldsymbol{a}_1,\boldsymbol{a}_2,\boldsymbol{a}_3).$$

根据 [5.3]，$\det(\boldsymbol{a}_1,\boldsymbol{a}_2,\boldsymbol{a}_3)$ 与以向量 $\boldsymbol{a}_1$、$\boldsymbol{a}_2$、$\boldsymbol{a}_3$ 为邻边的平行六面体的体积（含正负）相等. 至于正负，如果 $\boldsymbol{a}_1$、$\boldsymbol{a}_2$、$\boldsymbol{a}_3$ 满足右手定则，值为正；如果 $\boldsymbol{a}_1$、$\boldsymbol{a}_2$、$\boldsymbol{a}_3$ 满足左手定则，值为负. 实际上，如果 $\boldsymbol{a}_1$、$\boldsymbol{a}_2$、$\boldsymbol{a}_3$

满足右手定则，那么向量组 $\boldsymbol{e}_1$, $\boldsymbol{e}_2$, $\boldsymbol{e}_3$ 到 $\boldsymbol{a}_1$, $\boldsymbol{a}_2$, $\boldsymbol{a}_3$ 的变换是连续的，并且始终满足右手定则. 因为 $\det(\boldsymbol{e}_1, \boldsymbol{e}_2, \boldsymbol{e}_3) = 1$，所以 $\det(\boldsymbol{a}_1, \boldsymbol{a}_2, \boldsymbol{a}_3)$ 不可能为负.

如果 $\det(\boldsymbol{a}_1, \boldsymbol{a}_2, \boldsymbol{a}_3) = 0$，那么 $\boldsymbol{a}_1$、$\boldsymbol{a}_2$、$\boldsymbol{a}_3$ 不满足线性独立.

[5.4]　(1) 交换 $\boldsymbol{a}_1$、$\boldsymbol{a}_2$、$\boldsymbol{a}_3$ 中某两个向量的顺序，$\det(\boldsymbol{a}_1, \boldsymbol{a}_2, \boldsymbol{a}_3)$ 的正负会发生改变，绝对值相等.

(2) $\det(\boldsymbol{a}_1 + \boldsymbol{a}_1', \boldsymbol{a}_2, \boldsymbol{a}_3) = \det(\boldsymbol{a}_1, \boldsymbol{a}_2, \boldsymbol{a}_3) + \det(\boldsymbol{a}_1', \boldsymbol{a}_2, \boldsymbol{a}_3)$. $\boldsymbol{a}_2$ 和 $\boldsymbol{a}_3$ 同理.

(3) $\det(c\boldsymbol{a}_1, \boldsymbol{a}_2, \boldsymbol{a}_3) = c \cdot \det(\boldsymbol{a}_1, \boldsymbol{a}_2, \boldsymbol{a}_3)$. $\boldsymbol{a}_2$ 和 $\boldsymbol{a}_3$ 同理.

上述性质可通过定义和向量积的定义证明.

计算该行列式，可得

$$\begin{aligned}\begin{vmatrix} a_{11} & a_{12} & a_{13} \\ a_{21} & a_{22} & a_{23} \\ a_{31} & a_{32} & a_{33} \end{vmatrix} &= a_{13}\begin{vmatrix} a_{21} & a_{22} \\ a_{31} & a_{32} \end{vmatrix} + a_{23}\begin{vmatrix} a_{31} & a_{32} \\ a_{11} & a_{12} \end{vmatrix} + a_{33}\begin{vmatrix} a_{11} & a_{12} \\ a_{21} & a_{22} \end{vmatrix} \\ &= a_{11}a_{22}a_{33} + a_{12}a_{23}a_{31} + a_{13}a_{21}a_{32} \\ &\quad - a_{11}a_{23}a_{32} - a_{12}a_{21}a_{33} - a_{13}a_{22}a_{31}. \end{aligned} \tag{9}$$

通过一些复杂的计算，可知

$$|\boldsymbol{AB}| = |\boldsymbol{A}| \cdot |\boldsymbol{B}| \tag{10}$$

成立.

如果 $\boldsymbol{x}_1 = \begin{pmatrix} x_1 \\ y_1 \\ z_1 \end{pmatrix}, \boldsymbol{x}_2 = \begin{pmatrix} x_2 \\ y_2 \\ z_2 \end{pmatrix}, \boldsymbol{x}_3 = \begin{pmatrix} x_3 \\ y_3 \\ z_3 \end{pmatrix}, \boldsymbol{X} = \begin{pmatrix} x_1 & x_2 & x_3 \\ y_1 & y_2 & y_3 \\ z_1 & z_2 & z_3 \end{pmatrix}$，那么 $|\boldsymbol{AX}| = \det(\boldsymbol{Ax}_1, \boldsymbol{Ax}_2, \boldsymbol{Ax}_3)$.

另一方面，因为 $|\boldsymbol{AX}| = |\boldsymbol{A}|\,|\boldsymbol{X}| = |\boldsymbol{A}| \cdot \det(\boldsymbol{x}_1, \boldsymbol{x}_2, \boldsymbol{x}_3)$，所以

$$|\boldsymbol{A}| = \frac{\det(\boldsymbol{Ax}_1, \boldsymbol{Ax}_2, \boldsymbol{Ax}_3)}{\det(\boldsymbol{x}_1, \boldsymbol{x}_2, \boldsymbol{x}_3)}. \tag{11}$$

换言之，通过线性变换 $T_{\boldsymbol{A}}$，任意的平行六面体仍旧可以变换成平行六面体（重合情况也包含在内），而行列式 $|\boldsymbol{A}|$ 则是它们的体积比（含正负）.

因此，如果线性变换 $T_{\boldsymbol{A}}$ 已确定，那么行列式 $|\boldsymbol{A}|$ 也随之确定，它与坐标系的选择无关.

当线性变换 $T_{\boldsymbol{A}}$ 的变换始终满足右手定则时，$\boldsymbol{A}$ 的行列式也为正.

例 3 如果两条直线不在同一平面，那么这两条直线**异面**. 换言之，这两条直线既不相交，也不平行. 如果直线

$$(l_1): \boldsymbol{x} = \boldsymbol{x}_1 + t\boldsymbol{a},$$

$$(l_2): \boldsymbol{x} = \boldsymbol{x}_2 + t\boldsymbol{b}$$

异面，求证与两条直线相交且与它们都垂直的垂线有且只有一条，并求 (l_1) 与 (l_2) 的最短距离.

令 (l_1) 上点 P 和 (l_2) 上点 Q 的位置矢量分别是

$$\boldsymbol{p} = \boldsymbol{x}_1 + t\boldsymbol{a},$$

$$\boldsymbol{q} = \boldsymbol{x}_2 + s\boldsymbol{b}.$$

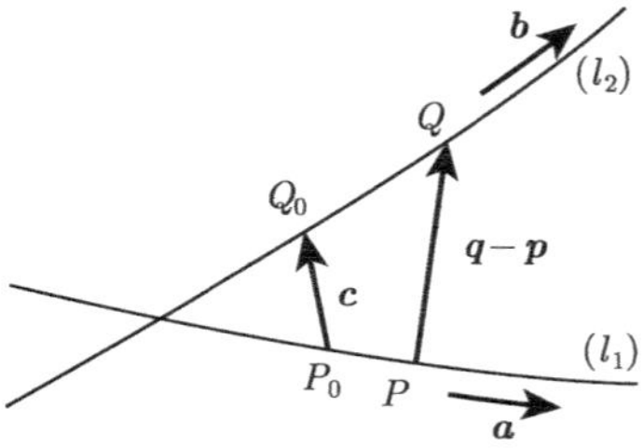

直线 PQ 与 (l_1) 和 (l_2) 垂直的条件是

$$(\boldsymbol{q}-\boldsymbol{p}, \boldsymbol{a}) = (\boldsymbol{q}-\boldsymbol{p}, \boldsymbol{b}) = 0.$$

所以

$$\begin{cases} (\boldsymbol{a},\boldsymbol{a})\,t - (\boldsymbol{a},\boldsymbol{b})\,s = (\boldsymbol{a}, \boldsymbol{x}_2 - \boldsymbol{x}_1) \\ (\boldsymbol{b},\boldsymbol{a})\,t - (\boldsymbol{b},\boldsymbol{b})\,s = (\boldsymbol{b}, \boldsymbol{x}_2 - \boldsymbol{x}_1) \end{cases}. \tag{12}$$

我们把 (12) 式看成关于 t、s 的一次方程组.

根据例 1，因为

$$\begin{vmatrix} (\boldsymbol{a},\boldsymbol{a}) & -(\boldsymbol{a},\boldsymbol{b}) \\ (\boldsymbol{b},\boldsymbol{a}) & -(\boldsymbol{b},\boldsymbol{b}) \end{vmatrix} = -\left\{\|\boldsymbol{a}\|^2\|\boldsymbol{b}\|^2 - (\boldsymbol{a},\boldsymbol{b})^2\right\} \neq 0,$$

所以 (13) 式有唯一解 t_0, s_0.

将位置矢量 $\boldsymbol{x}_1 + t_0\boldsymbol{a}$ 和 $\boldsymbol{x}_2 + s_0\boldsymbol{b}$ 所对应的点分别设为 P_0 和 Q_0，则直线 P_0Q_0 就是唯一与直线 $(l_1)(l_2)$ 相交且与它们都垂直的垂线.

$\overline{P_0Q_0}$ 是 (l_1) 与 (l_2) 的最短距离. 究其原因，如果 $P = P_0$ 或 $Q = Q_0$ 不成立，线段 PQ 便不会与 (l_1) 和 (l_2) 中任意一条直线垂直. 举个例子，当 PQ 与 (l_2) 不垂直时，过点 P 作 (l_2) 的垂线，垂足为 Q'，有 $\overline{PQ} > \overline{PQ'}$.

设 $\boldsymbol{c} = (\overrightarrow{P_0Q_0})$，位置矢量 $\boldsymbol{x}_1$、$\boldsymbol{x}_2$ 所对应的点是 P_1、Q_1，我们有

$$\begin{aligned} \boldsymbol{x}_2 - \boldsymbol{x}_1 &= \left(\overrightarrow{P_1Q_1}\right) = \left(\overrightarrow{P_1P_0}\right) + \left(\overrightarrow{P_0Q_0}\right) + \left(\overrightarrow{Q_0Q_1}\right) \\ &= \boldsymbol{c} + t_0\boldsymbol{a} - s_0\boldsymbol{b}. \end{aligned}$$

因为 $\boldsymbol{c}$ 与 $\boldsymbol{a}$ 和 $\boldsymbol{b}$ 都垂直，所以

$$(\boldsymbol{c}, \boldsymbol{x}_2 - \boldsymbol{x}_1) = (\boldsymbol{c}, \boldsymbol{c}),$$

$$\boldsymbol{c} = k(\boldsymbol{a} \times \boldsymbol{b}), k \neq 0.$$

因此

$$\begin{aligned} \|\boldsymbol{c}\| &= \frac{|(\boldsymbol{c}, \boldsymbol{c})|}{\|\boldsymbol{c}\|} = \frac{|(\boldsymbol{c}, \boldsymbol{x}_2 - \boldsymbol{x}_1)|}{|k| \|\boldsymbol{a} \times \boldsymbol{b}\|} = \frac{|(\boldsymbol{a} \times \boldsymbol{b}, \boldsymbol{x}_2 - \boldsymbol{x}_1)|}{\|\boldsymbol{a} \times \boldsymbol{b}\|} \\ &= \frac{|\det(\boldsymbol{a}, \boldsymbol{b}, \boldsymbol{x}_2 - \boldsymbol{x}_1)|}{\|\boldsymbol{a} \times \boldsymbol{b}\|}. \end{aligned} \tag{13}$$

这就是 (l_1) 与 (l_2) 的最短距离.

据此，我们可以知道，直线 (l_1) 与 (l_2) 异面的条件是

$$\det(\boldsymbol{a}, \boldsymbol{b}, \boldsymbol{x}_2 - \boldsymbol{x}_1) \neq 0. \tag{14}$$

习　　题

1. 如果连接多面体 P 内任意两点的线段在 P 内，那么这样的多面体 P 叫作**凸多面体**. 现有凸多面体 P 的顶点 $P_1, P_2, \cdots, P_k$，其中 $k \geqslant 4$，它们的位置矢量分别是 $\boldsymbol{x}_1, \boldsymbol{x}_2, \cdots, \boldsymbol{x}_k$. 求证多面体 P 就是满足下述形式的位置矢量 $\boldsymbol{x}$ 所对应的点的集合.

$$\boldsymbol{x} = t_1\boldsymbol{x}_1 + t_2\boldsymbol{x}_2 + \cdots + t_k\boldsymbol{x}_k, \text{其中} t_1, t_2, \cdots, t_k \geqslant 0, \text{且} t_1 + t_2 + \cdots + t_k = 1.$$

注：我们把满足这种形式的向量叫作 $\boldsymbol{x}_1, \boldsymbol{x}_2, \cdots, \boldsymbol{x}_k$ 的**凸组合**.

2. 求证：经过平面内不同的两点 $P_1(x_1, y_1)$ 和 $P_2(x_2, y_2)$ 的直线方程是

$$\begin{vmatrix} 1 & 1 & 1 \\ x & x_1 & x_2 \\ y & y_1 & y_2 \end{vmatrix} = 0.$$

3. 求证：平面上，关于经过原点的任意直线 (l) 对称的变换 T 是 $\boldsymbol{V}^2$ 上的线性变换. 当直线 (l) 与 x 轴正方向的夹角是 θ 时，求 T 所对应的矩阵.

4. 求证：平面上绕原点的旋转变换所对应的矩阵可以表示成关于两条直线的对称变换所对应的矩阵的乘积，其中这两条直线经过原点且关于 x 轴对称.

5. 求证空间中关于平面 $(\boldsymbol{a},\boldsymbol{x})=0$ 对称的变换是 $\boldsymbol{V}^3$ 上的线性变换，并求其变换公式.

6. 如果平面 $(S): ax+by+cz=d$ 与坐标轴都不平行，求:

(i) (S) 与 3 个坐标平面所围成的四面体的体积;

(ii) (S) 与 3 个坐标平面交线所围成的三角形的面积.

7. O、A、B、C 这 4 个点不在同一平面. 令 $\boldsymbol{a}=(\overrightarrow{OA})$，$\boldsymbol{b}=(\overrightarrow{OB})$，$\boldsymbol{c}=(\overrightarrow{OC})$，求:

(i) 用 $\boldsymbol{a}$、$\boldsymbol{b}$、$\boldsymbol{c}$ 表示点 A 到平面 OBC 的最短距离;

(ii) 用 $\boldsymbol{a}$、$\boldsymbol{b}$、$\boldsymbol{c}$ 表示点 A 到直线 BC 的最短距离.

8. 已知 $\boldsymbol{a}$、$\boldsymbol{b}$、$\boldsymbol{c}$ 是 $\boldsymbol{V}^3$ 上的向量，求证: $\begin{vmatrix} (\boldsymbol{a},\boldsymbol{a}) & (\boldsymbol{a},\boldsymbol{b}) & (\boldsymbol{a},\boldsymbol{c}) \\ (\boldsymbol{b},\boldsymbol{a}) & (\boldsymbol{b},\boldsymbol{b}) & (\boldsymbol{b},\boldsymbol{c}) \\ (\boldsymbol{c},\boldsymbol{a}) & (\boldsymbol{c},\boldsymbol{b}) & (\boldsymbol{c},\boldsymbol{c}) \end{vmatrix} = \det(\boldsymbol{a},\boldsymbol{b},\boldsymbol{c})^2$.

9. 假设 $\|\boldsymbol{x}\|=\|\boldsymbol{y}\|=\|\boldsymbol{z}\|=1$，求 $\det(\boldsymbol{x},\boldsymbol{y},\boldsymbol{z})$ 的最大值和最小值.

10. 已知 $\boldsymbol{a}$、$\boldsymbol{b}$、$\boldsymbol{c}$ 是 $\boldsymbol{V}^3$ 上的向量，求证下述等式.

(i) $(\boldsymbol{a}\times\boldsymbol{b})\times\boldsymbol{c}=-(\boldsymbol{b},\boldsymbol{c})\,\boldsymbol{a}+(\boldsymbol{a},\boldsymbol{c})\,\boldsymbol{b}$.

(ii) $(\boldsymbol{a}\times\boldsymbol{b})\times\boldsymbol{c}+(\boldsymbol{b}\times\boldsymbol{c})\times\boldsymbol{a}+(\boldsymbol{c}\times\boldsymbol{a})\times\boldsymbol{b}=\boldsymbol{0}$.

第 2 章 矩　　阵

2.1 矩阵的定义和计算

① 定义　如果 m、n 是自然数，我们就把 mn 个复数 $a_{ij}(i=1, 2, \cdots, m;\ j=1, 2, \cdots, n)$ 排成的 m 行 n 列的矩形数表叫作 $m\times n$ **矩阵**. 用大写字母 $\boldsymbol{A}$ 表示.

$$\boldsymbol{A}=\begin{pmatrix} a_{11} & a_{12} & \cdots\cdots & a_{1n} \\ a_{21} & a_{22} & \cdots\cdots & a_{2n} \\ \vdots & \vdots & & \vdots \\ a_{m1} & a_{m2} & \cdots\cdots & a_{mn} \end{pmatrix}.$$

构成矩阵的 mn 个数叫作矩阵的**元素**. 从上往下数第 i 排，从左往右数第 j 列的元素 a_{ij} 叫作元素 $(i,\ j)$. 横向叫**行**，纵向叫**列**. 从上往下数第 i 行叫作第 i 行，从左往右数第 j 列叫作第 j 列.

所有元素都是实数的矩阵叫作**实矩阵**.

上述矩阵 $\boldsymbol{A}$ 可简记为 (a_{ij}). 虽然元素 $(i,\ j)$ 可以看成数 a_{ij} 的标记，但或多或少会造成混淆. 所以含义不清的时候，聪明的做法还是尽可能避免这样标记.

我们定义矩阵 $\boldsymbol{A}$、$\boldsymbol{B}$ 相等：$\boldsymbol{A}$、$\boldsymbol{B}$ 是同类型的矩阵，所有对应元素相等. 写作 $\boldsymbol{A}=\boldsymbol{B}$.

我们把 $m\times 1$ 矩阵，即 m 个数纵向排成的数表叫作 m **阶列向量**或 m **元列向量**.

$1\times n$ 矩阵叫作 n **阶行向量**或 n **元行向量**. 除了个别情况，我们一般不用行向量.

② 我们将第 1 章的向量计算拓展到一般的矩阵.

对两个 $m\times n$ 矩阵 $\boldsymbol{A}$、$\boldsymbol{B}$，我们把 $\boldsymbol{A}$、$\boldsymbol{B}$ 的每个对应元素相加作为新的同类型矩阵的对应元素，并把这个矩阵叫作 $\boldsymbol{A}$ 与 $\boldsymbol{B}$ 的**和**，写作 $\boldsymbol{A}+\boldsymbol{B}$.

如果

$$A=\begin{pmatrix} a_{11} & a_{12} & \cdots\cdots & a_{1n} \\ a_{21} & a_{22} & \cdots\cdots & a_{2n} \\ \vdots & \vdots & & \vdots \\ a_{m1} & a_{m2} & \cdots\cdots & a_{mn} \end{pmatrix}, B=\begin{pmatrix} b_{11} & b_{12} & \cdots\cdots & b_{1n} \\ b_{21} & b_{22} & \cdots\cdots & b_{2n} \\ \vdots & \vdots & & \vdots \\ b_{m1} & b_{m2} & \cdots\cdots & b_{mn} \end{pmatrix},$$

那么

$$A+B=\begin{pmatrix} a_{11}+b_{11} & a_{12}+b_{12} & \cdots\cdots & a_{1n}+b_{1n} \\ a_{21}+b_{21} & a_{22}+b_{22} & \cdots\cdots & a_{2n}+b_{2n} \\ \vdots & \vdots & & \vdots \\ a_{m1}+b_{m1} & a_{m2}+b_{m2} & \cdots\cdots & a_{mn}+b_{mn} \end{pmatrix}.$$

另外，对复数 c，我们把 $m\times n$ 矩阵 $\boldsymbol{A}$ 的每个元素乘以 c 得到的同类型矩阵叫作 $\boldsymbol{A}$ 的 c 倍，用 $c\boldsymbol{A}$ 表示.

$$c\boldsymbol{A}=\begin{pmatrix} ca_{11} & ca_{12} & \cdots\cdots & ca_{1n} \\ ca_{21} & ca_{22} & \cdots\cdots & ca_{2n} \\ \vdots & \vdots & & \vdots \\ ca_{m1} & ca_{m2} & \cdots\cdots & ca_{mn} \end{pmatrix}.$$

我们用 $-\boldsymbol{A}$ 表示 $(-1)\boldsymbol{A}$，用 $\boldsymbol{A}-\boldsymbol{B}$ 表示 $\boldsymbol{A}+(-\boldsymbol{B})$.

我们把所有元素都是的 0 的 $m\times n$ 矩阵叫作 $m\times n$ 的**零矩阵**，用 $\boldsymbol{O}_{m,n}$ 表示. 在不混淆的情况下，可以把它简单写成 $\boldsymbol{O}$.

对任意 $m\times n$ 矩阵 $\boldsymbol{A}$，易知 $\boldsymbol{A}+\boldsymbol{O}=\boldsymbol{A}$，$\boldsymbol{A}-\boldsymbol{A}=\boldsymbol{O}$ 成立.

[1.1] 下述计算法则成立.

$$(\boldsymbol{A}+\boldsymbol{B})+\boldsymbol{C}=\boldsymbol{A}+(\boldsymbol{B}+\boldsymbol{C}) \text{（结合律）},$$

$$\boldsymbol{A}+\boldsymbol{B}=\boldsymbol{B}+\boldsymbol{A} \text{（交换律）},$$

$$c(\boldsymbol{A}+\boldsymbol{B})=c\boldsymbol{A}+c\boldsymbol{B},$$

$$(c+d)\boldsymbol{A}=c\boldsymbol{A}+d\boldsymbol{A},$$

$$(cd)\boldsymbol{A}=c(d\boldsymbol{A}),$$

$$1\boldsymbol{A}=\boldsymbol{A}, 0\boldsymbol{A}=\boldsymbol{O}.$$

③ 我们将第 1 章中二阶矩阵和三阶矩阵的乘法一般化.

假设 $\boldsymbol{A}$ 是 $l\times m$ 矩阵，$\boldsymbol{B}$ 是 $m\times n$ 矩阵，我们用第 1 章介绍的方法定义矩阵**乘积**$\boldsymbol{AB}$. 换言之，$\boldsymbol{AB}$ 的元素 (i, k) 是把 $\boldsymbol{A}$ 的第 i 排从左往右，$\boldsymbol{B}$ 的第 k 列从上往下所对应的元素相乘，并将 m 个乘积相加所得. 因为 $\boldsymbol{A}$ 的列数和 $\boldsymbol{B}$ 的行数都是 m，所以上述操作是可以实现的. $\boldsymbol{AB}$ 自然是 $l\times n$ 矩阵.

如果

$$\boldsymbol{A}=\begin{pmatrix} a_{11} & a_{12} & \cdots\cdots & a_{1m} \\ a_{21} & a_{22} & \cdots\cdots & a_{2m} \\ \vdots & \vdots & & \vdots \\ a_{l1} & a_{l2} & \cdots\cdots & a_{lm} \end{pmatrix},\quad \boldsymbol{B}=\begin{pmatrix} b_{11} & b_{12} & \cdots\cdots & b_{1n} \\ b_{21} & b_{22} & \cdots\cdots & b_{2n} \\ \vdots & \vdots & & \vdots \\ b_{m1} & b_{m2} & \cdots\cdots & b_{mn} \end{pmatrix},$$

$$\boldsymbol{AB}=\begin{pmatrix} c_{11} & c_{12} & \cdots\cdots & c_{1n} \\ c_{21} & c_{22} & \cdots\cdots & c_{2n} \\ \vdots & \vdots & & \vdots \\ c_{l1} & c_{l2} & \cdots\cdots & c_{ln} \end{pmatrix},$$

那么 $c_{ik}=\sum\limits_{j=1}^{m}a_{ij}b_{jk}=a_{i1}b_{1k}+a_{i2}b_{2k}+\cdots+a_{im}b_{mk}(i=1,2,\cdots,l;k=1,2,\cdots,n)$.

就算 $\boldsymbol{AB}$ 有意义，$\boldsymbol{BA}$ 也不一定是有意义的. 另外，就算 $\boldsymbol{BA}$ 有意义，它也不一定和 $\boldsymbol{AB}$ 相等. 这一点我们在第 1 章就举过例子了.

[1.2]　如果 $\boldsymbol{A}$、$\boldsymbol{B}$、$\boldsymbol{C}$ 分别是 $k\times l$ 矩阵、$l\times m$ 矩阵、$m\times n$ 矩阵，那么

$$(\boldsymbol{AB})\boldsymbol{C}=\boldsymbol{A}(\boldsymbol{BC})\text{（结合律）}.$$

证明：这个等式两边都有意义且都是 $k\times n$ 矩阵.

令

$$\boldsymbol{A}=(a_{pq}),\boldsymbol{B}=(b_{qr}),\boldsymbol{C}=(c_{rs})\,(p=1,2,\cdots,k;q=1,2,\cdots,l;$$
$$r=1,2,\cdots,m;s=1,2,\cdots,n).$$

因为 $\boldsymbol{AB}$ 的元素 (p,r) 是 $\sum\limits_{q=1}^{l}a_{pq}b_{qr}$，所以 $(\boldsymbol{AB})\boldsymbol{C}$ 的元素 (p,s) 是

$$\sum_{r=1}^{m}\left\{\left(\sum_{q=1}^{l}a_{pq}b_{qr}\right)\cdot c_{rs}\right\}=\sum_{r=1}^{m}\sum_{q=1}^{l}a_{pq}b_{qr}c_{rs}.$$

另一方面，因为 $\boldsymbol{BC}$ 的元素 (q,s) 是 $\sum\limits_{r=1}^{m} b_{qr}c_{rs}$，所以 $\boldsymbol{A}(\boldsymbol{BC})$ 的元素 (p,s) 是

$$\sum_{q=1}^{l}\left(a_{pq}\cdot\sum_{r=1}^{m} b_{qr}c_{rs}\right)=\sum_{q=1}^{l}\sum_{r=1}^{m} a_{pq}b_{qr}c_{rs}.$$

所以 $(\boldsymbol{AB})\boldsymbol{C}=\boldsymbol{A}(\boldsymbol{BC})$，证毕.

[1.3] 易证下述性质.

$$\text{（分配律）}\left\{\begin{array}{l}\boldsymbol{A}(\boldsymbol{B}+\boldsymbol{C})=\boldsymbol{AB}+\boldsymbol{AC}\\(\boldsymbol{A}+\boldsymbol{B})\boldsymbol{C}=\boldsymbol{AC}+\boldsymbol{BC}\end{array}\right.,$$

$$\boldsymbol{AO}=\boldsymbol{O},\quad \boldsymbol{OA}=\boldsymbol{O}.$$

这里，等式两边都有意义.

问题 1 求证 [1.3].

问题 2 如果 $\boldsymbol{AB}$ 有意义，求证对任意的数 c，$c(\boldsymbol{AB})=(c\boldsymbol{A})\boldsymbol{B}=\boldsymbol{A}(c\boldsymbol{B})$ 成立.

问题 3 求下列矩阵的乘积.

$$\text{(i)}\begin{pmatrix}1&-2&3\\2&1&0\end{pmatrix}\begin{pmatrix}-2&-1&1\\1&2&-3\\4&0&3\end{pmatrix}.\ \text{(ii)}\begin{pmatrix}2&1&0\\-1&2&1\\0&-3&2\end{pmatrix}\begin{pmatrix}1\\2\\3\end{pmatrix}.$$

$$\text{(iii)}\begin{pmatrix}1&\mathrm{i}\\-\mathrm{i}&1\end{pmatrix}\begin{pmatrix}1+\mathrm{i}&0\\0&1-\mathrm{i}\end{pmatrix}\text{（i 是虚数单位 }\sqrt{-1}\text{）}.$$

$$\text{(iv)}\begin{pmatrix}2&1-\mathrm{i}&3\mathrm{i}\end{pmatrix}\begin{pmatrix}2\\1+\mathrm{i}\\-3\mathrm{i}\end{pmatrix}.$$

在矩阵乘法中，单位矩阵这一特殊矩阵有着非常重要的作用. 对 $n\times n$ 矩阵，如果只有 (i,i) $(i=(1,2,\cdots,n))$ 的元素是 1，其他元素都是 0，那么这种矩阵叫作 n 阶**单位矩阵**，写作 $\boldsymbol{E}_n$. 在不会混淆的情况下，可以将其

简写成 $\boldsymbol{E}$.

$$\boldsymbol{E}_n=\begin{pmatrix}1&0&\cdots&0\\0&1&\cdots&0\\\vdots&\vdots&\ddots&\vdots\\0&0&\cdots&1\end{pmatrix}.$$

单位矩阵的元素 $(i,\ j)$ 记作 δ_{ij}，即 $\delta_{ij}=\begin{cases}1\,(i=j),\\0\,(i\neq j).\end{cases}$，可简单记成 $\boldsymbol{E}=(\delta_{ij})$. 其中 δ_{ij} 叫作**克罗内克符号**.

[1.4] 对任意 $m\times n$ 矩阵 $\boldsymbol{A}$，易证

$$\boldsymbol{AE}_n=\boldsymbol{A},\quad \boldsymbol{E}_m\boldsymbol{A}=\boldsymbol{A}.$$

④ 我们抽出 $m\times n$ 矩阵 $\boldsymbol{A}=(a_{ij})$ 的第 j 列，可把它看作 m 阶列向量. 我们把它叫作矩阵 $\boldsymbol{A}$ 第 j 列列向量. 换言之，如果

$$\boldsymbol{a}_1=\begin{pmatrix}a_{11}\\a_{21}\\\vdots\\a_{m1}\end{pmatrix},\boldsymbol{a}_2=\begin{pmatrix}a_{12}\\a_{22}\\\vdots\\a_{m2}\end{pmatrix},\cdots,\boldsymbol{a}_n=\begin{pmatrix}a_{1n}\\a_{2n}\\\vdots\\a_{mn}\end{pmatrix},$$

那么

$$\boldsymbol{A}=\begin{pmatrix}\boldsymbol{a}_1&\boldsymbol{a}_2&\cdots&\boldsymbol{a}_n\end{pmatrix}.$$

$\boldsymbol{A}$ 的行向量也可按上述方法定义.

我们把单位矩阵 $\boldsymbol{E}_n$ 的 n 个列向量

$$\boldsymbol{e}_1=\begin{pmatrix}1\\0\\\vdots\\0\end{pmatrix},\boldsymbol{e}_2=\begin{pmatrix}0\\1\\\vdots\\0\end{pmatrix},\cdots,\boldsymbol{e}_n=\begin{pmatrix}0\\0\\\vdots\\1\end{pmatrix}$$

叫作 n 阶**单位向量**.

[1.5] $\boldsymbol{A}$ 是 $l\times m$ 矩阵，$\boldsymbol{B}$ 是 $m\times n$ 矩阵，如果把 $\boldsymbol{B}$ 的列向量记作 $\boldsymbol{b}_1,\ \boldsymbol{b}_2,\ \cdots,\ \boldsymbol{b}_n$，那么 $l\times n$ 矩阵 $\boldsymbol{AB}$ 的列向量是 $\boldsymbol{Ab}_1,\boldsymbol{Ab}_2,\cdots,\boldsymbol{Ab}_n$. 类比上述方法，$\boldsymbol{AB}$ 记作

$$\boldsymbol{AB}=\begin{pmatrix}\boldsymbol{Ab}_1&\boldsymbol{Ab}_2&\cdots&\boldsymbol{Ab}_n\end{pmatrix}.$$

如果 $\boldsymbol{B}=\boldsymbol{E}$，那么

$$\boldsymbol{A}=\begin{pmatrix}\boldsymbol{A}\boldsymbol{e}_1 & \boldsymbol{A}\boldsymbol{e}_2 & \cdots & \boldsymbol{A}\boldsymbol{e}_n\end{pmatrix}.$$

可根据积的定义证明.

对任意 n 阶列向量 $\boldsymbol{x}=(x_i)$，可通过单位向量将其表示为

$$\boldsymbol{x}=x_1\boldsymbol{e}_1+x_2\boldsymbol{e}_2+\cdots+x_n\boldsymbol{e}_n.$$

一般地，对 n 阶列向量 $\boldsymbol{a}_1,\boldsymbol{a}_2,\cdots,\boldsymbol{a}_k$ 我们将形如

$$x_1\boldsymbol{a}_1+x_2\boldsymbol{a}_2+\cdots+x_k\boldsymbol{a}_k$$

的式子叫作 $\boldsymbol{a}_1,\boldsymbol{a}_2,\cdots,\boldsymbol{a}_k$ 的**线性组合**.

⑤ 我们把矩阵 $\boldsymbol{A}=(a_{ij})$ 的每个元素换成它的共轭复数，并把矩阵 $\overline{\boldsymbol{A}}=(\overline{a}_{ij})$ 叫作 $\boldsymbol{A}$ 的**共轭矩阵**，写作 $\overline{\boldsymbol{A}}$.

[1.6] $\overline{\overline{\boldsymbol{A}}}=\boldsymbol{A}$，$\overline{\boldsymbol{A}+\boldsymbol{B}}=\overline{\boldsymbol{A}}+\overline{\boldsymbol{B}}$，$\overline{c\boldsymbol{A}}=\overline{c}\overline{\boldsymbol{A}}$，$\overline{\boldsymbol{A}\boldsymbol{B}}=\overline{\boldsymbol{A}}\,\overline{\boldsymbol{B}}$.

等式两边均有意义.

将 $m\times n$ 矩阵 $\boldsymbol{A}$ 的行变成列，列变成行，我们把这样的矩阵叫作 $\boldsymbol{A}$ 的**转置矩阵**，写作 $\boldsymbol{A}^{\mathrm{T}}$.

如果

$$\boldsymbol{A}=\begin{pmatrix}a_{11} & a_{12} & \cdots\cdots & a_{1n}\\ a_{21} & a_{22} & \cdots\cdots & a_{2n}\\ \vdots & \vdots & & \vdots\\ a_{m1} & a_{m2} & \cdots\cdots & a_{mn}\end{pmatrix},$$

那么

$$\boldsymbol{A}^{\mathrm{T}}=\begin{pmatrix}a_{11} & a_{21} & \cdots & a_{m1}\\ a_{12} & a_{22} & \cdots & a_{m2}\\ \vdots & \vdots & & \vdots\\ a_{1n} & a_{2n} & \cdots & a_{mn}\end{pmatrix}.$$

[1.7] $(\boldsymbol{A}^{\mathrm{T}})^{\mathrm{T}}=\boldsymbol{A}$，$(\overline{\boldsymbol{A}})^{\mathrm{T}}=\overline{(\boldsymbol{A}^{\mathrm{T}})}$，$(\boldsymbol{A}+\boldsymbol{B})^{\mathrm{T}}=\boldsymbol{A}^{\mathrm{T}}+\boldsymbol{B}^{\mathrm{T}}$，$(c\boldsymbol{A})^{\mathrm{T}}=c\boldsymbol{A}^{\mathrm{T}}$，$(\boldsymbol{A}\boldsymbol{B})^{\mathrm{T}}=\boldsymbol{B}^{\mathrm{T}}\boldsymbol{A}^{\mathrm{T}}$.

我们要特别注意最后一个式子的形式. 通过比较等式两边对应的元素即可证明.

⑥ 接下来介绍如何把行列数较大的矩阵乘法转化成行列数较小的矩阵乘法. 例如，我们用横线和竖线，把 $\boldsymbol{A}=\begin{pmatrix}1&2&-1&0\\2&1&3&2\\1&2&3&4\end{pmatrix}$ 划分成 4 块

$$\left(\begin{array}{ccc:c}1&2&-1&0\\2&1&3&2\\ \hdashline 1&2&3&4\end{array}\right).$$

各块可分别看成一个矩阵，根据其位置放入 $\boldsymbol{A}$ 中，写成

$$\boldsymbol{A}=\begin{pmatrix}\boldsymbol{A}_{11}&\boldsymbol{A}_{12}\\\boldsymbol{A}_{21}&\boldsymbol{A}_{22}\end{pmatrix},$$

其中

$$\boldsymbol{A}_{11}=\begin{pmatrix}1&2&-1\\2&1&3\end{pmatrix},\quad \boldsymbol{A}_{12}=\begin{pmatrix}0\\2\end{pmatrix},\quad \boldsymbol{A}_{21}=\begin{pmatrix}1&2&3\end{pmatrix},\quad \boldsymbol{A}_{22}=(4).$$

一般我们用 $p-1$ 条横线和 $q-1$ 条竖线将 $l\times m$ 矩阵 $\boldsymbol{A}=(a_{ij})$ 划分成 pq 块，并把从上往下第 s 排、从左往右第 t 列的那一块记作 $\boldsymbol{A}_{st}$. 此时 $\boldsymbol{A}$ 可写为

$$\boldsymbol{A}=\begin{pmatrix}\boldsymbol{A}_{11}&\boldsymbol{A}_{12}&\cdots\cdots&\boldsymbol{A}_{1q}\\\boldsymbol{A}_{21}&\boldsymbol{A}_{22}&\cdots\cdots&\boldsymbol{A}_{2q}\\\vdots&\vdots&&\vdots\\\boldsymbol{A}_{p1}&\boldsymbol{A}_{p2}&\cdots\cdots&\boldsymbol{A}_{pq}\end{pmatrix}. \tag{1}$$

我们把它叫作**分块**.

我们认为分块矩阵的乘法计算方法和普通矩阵的乘法计算方法是类似的.

在 (1) 的分块方式中，$\boldsymbol{A}_{st}$ 是 $l_s\times m_t$ 矩阵，自然有

$$\begin{cases}l=l_1+l_2+\cdots+l_p\\m=m_1+m_2+\cdots+m_q\end{cases}. \tag{2}$$

接着，我们将 $m\times n$ 矩阵 $\boldsymbol{B}=(b_{ij})$ 划分成 qr 块.

$$\boldsymbol{B}=\begin{pmatrix}\boldsymbol{B}_{11} & \boldsymbol{B}_{12} & \cdots\cdots & \boldsymbol{B}_{1r}\\ \boldsymbol{B}_{21} & \boldsymbol{B}_{22} & \cdots\cdots & \boldsymbol{B}_{2r}\\ \vdots & \vdots & & \vdots\\ \boldsymbol{B}_{q1} & \boldsymbol{B}_{q2} & \cdots\cdots & \boldsymbol{B}_{qr}\end{pmatrix}, \tag{3}$$

其中，$\boldsymbol{B}_{tu}(t=1,2,\cdots,q;u=1,2,\cdots,r)$ 是 $m_t\times n_u$ 矩阵，自然有

$$\begin{cases} m=m_1+m_2+\cdots+m_q\\ n=n_1+n_2+\cdots+n_r\end{cases}. \tag{4}$$

(2) 和 (4) 中正整数 m 的划分必须完全相同.

积 $\boldsymbol{C}=\boldsymbol{AB}$ 则可划分成 pr 块.

$$\boldsymbol{C}=\begin{pmatrix}\boldsymbol{C}_{11} & \boldsymbol{C}_{12} & \cdots\cdots & \boldsymbol{C}_{1r}\\ \boldsymbol{C}_{21} & \boldsymbol{C}_{22} & \cdots\cdots & \boldsymbol{C}_{2r}\\ \vdots & \vdots & & \vdots\\ \boldsymbol{C}_{p1} & \boldsymbol{C}_{p2} & \cdots\cdots & \boldsymbol{C}_{pr}\end{pmatrix}, \tag{5}$$

其中，$\boldsymbol{C}_{su}$ 是 $l_s\times n_u$ 矩阵. 此时，我们认为

$$\begin{aligned}\boldsymbol{C}_{su}=&\boldsymbol{A}_{s1}\boldsymbol{B}_{1u}+\boldsymbol{A}_{s2}\boldsymbol{B}_{2u}+\cdots+\boldsymbol{A}_{sq}\boldsymbol{B}_{qu}\\ &(s=1,2,\cdots,p;u=1,2,\cdots,r)\end{aligned} \tag{6}$$

成立.

为证明这个等式，我们首先必须说明式 (6) 是有意义的. 实际上，因为 $\boldsymbol{A}_{st}$ 是 $l_s\times m_t$ 矩阵，$\boldsymbol{B}_{tu}$ 是 $m_t\times n_u$ 矩阵，所以不管 t 为何值，积 $\boldsymbol{A}_{st}\boldsymbol{B}_{tu}$ 都是有意义的且为 $l_s\times n_u$ 矩阵. 所以这些矩阵的和，即式 (6) 的右边是有意义的且与左边 $\boldsymbol{C}_{su}$ 同为 $l_s\times n_u$ 矩阵.

接下来，我们证明式 (6) 两边的对应元素——我们将其称为元素 (α,β) 是相等的.

考虑到

$$i=l_1+l_2+\cdots+l_{s-1}+\alpha,\quad k=n_1+n_2+\cdots+n_{s-1}+\beta,$$

所以

$$\boldsymbol{C}_{su}\text{ 的元素 }(\alpha,\beta)=\boldsymbol{C}\text{ 的元素 }(i,k)=\sum_{j=1}^{m}a_{ij}b_{jk}.$$

另外，因为

$$\boldsymbol{A}_{st}\boldsymbol{B}_{tu} \text{ 的元素 } (\alpha, \beta) = \sum_{j=m_1+m_2+\cdots+m_{t-1}+1}^{m_1+m_2+\cdots+m_t} a_{ij}b_{jk},$$

所以

$$\sum_{t=1}^{q} \boldsymbol{A}_{st}\boldsymbol{B}_{tu} \text{ 的元素}(\alpha,\beta) = \sum_{j=1}^{m} a_{ij}b_{jk}.$$

式 (6) 证毕.

例 1 如果 $p=q=r=2$，那么

$$\begin{pmatrix} \boldsymbol{A}_{11} & \boldsymbol{A}_{12} \\ \boldsymbol{A}_{21} & \boldsymbol{A}_{22} \end{pmatrix}\begin{pmatrix} \boldsymbol{B}_{11} & \boldsymbol{B}_{12} \\ \boldsymbol{B}_{21} & \boldsymbol{B}_{22} \end{pmatrix} = \begin{pmatrix} \boldsymbol{A}_{11}\boldsymbol{B}_{11}+\boldsymbol{A}_{12}\boldsymbol{B}_{21} & \boldsymbol{A}_{11}\boldsymbol{B}_{12}+\boldsymbol{A}_{12}\boldsymbol{B}_{22} \\ \boldsymbol{A}_{21}\boldsymbol{B}_{11}+\boldsymbol{A}_{22}\boldsymbol{B}_{21} & \boldsymbol{A}_{21}\boldsymbol{B}_{12}+\boldsymbol{A}_{22}\boldsymbol{B}_{22} \end{pmatrix}.$$

特别是当 $\boldsymbol{A}_{21}$、$\boldsymbol{B}_{21}$ 为零矩阵时，有

$$\begin{pmatrix} \boldsymbol{A}_{11} & \boldsymbol{A}_{12} \\ \boldsymbol{O} & \boldsymbol{A}_{22} \end{pmatrix}\begin{pmatrix} \boldsymbol{B}_{11} & \boldsymbol{B}_{12} \\ \boldsymbol{O} & \boldsymbol{B}_{22} \end{pmatrix} = \begin{pmatrix} \boldsymbol{A}_{11}\boldsymbol{B}_{11}+\boldsymbol{A}_{12}\boldsymbol{B}_{21} & \boldsymbol{A}_{11}\boldsymbol{B}_{12}+\boldsymbol{A}_{12}\boldsymbol{B}_{22} \\ \boldsymbol{O} & \boldsymbol{A}_{21}\boldsymbol{B}_{12}+\boldsymbol{A}_{22}\boldsymbol{B}_{22} \end{pmatrix}.$$

此时，分块矩阵能发挥特别明显的作用.

另外，如果 $\boldsymbol{A}_{12}$、$\boldsymbol{B}_{12}$ 也为零矩阵，那么

$$\begin{pmatrix} \boldsymbol{A}_{11} & \boldsymbol{O} \\ \boldsymbol{O} & \boldsymbol{A}_{22} \end{pmatrix}\begin{pmatrix} \boldsymbol{B}_{11} & \boldsymbol{O} \\ \boldsymbol{O} & \boldsymbol{B}_{22} \end{pmatrix} = \begin{pmatrix} \boldsymbol{A}_{11}\boldsymbol{B}_{11} & \boldsymbol{O} \\ \boldsymbol{O} & \boldsymbol{A}_{22}\boldsymbol{B}_{22} \end{pmatrix}.$$

例 2 如果只用竖线将 $m\times n$ 矩阵 $\boldsymbol{A}$ 划分成 n 块，那么每块都是 $m\times 1$ 矩阵，即 m 阶列向量，如果用 $\boldsymbol{a}_1, \boldsymbol{a}_2, \cdots, \boldsymbol{a}_n$ 表示，那么

$$\boldsymbol{A} = \begin{pmatrix} \boldsymbol{a}_1 & \boldsymbol{a}_2 & \cdots & \boldsymbol{a}_n \end{pmatrix}.$$

这与 ④ 中介绍的表示方法相同，计算法则 [1.5] 则可看成方才证明的等式的特殊情况.

问题 计算下列矩阵乘积.

$$\text{(i)} \begin{pmatrix} 1 & -1 & 0 & 0 \\ 0 & -2 & 0 & 0 \\ 0 & 0 & -2 & 3 \\ 0 & 0 & 1 & 1 \end{pmatrix}\begin{pmatrix} 2 & 1 & 0 & 0 \\ 0 & 1 & 0 & 0 \\ 0 & 0 & 1 & 1 \\ 0 & 0 & 2 & -3 \end{pmatrix}.$$

$$\text{(ii)}\begin{pmatrix}2&0&0\\0&-1&0\\0&0&3\end{pmatrix}\begin{pmatrix}-1&0&0\\0&2&0\\0&0&1\end{pmatrix}.$$

2.2 方块矩阵与可逆矩阵

行数与列数相等的矩阵非常重要. 我们把 $n\times n$ 矩阵 $\boldsymbol{A}$ 叫作 n **阶方块矩阵**，也可以将其简称为 n 阶矩阵.

所有 n 阶矩阵组成的集合，其元素总可以进行加法、减法和乘法运算. 另外，除了乘法交换律，其他运算律均成立，这与复数集或实数集的构造非常类似. 此时，零矩阵 $\boldsymbol{O}_n$ 和单位矩阵 $\boldsymbol{E}_n$ 的作用与 0 和 1 类似.

那除法又如何呢？对数字而言，只要 a 不等于 0，满足 $ax=xa=1$ 的数 x，即 a^{-1}，有且只有一个. 但对矩阵来说，情况可没有这么简单.

问题 1 求证当 $\boldsymbol{A}=\begin{pmatrix}1&2\\2&4\end{pmatrix}$ 时，不存在二阶矩阵 $\boldsymbol{X}$ 使得 $\boldsymbol{AX}=\boldsymbol{E}_2$，也不存在二阶矩阵 $\boldsymbol{Y}$ 使得 $\boldsymbol{YA}=\boldsymbol{E}_2$.

问题 2 求证当 $\boldsymbol{A}=\begin{pmatrix}1&2\\0&0\end{pmatrix}$，$\boldsymbol{B}=\begin{pmatrix}1&2\\2&4\end{pmatrix}$ 时，不存在二阶矩阵 $\boldsymbol{X}$ 使得 $\boldsymbol{AX}=\boldsymbol{B}$，但存在无数个二阶矩阵 $\boldsymbol{Y}$ 使得 $\boldsymbol{YA}=\boldsymbol{B}$.

问题 3 求证：当 n 阶矩阵 $\boldsymbol{A}$ 有一列全都等于 0 时，不存在矩阵 $\boldsymbol{X}$ 使 $\boldsymbol{XA}=\boldsymbol{E}$.

定义 对于 n 阶矩阵 $\boldsymbol{A}$，如果存在矩阵 $\boldsymbol{X}$，满足 $\boldsymbol{XA}=\boldsymbol{AX}=\boldsymbol{E}$，我们就说 $\boldsymbol{A}$ 是**可逆矩阵**，并把 $\boldsymbol{X}$ 叫作 $\boldsymbol{A}$ 的**逆矩阵**.

当 $\boldsymbol{A}$ 可逆时，它的逆矩阵有且只有一个. 实际上，如果 $\boldsymbol{X}$、$\boldsymbol{Y}$ 都是 $\boldsymbol{A}$ 的逆矩阵，那么

$$\boldsymbol{X}=\boldsymbol{XE}=\boldsymbol{X}(\boldsymbol{AY})=(\boldsymbol{XA})\boldsymbol{Y}=\boldsymbol{EY}=\boldsymbol{Y}.$$

据此，我们可用 $\boldsymbol{A}^{-1}$ 表示 $\boldsymbol{A}$ 的逆矩阵.

实际上，只要存在矩阵 $\boldsymbol{X}$ 满足 $X\boldsymbol{A}=\boldsymbol{E}$，我们便可以证明 $\boldsymbol{A}$ 可逆且 $\boldsymbol{X}=\boldsymbol{A}^{-1}$；同样，只要存在矩阵 Y 满足 $\boldsymbol{AY}=\boldsymbol{E}$，我们也可以证明 $\boldsymbol{A}$ 可逆且 $\boldsymbol{Y}=\boldsymbol{A}^{-1}$.（参照 [4.1]）

[2.1] 易证：

(i) 如果 $\boldsymbol{A}$ 可逆，那么逆矩阵 $\boldsymbol{A}^{-1}$ 也可逆且 $\left(\boldsymbol{A}^{-1}\right)^{-1}=\boldsymbol{A}$;

(ii) 如果 $\boldsymbol{A}$、$\boldsymbol{B}$ 是 n 阶可逆矩阵，那么积 $\boldsymbol{AB}$ 也可逆且 $(\boldsymbol{AB})^{-1}=\boldsymbol{B}^{-1}\boldsymbol{A}^{-1}$.

注：根据这些性质，我们可知 n 阶可逆矩阵全体的集合是一个“群”. 换言之，集合中的元素可进行乘法运算且满足结合律. 与此同时，单位矩阵属于这个集合且集合中每个元素都存在逆矩阵（参照附录 3）.

问题 1 如果 $\boldsymbol{A}$ 可逆，求证 $\overline{\boldsymbol{A}}$ 和 $\boldsymbol{A}^{\mathrm{T}}$ 也可逆，并求其逆矩阵.

问题 2 求二阶矩阵 $\begin{pmatrix} a & b \\ c & d \end{pmatrix}$ 可逆的条件.

问题 3 下列矩阵若存在逆矩阵，请将其求出来.

$$\text{(i)}\begin{pmatrix} 3 & 2 \\ 4 & 3 \end{pmatrix}. \quad \text{(ii)}\begin{pmatrix} 1 & 2 & -1 \\ 0 & 1 & 3 \\ 0 & 0 & 1 \end{pmatrix}. \quad \text{(iii)}\begin{pmatrix} 0 & 0 & 0 & 1 \\ 0 & 0 & 1 & 0 \\ 0 & 1 & 0 & 0 \\ 1 & 0 & 0 & 0 \end{pmatrix}.$$

在方块矩阵的分块中，有一种横纵对称的分块非常重要，即

$$\boldsymbol{A} = \begin{pmatrix} \boldsymbol{A}_{11} & \boldsymbol{A}_{12} & \cdots & \boldsymbol{A}_{1p} \\ \boldsymbol{A}_{21} & \boldsymbol{A}_{22} & \cdots & \boldsymbol{A}_{2p} \\ \vdots & \vdots & & \vdots \\ \boldsymbol{A}_{p1} & \boldsymbol{A}_{p2} & \cdots & \boldsymbol{A}_{pp} \end{pmatrix},$$

如果每个 $\boldsymbol{A}_{ii}(i=1,2,\cdots,p)$ 都是方块矩阵，那么这种分块叫作**对称分块**.

[2.2] 对于方块矩阵 A 的对称分块

$$\boldsymbol{A} = \begin{pmatrix} \boldsymbol{A}_{11} & \boldsymbol{A}_{12} \\ \boldsymbol{O} & \boldsymbol{A}_{22} \end{pmatrix},$$

如果 $\boldsymbol{A}_{11}$、$\boldsymbol{A}_{22}$ 可逆，那么 $\boldsymbol{A}$ 也可逆，并且逆矩阵

$$\boldsymbol{A}^{-1} = \begin{pmatrix} \boldsymbol{A}_{11}^{-1} & -\boldsymbol{A}_{11}^{-1}\boldsymbol{A}_{12}\boldsymbol{A}_{22}^{-1} \\ \boldsymbol{O} & \boldsymbol{A}_{22}^{-1} \end{pmatrix}.$$

（逆命题也正确，即如果 $\boldsymbol{A}$ 可逆，那么 $\boldsymbol{A}_{11}$、$\boldsymbol{A}_{12}$ 也可逆. 2.4 节中会证明.）

[2.3] 对于方块矩阵 $\boldsymbol{A}$ 的对称分块

$$\boldsymbol{A} = \begin{pmatrix} \boldsymbol{A}_{1} & \boldsymbol{O} & \cdots & \boldsymbol{O} \\ \boldsymbol{O} & \boldsymbol{A}_{2} & \cdots & \boldsymbol{O} \\ \vdots & \vdots & & \vdots \\ \boldsymbol{O} & \boldsymbol{O} & \cdots & \boldsymbol{A}_{p} \end{pmatrix},$$

$\boldsymbol{A}$ 可逆的充分必要条件是 $\boldsymbol{A}_1, \boldsymbol{A}_2, \cdots, \boldsymbol{A}_p$ 全部可逆. $\boldsymbol{A}$ 的逆矩阵如下所示.

$$\boldsymbol{A}^{-1} = \begin{pmatrix} \boldsymbol{A}_1^{-1} & \boldsymbol{O} & \cdots & \boldsymbol{O} \\ \boldsymbol{O} & \boldsymbol{A}_2^{-1} & \cdots & \boldsymbol{O} \\ \vdots & \vdots & & \vdots \\ \boldsymbol{O} & \boldsymbol{O} & \cdots & \boldsymbol{A}_p^{-1} \end{pmatrix}.$$

[2.4] 对于方块矩阵 $\boldsymbol{A} = (a_{ij})$，我们把 $a_{ii}(i = 1, 2, \cdots, n)$ 叫作**主对角线元素**，并把主对角线元素之外的元素都是 0 的矩阵叫作**对角矩阵**. 如果 $a_{ii} = a_i$，那么

$$\boldsymbol{A} = \begin{pmatrix} a_1 & 0 & \cdots & 0 \\ 0 & a_2 & \cdots & 0 \\ \vdots & \vdots & \ddots & \vdots \\ 0 & 0 & \cdots & a_n \end{pmatrix}.$$

两个对角矩阵满足乘法交换律，是可交换矩阵.

对角矩阵 $\boldsymbol{A}$ 可逆的充分必要条件是 $a_i \neq 0 (i = 1, 2, \cdots, n)$.

[2.5] 形如 $c\boldsymbol{E}$（c 是数，$\boldsymbol{E}$ 是单位矩阵）的矩阵叫作**标量矩阵**. 标量矩阵与任意矩阵都是可交换的. 反之，和所有 n 阶矩阵可交换的矩阵只有标量矩阵.

假设 $\boldsymbol{A} = (a_{ij})$ 与所有矩阵都是可交换的，令矩阵 $\boldsymbol{E}_{pq}$ 除了元素 (p, q) 为 1，其他元素均为 0，比较 $\boldsymbol{A}\boldsymbol{E}_{pq} = \boldsymbol{E}_{pq}\boldsymbol{A}$ 两边对应的元素即可证明.

[2.6] 我们把方块矩阵 $\boldsymbol{A} = (a_{ij})$ 的主对角线元素之和叫作 $\boldsymbol{A}$ 的**迹**（等于特征值的和，见第 5 章），写作 $\mathrm{Tr}\boldsymbol{A}$.

$$\mathrm{Tr}\boldsymbol{A} = \sum_{i=1}^{n} a_{ii}.$$

迹满足下述性质.

$$\mathrm{Tr}\,(c\boldsymbol{A}) = c\mathrm{Tr}\boldsymbol{A}, \quad \mathrm{Tr}\,(\boldsymbol{A} + \boldsymbol{B}) = \mathrm{Tr}\boldsymbol{A} + \mathrm{Tr}\boldsymbol{B}, \quad \mathrm{Tr}\,(\boldsymbol{A}\boldsymbol{B}) = \mathrm{Tr}\,(\boldsymbol{B}\boldsymbol{A}).$$

[2.7] 如果 $\boldsymbol{A}$ 是 n 阶矩阵，那么 $\boldsymbol{A}\boldsymbol{A}$ 也是 n 阶矩阵，写作 $\boldsymbol{A}^2$，读作 $\boldsymbol{A}$ 的平方. 根据结合律，k 个 $\boldsymbol{A}$ 的乘积 $\boldsymbol{A}\boldsymbol{A}\cdots\boldsymbol{A}$ 的结果与括号的位置没有关系，我们可将其写作 $\boldsymbol{A}^k$，读作 $\boldsymbol{A}$ 的 k 次方.

矩阵的幂满足下述指数法则.

$$\boldsymbol{A}^k\boldsymbol{A}^l = \boldsymbol{A}^{k+l}, \quad \left(\boldsymbol{A}^k\right)^l = \boldsymbol{A}^{kl},$$

$$\text{如果 } \boldsymbol{A}\boldsymbol{B} = \boldsymbol{B}\boldsymbol{A}, \quad \text{那么 } (\boldsymbol{A}\boldsymbol{B})^k = \boldsymbol{A}^k\boldsymbol{B}^k.$$

这里，k、l 都是正整数.

在 $\boldsymbol{A}$ 是可逆矩阵的情况下，定义 $\boldsymbol{A}^0 = E$，$\boldsymbol{A}^{-k} = (\boldsymbol{A}^{-1})^k$，那么上述指数法则对任意整数 k 和 l 都成立.

2.3　矩阵与线性映射

我们考虑把第 1 章中矩阵与线性变换的对应，拓展到更一般的情况.

我们用 $\mathbb{C}^n$ 表示所有 n 阶列向量的集合，并把满足下述性质的映射 T: $\mathbb{C}^n \to \mathbb{C}^m$ 叫作从 $\mathbb{C}^n$ 到 $\mathbb{C}^m$ 的线性映射.

$$\begin{cases} T(\boldsymbol{x}+\boldsymbol{y}) = T\boldsymbol{x} + T\boldsymbol{y} \\ T(c\boldsymbol{x}) = c(T\boldsymbol{x}) \end{cases}. \tag{1}$$

这里，$\boldsymbol{x}$、$\boldsymbol{y}$ 是任意 n 阶列向量，c 是复数.

对于 $m \times n$ 矩阵 $\boldsymbol{A}$，我们定义从 $\mathbb{C}^n$ 到 $\mathbb{C}^m$ 的映射 $T_{\boldsymbol{A}}$ 为

$$T_{\boldsymbol{A}}(\boldsymbol{x}) = \boldsymbol{A}\boldsymbol{x}, \qquad \boldsymbol{x} \in \mathbb{C}^n.$$

易证 $T_{\boldsymbol{A}}$ 是从 $\mathbb{C}^n$ 到 $\mathbb{C}^m$ 的线性映射，我们称这是由矩阵 $\boldsymbol{A}$ 确定的线性映射.

反之，总存在某个 $m \times n$ 矩阵表示从 $\mathbb{C}^n$ 到 $\mathbb{C}^m$ 的线性映射. 下面进行证明.

令 T 为从 $\mathbb{C}^n$ 到 $\mathbb{C}^m$ 的线性映射，并用 $\boldsymbol{e}_1, \boldsymbol{e}_2, \cdots, \boldsymbol{e}_n$ 表示 n 阶单位向量，那么有 $T\boldsymbol{e}_j = \boldsymbol{a}_j (j = 1, 2, \cdots, n)$. 其中 $\boldsymbol{a}_j$ 是 m 阶列向量. 我们把由 $\boldsymbol{a}_1, \boldsymbol{a}_2, \cdots, \boldsymbol{a}_n$ 组成的 $m \times n$ 矩阵用 $\boldsymbol{A}$ 表示.

$$\boldsymbol{A} = \begin{pmatrix} \boldsymbol{a}_1 & \boldsymbol{a}_2 & \cdots & \boldsymbol{a}_n \end{pmatrix}.$$

如果把矩阵 $\boldsymbol{A}$ 表示的从 $\mathbb{C}^n$ 到 $\mathbb{C}^m$ 的线性映射看作 $T_{\boldsymbol{A}}$，那么根据 [1.5]，有

$$T_{\boldsymbol{A}}(\boldsymbol{e}_j) = \boldsymbol{A}\boldsymbol{e}_j = \boldsymbol{a}_j = T\boldsymbol{e}_j \quad (j = 1, 2, \cdots, n).$$

由于 $\mathbb{C}^n$ 中的任意向量 $\boldsymbol{x}$ 均可表示成单位向量的线性组合 $\boldsymbol{x} = \sum\limits_{j=1}^{n} x_j \boldsymbol{e}_j$，故有

$$T_{\boldsymbol{A}}(\boldsymbol{x}) = T_{\boldsymbol{A}}\left(\sum_{j=1}^{n} x_j \boldsymbol{e}_j\right) = \sum_{j=1}^{n} x_j T_{\boldsymbol{A}}(\boldsymbol{e}_j) = \sum_{j=1}^{n} x_j T\boldsymbol{e}_j$$

$$= T\left(\sum_{j=1}^{n} x_j \boldsymbol{e}_j\right) = T\boldsymbol{x}.$$

所以 $T = T_{\boldsymbol{A}}$.

不同矩阵定义的线性映射明显各不相同，因此所有 $m\times n$ 矩阵的集合与所有从 $\mathbb{C}^n$ 到 $\mathbb{C}^m$ 的线性映射的集合之间形成一一对应的关系.

接下来，我们令 T 是从 $\mathbb{C}^n$ 到 $\mathbb{C}^m$ 的线性映射，S 是从 $\mathbb{C}^m$ 到 $\mathbb{C}^l$ 的线性映射. 它们分别用 $m\times n$ 矩阵 $\boldsymbol{A}$ 和 $l\times m$ 矩阵 $\boldsymbol{B}$ 表示.

$$T = T_{\boldsymbol{A}}, \quad S = T_{\boldsymbol{B}}.$$

于是我们马上可以知道，$T_{\boldsymbol{A}}$ 与 $T_{\boldsymbol{B}}$ 的复合映射 $T_{\boldsymbol{B}} \circ T_{\boldsymbol{A}}$ 便是从 $\mathbb{C}^n$ 到 $\mathbb{C}^l$ 的线性映射，并可用 $l\times n$ 矩阵 $\boldsymbol{BA}$ 表示. 实际上，

$$T_{\boldsymbol{B}} \circ T_{\boldsymbol{A}}(\boldsymbol{x}) = T_{\boldsymbol{B}}(T_{\boldsymbol{A}}(\boldsymbol{x})) = T_{\boldsymbol{B}}(\boldsymbol{Ax}) = \boldsymbol{B}(\boldsymbol{Ax}) = (\boldsymbol{BA})\boldsymbol{x} = T_{\boldsymbol{BA}}(\boldsymbol{x}).$$

本来矩阵乘法就是如此定义的（参照 1.3 节）.

所有 n 阶矩阵与 $\mathbb{C}^n$ 中所有线性变换是一一对应的.

如果 $\boldsymbol{A}$ 是 n 阶可逆矩阵，那么 $T_{\boldsymbol{A}^{-1}}$ 为 $T_{\boldsymbol{A}}$ 的**逆变换**. 换言之，

$$T_{\boldsymbol{A}} \circ T_{\boldsymbol{A}^{-1}} = T_{\boldsymbol{A}^{-1}} \circ T_{\boldsymbol{A}} = T_{\boldsymbol{E}} = I$$

成立. 这里，I 是 $\boldsymbol{x}$ 对应自身的变换，叫作**恒等变换**.

反之，如果线性变换 T_A 有逆变换，那么易证 $\boldsymbol{A}$ 是可逆的.

我们刚才讨论的都是元素为复数的情况. 其实，哪怕是实数、实向量、实矩阵，上面的结论也是成立的.

我们用 $\mathbb{R}^n$ 表示所有 n 阶实列向量的集合. 和前面一样，所有从 $\mathbb{R}^n$ 到 $\mathbb{R}^m$ 的线性映射与所有 $m\times n$ 实矩阵的集合也存在一一对应的关系.

当 $n = 2, 3$ 的时候，$\mathbb{R}^2$、$\mathbb{R}^3$ 与第 1 章中的 $\boldsymbol{V}^2$、$\boldsymbol{V}^3$ 的意义相同，可再现 1.3 节和 1.4 节中的结论.

2.4 矩阵的初等变换：秩

在不改变某些性质的情况下，把矩阵的形式变得尽可能简单，这样的处理变得越来越重要. 接下来要介绍的初等变换便是其中之一，它可以直接用于解一次方程组.

我们考虑下述 3 种特别的方块矩阵.

$$
\begin{array}{c}
\\ \\ \\ \\ \\ \text{第 } i \text{ 行} \rightarrow \\ \\ \\ (1)\ \boldsymbol{P}_n(i,j)= \\ \\ \text{第 } j \text{ 行} \rightarrow \\ \\ \\ \\
\end{array}
\begin{array}{c}
\begin{array}{ccccccccc}
 & & & \text{第 } i \text{ 列} & & & \text{第 } j \text{ 列} & & \\
 & & & \downarrow & & & \downarrow & &
\end{array}\\
\begin{pmatrix}
1 & & & \vdots & & & \vdots & & \\
 & \ddots & & \vdots & & & \vdots & & \\
 & & 1 & \vdots & & & \vdots & & \\
\cdots & \cdots & \cdots & 0 & \cdots & \cdots & 1 & \cdots & \cdots \\
 & & & \vdots & 1 & & \vdots & & \\
 & & & \vdots & & \ddots & \vdots & & \\
 & & & \vdots & & 1 & \vdots & & \\
\cdots & \cdots & \cdots & 1 & \cdots & \cdots & 0 & \cdots & \cdots \\
 & & & \vdots & & & \vdots & 1 & \\
 & & & \vdots & & & \vdots & & \ddots \\
 & & & \vdots & & & \vdots & & & 1
\end{pmatrix}
\end{array}, i \neq j. \tag{1}
$$

$\boldsymbol{P}_n(i,j)$ 是 n 阶单位矩阵中第 i 列和第 j 列交换所得的矩阵. 可知 $\boldsymbol{P}_n(i,j)$ 可逆且逆矩阵是 $\boldsymbol{P}_n(i,j)$ 本身.

对 $m \times n$ 矩阵 $\boldsymbol{A}$，左乘 $\boldsymbol{P}_m(i,j)$，相当于交换 $\boldsymbol{A}$ 的第 i 行和第 j 行；右乘 $\boldsymbol{P}_n(i,j)$，相当于交换 $\boldsymbol{A}$ 的第 i 列和第 j 列.

$$
(2)\ \boldsymbol{Q}_n(i;c)=
\begin{array}{c}
\begin{array}{ccccc}
 & & \text{第 } i \text{ 列} & & \\
 & & \downarrow & &
\end{array}\\
\begin{pmatrix}
1 & & \vdots & & \\
 & \ddots & \vdots & & \\
\cdots & \cdots & c & \cdots & \cdots \\
 & & \vdots & 1 & \\
 & & \vdots & & \ddots \\
 & & \vdots & & & 1
\end{pmatrix}
\end{array}, \leftarrow \text{第 } i \text{ 行}, c \neq 0. \tag{2}
$$

$\boldsymbol{Q}_n(i;c)$ 是把 n 阶单位矩阵的元素 $(i,\,i)$ 换成非零数 c 所得的矩阵. 可

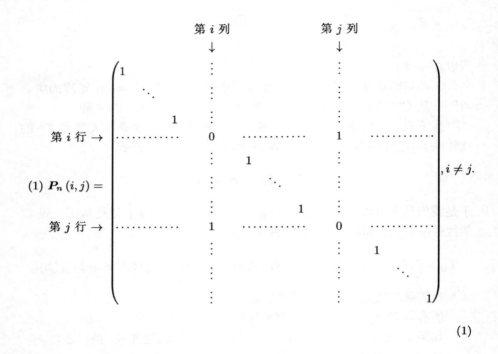

知 $Q_n(i;c)$ 可逆，逆矩阵是 $Q_n(i;c^{-1})$.

对矩阵 A，左乘 $Q_m(i;c)$，相当于把 A 的第 i 行乘以 c；右乘 $Q_n(i;c)$，相当于把 A 的第 i 列乘以 c.

$$
(3)\ R_n(i,j;c) = \begin{array}{c} \text{第 } j \text{ 列} \\ \downarrow \\ \begin{pmatrix} 1 & & & & \vdots & & \\ & \ddots & & & \vdots & & \\ \cdots & \cdots & 1 & \cdots & c & \cdots & \cdots \\ & & & \ddots & \vdots & & \\ & & & & 1 & & \\ & & & & \vdots & \ddots & \\ & & & & \vdots & & 1 \end{pmatrix} \end{array} \leftarrow \text{第 } i \text{ 行}, i \neq j.
$$

$$(3)$$

$R_n(i,j;c)$ 是把 n 阶单位矩阵的元素 (i,j) 换成数 c 所得的矩阵. 可知 $R_n(i,j;c)$ 可逆，逆矩阵是 $R_n(i,j;-c)$.

对矩阵 A，左乘 $R_m(i,j;c)$，相当于把 A 的第 j 行乘以 c，并将结果加到第 i 行；右乘 $R_n(i,j;c)$，相当于把 A 的第 i 列乘以 c，并将结果加到第 j 列.

上述 3 类可逆矩阵叫作**初等矩阵**，矩阵 A 左乘或右乘初等矩阵叫作**初等行变换**或**初等列变换**，统称**初等变换**.

初等变换包括下述 6 种变换方式.

（行变换 1）交换矩阵某两行.

（行变换 2）非零数乘以矩阵某一行.

（行变换 3）把某行元素的若干倍加到另一行.

（列变换 1）交换矩阵某两列.

（列变换 2）非零数乘以矩阵某一列.

（列变换 3）把某列元素的若干倍加到另一列.

问题 求证行变换 1 可通过行变换 2 和行变换 3 的组合得到.

因为初等矩阵的逆矩阵仍是初等矩阵，所以初等变换的操作也是可逆的. 换言之，如果 A 能通过若干次初等变换变形成 B，那么 B 也能通过若干次初等变换变形成 A.

一开始，如果 $m \times n$ 矩阵 A 的元素 (p,q) 不为 0，那么我们考虑下述变形过程. 首先，我们把第 p 行的所有元素除以元素 (p, q)，使元素 (p, q) 变成 1. 然后，对除 p 以外的所有 i，我们把第 i 行的所有元素减去第 p 行的元素 (i, q) 倍. 至此，$\boldsymbol{A}$ 变形成下述矩阵.

$$\boldsymbol{A}' = \begin{pmatrix} & 0 & \\ * & \vdots & * \\ & 0 & \\ * & 1 & * \\ & 0 & \\ * & \vdots & * \\ & 0 & \end{pmatrix} \begin{matrix} \\ \\ \\ \leftarrow \text{第 } p \text{ 行}. \\ \\ \\ \\ \end{matrix}$$

（第 q 列 ↓）

这个过程用一句话概括就是以 (p, q) 为**主元**，**消去**从左向右第 q 列.

针对除 q 以外的所有 j，我们把第 j 列的所有元素减去第 q 列的元素 (p, j) 倍，此时 $\boldsymbol{A}'$ 变形成 $\boldsymbol{A}''$.

$$\boldsymbol{A}'' = \begin{pmatrix} & & & 0 & & & \\ & * & & \vdots & & * & \\ & & & 0 & & & \\ 0 & \cdots & 0 & 1 & 0 & \cdots & 0 \\ & & & 0 & & & \\ & * & & \vdots & & * & \\ & & & 0 & & & \end{pmatrix} \begin{matrix} \\ \\ \\ \leftarrow \text{第 } p \text{ 行}. \\ \\ \\ \\ \end{matrix}$$

（第 q 列 ↓）

现在证明上一节未证命题.

[4.1] 对 n 阶矩阵 $\boldsymbol{A}$，如果存在 n 阶矩阵 $\boldsymbol{X}$ 满足 $\boldsymbol{XA} = \boldsymbol{E}$，那么 $\boldsymbol{A}$ 可逆；同样，如果存在 n 阶矩阵 $\boldsymbol{X}$ 满足 $\boldsymbol{AX} = \boldsymbol{E}$，那么 $\boldsymbol{A}$ 可逆.

证明：用数学归纳法. 显然当 $n = 1$ 时命题成立. 当 $n > 1$ 时，假设对 $n - 1$ 阶矩阵，命题成立.

如果 $\boldsymbol{A}$ 不是零矩阵，我们需要通过交换某两行及某两列，令元素 (1, 1) 不为 0. 接下来，我们以 (1, 1) 为主元，消去第 1 行和第 1 列，得到

$$\boldsymbol{B}=\begin{pmatrix}1 & \boldsymbol{0}^{\mathrm{T}}\\ \boldsymbol{0} & \boldsymbol{A}_1\end{pmatrix}.$$

换言之，我们可以适当选择可逆矩阵 $\boldsymbol{P}$、$\boldsymbol{Q}$，使得

$$\boldsymbol{PAQ}=\boldsymbol{B}=\begin{pmatrix}1 & \boldsymbol{0}^{\mathrm{T}}\\ \boldsymbol{0} & \boldsymbol{A}_1\end{pmatrix},$$

其中 $\boldsymbol{A}_1$ 是 $n-1$ 阶矩阵，$\boldsymbol{0}$ 是 $n-1$ 阶零向量. 与这个分块相对应，我们把 $\boldsymbol{Q}^{-1}\boldsymbol{XP}^{-1}$ 分块，得到

$$\boldsymbol{Q}^{-1}\boldsymbol{XP}^{-1}=\begin{pmatrix}u & \boldsymbol{z}^{\mathrm{T}}\\ \boldsymbol{y} & \boldsymbol{X}_1\end{pmatrix},$$

其中 $\boldsymbol{X}_1$ 是 $n-1$ 阶矩阵，$\boldsymbol{y}$、$\boldsymbol{z}$ 是 $n-1$ 阶列向量.

因为

$$\left(\boldsymbol{Q}^{-1}\boldsymbol{XP}^{-1}\right)(\boldsymbol{PAQ})=\boldsymbol{E},$$

所以

$$\begin{pmatrix}1 & \boldsymbol{0}^{\mathrm{T}}\\ \boldsymbol{0} & \boldsymbol{E}_{n-1}\end{pmatrix}=\begin{pmatrix}u & \boldsymbol{z}^{\mathrm{T}}\\ \boldsymbol{y} & X_1\end{pmatrix}\begin{pmatrix}1 & \boldsymbol{0}^{\mathrm{T}}\\ \boldsymbol{0} & \boldsymbol{A}_1\end{pmatrix}=\begin{pmatrix}u & \boldsymbol{z}^{\mathrm{T}}\boldsymbol{A}_1\\ \boldsymbol{y} & \boldsymbol{X}_1\boldsymbol{A}_1\end{pmatrix}.$$

由此可知，

$$\boldsymbol{X}_1\boldsymbol{A}_1=\boldsymbol{E}_{n-1}.$$

根据数学归纳法的假设，$\boldsymbol{A}_1$ 可逆. 因此根据 [2.2]，

$$\boldsymbol{B}=\begin{pmatrix}1 & \boldsymbol{0}^{\mathrm{T}}\\ \boldsymbol{0} & \boldsymbol{A}_1\end{pmatrix}$$

也可逆. 最后，由于 $\boldsymbol{A}=\boldsymbol{P}^{-1}\boldsymbol{BQ}^{-1}$，$\boldsymbol{A}$ 也可逆. 证毕.

我们最主要的目标是证明下面这个定理.

定理 [4.2] 任意 $m\times n$ 矩阵 $\boldsymbol{A}$ 通过若干次初等变换，可以变成下面的标准形.

$$
\boldsymbol{F}_{m,n}(r)=\begin{pmatrix} \boldsymbol{E}_r & \boldsymbol{O}_{r,n-r} \\ \boldsymbol{O}_{m-r,r} & \boldsymbol{O}_{m-r,n-r} \end{pmatrix}=\begin{pmatrix} \overbrace{\begin{matrix} 1 & & & \\ & 1 & & \\ & & \ddots & \\ & & & 1 \end{matrix}}^{r} & \\ & \begin{matrix} 0 & \\ & \ddots \end{matrix} \end{pmatrix}. \tag{4}
$$

在主对角线（不一定到达右下角）上排列的 1 的个数 r 只由 $\boldsymbol{A}$ 决定，跟初等变换的方式无关.

证明：如果 $\boldsymbol{A}=\boldsymbol{O}$，那么 $\boldsymbol{A}$ 本身就是标准形 $\boldsymbol{F}_{m,n}(0)$.

当 $\boldsymbol{A}\neq\boldsymbol{O}$ 时，如有必要，我们可以通过行交换和列交换，使元素 (1,1) 不为 0. 此时，我们便以 (1,1) 为主元，消去第 1 行和第 1 列，得到形如

$$
\begin{pmatrix} 1 & 0 & \cdots & 0 \\ 0 & & & \\ \vdots & & * & \\ 0 & & & \end{pmatrix}
$$

的矩阵. 如果除了第 1 行和第 1 列，其他元素都是 0，那么它就是标准形 $\boldsymbol{F}_{m,n}(1)$.

如果仍有非零元素，我们可以将其移动到元素 (2, 2) 的位置，并以 (2, 2) 为主元，消去第 2 行和第 2 列，得到

$$
\begin{pmatrix} 1 & 0 & \cdots & 0 \\ 0 & 1 & \cdots & 0 \\ 0 & 0 & & \\ \vdots & \vdots & * & \\ 0 & 0 & & \end{pmatrix}.
$$

重复上述操作，最终可得到定理中的标准形. 这样就证明了定理的前半部分.

上述变形过程其实已经告诉我们一种求已知矩阵标准形的方法.

另外，虽然没有写明，但上述证明其实使用了数学归纳法，希望大家注意.

接下来，假设 $\boldsymbol{A}$ 有两个标准形 $\boldsymbol{F}(r)=\boldsymbol{F}_{m,n}(r)$，$\boldsymbol{F}(s)=\boldsymbol{F}_{m,n}(s)$. 为了不失一般性，可设 $r\leqslant s$.

因为初等变换是可逆的，所以 $F(r)$ 和 $F(s)$ 可经过一系列的初等变换相互转化. 据此，一定存在 m 阶可逆矩阵 $\boldsymbol{P}$ 和 n 阶可逆矩阵 $\boldsymbol{Q}$，使得

$$\boldsymbol{F}(s)=\boldsymbol{P}\boldsymbol{F}(r)\boldsymbol{Q}.$$

把 $\boldsymbol{P}$、$\boldsymbol{Q}$ 的行和列对称分成 4 块，并使其左上角是 r 阶矩阵，即

$$\boldsymbol{P}=\begin{pmatrix}\boldsymbol{P}_{11} & \boldsymbol{P}_{12}\\ \boldsymbol{P}_{21} & \boldsymbol{P}_{22}\end{pmatrix},\quad \boldsymbol{Q}=\begin{pmatrix}\boldsymbol{Q}_{11} & \boldsymbol{Q}_{12}\\ \boldsymbol{Q}_{21} & \boldsymbol{Q}_{22}\end{pmatrix},$$

那么

$$\boldsymbol{F}(s)=\begin{pmatrix}\boldsymbol{P}_{11} & \boldsymbol{P}_{12}\\ \boldsymbol{P}_{21} & \boldsymbol{P}_{22}\end{pmatrix}\begin{pmatrix}\boldsymbol{E}_r & \boldsymbol{O}\\ \boldsymbol{O} & \boldsymbol{O}\end{pmatrix}\begin{pmatrix}\boldsymbol{Q}_{11} & \boldsymbol{Q}_{12}\\ \boldsymbol{Q}_{21} & \boldsymbol{Q}_{22}\end{pmatrix}=\begin{pmatrix}\boldsymbol{P}_{11}\boldsymbol{Q}_{11} & \boldsymbol{P}_{11}\boldsymbol{Q}_{12}\\ \boldsymbol{P}_{21}\boldsymbol{Q}_{21} & \boldsymbol{P}_{21}\boldsymbol{Q}_{12}\end{pmatrix}.$$

因为已假定 $r\leqslant s$，所以

$$\boldsymbol{P}_{11}\boldsymbol{Q}_{11}=\boldsymbol{E}_r,\quad \boldsymbol{P}_{11}\boldsymbol{Q}_{12}=\boldsymbol{O}_{r,n-r},\quad \boldsymbol{P}_{21}\boldsymbol{Q}_{11}=\boldsymbol{O}_{m-r,r}$$

成立.

根据 [4.1]，$\boldsymbol{P}_{11}$、$\boldsymbol{Q}_{11}$ 可逆，所以 $\boldsymbol{Q}_{12}=\boldsymbol{O}_{r,n-r}$，$\boldsymbol{P}_{21}=\boldsymbol{O}_{m-r,r}$. 故 $\boldsymbol{P}_{21}\boldsymbol{Q}_{12}=\boldsymbol{O}_{m-r,n-r}$，也就说明 $r=s$. 证毕.

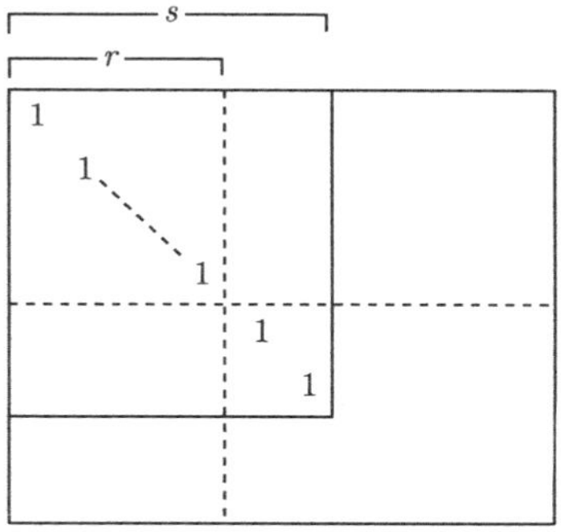

定义 由 $\boldsymbol{A}$ 决定的数 r 叫作矩阵 $\boldsymbol{A}$ 的**秩**.

秩是贯穿线性代数这门课程的重要概念之一. 上述定义虽然可用于计算秩，但其实并没有点明它的本质. 今后，我们会进一步学习秩的另外 3 种等价定义.

例 1 通过初等变换，把矩阵 $\begin{pmatrix} 0 & 2 & 4 & 2 \\ 1 & 2 & 3 & 1 \\ -2 & -1 & 0 & 1 \end{pmatrix}$ 变形成标准形.

$$\begin{pmatrix} 0 & 2 & 4 & 2 \\ 1 & 2 & 3 & 1 \\ -2 & -1 & 0 & 1 \end{pmatrix} \overset{\text{(i)}}{\to} \begin{pmatrix} 1 & 2 & 3 & 1 \\ 0 & 1 & 2 & 1 \\ -2 & -1 & 0 & 1 \end{pmatrix} \overset{\text{(ii)}}{\to} \begin{pmatrix} 1 & 2 & 3 & 1 \\ 0 & 1 & 2 & 1 \\ 0 & 3 & 6 & 3 \end{pmatrix} \overset{\text{(iii)}}{\to}$$

$$\begin{pmatrix} 1 & 0 & 0 & 0 \\ 0 & 1 & 2 & 1 \\ 0 & 3 & 6 & 3 \end{pmatrix} \overset{\text{(iv)}}{\to} \begin{pmatrix} 1 & 0 & 0 & 0 \\ 0 & 1 & 2 & 1 \\ 0 & 0 & 0 & 0 \end{pmatrix} \overset{\text{(v)}}{\to} \begin{pmatrix} 1 & 0 & 0 & 0 \\ 0 & 1 & 0 & 0 \\ 0 & 0 & 0 & 0 \end{pmatrix}.$$

各步骤操作如下所示.

(i) 交换第 1 行和第 2 行，并把第 2 行元素除以 2.

(ii) 第 3 行元素加第 1 行元素的 2 倍的值.

(iii) 第 2 列、第 3 列、第 4 列元素分别减去第 1 列元素的 2 倍、3 倍、1 倍的值.

(iv) 第 3 行元素减第 2 行元素的 3 倍的值.

(v) 第 3 列和第 4 列元素分别减去第 2 列元素的 2 倍、1 倍的值.

[4.3] n 阶矩阵 $\boldsymbol{A}$ 可逆的充分必要条件是 $\boldsymbol{A}$ 的秩等于 n.

证明：令 $\boldsymbol{PAQ} = \boldsymbol{F}(r)$，这里的 $\boldsymbol{P}$、$\boldsymbol{Q}$ 是可逆矩阵. 如果 $\boldsymbol{A}$ 可逆，那么 $\boldsymbol{PAQ}$ 也可逆，r 和 n 必然相等. 如果 $r = n$，那么 $\boldsymbol{F}(r) = \boldsymbol{E}$，所以 $\boldsymbol{A} = \boldsymbol{P}^{-1}\boldsymbol{Q}^{-1}$，故 $\boldsymbol{A}$ 可逆. 证毕.

[4.4] $\boldsymbol{A}$ 可逆的充分必要条件是 $\boldsymbol{A}$ 可以只通过初等行变换（或初等列变换）变成单位矩阵.

证明：如果 A 可逆，根据 [4.3]，$\boldsymbol{PAQ} = \boldsymbol{E}$. 这里 $\boldsymbol{P}$、$\boldsymbol{Q}$ 是初等矩阵之积. 将该式左边乘以 $\boldsymbol{Q}$，右边乘以 $\boldsymbol{Q}^{-1}$，可得 $\boldsymbol{QPA} = \boldsymbol{E}$. $\boldsymbol{QP}$ 是初等矩阵之积，故充分性得证.

必要性可通过 [4.3] 证明.

注意点 1 用上述记号，可得 $\boldsymbol{A} = \boldsymbol{P}^{-1}\boldsymbol{Q}^{-1}$. 所以任意的可逆矩阵都可表示成初等矩阵的乘积.

注意点 2 另外，因为 $\boldsymbol{A}^{-1} = \boldsymbol{QP}$，所以 $\boldsymbol{Q}$、$\boldsymbol{P}$ 的元素可由 $\boldsymbol{A}$ 的元素经过四则运算得到. 由此可知，如果 $\boldsymbol{A}$ 是实矩阵，那么 $\boldsymbol{A}^{-1}$ 也是实矩阵；如果 $\boldsymbol{A}$ 是有理数矩阵，那么 $\boldsymbol{A}^{-1}$ 也是有理数矩阵.

注意点 3 利用 [4.4] 的结论，可得到求逆矩阵的方法. 因为 $\boldsymbol{A}^{-1} = \boldsymbol{QP}$，所以把从 $\boldsymbol{A}$ 到 $\boldsymbol{E}$ 的变形过程（也就是左乘 $\boldsymbol{QP}$）用于 $\boldsymbol{E}$，便可得

到 $\boldsymbol{QP}$，即 $\boldsymbol{A}^{-1}$.

实际上，写出 $n\times 2n$ 矩阵 $(\boldsymbol{A}\quad \boldsymbol{E})$，只对它进行上述初等行变换，最后得到的结果就是 $(\boldsymbol{E}\quad \boldsymbol{A}^{-1})$.

如果上述过程中途进行不下去了，通过 [4.4] 可说明 $\boldsymbol{A}$ 不可逆. 换言之，这个方法还可以判断 $\boldsymbol{A}$ 是否可逆.

例 2 判断 $\boldsymbol{A}=\begin{pmatrix}1&2&3\\-2&-3&-4\\2&2&4\end{pmatrix}$ 是否可逆，可逆的话求其逆矩阵.

$$\begin{pmatrix}\boldsymbol{A}&\boldsymbol{E}\end{pmatrix}=\begin{pmatrix}1&2&3&1&0&0\\-2&-3&-4&0&1&0\\2&2&4&0&0&1\end{pmatrix}\to\begin{pmatrix}1&2&3&1&0&0\\0&1&2&2&1&0\\0&-2&-2&-2&0&1\end{pmatrix}$$

$$\to\begin{pmatrix}1&0&-1&-3&-2&0\\0&1&2&2&1&0\\0&0&2&2&2&1\end{pmatrix}\to\begin{pmatrix}1&0&-1&-3&-2&0\\0&1&2&2&1&0\\0&0&1&1&1&1/2\end{pmatrix}$$

$$\to\begin{pmatrix}1&0&0&-2&-1&1/2\\0&1&0&0&-1&-1\\0&0&1&1&1&1/2\end{pmatrix}.$$

$\boldsymbol{A}$ 可逆且 $\boldsymbol{A}^{-1}=\begin{pmatrix}-2&-1&1/2\\0&-1&-1\\1&1&1/2\end{pmatrix}$.

问题 判断 $\begin{pmatrix}1&3&2\\2&6&3\\-2&-5&-2\end{pmatrix}$ 是否可逆，如果可逆，求其逆矩阵.

2.5 线性方程组

我们已经知道含有两个未知数、联立两个一次方程的方程组的解法. 这里，我们讨论最一般的方程组，即含有 n 个未知数 $(x_1, x_2, \cdots, x_n)$、联立 m 个一次方程的方程组（即线性方程组）的解法.

$$\begin{cases} a_{11}x_1 + a_{12}x_2 + \cdots + a_{1n}x_n = c_1 \\ a_{21}x_1 + a_{22}x_2 + \cdots + a_{2n}x_n = c_2 \\ \cdots\cdots\cdots\cdots \\ a_{m1}x_1 + a_{m2}x_2 + \cdots + a_{mn}x_n = c_m \end{cases}. \tag{1}$$

不过，我们不会像过去一样，对“解不唯一”的情况避而不谈. 我们会考虑解的个数，也会考虑所有解组成的集合有什么性质，以及怎样才能求出所有解.

令

$$\boldsymbol{A} = \begin{pmatrix} a_{11} & a_{12} & \cdots & a_{1n} \\ a_{21} & a_{22} & \cdots & a_{2n} \\ \vdots & \vdots & & \vdots \\ a_{m1} & a_{m2} & \cdots & a_{mn} \end{pmatrix}, \quad \tilde{\boldsymbol{A}} = \begin{pmatrix} a_{11} & a_{12} & \cdots & a_{1n} & c_1 \\ a_{21} & a_{22} & \cdots & a_{2n} & c_2 \\ \vdots & \vdots & & \vdots & \vdots \\ a_{m1} & a_{m2} & \cdots & a_{mn} & c_m \end{pmatrix},$$

其中，$\boldsymbol{A}$ 叫作方程组 (1) 的**系数矩阵**，$\tilde{\boldsymbol{A}}$ 叫作**增广矩阵**.

接下来，令

$$\boldsymbol{x} = \begin{pmatrix} x_1 \\ x_2 \\ \vdots \\ x_n \end{pmatrix}, \quad \tilde{\boldsymbol{x}} = \begin{pmatrix} x_1 \\ x_2 \\ \vdots \\ x_n \\ -1 \end{pmatrix}, \quad \boldsymbol{c} = \begin{pmatrix} c_1 \\ c_2 \\ \vdots \\ c_m \end{pmatrix}.$$

易知方程组 (1) 可以写成

$$\boldsymbol{A}\boldsymbol{x} = \boldsymbol{c}, \tag{1'}$$

$$\tilde{\boldsymbol{A}}\tilde{\boldsymbol{x}} = \boldsymbol{0}. \tag{1''}$$

的形式.

对任意 m 阶可逆矩阵 $\boldsymbol{P}$，方程组 (1″) 和方程组.

$$\boldsymbol{P}\tilde{\boldsymbol{A}}\tilde{\boldsymbol{x}} = \boldsymbol{0} \tag{1'''}$$

等价. 换言之，其中一个方程组的解必然是另一个方程组的解. 也就是说，无论对增广矩阵 $\tilde{\boldsymbol{A}}$ 进行多少次初等行变换，最终得到的新方程组都和原方程组 (1) 等价.

如果只通过初等行变换就可以把方程组变形成足够简单的形式，那再好不过，可惜这种方法通常行不通. 对此，我们允许变形过程中改变未知数的顺序. 这就意味着，我们可以交换增广矩阵最后一列（常数项列向量）之外的任意两列.

[5.1] 对增广矩阵 $\tilde{\boldsymbol{A}}$ 进行若干次初等行变换及除最后一列的列交换，可以把 $\tilde{\boldsymbol{A}}$ 变形成下述形式 $\tilde{\boldsymbol{B}}$.

$$\tilde{\boldsymbol{B}} = \begin{array}{c} \left.\begin{array}{c} \\ \\ \\ \\ \end{array}\right\} r \\ \left.\begin{array}{c} \\ \\ \\ \end{array}\right\} m-r \end{array} \overset{\qquad\overbrace{\qquad\qquad}^{r}\quad\overbrace{\qquad\qquad\qquad}^{n-r}}{\begin{pmatrix} 1 & 0 & \cdots & 0 & b_{1,r+1} & \cdots & b_{1,n} & d_1 \\ 0 & 1 & \cdots & 0 & b_{2,r+1} & \cdots & b_{2,n} & d_2 \\ \vdots & \vdots & \ddots & \vdots & \vdots & & \vdots & \vdots \\ 0 & 0 & \cdots & 1 & b_{r,r+1} & \cdots & b_{r,n} & d_r \\ 0 & 0 & \cdots & 0 & 0 & \cdots & 0 & d_{r+1} \\ \vdots & \vdots & & \vdots & \vdots & & \vdots & \vdots \\ 0 & 0 & \cdots & 0 & 0 & \cdots & 0 & d_m \end{pmatrix}}.$$

这里，r 是系数矩阵 $\boldsymbol{A}$ 的秩.

证明：首先证明，变形得到的 $\tilde{\boldsymbol{B}}$ 中，r 与 $\boldsymbol{A}$ 的秩相等. 注意，在对 $\tilde{\boldsymbol{A}}$ 进行初等变换的同时，$\tilde{\boldsymbol{A}}$ 中的一部分 $\boldsymbol{A}$ 也进行了同样的初等变换. 因此，如果把 $\tilde{\boldsymbol{B}}$ 中除最后一列的 $m \times n$ 矩阵叫作 $\boldsymbol{B}$，那么根据定理 [4.2]，$\boldsymbol{A}$ 的秩和 $\boldsymbol{B}$ 的秩相等. 其实，将 $\boldsymbol{B}$ 的第 $r+j$ 列 $(j=1,2,\cdots,n-r)$ 减去第 k 列 $(k=1,2,\cdots,r)$ 的 $b_{k,r+j}$ 倍的值，可得到标准形 $\boldsymbol{F}_{m,n}(r)$，故 $\boldsymbol{A}$ 的秩等于 r.

接下来，如果 $\boldsymbol{A}=\boldsymbol{O}$，那么它本身就是所求的结果（注意我们从未对 $\tilde{\boldsymbol{B}}$ 的最后一列有任何要求）.

如果 $\boldsymbol{A} \neq \boldsymbol{O}$，我们便可通过交换行或交换除第 $n+1$ 列外的列，使元素 (1, 1) 不为 0. 接下来，我们以 (1, 1) 为主元，消去第 1 列. 如果此时从第 2 列到第 n 列，第 2 行到第 m 行的元素都为 0，那么这就是所求的结果（此时 $r=1$）.

如果此时仍旧有元素不为 0，反复上述操作，可使元素 (2, 2) 为 1，第 2 列其他元素均为 0.

经过有限次上述操作，我们最终可得到 $\tilde{\boldsymbol{B}}$. 整个证明过程其实背后采用了数学归纳法，证毕.

至此，我们得到了新方程组

$$\tilde{\boldsymbol{B}}\tilde{\boldsymbol{x}} = \boldsymbol{0}. \tag{2'}$$

也可将其写成

$$\begin{cases} x_1 \quad\quad\quad\quad\quad\quad\quad + b_{1,r+1}x_{r+1} + \cdots + b_{1,n}x_n = d_1 \\ \quad x_2 \quad\quad\quad\quad\quad + b_{2,r+1}x_{r+1} + \cdots + b_{2,n}x_n = d_2 \\ \quad\quad \ddots \quad\quad\quad\quad\quad \cdots\cdots \\ \quad\quad\quad \ddots \quad\quad\quad\quad \cdots\cdots \\ \quad\quad\quad\quad \ddots \quad\quad\quad \cdots\cdots \\ \quad\quad\quad\quad\quad \ddots \quad\quad \cdots\cdots \\ \quad\quad\quad\quad\quad\quad \ddots \quad \cdots\cdots \\ \quad\quad\quad\quad\quad\quad\quad x_r + b_{r,r+1}x_{r+1} + \cdots + b_{r,n}x_n = d_r \\ 0 = d_{r+1} \\ \cdots\cdots \\ \cdots\cdots \\ 0 = d_m \end{cases}, \tag{2}$$

解这个方程组会简单许多.

如果 $d_{r+1}, d_{r+2}, \cdots, d_m$ 不都为 0，那么 (2) 无解.

当 $d_{r+1} = d_{r+2} = \cdots = d_m = 0$ 时，将任意数 $\alpha_{r+1}, \alpha_{r+2}, \cdots, \alpha_n$ 分别代入 $x_{r+1}, x_{r+2}, \cdots, x_n$ 并移项，会得到

$$\begin{cases} x_1 = d_1 - b_{1,r+1}\alpha_{r+1} - \cdots - b_{1,n}\alpha_n \\ x_2 = d_2 - b_{2,r+1}\alpha_{r+1} - \cdots - b_{2,n}\alpha_n \\ \cdots\cdots \\ \cdots\cdots \\ x_r = d_r - b_{r,r+1}\alpha_{r+1} - \cdots - b_{r,n}\alpha_n \\ x_{r+1} = \alpha_{r+1} \\ \cdots\cdots \\ \cdots\cdots \\ x_n = \alpha_n \end{cases}, \tag{3}$$

或者把它写成

$$\begin{pmatrix} x_1 \\ x_2 \\ \vdots \\ x_r \\ x_{r+1} \\ x_{r+2} \\ \vdots \\ x_n \end{pmatrix} = \begin{pmatrix} d_1 \\ d_2 \\ \vdots \\ d_r \\ 0 \\ 0 \\ \vdots \\ 0 \end{pmatrix} + \alpha_{r+1} \begin{pmatrix} -b_{1,r+1} \\ -b_{2,r+1} \\ \vdots \\ -b_{r,r+1} \\ 1 \\ 0 \\ \vdots \\ 0 \end{pmatrix} + \alpha_{r+2} \begin{pmatrix} -b_{1,r+2} \\ -b_{2,r+2} \\ \vdots \\ -b_{r,r+2} \\ 0 \\ 1 \\ \vdots \\ 0 \end{pmatrix} + \cdots + \alpha_n \begin{pmatrix} -b_{1,n} \\ -b_{2,n} \\ \vdots \\ -b_{r,n} \\ 0 \\ 0 \\ \vdots \\ 1 \end{pmatrix}. \tag{3'}$$

这就是 (2) 的通解. 把未知数的顺序换回去，就可以得到 (1) 的通解. 据此，下述定理得到证明.

定理 [5.2] 对方程组 (1) 的增广矩阵 $\tilde{\boldsymbol{A}}$ 进行初等行变换及最后一列以外的列变换，可得到 $\tilde{\boldsymbol{B}}$. 此时，当且仅当 $d_{r+1} = d_{r+2} = \cdots = d_m = 0$ 时，方程组有解. 为求其通解，可将任意常数 $\alpha_{r+1}, \alpha_{r+2}, \cdots, \alpha_n$ 分别代入 $x_{r+1}, x_{r+2}, \cdots, x_n$，通过 (3) 便可得到 $x_1, x_2, \cdots, x_r$ 的值. 这里，未知数的顺序需根据列变换相应做出改变.

这个定理同时给出了方程组一个实用的解法，我们对此充满兴趣. 要知道，虽然我们之后还会学习更多整理过的方程组解的公式，但比起实用性，这些公式的理论性更强.

例 解线性方程组

$$\begin{cases} 3x_2 + 3x_3 - 2x_4 = -4 \\ x_1 + x_2 + 2x_3 + 3x_4 = 2 \\ x_1 + 2x_2 + 3x_3 + 2x_4 = 1 \\ x_1 + 3x_2 + 4x_3 + 2x_4 = -1 \end{cases}.$$

$$\tilde{\boldsymbol{A}} = \begin{pmatrix} 0 & 3 & 3 & -2 & -4 \\ 1 & 1 & 2 & 3 & 2 \\ 1 & 2 & 3 & 2 & 1 \\ 1 & 3 & 4 & 2 & -1 \end{pmatrix} \xrightarrow{\text{(i)}} \begin{pmatrix} 1 & 1 & 2 & 3 & 2 \\ 0 & 3 & 3 & -2 & -4 \\ 1 & 2 & 3 & 2 & 1 \\ 1 & 3 & 4 & 2 & -1 \end{pmatrix}$$

$$\xrightarrow{\text{(ii)}} \begin{pmatrix} 1 & 1 & 2 & 3 & 2 \\ 0 & 3 & 3 & -2 & -4 \\ 0 & 1 & 1 & -1 & -1 \\ 0 & 2 & 2 & -1 & -3 \end{pmatrix} \xrightarrow{\text{(iii)}} \begin{pmatrix} 1 & 1 & 2 & 3 & 2 \\ 0 & 1 & 1 & -1 & -1 \\ 0 & 3 & 3 & -2 & -4 \\ 0 & 2 & 2 & -1 & -3 \end{pmatrix}$$

$$\xrightarrow{\text{(iv)}}\begin{pmatrix}1&0&1&4&3\\0&1&1&-1&-1\\0&0&0&1&-1\\0&0&0&1&-1\end{pmatrix}\xrightarrow{\text{(v)}}\begin{pmatrix}1&0&4&1&3\\0&1&-1&1&-1\\0&0&1&0&-1\\0&0&1&0&-1\end{pmatrix}$$

$$\xrightarrow{\text{(vi)}}\begin{pmatrix}1&0&0&1&7\\0&1&0&1&-2\\0&0&1&0&-1\\0&0&0&0&0\end{pmatrix}.$$

方程组有解，并且其中有一个为任意常数. 因为 (v) 中交换了第 3 列与第 4 列，所以方程组的解为

$$x_1=7-\alpha,\quad x_2=-2-\alpha,\quad x_3=\alpha,\quad x_4=-1.$$

写成向量形式，为

$$\begin{pmatrix}x_1\\x_2\\x_3\\x_4\end{pmatrix}=\begin{pmatrix}7\\-2\\0\\-1\end{pmatrix}+\alpha\begin{pmatrix}-1\\-1\\1\\0\end{pmatrix}.$$

注意点 1　显然，通解的表达形式并不固定，例如

$$\begin{pmatrix}x_1\\x_2\\x_3\\x_4\end{pmatrix}=\begin{pmatrix}0\\-9\\7\\-1\end{pmatrix}+\beta\begin{pmatrix}1\\1\\-1\\0\end{pmatrix}$$

也是方程组的通解.

这种通解的形式让我们想起直线的线性表示（参照 1.2 节）. 类比“四维空间的直线”，根据直线上的特殊点 P_1 的取法及方向向量的长度和方向，通解（即直线）的表达形式也各不相同.

注意点 2　通过定理的证明过程我们可以知道，如果线性方程组的系数都是实数，那么不管考虑复数解还是只考虑实数解，解的情况都不变. 换言之，如果方程组没有实数解，那么方程组必然没有复数解. 另外，解的自由度（任意常数的个数）不变. 在任意常数只取实数的情况下，我们可得到

方程组所有实数解. 这是线性方程组才有的特殊性质. 和二次方程组对比可以让我们进一步知晓其中的区别.

问题 解下述线性方程组.

$$\text{(i)}\ \begin{cases} x_1 + 2x_2 + 3x_3 = 4 \\ 2x_1 + x_2 + 3x_3 = 0 \\ -2x_1 + 3x_2 + x_3 = 1 \end{cases}. \quad \text{(ii)}\ \begin{cases} x_1 - x_2 = -2 \\ 3x_1 - x_2 + x_3 = -2 \\ 2x_1 - x_2 + 2x_3 = -1 \\ x_2 - x_3 = 1 \end{cases}.$$

$$\text{(iii)}\ \begin{cases} x_1 + 2x_2 - 2x_3 + x_4 + 3x_5 = 2 \\ 2x_1 + x_2 + 2x_3 + \mathrm{x}_5 = 3 \\ -2x_1 - 3x_2 + 2x_3 - x_4 + 2x_5 = 1 \end{cases}.$$

推论 [5.3] 方程组 (1) 有解的充分必要条件是 $\boldsymbol{A}$ 和 $\tilde{\boldsymbol{A}}$ 的秩相同.

证明：用 $r(\boldsymbol{X})$ 表示矩阵 $\boldsymbol{X}$ 的秩. 使用定理中的符号，我们有 $r(\boldsymbol{A}) = r(\boldsymbol{B})$，$r(\tilde{\boldsymbol{A}}) = r(\tilde{\boldsymbol{B}})$. 故方程组 (2) 有解与 $r(\boldsymbol{B}) = r(\tilde{\boldsymbol{B}})$ 是等价的.

当 $d_{r+1} = d_{r+2} = \cdots = d_m = 0$ 时，用最后一列减去第 j 列 ($j = 1, 2, \cdots, r$) 的 d_j 倍的值，可让最后一列都变为 0，所以 $r(\boldsymbol{B}) = r(\tilde{\boldsymbol{B}})$.

反之，如果 $d_{r+1}, d_{r+2}, \cdots, d_m$ 中有元素不为 0，那么交换 $\tilde{\boldsymbol{B}}$ 的行和列，可以把这个元素移动到元素 $(r+1, r+1)$ 的位置. 接下来通过简单的初等变换可以将其变成 $\boldsymbol{F}_{m,n+1}(r+1)$，证毕.

推论 [5.4] 如果方程个数 m 和未知数个数 n 相等，系数矩阵 $\boldsymbol{A}$ 可逆，那么方程组 (1) 有且仅有一组解.

常数项都为 0 的线性方程组叫作**齐次线性方程组**. 齐次方程组 $\boldsymbol{Ax} = \boldsymbol{0}$ 必有一组解，即 $\boldsymbol{x} = \boldsymbol{0}$，它叫作**平凡解**.

如果 $\boldsymbol{x}_1, \boldsymbol{x}_2, \cdots, \boldsymbol{x}_k$ 是齐次方程组 $\boldsymbol{Ax} = \boldsymbol{0}$ 的解，那么它们的线性组合 $a_1\boldsymbol{x}_1 + a_2\boldsymbol{x}_2 + \cdots + a_k\boldsymbol{x}_k$ 显然也是 $\boldsymbol{Ax} = \boldsymbol{0}$ 的解.

下述定理成立.

定理 [5.5] 对于含有 n 个未知数、由 m 个齐次方程组成的线性方程组

$$\boldsymbol{Ax} = \boldsymbol{0}, \tag{4}$$

如果系数矩阵 $\boldsymbol{A}$ 的秩等于 r，那么 (4) 的任意解都可通过 $n-r$ 个特别的非平凡解 $\boldsymbol{x}_{r+1}, \boldsymbol{x}_{r+2}, \cdots, \boldsymbol{x}_n$ 的线性组合表示，而 $\boldsymbol{x}_{r+1}, \boldsymbol{x}_{r+2}, \cdots, \boldsymbol{x}_n$ 的任何一个都不能用其他 $n-r-1$ 个向量的线性组合表示.

证明：在解的公式 (3′) 中，$d_1 = d_2 = \cdots = d_r = 0$，令等号右边第 2 项之后的向量为 $\boldsymbol{x}_{r+1}, \boldsymbol{x}_{r+2}, \cdots, \boldsymbol{x}_n$ 即可. 证毕.

在第 4 章，我们会用线性空间的概念更简洁地表述这个定理（参照 4.4 节中的例 1）.

推论 [5.6] 如果 $n > m$，那么齐次方程组 (4) 至少有一个非平凡解.

证明：根据 $r(\boldsymbol{A}) \leqslant m < n$ 即证.

这个推论是第 4 章证明维数不变性的关键.

[5.7] 未知数个数和方程个数相等的齐次方程组有非平凡解的充分必要条件是系数矩阵不可逆.

通过 [4.3] 和定理 [5.5] 可证.

[5.8] n 阶矩阵 $\boldsymbol{A}$ 可逆的充分必要条件是对任意非零 n 阶列向量 $\boldsymbol{x}$，都有 $\boldsymbol{A}\boldsymbol{x} \neq \boldsymbol{0}$.

最后，我们探究以下一般的线性方程组与齐次方程组之间的关系.

对方程组

$$\boldsymbol{A}\boldsymbol{x} = \boldsymbol{c}, \tag{1'}$$

令常数项为零向量，可得齐次方程组

$$\boldsymbol{A}\boldsymbol{x} = \boldsymbol{0}. \tag{4}$$

我们把它叫作 (1′) 对应的齐次方程组.

[5.9] 固定 (1′) 的一组解 $\boldsymbol{x}_0$，(1) 的任意解可通过 $\boldsymbol{x}_0$ 加上 (4) 的解得到.

证明：如果 $\boldsymbol{y}$ 是 (4) 的解，那么

$$\boldsymbol{A}(\boldsymbol{x}_0 + \boldsymbol{y}) = \boldsymbol{A}\boldsymbol{x}_0 + \boldsymbol{A}\boldsymbol{y} = \boldsymbol{c} + \boldsymbol{0} = \boldsymbol{c}.$$

换言之，$\boldsymbol{x}_0 + \boldsymbol{y}$ 是 (1) 的解.

反之，如果 $\boldsymbol{x}$ 是 (1) 的解，令 $\boldsymbol{x} - \boldsymbol{x}_0 = \boldsymbol{y}$，那么

$$\boldsymbol{A}\boldsymbol{y} = \boldsymbol{A}(\boldsymbol{x} - \boldsymbol{x}_0) = \boldsymbol{A}\boldsymbol{x} - \boldsymbol{A}\boldsymbol{x}_0 = \boldsymbol{c} - \boldsymbol{c} = \boldsymbol{0}.$$

所以 $\boldsymbol{y}$ 是 (4) 的解. 证毕.

$n = 3$ 时，解的自由度 $3 - r$ 为 1（或 2），(1′) 的解的公式 (3′) 可以看成直线（或平面）的向量表示方法. 对应的齐次方程组 (4) 的解是经过原点且与 (1) 的解表示的直线（或平面）平行的直线（或平面）.（参照定理 [5.2] 处的示例.）

2.6 内积与酉矩阵、正交矩阵

我们在第 1 章定义了两个向量的内积，并据此表示两直线的夹角. 现在，我们把内积的概念拓展到 n 阶复数矩阵的情况.

令 $\boldsymbol{x}$、$\boldsymbol{y}$ 是 n 阶列向量，此时 $\boldsymbol{x}^{\mathrm{T}}$ 是 $1\times n$ 矩阵. 故根据矩阵乘法的定义，$\boldsymbol{x}^{\mathrm{T}}\overline{\boldsymbol{y}}$ 是 1×1 矩阵. 现把这个矩阵唯一的元素，叫作 $\boldsymbol{x}$ 与 $\boldsymbol{y}$ 的**内积**，写作 $(\boldsymbol{x},\boldsymbol{y})$.

令

$$\boldsymbol{x}=\begin{pmatrix} x_1 \\ x_2 \\ \vdots \\ x_n \end{pmatrix},\quad \boldsymbol{y}=\begin{pmatrix} y_1 \\ y_2 \\ \vdots \\ y_n \end{pmatrix},$$

那么

$$(\boldsymbol{x},\boldsymbol{y})=\sum_{i=1}^{n} x_i\overline{y}_i = x_1\overline{y}_1+x_2\overline{y}_2+\cdots+x_n\overline{y}_n. \tag{1}$$

当 $\boldsymbol{x}$、$\boldsymbol{y}$ 为实向量时，

$$(\boldsymbol{x},\boldsymbol{y})=\boldsymbol{x}^{\mathrm{T}}\boldsymbol{y}=x_1y_1+x_2y_2+\cdots+x_ny_n.$$

为了区分复数向量的内积与实向量的内积，我们通常也把前者叫作**埃尔米特内积**.

[6.1] 内积满足下述性质.

$$\begin{cases} (\boldsymbol{x}_1+\boldsymbol{x}_2,\boldsymbol{y})=(\boldsymbol{x}_1,\boldsymbol{y})+(\boldsymbol{x}_2,\boldsymbol{y}) \\ (\boldsymbol{x},\boldsymbol{y}_1+\boldsymbol{y}_2)=(\boldsymbol{x},\boldsymbol{y}_1)+(\boldsymbol{x},\boldsymbol{y}_2) \end{cases}, \tag{2}$$

$$(c\boldsymbol{x},\boldsymbol{y})=c\,(\boldsymbol{x},\boldsymbol{y}),(\boldsymbol{x},c\boldsymbol{y})=\overline{c}\,(\boldsymbol{x},\boldsymbol{y}), \tag{3}$$

$$(\boldsymbol{y},\boldsymbol{x})=\overline{(\boldsymbol{x},\boldsymbol{y})}, \tag{4}$$

$$(\boldsymbol{x},\boldsymbol{x})\text{ 是非负数, 当且仅当}\boldsymbol{x}=\boldsymbol{0}\text{ 时, }(\boldsymbol{x},\boldsymbol{x})=0. \tag{5}$$

前面 3 个性质叫作**共轭线性**，最后一条性质叫作**正定性**. $(\boldsymbol{x},\boldsymbol{x})$ 的算术平方根叫作 $\boldsymbol{x}$ 的**长度**或**范数**，写作

$$\|\boldsymbol{x}\|=\sqrt{(\boldsymbol{x},\boldsymbol{x})}=\sqrt{|x_1|^2+|x_2|^2+\cdots+|x_n|^2}. \tag{6}$$

[6.2] 下面两个不等式非常重要.

$$\text{(i) } |(\boldsymbol{x},\boldsymbol{y})| \leqslant \|\boldsymbol{x}\|\cdot\|\boldsymbol{y}\| \text{（施瓦茨不等式）}. \tag{7}$$

$$\text{(ii) } \|\boldsymbol{x}+\boldsymbol{y}\| \leqslant \|\boldsymbol{x}\|+\|\boldsymbol{y}\| \text{（三角不等式）}. \tag{8}$$

其中，当且仅当 $\boldsymbol{x}$、$\boldsymbol{y}$ 成比例的时候（(ii) 还需要比例系数是非负数）等号成立.

证明：首先证明 (i). 当 $\boldsymbol{y}=\boldsymbol{0}$ 时，式子两边都为 0，所以 (i) 成立. 当 $\boldsymbol{y}\neq\boldsymbol{0}$ 时，对任意复数 a、b，有

$$0 \leqslant \|a\boldsymbol{x}+b\boldsymbol{y}\|^2 = |a|^2\|\boldsymbol{x}\|^2 + a\bar{b}(\boldsymbol{x},\boldsymbol{y}) + b\bar{a}\overline{(\boldsymbol{x},\boldsymbol{y})} + |b|^2\|\boldsymbol{y}\|^2 .$$

令 $a=\|\boldsymbol{y}\|^2, b=-(\boldsymbol{x},\boldsymbol{y})$，得到

$$\begin{aligned}0 &\leqslant \|\boldsymbol{y}\|^4\|\boldsymbol{x}\|^2 - \|\boldsymbol{y}\|^2|(\boldsymbol{x},\boldsymbol{y})|^2 - \|\boldsymbol{y}\|^2|(\boldsymbol{x},\boldsymbol{y})|^2 + \|\boldsymbol{y}\|^2|(\boldsymbol{x},\boldsymbol{y})|^2 \\ &= \|\boldsymbol{y}\|^2\left\{\|\boldsymbol{x}\|^2\|\boldsymbol{y}\|^2 - |(\boldsymbol{x},\boldsymbol{y})|^2\right\}.\end{aligned}$$

不等式两边同时除以 $\|\boldsymbol{y}\|^2$，并移项，两边取算术平方根，(i) 即证.

为证明 (ii)，我们将左边平方，得

$$\begin{aligned}\|\boldsymbol{x}+\boldsymbol{y}\|^2 &= \|\boldsymbol{x}\|^2 + (\boldsymbol{x},\boldsymbol{y}) + \overline{(\boldsymbol{x},\boldsymbol{y})} + \|\boldsymbol{y}\|^2 \\ &\leqslant \|\boldsymbol{x}\|^2 + 2|(\boldsymbol{x},\boldsymbol{y})| + \|\boldsymbol{y}\|^2 \\ &\leqslant \|\boldsymbol{x}\|^2 + 2\|\boldsymbol{x}\|\|\boldsymbol{y}\| + \|\boldsymbol{y}\|^2 = (\|\boldsymbol{x}\|+\|\boldsymbol{y}\|)^2 .\end{aligned}$$

两边取算术平方根即可. 证毕.

如果 $(\boldsymbol{x},\boldsymbol{y})=0$，那么我们说 $\boldsymbol{x}$ 与 $\boldsymbol{y}$ **正交**.

问题 1 求证 $\|\boldsymbol{x}+\boldsymbol{y}\|^2+\|\boldsymbol{x}-\boldsymbol{y}\|^2 = 2\left(\|\boldsymbol{x}\|^2+\|\boldsymbol{y}\|^2\right)$.

问题 2 求证当 $\boldsymbol{x}$ 与 $\boldsymbol{y}$ 正交时，$\|\boldsymbol{x}+\boldsymbol{y}\|^2=\|\boldsymbol{x}\|^2+\|\boldsymbol{y}\|^2$ 成立，并证明当 $\boldsymbol{x}$ 与 $\boldsymbol{y}$ 为实向量时，逆命题也成立，但当 $\boldsymbol{x}$ 与 $\boldsymbol{y}$ 为一般复数向量时，逆命题不一定成立.

问题 3 求证：当 $\boldsymbol{x}$ 与 $\boldsymbol{y}$ 为实向量时，

$$(\boldsymbol{x},\boldsymbol{y}) = \frac{1}{4}\left(\|\boldsymbol{x}+\boldsymbol{y}\|^2 - \|\boldsymbol{x}-\boldsymbol{y}\|^2\right)$$

成立，并证明 $\boldsymbol{x}$ 与 $\boldsymbol{y}$ 为一般复数向量时，这个等式不一定成立.

当 $\boldsymbol{A}$ 是 $m\times n$ 矩阵，$\boldsymbol{x}$ 是 n 阶列向量时，$\boldsymbol{Ax}$ 是 m 阶列向量，故它与任意 m 阶列向量 $\boldsymbol{y}$ 的内积是有意义的.

[6.3] $\boldsymbol{A}$ 是 $m\times n$ 矩阵，对任意 n 阶列向量 $\boldsymbol{x}$ 和 m 阶列向量 $\boldsymbol{y}$，

$$(\boldsymbol{Ax},\boldsymbol{y})=\left(\boldsymbol{x},\overline{\boldsymbol{A}}^{\mathrm{T}}\boldsymbol{y}\right) \tag{9}$$

成立.

反之，对任意 $\boldsymbol{x}$、$\boldsymbol{y}$，如果

$$(\boldsymbol{Ax},\boldsymbol{y})=(\boldsymbol{x},\boldsymbol{By}) \tag{10}$$

成立，那么 $\boldsymbol{B}=\overline{\boldsymbol{A}}^{\mathrm{T}}$.

证明 $(\boldsymbol{Ax},\boldsymbol{y})=(\boldsymbol{Ax})^{\mathrm{T}}\overline{\boldsymbol{y}}=\boldsymbol{x}^{\mathrm{T}}\boldsymbol{A}^{\mathrm{T}}\overline{\boldsymbol{y}}=\boldsymbol{x}^{\mathrm{T}}\overline{\left(\overline{\boldsymbol{A}}^{\mathrm{T}}\boldsymbol{y}\right)}=\left(\boldsymbol{x},\overline{\boldsymbol{A}}^{\mathrm{T}}\boldsymbol{y}\right)$.

反之，如果式 (10) 成立，对任意 $\boldsymbol{x}$，总有

$$\left(\boldsymbol{x},\left(\overline{\boldsymbol{A}}^{\mathrm{T}}-\boldsymbol{B}\right)\boldsymbol{y}\right)=0.$$

所以对任意的 $\boldsymbol{y}$，总有 $(\overline{\boldsymbol{A}}^{\mathrm{T}}-\boldsymbol{B})\boldsymbol{y}=\boldsymbol{0}$，所以 $\boldsymbol{B}=\overline{\boldsymbol{A}}^{\mathrm{T}}$. 证毕.

$\overline{\boldsymbol{A}}^{\mathrm{T}}$ 叫作 $\boldsymbol{A}$ 的**共轭转置矩阵**，用 $\boldsymbol{A}^*$ 表示. 它有下述性质.

$$(\boldsymbol{A}^*)^*=\boldsymbol{A},(\boldsymbol{A}+\boldsymbol{B})^*=\boldsymbol{A}^*+\boldsymbol{B}^*,(c\boldsymbol{A}^*)=\overline{c}\boldsymbol{A}^*,(\boldsymbol{AB})^*=\boldsymbol{B}^*\boldsymbol{A}^*.$$

如果方块矩阵 $\boldsymbol{A}$ 满足 $\boldsymbol{A}=\boldsymbol{A}^*$，那么我们把 $\boldsymbol{A}$ 叫作**埃尔米特矩阵**. 换言之，对任意向量 $\boldsymbol{x}$，都有 $(\boldsymbol{Ax},\boldsymbol{y})=(\boldsymbol{x},\boldsymbol{Ay})$ 成立. 特别是当实矩阵为埃尔米特矩阵时，我们把它叫作**实对称矩阵**.

如果 $\boldsymbol{A}=(a_{ij})$，那么 $a_{ij}=\overline{a}_{ji}$ 成立. 注意，主对角线上的元素都是实数. 当 $\boldsymbol{A}$ 为实对称矩阵时，有 $a_{ij}=a_{ji}$.

定义 如果方块矩阵 $\boldsymbol{A}$ 满足 $\boldsymbol{A}^*\boldsymbol{A}=\boldsymbol{E}$，那么我们把 $\boldsymbol{A}$ 叫作**酉矩阵**. 当酉矩阵同时也为实矩阵时，它又叫作**正交矩阵**.

酉矩阵是可逆的且满足 $\boldsymbol{A}^*=\boldsymbol{A}^{-1}$. 另外，如果 $\boldsymbol{A}$、$\boldsymbol{B}$ 为酉矩阵，那么积 $\boldsymbol{AB}$ 也是酉矩阵；满足 $\boldsymbol{A}^*=\boldsymbol{A}^{-1}$ 的矩阵 $\boldsymbol{A}$ 也是酉矩阵. 换言之，全体 n 阶酉矩阵（正交矩阵）构成一个“群”，我们把这样的群叫作 n 阶**酉群**（n 阶**正交群**）.

另外，$\boldsymbol{A}^*\boldsymbol{A}=\boldsymbol{E}$ 与 $\boldsymbol{A}^{\mathrm{T}}\overline{\boldsymbol{A}}=\boldsymbol{E}$ 是等价的.

[6.4] 对 n 阶矩阵 $\boldsymbol{A}$，下述 4 个条件等价.

(i) $\boldsymbol{A}$ 是酉矩阵.

(ii) 对任意 n 阶列向量 $\boldsymbol{x}$，有

$$\|\boldsymbol{A}\boldsymbol{x}\| = \|\boldsymbol{x}\|.$$

(iii) 对任意 n 阶列向量 $\boldsymbol{x}$、$\boldsymbol{y}$，有

$$(\boldsymbol{A}\boldsymbol{x}, \boldsymbol{A}\boldsymbol{y}) = (\boldsymbol{x}, \boldsymbol{y}).$$

(iv) 当 $\boldsymbol{A}$ 的列向量为 $\boldsymbol{a}_1, \boldsymbol{a}_2, \cdots, \boldsymbol{a}_n$ 时，

$$(\boldsymbol{a}_i, \boldsymbol{a}_j) = \delta_{ij} = \begin{cases} 1\,(i = j), \\ 0\,(i \neq j). \end{cases}$$

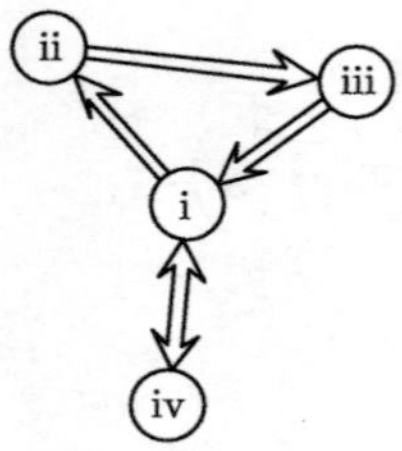

证明：我们只需证明 (i)⇒(ii)，(ii)⇒(iii)，(iii)⇒(i)，并说明 (i) 与 (iv) 等价即可.

先证 (i)⇒(ii)，$\|\boldsymbol{A}\boldsymbol{x}\|^2 = (\boldsymbol{A}\boldsymbol{x}, \boldsymbol{A}\boldsymbol{x}) = \boldsymbol{x}^{\mathrm{T}}\boldsymbol{A}^{\mathrm{T}}\overline{\boldsymbol{A}}\overline{\boldsymbol{x}} = \boldsymbol{x}^{\mathrm{T}}\overline{\boldsymbol{x}} = \|\boldsymbol{x}\|^2$.

再证 (ii)⇒(iii)，因为 $\|\boldsymbol{x}+\boldsymbol{y}\|^2 = \|\boldsymbol{x}\|^2 + (\boldsymbol{x}, \boldsymbol{y}) + \overline{(\boldsymbol{x}, \boldsymbol{y})} + \|\boldsymbol{y}\|^2$,所以 $\|\boldsymbol{A}(\boldsymbol{x}+\boldsymbol{y})\|^2 = \|\boldsymbol{A}\boldsymbol{x}\|^2 + (\boldsymbol{A}\boldsymbol{x}, \boldsymbol{A}\boldsymbol{y}) + \overline{(\boldsymbol{A}\boldsymbol{x}, \boldsymbol{A}\boldsymbol{y})} + \|\boldsymbol{A}\boldsymbol{y}\|^2$.

根据条件 (ii)，得到

$$(\boldsymbol{x}, \boldsymbol{y}) + \overline{(\boldsymbol{x}, \boldsymbol{y})} = (\boldsymbol{A}\boldsymbol{x}, \boldsymbol{A}\boldsymbol{y}) + \overline{(\boldsymbol{A}\boldsymbol{x}, \boldsymbol{A}\boldsymbol{y})},$$

所以 $(\boldsymbol{x}, \boldsymbol{y})$ 与 $(\boldsymbol{A}\boldsymbol{x}, \boldsymbol{A}\boldsymbol{y})$ 的实部相等. 另外，把 $\boldsymbol{x}$ 换成 $\mathrm{i}\boldsymbol{x}$（i 是虚数单位 $\sqrt{-1}$），得

$$\mathrm{i}\left\{(\boldsymbol{x}, \boldsymbol{y}) - \overline{(\boldsymbol{x}, \boldsymbol{y})}\right\} = \mathrm{i}\left\{(\boldsymbol{A}\boldsymbol{x}, \boldsymbol{A}\boldsymbol{y}) - \overline{(\boldsymbol{A}\boldsymbol{x}, \boldsymbol{A}\boldsymbol{y})}\right\},$$

所以 $(\boldsymbol{x}, \boldsymbol{y})$ 与 $(\boldsymbol{A}\boldsymbol{x}, \boldsymbol{A}\boldsymbol{y})$ 的虚部也相等. 换言之，$(\boldsymbol{x}, \boldsymbol{y}) = (\boldsymbol{A}\boldsymbol{x}, \boldsymbol{A}\boldsymbol{y})$.

再证 (iii)⇒(i)，对任意 $\boldsymbol{x}$、$\boldsymbol{y}$，有

$$\begin{aligned}(\boldsymbol{x}, (\boldsymbol{A}^*\boldsymbol{A} - \boldsymbol{E})\,\boldsymbol{y}) &= (\boldsymbol{x}, \boldsymbol{A}^*\boldsymbol{A}\boldsymbol{y}) - (\boldsymbol{x}, \boldsymbol{y}) \\ &= (\boldsymbol{A}\boldsymbol{x}, \boldsymbol{A}\boldsymbol{y}) - (\boldsymbol{x}, \boldsymbol{y}) = 0.\end{aligned}$$

据此，$\boldsymbol{A}^*\boldsymbol{A} - \boldsymbol{E} = \boldsymbol{O}$ 得证.

最后，要证 (i) 与 (iv) 等价，只要注意到

$$\boldsymbol{A}^{\mathrm{T}}\overline{\boldsymbol{A}} = \begin{pmatrix} (\boldsymbol{a}_1, \boldsymbol{a}_1) & (\boldsymbol{a}_1, \boldsymbol{a}_2) & \cdots\cdots & (\boldsymbol{a}_1, \boldsymbol{a}_n) \\ (\boldsymbol{a}_2, \boldsymbol{a}_1) & (\boldsymbol{a}_2, \boldsymbol{a}_2) & \cdots\cdots & (\boldsymbol{a}_2, \boldsymbol{a}_n) \\ \vdots & \vdots & & \vdots \\ (\boldsymbol{a}_n, \boldsymbol{a}_1) & (\boldsymbol{a}_n, \boldsymbol{a}_2) & \cdots\cdots & (\boldsymbol{a}_n, \boldsymbol{a}_n) \end{pmatrix}$$

成立即可. 证毕.

[6.4]$'$ 对 n 阶实数矩阵 $\boldsymbol{A}$，下述 4 个条件等价.

(i) $\boldsymbol{A}$ 是正交矩阵.

(ii) 对任意 n 阶实列向量 $\boldsymbol{x}$，有

$$\|\boldsymbol{Ax}\| = \|\boldsymbol{x}\|.$$

(iii) 对任意 n 阶实列向量 $\boldsymbol{x}$、$\boldsymbol{y}$，有

$$(\boldsymbol{Ax}, \boldsymbol{Ay}) = (\boldsymbol{x}, \boldsymbol{y}).$$

(iv) $(\boldsymbol{a}_i, \boldsymbol{a}_j) = \delta_{ij}$.

证明过程是相同的，其中 (ii)⇒(iii) 的证明过程比 [6.4] 的情况更简单.

例 平面内旋转所对应的矩阵 $\begin{pmatrix} \cos\theta & -\sin\theta \\ \sin\theta & \cos\theta \end{pmatrix}$ 是二阶正交矩阵.

问题 1 求所有二阶正交矩阵.

问题 2 对任意 $m\times n$ 矩阵 $\boldsymbol{A}$，求证 n 阶矩阵 $\boldsymbol{A}^*\boldsymbol{A}$ 和 m 阶矩阵 $\boldsymbol{AA}^*$ 都是埃尔米特矩阵，并且它们主对角线上的元素均为非负数.

2.7 合同变换

在空间或平面内的点变换中，如果两点之间的距离不发生变化，那么我们把它叫作空间或平面内的**合同变换**. 换言之，在这个变换中，当把点 $P, Q, \cdots$ 移动到点 $P', Q', \cdots$ 时，对任意两点 P、Q，总有 $\overline{PQ} = \overline{P'Q'}$. 绕原点的旋转就是平面上的合同变换.

今后作者会同时阐述空间和平面的情况，正文主体是关于空间的描述，读者可以在〔 〕中改成平面中对应的词汇.

我们在空间〔平面〕中固定一个直角坐标系，并认为点的变换及其引起的 $\boldsymbol{V}^3$〔$\boldsymbol{V}^2$〕变换是等价的，都可以通过矩阵来表示.

当然，合同变换也不一定会带来 $\boldsymbol{V}^3$ 上的线性变换. 想想把所有点同时沿同一个方向移动相同距离的变换（即平移）就明白了.

本节出现的数字、列向量和矩阵分别是实数、实向量和实矩阵.

首先，我们让合同变换 T_0 把空间〔平面〕上的原点 O 移动到 O 自身.

如果一条直线上的 3 个点 P、Q、R 按照如图顺序排列，那么有

$$\overline{PQ} + \overline{QR} = \overline{PR}.$$

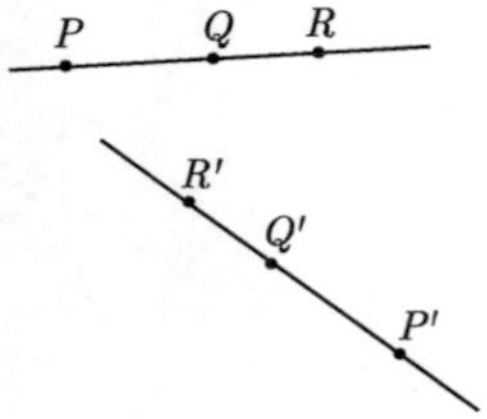

因此，

$$\overline{P'Q'}+\overline{Q'R'}=\overline{P'R'}.$$

这说明 P'、Q'、R' 仍旧共线，并按照这个顺序排列，所以 T_0 是直线与直线之间的移动. 接着，对任意向量 $\boldsymbol{x}$ 和任意实数 c，思考通过原点的直线上两点 P、Q，满足 $\overrightarrow{OP}=\boldsymbol{x}$，$\overrightarrow{OQ}=c\boldsymbol{x}$. 据此可知，

$$T_0(c\boldsymbol{x})=cT_0\boldsymbol{x}. \tag{1}$$

因为任意两个全等三角形能够完全重合（三边对应相等），所以对任意向量 $\boldsymbol{x}$、$\boldsymbol{y}$，下式成立.

$$T_0(\boldsymbol{x}+\boldsymbol{y})=T_0\boldsymbol{x}+T_0\boldsymbol{y}. \tag{2}$$

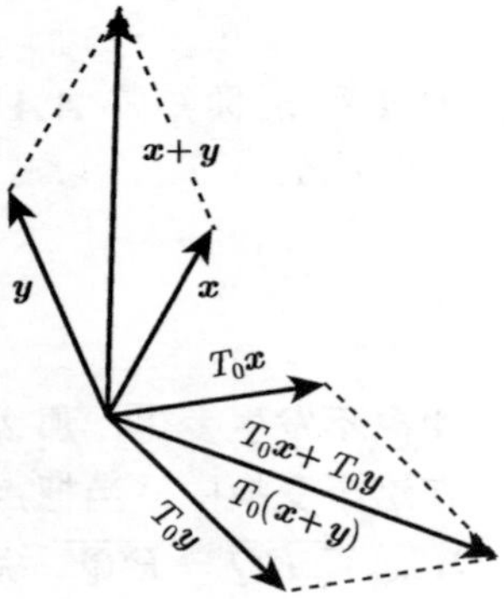

换言之，T_0 是 $\boldsymbol{V}^3$〔$\boldsymbol{V}^2$〕上的线性变换. 根据 2.3 节中的结果或 1.4 节及 1.5 节中的结果，T_0 是由某个三阶〔二阶〕矩阵 $\boldsymbol{A}$ 决定的变换：

$$T_0\boldsymbol{x}=\boldsymbol{A}\boldsymbol{x}. \tag{3}$$

根据假设，因为 T_0 不改变向量的长度，所以 $\boldsymbol{A}$ 是三阶〔二阶〕正交矩阵.

接下来我们思考平移 T_1. 令原点 O 的对应点为 O'，并且 $\boldsymbol{a}=\left(\overrightarrow{OO'}\right)$，那么有

$$T_1\boldsymbol{x}=\boldsymbol{x}+\boldsymbol{a}. \tag{4}$$

最后，我们考虑一般的合同变换 T. 令原点 O 的对应点为 O'，并且 $\boldsymbol{a}=\left(\overrightarrow{OO'}\right)$. 考虑到平移 T_1：$\boldsymbol{x}\to\boldsymbol{x}+\boldsymbol{a}$，$T_1$ 的逆变换为 $T_1^{-1}:\boldsymbol{x}\to\boldsymbol{x}-\boldsymbol{a}$. 如果令 T_0 是先 T 后 T_1^{-1} 合成的变换，那么 T_0 自然是合同变换，并使原点 O 移动到 O 自身. 所以，总存在某个正交矩阵 $\boldsymbol{A}$，满足

$$T_0\boldsymbol{x}=\boldsymbol{A}\boldsymbol{x}.$$

因为 T 是先 T_0 后 T_1 合成的变换，所以

$$T\boldsymbol{x}=T_1(\boldsymbol{A}\boldsymbol{x})=\boldsymbol{A}\boldsymbol{x}+\boldsymbol{a}. \tag{5}$$

这就是合同变换的表达式.

我们还可以引入四阶〔三阶〕列向量 $\tilde{\boldsymbol{x}}=\begin{pmatrix}\boldsymbol{x}\\1\end{pmatrix}$ 和四阶〔三阶〕矩阵 $\tilde{\boldsymbol{A}}=\begin{pmatrix}\boldsymbol{A}&\boldsymbol{a}\\\boldsymbol{0}^{\mathrm{T}}&1\end{pmatrix}$ 作为辅助，有

$$\tilde{\boldsymbol{A}}\tilde{\boldsymbol{x}}=\begin{pmatrix}\boldsymbol{A}&\boldsymbol{a}\\\boldsymbol{0}^{\mathrm{T}}&1\end{pmatrix}\begin{pmatrix}\boldsymbol{x}\\1\end{pmatrix}=\begin{pmatrix}\boldsymbol{A}\boldsymbol{x}+\boldsymbol{a}\\1\end{pmatrix}.$$

四阶〔三阶〕列向量 $\tilde{\boldsymbol{A}}\tilde{\boldsymbol{x}}$ 除了最后的元素 1，就是 $T\boldsymbol{x}$. 我们把 $\tilde{\boldsymbol{x}}$ 叫作点的**非齐次位置矢量**.

根据上述说明，我们可以得到下述定理.

定理 [7.1] 空间〔平面〕上的合同变换可以理解为点的非齐次位置矢量 $\tilde{\boldsymbol{x}}$ 的变换，它可以通过对 $\tilde{\boldsymbol{x}}$ 左乘四阶〔三阶〕矩阵

$$\tilde{\boldsymbol{A}}=\begin{pmatrix}\boldsymbol{A}&\boldsymbol{a}\\\boldsymbol{0}^{\mathrm{T}}&1\end{pmatrix}$$

得到. 这里，$\boldsymbol{A}$ 是三阶〔二阶〕正交矩阵，$\boldsymbol{a}$ 是从原点 O 指向对应点 O' 的位置矢量.

反之，这种形式的变换都是合同变换.

易知，T 的逆变换 T^{-1} 也是合同变换，它是四阶〔三阶〕矩阵

$$\tilde{\boldsymbol{A}}^{-1}=\begin{pmatrix}\boldsymbol{A}^{-1}&-\boldsymbol{A}^{-1}\boldsymbol{a}\\\boldsymbol{0}^{\mathrm{T}}&1\end{pmatrix}.$$

此外，如果两个合同变换 T、S 分别对应

$$\tilde{\boldsymbol{A}}=\begin{pmatrix}\boldsymbol{A}&\boldsymbol{a}\\\boldsymbol{0}^{\mathrm{T}}&1\end{pmatrix},\quad \tilde{\boldsymbol{B}}=\begin{pmatrix}\boldsymbol{B}&\boldsymbol{b}\\\boldsymbol{0}^{\mathrm{T}}&1\end{pmatrix}.$$

T、S 的合成变换 $S\circ T$ 对应 $\tilde{\boldsymbol{B}}$ 与 $\tilde{\boldsymbol{A}}$ 的积

$$\tilde{\boldsymbol{B}}\tilde{\boldsymbol{A}}=\begin{pmatrix}\boldsymbol{B}\boldsymbol{A}&\boldsymbol{B}\boldsymbol{a}+\boldsymbol{b}\\\boldsymbol{0}^{\mathrm{T}}&1\end{pmatrix}.$$

换言之，所有空间〔平面〕上的合同变换组成一个“群”. 我们把这个群叫作空间〔平面〕上的**合同变换群**. 我们可以认为欧几里得几何是研究空间〔平面〕上的图形在合同变换群中的不变性的几何学.

注意点 通过式子 $\tilde{\boldsymbol{A}} = \begin{pmatrix} \boldsymbol{A} & \boldsymbol{a} \\ \boldsymbol{0}^{\mathrm{T}} & 1 \end{pmatrix} = \begin{pmatrix} \boldsymbol{E} & \boldsymbol{a} \\ \boldsymbol{0}^{\mathrm{T}} & 1 \end{pmatrix} \begin{pmatrix} \boldsymbol{A} & \boldsymbol{0} \\ \boldsymbol{0}^{\mathrm{T}} & 1 \end{pmatrix}$，我们可以发现，变换 T 是 T_0 与 T_1 的复合变换.

如果合同变换 T 不对图形进行对称变换，那么我们把 T 叫作**运动**. 在空间中的变换总是满足右手定则，在平面中的变换总是从正角到正角.

平移 T_1 显然是运动，所以 T 是否为运动其实是由 T_0 决定的. 因为 T_0 是 $\boldsymbol{V}^3$〔$\boldsymbol{V}^2$〕上的线性变换，所以根据 1.5 节中的结果，当且仅当矩阵 $\boldsymbol{A}$ 的行列式为正时，T_0 是运动.

运动 T_0 不移动原点的位置，我们把 T_0 叫作空间〔平面〕上的**旋转**.

因为合同变换不改变图形的体积〔面积〕，所以 $\boldsymbol{A}$ 的行列式为 ± 1.

根据上述说明，我们可以得到下述定理.

定理 [7.2] 当合同变换 T 为运动时，T_0 为旋转. T_0 为旋转的充分必要条件是矩阵 $\boldsymbol{A}$ 的行列式为 1.

注意点 所有运动、所有旋转分别组成一个群，我们把它们分别叫作**运动群**和**旋转群**.

可证明，平面上旋转的本质是绕原点旋转（旋转某个角度）；空间上旋转的本质是绕经过原点的直线旋转（参照 5.6 节）.

平面上的任意运动 T 都可表示成下面的三阶矩阵.

$$\tilde{\boldsymbol{A}} = \begin{pmatrix} \cos\theta & -\sin\theta & a \\ \sin\theta & \cos\theta & b \\ 0 & 0 & 1 \end{pmatrix}.$$

附记 关于合同变换 T 所对应的矩阵

$$\tilde{\boldsymbol{A}} = \begin{pmatrix} A & \boldsymbol{a} \\ \boldsymbol{0}^{\mathrm{T}} & 1 \end{pmatrix},$$

如果把 $\boldsymbol{A}$ 是正交矩阵这一条件换成 $\boldsymbol{A}$ 是可逆矩阵，我们便把这样的矩阵所对应的空间〔平面〕上的变换叫作**仿射变换**. 仿射变换是 $\boldsymbol{V}^3$〔$\boldsymbol{V}^2$〕上可逆的线性变换（即存在逆变换的线性变换）与平移的复合变换.

同理，在仿射变换的情况下，总是满足右手定则〔从正角到正角〕的充分必要条件是 $\boldsymbol{A}$ 的行列式为正.

仿射变换将直线型图形转换成直线型图形，它们的体积比〔面积比〕是 $\boldsymbol{A}$ 的行列式的绝对值.

习　题

1. 判断下列矩阵是否可逆，如果可逆，求其逆矩阵.

$$\text{(i)} \begin{pmatrix} 3 & 3 & -5 & -6 \\ 1 & 2 & -3 & -1 \\ 2 & 3 & -5 & -3 \\ -1 & 0 & 2 & 2 \end{pmatrix}. \quad \text{(ii)} \begin{pmatrix} 1 & 2 & 0 & -1 \\ -3 & -5 & 1 & 2 \\ 1 & 3 & 2 & -2 \\ 0 & 2 & 1 & -1 \end{pmatrix}.$$

2. 解下列线性方程组.

$$\text{(i)} \begin{cases} x_1 + 2x_2 - x_3 + 3x_4 - 2x_5 = 1 \\ 2x_1 + 4x_2 + x_3 + 3x_4 - 3x_5 = 2 \\ -x_1 - 2x_2 + 2x_3 - 4x_4 - x_5 = 1 \\ 3x_1 + 6x_2 + 6x_4 - 5x_5 = 3 \end{cases}.$$

$$\text{(ii)} \begin{cases} 2x_1 + 4x_2 + x_3 - x_4 = 1 \\ x_1 + 2x_2 - x_3 + x_4 = 2 \\ 2x_1 + x_2 + x_3 + 2x_4 = -2 \\ x_1 + 3x_2 + 2x_3 - 3x_4 = 0 \end{cases}.$$

$$\text{(iii)} \begin{cases} x_1 + x_3 + 2x_4 = 6 \\ -2x_1 + x_2 + 4x_3 + x_4 = 3 \\ 4x_1 - 3x_2 - 4x_3 + x_4 = -3 \\ -x_1 + x_2 + 2x_3 + x_4 = 4 \end{cases}.$$

$$\text{(iv)} \begin{cases} x_1 + 2x_2 - x_3 + 3x_4 + 4x_5 = 5 \\ x_3 - 2x_4 + 4x_5 = -2 \\ 2x_1 + 4x_2 - x_3 + 3x_4 + 2x_5 = 5 \end{cases}.$$

3. $\boldsymbol{A} = \begin{pmatrix} -1 & -5 & -1 \\ 2 & 4 & 0 \\ -4 & -8 & 0 \end{pmatrix}$，$\boldsymbol{P} = \begin{pmatrix} 1 & 3 & 2 \\ -1 & -2 & -1 \\ 2 & 4 & 3 \end{pmatrix}$.

(i) 求 $\boldsymbol{P}^{-1}\boldsymbol{A}\boldsymbol{P}$.

(ii) 求 $\boldsymbol{A}^n$（n 是正整数）.

4. 求 $n(n \geqslant 2)$ 阶矩阵 $\begin{pmatrix} 1 & x & x & \cdots & x \\ x & 1 & x & \cdots & x \\ x & x & 1 & \cdots & x \\ \vdots & \vdots & \vdots & \ddots & \vdots \\ x & x & x & \cdots & 1 \end{pmatrix}$ 的秩.

5. 在 n 阶矩阵 $\boldsymbol{A}=(a_{ij})$ 中，$a_{ii}=1$，$|a_{ij}|<\dfrac{1}{n-1}\,(i\neq j)$，求证 $\boldsymbol{A}$ 可逆.

6. 关于 n 阶矩阵 $\boldsymbol{A}$，求证下述命题.

(i) 如果存在 k 满足 $\boldsymbol{A}^k=\boldsymbol{E}$，那么 $\boldsymbol{A}$ 可逆.

(ii) 如果 $\boldsymbol{A}^2=\boldsymbol{A}$，$\boldsymbol{A}\neq\boldsymbol{E}$，那么 $\boldsymbol{A}$ 不可逆.

(iii) 如果存在 k 满足 $\boldsymbol{A}^k=\boldsymbol{O}$，那么 $\boldsymbol{A}$ 不可逆（这样的矩阵叫作**幂零矩阵**）.

(iv) 如果 $\boldsymbol{A}$ 是幂零矩阵，那么 $\boldsymbol{E}\pm\boldsymbol{A}$ 可逆，并用 $\boldsymbol{A}$ 表示 $(\boldsymbol{E}\pm\boldsymbol{A})^{-1}$.

7. 求证：不存在 n 阶矩阵 $\boldsymbol{X}$、$\boldsymbol{Y}$，满足 $\boldsymbol{XY}-\boldsymbol{YX}=\boldsymbol{E}_n$.

8. $\boldsymbol{A}$ 是 $l\times m$ 矩阵，$\boldsymbol{B}$ 是 $m\times n$ 矩阵，求证 $\boldsymbol{AB}$ 的秩小于等于 $\boldsymbol{A}$ 的秩和 $\boldsymbol{B}$ 的秩.

9. 给定坐标系，用系数矩阵 $\boldsymbol{A}$ 和增广矩阵 $\tilde{\boldsymbol{A}}$ 的秩表示 3 个平面 $\begin{cases}a_1x+b_1y+c_1z=d_1\\a_2x+b_2y+c_2z=d_2\\a_3x+b_3y+c_3z=d_3\end{cases}$ 共线的条件.

10. (i) 对实矩阵 $\boldsymbol{A}=\begin{pmatrix}a&-b\\b&a\end{pmatrix}$，求证只要 a、b 不同时为 0，$\boldsymbol{A}$ 就可逆.

(ii) 每一个 $\boldsymbol{A}$ 对应一个复数 $\alpha=a+\mathrm{i}b$. 通过这个对应，所有上述矩阵的集合与所有复数的集合构成一一对应的关系. 求证矩阵的和、积、逆矩阵与复数的和、积、倒数相对应.

(iii) 令 α 的模为 r，辐角为 θ，求证 $\boldsymbol{A}=r\begin{pmatrix}\cos\theta&-\sin\theta\\\sin\theta&\cos\theta\end{pmatrix}$.

11. n 阶矩阵 $\boldsymbol{P}$ 满足 $\boldsymbol{P}^{\mathrm{T}}\boldsymbol{P}=\boldsymbol{E}$，并且 $\boldsymbol{P}+\boldsymbol{E}$ 可逆.

(i) 令 $\boldsymbol{A}=(\boldsymbol{P}-\boldsymbol{E})(\boldsymbol{P}+\boldsymbol{E})^{-1}$，求证 $\boldsymbol{A}^{\mathrm{T}}=-\boldsymbol{A}$（这样的 $\boldsymbol{A}$ 叫作**反对称矩阵**）.

(ii) 对满足上述条件的 $\boldsymbol{A}$，求证 $\boldsymbol{E}-\boldsymbol{A}$ 可逆.

(iii) 求证 $\boldsymbol{P}=(\boldsymbol{E}+\boldsymbol{A})(\boldsymbol{E}-\boldsymbol{A})^{-1}$.

12. 对 n 阶矩阵 $\boldsymbol{A}$，求证 $\boldsymbol{A}^*\boldsymbol{A}=\boldsymbol{A}\boldsymbol{A}^*$ 成立的充分必要条件是对任意向量 $\boldsymbol{x}$，总有 $\|\boldsymbol{Ax}\|=\|\boldsymbol{A}^*\boldsymbol{x}\|$. 我们把这样的矩阵叫作**正规矩阵**.

13. 对 n 阶矩阵 $\boldsymbol{X}$、$\boldsymbol{Y}$，令 $[\boldsymbol{X},\boldsymbol{Y}]=\boldsymbol{XY}-\boldsymbol{YX}$（我们把它叫作 $\boldsymbol{X}$、$\boldsymbol{Y}$ 的**换位子**）.

(i) 对 3 个方块矩阵 $\boldsymbol{X}$、$\boldsymbol{Y}$、$\boldsymbol{Z}$，求证

$$[[\boldsymbol{X},\boldsymbol{Y}],\boldsymbol{Z}]+[[\boldsymbol{Y},\boldsymbol{Z}],\boldsymbol{X}]+[[\boldsymbol{Z},\boldsymbol{X}],\boldsymbol{Y}]=\boldsymbol{O}\quad\text{（雅可比恒等式）}.$$

(ii) 我们把满足 $\boldsymbol{X}^{\mathrm{T}}=-\boldsymbol{X}$ 的矩阵叫作**反对称矩阵**. 求证如果 $\boldsymbol{X}$、$\boldsymbol{Y}$ 是反对称矩阵，$[\boldsymbol{X},\boldsymbol{Y}]$ 也是反对称矩阵.

(iii) 令三阶实反对称矩阵 $\boldsymbol{X}=\begin{pmatrix}0&-z&y\\z&0&-x\\-y&x&0\end{pmatrix}$ 与三阶实向量 $\boldsymbol{x}=\begin{pmatrix}x\\y\\z\end{pmatrix}$ 相对应，那么所有三阶实反对称矩阵组成的集合与 $\mathbb{R}^3$ 构成一一对应的关系. 当 $\boldsymbol{X}\leftrightarrow\boldsymbol{x}$，$\boldsymbol{Y}\leftrightarrow\boldsymbol{y}$ 时，求证

$$\boldsymbol{X}+\boldsymbol{Y}\leftrightarrow\boldsymbol{x}+\boldsymbol{y},\quad c\boldsymbol{X}\leftrightarrow c\boldsymbol{x},$$

$$[\boldsymbol{X},\boldsymbol{Y}]\leftrightarrow\boldsymbol{x}\times\boldsymbol{y},\quad \boldsymbol{X}y\leftrightarrow\boldsymbol{x}\times\boldsymbol{y}.$$

(iv) 利用上述结论，证明 $(\boldsymbol{x}\times\boldsymbol{y})\times\boldsymbol{z}+(\boldsymbol{y}\times\boldsymbol{z})\times\boldsymbol{x}+(\boldsymbol{z}\times\boldsymbol{x})\times\boldsymbol{y}=\boldsymbol{0}$（参照第 1 章问题 10）.

14. 我们把所有元素为非负数的实矩阵 $\boldsymbol{A}$ 或实列向量 $\boldsymbol{x}$ 叫作**非负矩阵**或**非负向量**. 求证对 n 阶实矩阵 $\boldsymbol{A}$，下述两个条件等价.

(i) $\boldsymbol{A}$ 可逆，且 $\boldsymbol{A}^{-1}$ 为非负矩阵.

(ii) 如果 $\boldsymbol{Ax}$ 是非负向量，那么 $\boldsymbol{x}$ 本身也是非负向量.

15. n 阶非负矩阵 $\boldsymbol{A}=(a_{ij})$ 如果满足 $\displaystyle\sum_{j=1}^{n}a_{ij}=1(i=1,2,\cdots,n)$，那么我们把 $\boldsymbol{A}$ 叫作**随机矩阵**.

(i) 求证如果 $\boldsymbol{A}$ 是随机矩阵，那么 $\boldsymbol{Af}=\boldsymbol{f}$. 这里，$\boldsymbol{f}$ 是元素均为 1 的 n 阶列向量.

(ii) 求证如果 $\boldsymbol{A}$、$\boldsymbol{B}$ 是随机矩阵，那么积 $\boldsymbol{AB}$ 也是随机矩阵.

(iii) 当 $\boldsymbol{A}$ 为随机矩阵时，对复数 α 如果存在非零（复）列向量 $\boldsymbol{x}$ 满足 $\boldsymbol{Ax}=\alpha\boldsymbol{x}$，求证 $|\alpha|\leqslant 1$.

第 3 章　行　列　式

3.1　置换

对诸如 $\{1,2,\cdots,n\}$ 等 $\boldsymbol{n}$ 个元素组成的集合，我们把它的一一对应的变换叫作 **$\boldsymbol{n}$ 元置换**. 换成更通俗的说法就是，这是重新排列 $1,2,\cdots,n$ 的操作. n 元置换一共有 $n!$ 个.

有 n 元置换 σ，当 $\sigma(1)=i_1,\sigma(2)=i_2,\cdots,\sigma(n)=i_n$ 时，我们可以将其写成

$$\sigma=\begin{pmatrix}1 & 2 & \cdots & n\\ i_1 & i_2 & \cdots & i_n\end{pmatrix}.$$

因为我们关注的问题是 1、2 等数字下面是什么，所以第一行不一定要按照 $1,2,\cdots,n$ 的顺序排列. 举个例子，

$$\begin{pmatrix}1&2&3\\2&3&1\end{pmatrix}=\begin{pmatrix}1&3&2\\2&1&3\end{pmatrix}=\begin{pmatrix}2&1&3\\3&2&1\end{pmatrix}$$
$$=\begin{pmatrix}2&3&1\\3&1&2\end{pmatrix}=\begin{pmatrix}3&1&2\\1&2&3\end{pmatrix}=\begin{pmatrix}3&2&1\\1&3&2\end{pmatrix}.$$

例　三元置换总共有 6 个，它们是

$$\begin{pmatrix}1&2&3\\1&2&3\end{pmatrix},\begin{pmatrix}1&2&3\\2&3&1\end{pmatrix},\begin{pmatrix}1&2&3\\3&1&2\end{pmatrix},$$
$$\begin{pmatrix}1&2&3\\1&3&2\end{pmatrix},\begin{pmatrix}1&2&3\\3&2&1\end{pmatrix},\begin{pmatrix}1&2&3\\2&1&3\end{pmatrix}.$$

所有元都不移动位置的置换 $\begin{pmatrix}1 & 2 & \cdots & n\\ 1 & 2 & \cdots & n\end{pmatrix}$ 叫作**恒等置换**或**单位置换**，用 1_n 表示.

置换 σ 的逆变换叫作 σ 的**逆置换**，用 σ^{-1} 表示. 换言之，如果 $\sigma=\begin{pmatrix}1 & 2 & \cdots & n\\ i_1 & i_2 & \cdots & i_n\end{pmatrix}$，那么 $\sigma^{-1}=\begin{pmatrix}i_1 & i_2 & \cdots & i_n\\ 1 & 2 & \cdots & n\end{pmatrix}$.

举个例子，如果 $\sigma = \begin{pmatrix} 1 & 2 & 3 \\ 2 & 3 & 1 \end{pmatrix}$，那么 $\sigma^{-1} = \begin{pmatrix} 2 & 3 & 1 \\ 1 & 2 & 3 \end{pmatrix} = \begin{pmatrix} 1 & 2 & 3 \\ 3 & 1 & 2 \end{pmatrix}$.

我们把 σ、τ 这两个置换的合成变换叫作 σ、τ 的**积**，用 $\tau\sigma$ 表示.

如果 $\sigma = \begin{pmatrix} 1 & 2 & 3 \\ 2 & 3 & 1 \end{pmatrix}$，$\tau = \begin{pmatrix} 1 & 2 & 3 \\ 1 & 3 & 2 \end{pmatrix}$，那么 $\tau\sigma = \begin{pmatrix} 1 & 2 & 3 \\ 3 & 2 & 1 \end{pmatrix}$，$\sigma\tau = \begin{pmatrix} 1 & 2 & 3 \\ 2 & 1 & 3 \end{pmatrix}$.

从这个例子就能知道，一般来说，$\tau\sigma$ 与 $\sigma\tau$ 不相等.

[1.1] 通过定义，易证下述性质.

$$(\sigma\tau)\,\rho=\sigma\,(\tau\rho)\,,$$

$$1_n \cdot \sigma = \sigma \cdot 1_n,$$

$$\sigma\sigma^{-1} = \sigma^{-1}\sigma = 1_n.$$

所有 n 元置换的集合用 S_n 表示. 在这个集合中，根据乘法的定义，结合律成立；存在单位置换 1_n；任意元素 σ 都存在逆置换 σ^{-1}. 根据这些事实，我们说“S_n 是群”，并把 S_n 叫作 n 次**对称群**. 这个群和之前由矩阵组成的群不同，它是由有限个（$n!$ 个）元素组成的. 我们把这样的群叫作**有限群**.

[1.2] (i) 如果 σ 不重复地取 S_n 中的所有元素，那么 σ^{-1} 也不重复地取 S_n 中的所有元素.

(ii) 假设 τ 是一个固定的 n 元置换. 如果 σ 不重复地取 S_n 中的所有元素，那么 $\sigma\tau$ 与 $\tau\sigma$ 也不重复地取 S_n 中的所有元素.

证明：如果 $\sigma_1 \neq \sigma_2$，那么 $\sigma_1^{-1} \neq \sigma_2^{-1}$，所以 σ^{-1} 不会重复. 因为逆置换总共有 $n!$ 个，所以它必然无重复无遗漏地包含所有置换. (ii) 同理可证.

在 n 元置换中，我们把只交换两个元素，固定其他 $(n-2)$ 个元素的置换叫作**换位**.

任何置换都可用多个换位之积表示. 实际上，通过多次交换相邻两个元素，我们总能够把 n 个元素按照任何顺序排列.

用换位之积表示一个置换的方法不唯一. 举个例子，

$$\begin{pmatrix} 1 & 2 & 3 \\ 2 & 3 & 1 \end{pmatrix} = \begin{pmatrix} 1 & 3 & 2 \\ 2 & 1 & 3 \end{pmatrix} \begin{pmatrix} 1 & 2 & 3 \\ 1 & 3 & 2 \end{pmatrix}$$

$$=\begin{pmatrix}1&2&3\\3&2&1\end{pmatrix}\begin{pmatrix}1&2&3\\1&3&2\end{pmatrix}\begin{pmatrix}1&2&3\\2&1&3\end{pmatrix}\begin{pmatrix}1&2&3\\3&2&1\end{pmatrix}.$$

但是，关于这一点，下述定理成立.

定理 [1.3]　任何置换都可用多个换位之积表示. 但是，换位次数的奇偶性由最初的置换决定，与换位之积的表示方法无关.

证明：思考关于 $x_1,x_2,\cdots,x_n$ 的 n 元多项式

$$\begin{aligned}\Delta\left(x_1,x_2,\cdots,x_n\right)=&\prod_{i<j}\left(x_j-x_i\right)\\=&\left(x_n-x_{n-1}\right)\left(x_n-x_{n-2}\right)\cdots\left(x_n-x_2\right)\left(x_n-x_1\right)\\&\left(x_{n-1}-x_{n-2}\right)\cdots\left(x_{n-1}-x_2\right)\left(x_{n-1}-x_1\right)\\&\cdots\cdots\cdots\cdots\cdots\cdots\cdots\cdots\cdots\cdots\cdots\cdots\cdots\cdots.\\&\cdots\cdots\cdots\cdots\cdots\cdots\cdots\cdots\cdots\cdots\cdots\cdots\cdots\cdots\\&\left(x_3-x_2\right)\left(x_3-x_1\right)\\&\left(x_2-x_1\right)\end{aligned}$$

我们把这个多项式叫作 n 元**差积**（参照附录 1，$\prod\limits_{i<j}\left(x_j-x_i\right)$ 表示所有下标满足 $i<j$ 的数对 $(i,\,j)$ 所构成的 x_j-x_i 的乘积）.

对 n 元置换 σ 和 n 元多项式 f，我们定义

$$f^{\sigma}\left(x_1,x_2,\cdots,x_n\right)=f\left(x_{\sigma(1)},x_{\sigma(2)},\cdots,x_{\sigma(n)}\right).$$

根据差积的定义，

$$\Delta^{\sigma}\left(x_1,x_2,\cdots,x_n\right)=\pm\Delta\left(x_1,x_2,\cdots,x_n\right)$$

成立. 如果是换位 τ，通过简单的计算，可知

$$\Delta^{\tau}\left(x_1,x_2,\cdots,x_n\right)=-\Delta\left(x_1,x_2,\cdots,x_n\right).$$

接下来，假如置换 σ 由两种换位之积表示：

$$\sigma=\tau_1\tau_2\cdots\tau_k=\rho_1\rho_2\cdots\rho_l.$$

利用差积的结果，可知

$$\begin{aligned}\Delta^{\sigma}(x_1,x_2,\cdots,x_n) &= (-1)^k\Delta(x_1,x_2,\cdots,x_n)\\ &= (-1)^l\Delta(x_1,x_2,\cdots,x_n).\end{aligned}$$

$(-1)^k=(-1)^l$，所以 k 与 l 的奇偶性必须相同. 证毕.

如果置换 σ 可用偶数个换位之积表示，那么这样的置换叫作**偶置换**；如果置换 σ 可用奇数个换位之积表示，那么这样的置换叫作**奇置换**. 基于此，我们定义记号 $\mathrm{sgn}\sigma$（signature 的简写），当 σ 为偶置换时，值为 1，当 σ 为奇置换时，值为 -1，并把它叫作置换 σ 的**符号**.

[1.4]

$$\mathrm{sgn}1_n=1,$$

$$\mathrm{sgn}\sigma^{-1}=\mathrm{sgn}\sigma,$$

$$\mathrm{sgn}\sigma\tau=\mathrm{sgn}\sigma\cdot\mathrm{sgn}\tau.$$

问题 1 举三元置换和四元置换的例子，并用换位之积表示它们，探究它们的奇偶性.

问题 2 当 $n\geqslant 2$ 时，求证偶置换和奇置换各有 $\dfrac{n!}{2}$ 个.

问题 3 判断 n 元置换 $\begin{pmatrix}1 & 2 & \cdots & n-1 & n\\ n & n-1 & \cdots & 2 & 1\end{pmatrix}$ 的符号.

3.2 行列式

定义 由 n^2 个变量 $x_{ij}(i,j=1,2,\cdots,n)$ 组成的多项式

$$\sum_{\sigma\in S_n}\mathrm{sgn}\sigma\cdot x_{1\sigma(1)}x_{2\sigma(2)}\cdots x_{n\sigma(n)} \tag{1}$$

叫作 n 阶行列式，用

$$\begin{vmatrix}x_{11} & x_{12} & \cdots & x_{1n}\\ x_{21} & x_{22} & \cdots & x_{2n}\\ \vdots & \vdots & & \vdots\\ x_{n1} & x_{n2} & \cdots & x_{nn}\end{vmatrix}$$

表示. 这里，记号 $\displaystyle\sum_{\sigma\in S_n}$ 表示所有 n 元置换 σ 的对应项之和.

一阶行列式就是 x_{11} 本身.

$$\begin{vmatrix} x_{11} & x_{12} \\ x_{21} & x_{22} \end{vmatrix} = x_{11}x_{22} - x_{12}x_{21},$$

$$\begin{vmatrix} x_{11} & x_{12} & x_{13} \\ x_{21} & x_{22} & x_{23} \\ x_{31} & x_{32} & x_{33} \end{vmatrix} = x_{11}x_{22}x_{33} + x_{12}x_{23}x_{31} + x_{13}x_{21}x_{32}$$
$$- x_{11}x_{23}x_{32} - x_{12}x_{21}x_{33} - x_{13}x_{22}x_{31}.$$

有一个容易记忆，但只对三阶行列式适用的计算方法，我们把它叫作“对角线法则”. 如图，我们把从左上到右下的实线元素相乘，并在前面加上符号 +，把从右上到左下的虚线元素相乘，并在前面加上符号−，最后将所有数相加即可.

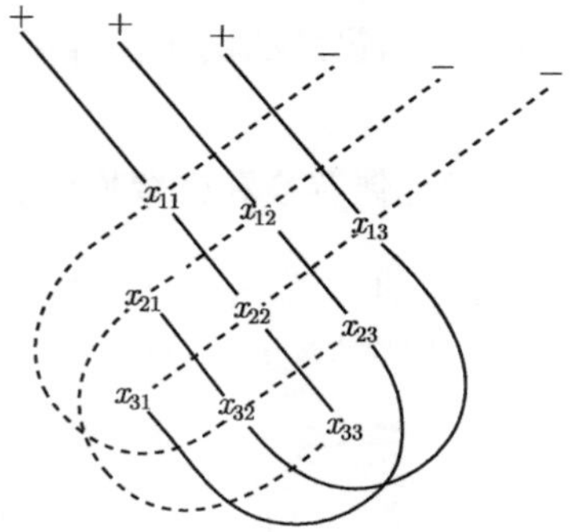

但这个方法不适用于计算四阶及四阶以上的行列式.

定义　对 n 阶矩阵 $\boldsymbol{A} = (a_{ij})$，我们把 a_{ij} 代入 n 阶行列式 (1) 的变量 x_{ij} 中，并把得到的数

$$\sum_{\sigma \in S_n} \mathrm{sgn}\sigma \cdot a_{1\sigma(1)} a_{2\sigma(2)} \cdots a_{n\sigma(n)} \tag{2}$$

叫作矩阵 $\boldsymbol{A}$ 的行列式，也可把它表示为

$$\begin{vmatrix} a_{11} & a_{12} & \cdots & a_{1n} \\ a_{21} & a_{22} & \cdots & a_{2n} \\ \vdots & \vdots & & \vdots \\ a_{n1} & a_{n2} & \cdots & a_{nn} \end{vmatrix}, \quad |\boldsymbol{A}|, \quad \det \boldsymbol{A}$$

等形式. 如果令 $\boldsymbol{A}$ 的列向量为 $\boldsymbol{a}_1, \boldsymbol{a}_2, \cdots, \boldsymbol{a}_n$，那么行列式也可用 $\det(\boldsymbol{a}_1, \boldsymbol{a}_2, \cdots, \boldsymbol{a}_n)$ 表示.

易知，二阶实矩阵的行列式和三阶实矩阵的行列式与第 1 章的定义是一致的.

例 1 对角矩阵的行列式等于对角元素之积.

$$\begin{vmatrix} a_1 & 0 & \cdots & 0 \\ 0 & a_2 & \cdots & 0 \\ \vdots & \vdots & & \vdots \\ 0 & 0 & \cdots & a_n \end{vmatrix} = a_1 a_2 \cdots a_n.$$

特别地，$|\boldsymbol{E}_n| = 1, \quad |\boldsymbol{O}_n| = 0.$

例 2 如果矩阵 $\boldsymbol{A}$ 的某一行或某一列的元素均为 0，那么 $|\boldsymbol{A}| = 0$.

例 3 $|c\boldsymbol{A}| = c^n |\boldsymbol{A}|$.

问题 计算下述行列式.

(i) $\begin{vmatrix} & & & & a_1 \\ & 0 & & a_2 & \\ & & \iddots & & \\ & \iddots & & 0 & \\ a_n & & & & \end{vmatrix}$. (ii) $\begin{vmatrix} a & b & c \\ c & a & b \\ b & c & a \end{vmatrix}$.

定理 [2.1] 转置矩阵的行列式与原矩阵的行列式相等.

证明：当 $\boldsymbol{A} = (a_{ij})$ 时，

$$|\boldsymbol{A}| = \sum_{\sigma \in S_n} \mathrm{sgn}\sigma \cdot a_{1\sigma(1)} a_{2\sigma(2)} \cdots a_{n\sigma(n)}. \tag{3}$$

因为 σ 与 σ^{-1} 在 S_n 中可以同时取到所有元素.（参照本章 [1.2]），所以

$$|\boldsymbol{A}| = \sum_{\sigma \in S_n} \mathrm{sgn}\sigma^{-1} \cdot a_{1\sigma^{-1}(1)} a_{2\sigma^{-1}(2)} \cdots a_{n\sigma^{-1}(n)}. \tag{4}$$

因为所有 $\sigma^{-1}(1), \sigma^{-1}(2), \cdots, \sigma^{-1}(n)$ 与 $1, 2, \cdots, n$ 的排列一致，所以我们可以把它们按从小到大的顺序排列. 如果对任意的 $i(i = 1, 2, \cdots, n)$，有 $\sigma^{-1}(i) = k$，那么 $i = \sigma(k)$. 所以，

$$|\boldsymbol{A}| = \sum_{\sigma \in S_n} \mathrm{sgn}\sigma \cdot a_{\sigma(1)1} a_{\sigma(2)2} \cdots a_{\sigma(n)n}. \tag{5}$$

这正是 $\left|\boldsymbol{A}^{\mathrm{T}}\right|$，证毕.

根据这个定理，我们可以知道，如果行列式的性质对列成立，那么这个性质也对行成立.

定理 [2.2] (i) $\det\left(\boldsymbol{a}_1,\cdots,\boldsymbol{a}_j'+\boldsymbol{a}_j'',\cdots,\boldsymbol{a}_n\right)$

$$=\det\left(\boldsymbol{a}_1,\cdots,\boldsymbol{a}_j',\cdots,\boldsymbol{a}_n\right)+\det\left(\boldsymbol{a}_1,\cdots,\boldsymbol{a}_j'',\cdots,\boldsymbol{a}_n\right)$$

$$(j=1,2,\cdots,n). \tag{6}$$

(ii) $\det\left(\boldsymbol{a}_1,\cdots,c\boldsymbol{a}_j,\cdots,\boldsymbol{a}_n\right)=c\cdot\det\left(\boldsymbol{a}_1,\cdots,\boldsymbol{a}_j,\cdots,\boldsymbol{a}_n\right)$

$$(j=1,2,\cdots,n). \tag{7}$$

(i) 表示如果矩阵第 j 列的每个元素是两个数之和 $a_{ij}'+a_{ij}''(i=1,2,\cdots,n)$，那么它的行列式就等于把第 j 列的每个元素分别换成 a_{ij}',a_{ij}'' 的两个矩阵的行列式之和. (ii) 表示只对矩阵 $\boldsymbol{A}$ 的第 j 列乘以 c，由此得到的矩阵的行列式等于 $c|\boldsymbol{A}|$.

上述定理通过定义易证. 我们把它叫作行列式关于列的 n **重线性**（一般叫作**多重线性**）. 根据定理 [2.1]，同样的性质也适用于行.

定理 [2.3] 对于 n 元置换 τ，有

$$\det\left(\boldsymbol{a}_{\tau(1)},\boldsymbol{a}_{\tau(2)},\cdots,\boldsymbol{a}_{\tau(n)}\right)=\operatorname{sgn}\tau\cdot\det\left(\boldsymbol{a}_1,\boldsymbol{a}_2,\cdots,\boldsymbol{a}_n\right), \tag{8}$$

换言之，对矩阵 $\boldsymbol{A}$ 的列或行的下标实施置换 τ，得到的矩阵的行列式等于 $\operatorname{sgn}\tau\cdot|\boldsymbol{A}|$.

我们把这个性质叫作行列式列或行的**交换性**.

证明: $\det\left(\boldsymbol{a}_{\tau(1)},\boldsymbol{a}_{\tau(2)},\cdots,\boldsymbol{a}_{\tau(n)}\right)=\sum\limits_{\sigma\in S_n}\operatorname{sgn}\sigma\cdot a_{1,\tau\sigma(1)}a_{2,\tau\sigma(2)}\cdots a_{n,\tau\sigma(n)}$

$$=\operatorname{sgn}\tau\sum_{\sigma\in S_n}\operatorname{sgn}\tau\sigma\cdot a_{1,\tau\sigma(1)}a_{2,\tau\sigma(2)}\cdots a_{n,\tau\sigma(n)}.$$

当 σ 在 S_n 中取所有元素时，$\tau\sigma$ 也在 S_n 中取所有元素，所以

$$=\operatorname{sgn}\tau\sum_{\sigma\in S_n}\operatorname{sgn}\sigma\cdot a_{1\sigma(1)}a_{2\sigma(2)}\cdots a_{n\sigma(n)}$$

$$=\operatorname{sgn}\tau\cdot|\boldsymbol{A}|.$$

证毕.

推论 [2.4] 如果矩阵 $\boldsymbol{A}$ 的某两行或某两列相同，那么 $|\boldsymbol{A}|=0$.

推论 [2.5] 把矩阵 $\boldsymbol{A}$ 的某行或某列乘以某数，再把它加到另一行或另一列，行列式的值与最初的矩阵 $\boldsymbol{A}$ 的行列式 $|\boldsymbol{A}|$ 相等.

证明：把第 j 列乘以 c，并将结果加到第 i 列.

$$\begin{aligned}
&\det(\boldsymbol{a}_1,\cdots,\boldsymbol{a}_i+c\boldsymbol{a}_j,\cdots,\boldsymbol{a}_j,\cdots,\boldsymbol{a}_n)\\
=&\det(\boldsymbol{a}_1,\cdots,\boldsymbol{a}_i,\cdots,\boldsymbol{a}_j,\cdots,\boldsymbol{a}_n)+c\cdot\det(\boldsymbol{a}_1,\cdots,\boldsymbol{a}_j,\cdots,\boldsymbol{a}_j,\cdots,\boldsymbol{a}_n)\\
=&\det(\boldsymbol{a}_1,\cdots,\boldsymbol{a}_i,\cdots,\boldsymbol{a}_j,\cdots,\boldsymbol{a}_n)=|\boldsymbol{A}|.
\end{aligned}$$

证毕.

多重线性与交换性赋予了行列式某些“特征”. 换言之，下述定理成立.

定理 [2.6] n 个 n 阶列向量组 $\boldsymbol{x}_1,\boldsymbol{x}_2,\cdots,\boldsymbol{x}_n$ 与数 $F(\boldsymbol{x}_1,\boldsymbol{x}_2,\cdots,\boldsymbol{x}_n)$ 对应的映射 F 如果满足 n 重线性，即

$$\begin{aligned}
&F\left(\boldsymbol{x}_1,\cdots,\boldsymbol{x}_j'+\boldsymbol{x}_j'',\cdots,\boldsymbol{x}_n\right)\\
=&F\left(\boldsymbol{x}_1,\cdots,\boldsymbol{x}_j',\cdots,\boldsymbol{x}_n\right)+F\left(\boldsymbol{x}_1,\cdots,\boldsymbol{x}_j'',\cdots,\boldsymbol{x}_n\right)(j=1,2,\cdots,n),
\end{aligned}\tag{9}$$

$$F(\boldsymbol{x}_1,\cdots,c\boldsymbol{x}_j,\cdots,\boldsymbol{x}_n)=cF(\boldsymbol{x}_1,\cdots,\boldsymbol{x}_j,\cdots,\boldsymbol{x}_n)(j=1,2,\cdots,n),\tag{10}$$

也满足交换性，即

$$F\left(\boldsymbol{x}_{\tau(1)},\boldsymbol{x}_{\tau(2)},\cdots,\boldsymbol{x}_{\tau(n)}\right)=\mathrm{sgn}\tau\cdot F(\boldsymbol{x}_1,\boldsymbol{x}_2,\cdots,\boldsymbol{x}_n),\tag{11}$$

那么 F 与映射 det 的常数倍相同. 具体来说，

$$F(\boldsymbol{x}_1,\boldsymbol{x}_2,\cdots,\boldsymbol{x}_n)=F(\boldsymbol{e}_1,\boldsymbol{e}_2,\cdots,\boldsymbol{e}_n)\cdot\det(\boldsymbol{x}_1,\boldsymbol{x}_2,\cdots,\boldsymbol{x}_n)\tag{12}$$

成立. 其中，$\boldsymbol{e}_1,\boldsymbol{e}_2,\cdots,\boldsymbol{e}_n$ 是 n 阶单位向量.

证明：令 $\boldsymbol{x}_j=\sum\limits_{i=1}^{n}x_{ij}\boldsymbol{e}_i(j=1,\ 2,\ \cdots,\ n)$，那么有

$$\begin{aligned}
F(\boldsymbol{x}_1,\boldsymbol{x}_2,\cdots,\boldsymbol{x}_n)&=F\left(\sum_{i_1=1}^{n}x_{i_11}\boldsymbol{e}_{i_1},\sum_{i_2=1}^{n}x_{i_22}\boldsymbol{e}_{i_2},\cdots,\sum_{i_n=1}^{n}x_{i_nn}\boldsymbol{e}_{i_n}\right)\\
=\sum_{i_1=1}^{n}\sum_{i_2=1}^{n}\cdots\sum_{i_n=1}^{n}&x_{i_11}x_{i_22}\cdots x_{i_nn}F(\boldsymbol{e}_{i_1},\boldsymbol{e}_{i_2},\cdots,\boldsymbol{e}_{i_n})（n\text{ 重线性反复处理}）.
\end{aligned}$$

对其中每一项，如果 $i_1, i_2, \cdots, i_n$ 中有两个相同，根据交换性，$F(\boldsymbol{e}_{i_1}, \boldsymbol{e}_{i_2}, \cdots, \boldsymbol{e}_{i_n}) = 0$. 如果 $i_1, i_2, \cdots, i_n$ 两两互异,此时 $\sigma = \begin{pmatrix} 1 & 2 & \cdots & n \\ i_1 & i_2 & \cdots & i_n \end{pmatrix}$ 是 n 元置换，再次根据交换性，有

$$F\left(\boldsymbol{e}_{i_1}, \boldsymbol{e}_{i_2}, \cdots, \boldsymbol{e}_{i_n}\right) = \mathrm{sgn}\sigma \cdot F\left(\boldsymbol{e}_1, \boldsymbol{e}_2, \cdots, \boldsymbol{e}_n\right).$$

所以

$$\begin{aligned} & F\left(\boldsymbol{x}_1, \boldsymbol{x}_2, \cdots, \boldsymbol{x}_n\right) \\ = & \sum_{\sigma \in S_n} x_{\sigma(1)1} x_{\sigma(2)2} \cdots x_{\sigma(3)n} \cdot \mathrm{sgn}\sigma \cdot F\left(\boldsymbol{e}_1, \boldsymbol{e}_2, \cdots, \boldsymbol{e}_n\right) \\ = & F\left(\boldsymbol{e}_1, \boldsymbol{e}_2, \cdots, \boldsymbol{e}_n\right) \cdot \det\left(\boldsymbol{x}_1, \boldsymbol{x}_2, \cdots, \boldsymbol{x}_n\right). \end{aligned}$$

证毕.

例 4 （范德蒙德行列式）

$$\begin{vmatrix} 1 & 1 & \cdots & 1 \\ x_1 & x_2 & \cdots & x_n \\ x_1^2 & x_2^2 & \cdots & x_n^2 \\ \vdots & \vdots & & \vdots \\ x_1^{n-1} & x_2^{n-1} & \cdots & x_n^{n-1} \end{vmatrix} = \prod_{i<j} (x_j - x_i)$$

$$= \Delta\left(x_1, x_2, \cdots, x_n\right).\text{（}n\text{ 个变量的差积）}$$

这个结论可用数学归纳法直接证明，不过这里我们使用多元多项式的剩余定理（附录 1 [3.1] 和 [3.3]）进行证明.

在左边的行列式中，当 $x_i = x_j (i < j)$ 时，根据推论 [2.4]，其值为 0，所以左边能被 $x_j - x_i (i < j)$ 整除. 这样的因数有 $\dfrac{n(n-1)}{2}$ 个且它们两两互质. 所以左边能被它们的乘积，也就是 $\Delta\left(x_1, x_2, \cdots, x_n\right)$ 整除. 比较它们的次数，左边是 $\Delta\left(x_1, x_2, \cdots, x_n\right)$ 的整数倍. 又因为 $x_2 \cdot x_3^2 \cdot \ldots \cdot x_n^{n-1}$ 的系数两边都是 1，故左右两边相等，证毕.

定理 [2.7] 两个 n 阶矩阵之积的行列式，等于各自行列式的乘积.

证明：可通过定义直接证明，不过这里我们利用行列式的“特征”，即定理 [2.6] 进行证明.

令 $\boldsymbol{A}$ 是一个 n 阶矩阵，$\boldsymbol{X}$ 是 n 阶“变量矩阵”，即 $\boldsymbol{X} = (\boldsymbol{x}_1\ \boldsymbol{x}_2\ \cdots\ \boldsymbol{x}_n)$，

那么有

$$F(\boldsymbol{x}_1,\boldsymbol{x}_2,\cdots,\boldsymbol{x}_n)=\det(\boldsymbol{A}\boldsymbol{x}_1,\boldsymbol{A}\boldsymbol{x}_2,\cdots,\boldsymbol{A}\boldsymbol{x}_n)=|\boldsymbol{A}\boldsymbol{X}|.$$

由此可知，F 满足 n 重线性和交换性，所以

$$|\boldsymbol{A}\boldsymbol{X}|=F(\boldsymbol{e}_1,\boldsymbol{e}_2,\cdots,\boldsymbol{e}_n)\cdot\det(\boldsymbol{x}_1,\boldsymbol{x}_2,\cdots,\boldsymbol{x}_n)=|\boldsymbol{A}|\cdot|\boldsymbol{X}|.$$

证毕.

根据这个性质，我们可以为行列式赋予某种特征（参照 7.2 节）.

问题 利用行列式的定义直接证明定理 [2.7].

[2.8] 将方块矩阵 $\boldsymbol{A}$ 对称地分块，如果

$$\boldsymbol{A}=\begin{pmatrix}\boldsymbol{A}_{11}&\boldsymbol{A}_{12}\\\boldsymbol{O}&\boldsymbol{A}_{22}\end{pmatrix}\text{ 或 }\boldsymbol{A}=\begin{pmatrix}\boldsymbol{A}_{11}&\boldsymbol{O}\\\boldsymbol{A}_{21}&\boldsymbol{A}_{22}\end{pmatrix},$$

那么

$$|\boldsymbol{A}|=|\boldsymbol{A}_{11}|\cdot|\boldsymbol{A}_{22}|.\tag{13}$$

证明：只需证明右上为 $\boldsymbol{O}$ 的情况. 令 $\boldsymbol{A}_{11}$ 为 m 阶矩阵，$\boldsymbol{A}_{22}$ 为 n 阶矩阵.

我们首先考虑 $\boldsymbol{A}_{22}=\boldsymbol{E}_n$ 的情况，此时 $\boldsymbol{A}=\begin{pmatrix}\boldsymbol{A}_{11}&\boldsymbol{O}\\\boldsymbol{A}_{21}&\boldsymbol{E}\end{pmatrix}=(a_{ij})$.

根据行列式的定义，

$$|\boldsymbol{A}|=\sum_{\sigma\in S_{m+n}}\operatorname{sgn}\sigma\cdot a_{1,\sigma(1)}\cdots a_{m,\sigma(m)}a_{m+1,\sigma(m+1)}\cdots a_{m+n,\sigma(m+n)}.$$

研究它的每一项，如果对于所有大于 m 的 i，不满足 $\sigma(i)=i$，那么这一项便为 0. 换言之，和只需取形如

$$\sigma\begin{pmatrix}1&2&\cdots&m&m+1&\cdots&m+n\\i_1&i_2&\cdots&i_m&m+1&\cdots&m+n\end{pmatrix}$$

的项即可. 这种形式的 σ 和 m 元置换 $\begin{pmatrix}1&2&\cdots&m\\i_1&i_2&\cdots&i_m\end{pmatrix}$ 是等价的，故

$$|\boldsymbol{A}|=\sum_{\sigma\in S_m}\operatorname{sgn}\sigma\cdot a_{1\sigma(1)}a_{2\sigma(2)}\cdots a_{m\sigma(m)}=|\boldsymbol{A}_{11}|,$$

$\boldsymbol{A}_{22} = \boldsymbol{E}_n$ 的情况即证.

接下来，令 $\boldsymbol{X} = (\boldsymbol{x}_1\ \boldsymbol{x}_2\ \cdots\ \boldsymbol{x}_n)$ 是 n 阶“变量矩阵”，如果

$$F(\boldsymbol{x}_1, \boldsymbol{x}_2, \cdots, \boldsymbol{x}_n) = \begin{vmatrix} \boldsymbol{A}_{11} & \boldsymbol{O} \\ \boldsymbol{A}_{21} & \boldsymbol{X} \end{vmatrix},$$

因为 F 满足定理 [2.6] 的条件，所以

$$\begin{vmatrix} \boldsymbol{A}_{11} & \boldsymbol{O} \\ \boldsymbol{A}_{21} & \boldsymbol{X} \end{vmatrix} = \begin{vmatrix} \boldsymbol{A}_{11} & \boldsymbol{O} \\ \boldsymbol{A}_{21} & \boldsymbol{E} \end{vmatrix} \cdot |\boldsymbol{X}| = |\boldsymbol{A}_{11}| \cdot |\boldsymbol{X}|.$$

证毕.

推论 [2.9] (i) $\begin{vmatrix} a_{11} & a_{12} & \cdots & a_{1n} \\ 0 & a_{22} & \cdots & a_{2n} \\ \vdots & \vdots & & \vdots \\ 0 & a_{n2} & \cdots & a_{nn} \end{vmatrix} = a_{11} \cdot \begin{vmatrix} a_{22} & \cdots & a_{2n} \\ \vdots & & \vdots \\ a_{n2} & \cdots & a_{nn} \end{vmatrix}.$

(ii) $\begin{vmatrix} a_{11} & a_{12} & a_{13} & \cdots & a_{1n} \\ 0 & a_{22} & a_{23} & \cdots & a_{2n} \\ 0 & 0 & a_{33} & \cdots & a_{3n} \\ \vdots & \vdots & \vdots & \ddots & \vdots \\ 0 & 0 & 0 & \cdots & a_{nn} \end{vmatrix} = a_{11}a_{22}\cdots a_{nn}.$

最后，我们来探究矩阵的秩与行列式的关系. 从 $m \times n$ 矩阵 $\boldsymbol{A}$ 中，随意取出 p 行和 p 列交汇的元素构成 p 阶矩阵的行列式，我们把这个行列式叫作 $\boldsymbol{A}$ 的 **p 阶子式**. p 阶子式共有 $C_m^p \cdot C_n^p$ 个.

定理 [2.10] $m \times n$ 矩阵 $\boldsymbol{A}$ 的秩等于 $\boldsymbol{A}$ 的非零子式的最大阶数.

换言之，如果 $\boldsymbol{A}$ 的秩等于 r，那么存在 r 阶非零子式，并且大于 r 阶的子式全为 0.

证明：令 $\boldsymbol{A}$ 的秩为 $r(\boldsymbol{A})$，$\boldsymbol{A}$ 的非零子式的最大阶数为 $s(\boldsymbol{A})$.

对 $\boldsymbol{A}$ 进行若干次初等变换，可以将其转化成标准形

$$\boldsymbol{F}(r) = \begin{pmatrix} \boldsymbol{E}_r & \boldsymbol{O} \\ \boldsymbol{O} & \boldsymbol{O} \end{pmatrix}.$$

易知 $s(\boldsymbol{F}(r)) = r(\boldsymbol{F}(r)) = r(\boldsymbol{A})$，所以只需证明非零子式的最大阶数 $s(\boldsymbol{A})$ 不会因为初等变换而发生改变.

现在，$\boldsymbol{A}$ 经过一次初等变换变成 $\boldsymbol{B}$. 这里说的初等变换包括下述 3 类操作.

(1) 改变列（行）的顺序.

(2) 某列（行）乘以非零的数.

(3) 把某列（行）的若干倍加到另一列（行）.

通过行列式的性质，易知 $s(\boldsymbol{A})$ 不会因为 (1)(2) 发生改变. 问题是 (3)，我们把第 j 列的 c 倍的值加到第 i 列.

令某个 $\boldsymbol{A}$ 的非零 $s(\boldsymbol{A})$ 阶子式为 Δ，对应位置的 $\boldsymbol{B}$ 的子式为 Δ'. 如果 Δ 中不含第 i 列，那么 $\Delta' = \Delta \neq 0$. 如果 Δ 中同时含有第 i 列和第 j 列，根据推论 [2.5]，$\Delta' = \Delta \neq 0$.

如果 Δ 中含有第 i 列，但不含第 j 列，那么有 $\Delta' = \Delta + c\Delta_1$. 这里，$\Delta_1$ 是把 Δ 中对应 $\boldsymbol{A}$ 的第 i 列换成第 j 列的行列式. 令 Δ_1 对应的 $\boldsymbol{B}$ 的子式为 Δ_1'，因为 $\Delta_1' = \Delta_1$，所以 $\Delta = \Delta' - c\Delta_1'$，故 Δ' 与 Δ_1' 不可能都为 0. 综上所述，$s(\boldsymbol{A}) \leqslant s(\boldsymbol{B})$. 因为初等变换的操作可逆，所以 $s(\boldsymbol{A}) \geqslant s(\boldsymbol{B})$，故 $s(\boldsymbol{A}) = s(\boldsymbol{B})$. 证毕.

推论 [2.11] 方块矩阵 $\boldsymbol{A}$ 可逆的充分必要条件是 $|\boldsymbol{A}| \neq 0$.

3.3 行列式的展开

去掉 n 阶矩阵 $\boldsymbol{A}$ 的第 i 行和第 j 列，剩下的元素构成的 $n-1$ 阶子式叫作 $\boldsymbol{A}$ 中元素 (i, j) 的余子式. 将其乘以 $(-1)^{i+j}$，得到 $\boldsymbol{A}$ 中元素 (i, j) 的**代数余子式**.

定理 [3.1] 用 $\tilde{a}_{ij}$ 表示 n 阶矩阵 $\boldsymbol{A} = (a_{ij})$ 的元素 (i, j) 的代数余子式，下述展开式成立.

$$|\boldsymbol{A}| = a_{1j}\tilde{a}_{1j} + a_{2j}\tilde{a}_{2j} + \cdots + a_{nj}\tilde{a}_{nj}(j = 1, 2, \cdots, n), \tag{1}$$

$$|\boldsymbol{A}| = a_{i1}\tilde{a}_{i1} + a_{i2}\tilde{a}_{i2} + \cdots + a_{in}\tilde{a}_{in}(i = 1, 2, \cdots, n). \tag{2}$$

我们把 (1)(2) 叫作关于第 i 行和第 j 列的**行列式的展开**.

证明：只需证 (1). 用 Δ_{ij} 表示 $\boldsymbol{A}$ 中元素 (i, j) 的余子式. 首先探究 $j = 1$ 的情况.

根据定理 [2.2]，

$$|\boldsymbol{A}| = \begin{vmatrix} a_{11} & a_{12} & \cdots & a_{1n} \\ 0 & a_{22} & \cdots & a_{2n} \\ \vdots & \vdots & & \vdots \\ 0 & a_{n2} & \cdots & a_{nn} \end{vmatrix} + \begin{vmatrix} 0 & a_{12} & \cdots & a_{1n} \\ a_{21} & a_{22} & \cdots & a_{2n} \\ \vdots & \vdots & & \vdots \\ 0 & a_{n2} & \cdots & a_{nn} \end{vmatrix}$$

$$+\cdots+\begin{vmatrix} 0 & a_{12} & \cdots & a_{1n} \\ 0 & a_{22} & \cdots & a_{2n} \\ \vdots & \vdots & & \vdots \\ a_{n1} & a_{n2} & \cdots & a_{nn} \end{vmatrix}.$$

把等式右边第 i 个行列式的第 i 行交换到第 1 行. 根据定理 [2.3]，有

$$|\boldsymbol{A}|=\begin{vmatrix} a_{11} & a_{12} & \cdots & a_{1n} \\ 0 & a_{22} & \cdots & a_{2n} \\ \vdots & \vdots & & \vdots \\ 0 & a_{n2} & \cdots & a_{nn} \end{vmatrix}-\begin{vmatrix} a_{21} & a_{22} & \cdots & a_{2n} \\ 0 & a_{12} & \cdots & a_{1n} \\ \vdots & \vdots & & \vdots \\ 0 & a_{n2} & \cdots & a_{nn} \end{vmatrix}$$

$$+\cdots+(-1)^{n-1}\begin{vmatrix} a_{n1} & a_{n2} & \cdots & a_{nn} \\ 0 & a_{22} & \cdots & a_{2n} \\ \vdots & \vdots & & \vdots \\ 0 & a_{12} & \cdots & a_{1n} \end{vmatrix}.$$

根据推论 [2.9]，得

$$\begin{aligned} |\boldsymbol{A}| &= a_{11}\Delta_{11}-a_{21}\Delta_{21}+\cdots+(-1)^{n+1}a_{n1}\Delta_{n1} \\ &= a_{11}\tilde{a}_{11}+a_{21}\tilde{a}_{21}+\cdots+a_{n1}\tilde{a}_{n1}. \end{aligned}$$

当 $j\neq 1$ 时，把第 j 列移动到第 1 列后，行列式变成原来的 $(-1)^{j+1}$ 倍. 利用这个结果，

$$\begin{aligned} (-1)^{j+1}|\boldsymbol{A}| &= a_{1j}\Delta_{1j}-a_{2j}\Delta_{2j}+\cdots+(-1)^{n+1}a_{nj}\Delta_{nj} \\ &= (-1)^{j+1}\left(a_{1j}\tilde{a}_{1j}+a_{2j}\tilde{a}_{2j}+\cdots+a_{nj}\tilde{a}_{nj}\right). \end{aligned}$$

两边同除以 $(-1)^{j+1}$ 即可. 证毕.

我们可以利用这个定理计算行列式的结果.

例　计算 $\Delta=\begin{vmatrix} 3 & -2 & 5 & 1 \\ 1 & 3 & 2 & 5 \\ 2 & -5 & -1 & 4 \\ -3 & 2 & 3 & 2 \end{vmatrix}.$

注意元素 (2, 1) 是 1. 我们可以用第 1 行减去第 2 行的 3 倍，第 3 行

减去第 2 行的 2 倍，第 4 行加上第 2 行的 3 倍，得到

$$\Delta=\begin{vmatrix}0&-11&-1&-14\\1&3&2&5\\0&-11&-5&-6\\0&11&9&17\end{vmatrix}.$$

将其关于第 1 列展开，有

$$\Delta=-\begin{vmatrix}-11&-1&14\\-11&-5&-6\\11&9&17\end{vmatrix}=-11\cdot\begin{vmatrix}1&1&14\\1&5&6\\1&9&17\end{vmatrix}.$$

第 2 行、第 3 行减去第 1 行，有

$$\begin{aligned}\Delta&=-11\cdot\begin{vmatrix}1&1&14\\1&5&6\\1&9&17\end{vmatrix}\\&=-11\cdot\begin{vmatrix}1&1&14\\0&4&-8\\0&8&3\end{vmatrix}=-11\cdot\begin{vmatrix}4&-8\\8&3\end{vmatrix}=-11\times 76=-836.\end{aligned}$$

问题 计算下述行列式.

(i) $\begin{vmatrix}3&-5&2&10\\2&0&1&-3\\-2&3&5&2\\4&-2&-3&2\end{vmatrix}$. (ii) $\begin{vmatrix}3&2&5&-4\\-7&1&-8&6\\10&3&6&1\\2&5&4&3\end{vmatrix}$.

(iii) $\begin{vmatrix}2&0&-3&1&4\\5&2&-1&-3&2\\-3&-1&0&4&1\\2&2&1&3&-2\\-2&-3&3&-2&4\end{vmatrix}$. (iv) $\begin{vmatrix}-1&-2&-3&4&1\\-2&3&4&1&3\\-5&-4&4&2&0\\3&2&-1&2&3\\2&3&3&0&-3\end{vmatrix}$.

定理 [3.2]

$$a_{1j}\tilde{a}_{1l}+a_{2j}\tilde{a}_{2l}+\cdots+a_{nj}\tilde{a}_{nl}=\delta_{jl}\,|\boldsymbol{A}|\,(j,l=1,2,\cdots,n),\qquad(3)$$

$$a_{i1}\tilde{a}_{k1}+a_{i2}\tilde{a}_{k2}+\cdots+a_{in}\tilde{a}_{kn}=\delta_{ik}\,|\boldsymbol{A}|\,(i,k=1,2,\cdots,n). \tag{4}$$

证明：只需证 (3). 当 $j=l$ 时，它就是定理 [3.1] 的 (1). 当 $j\neq l$ 时，(3) 的左边就是把 $\boldsymbol{A}$ 的矩阵的第 l 列换成第 j 列后，关于第 l 列的展开式. 根据推论 [2.4]，它就是 0. 证毕.

我们把元素 $(i,\ j)$ 为 $\tilde{a}_{ji}$ 的 n 阶矩阵（注意下标顺序）叫作 $\boldsymbol{A}$ 的**伴随矩阵**，并用 $\tilde{\boldsymbol{A}}$ 表示.

$$\tilde{\boldsymbol{A}}=\begin{pmatrix}\tilde{a}_{11} & \tilde{a}_{21} & \cdots & \tilde{a}_{n1}\\ \tilde{a}_{12} & \tilde{a}_{22} & \cdots & \tilde{a}_{n2}\\ \vdots & \vdots & & \vdots\\ \tilde{a}_{1n} & \tilde{a}_{2n} & \cdots & \tilde{a}_{nn}\end{pmatrix}.$$

这样一来，(3) 式和 (4) 式的左边分别是矩阵 $\tilde{\boldsymbol{A}}\boldsymbol{A}$ 的元素 $(l,\ j)$ 和矩阵 $\boldsymbol{A}\tilde{\boldsymbol{A}}$ 的元素 $(i,\ k)$. 因为右边是标量矩阵 $|\boldsymbol{A}|\cdot\boldsymbol{E}_n$ 的元素 $(l,\ j)$ 和元素 $(i,\ k)$，所以下述结论得到证明.

推论 [3.3] 如果 n 阶矩阵 $\boldsymbol{A}$ 的伴随矩阵是 $\tilde{\boldsymbol{A}}$，那么

$$\tilde{\boldsymbol{A}}\boldsymbol{A}=\boldsymbol{A}\tilde{\boldsymbol{A}}=|\boldsymbol{A}|\cdot\boldsymbol{E}_n. \tag{5}$$

推论 [3.4] n 阶矩阵 $\boldsymbol{A}$ 可逆的充分必要条件是 $|\boldsymbol{A}|\neq 0$（这一点在推论 [2.11] 中已利用其他方法证明）. 此时，$\boldsymbol{A}^{-1}=|\boldsymbol{A}|^{-1}\cdot\tilde{\boldsymbol{A}}$.

利用上述结论，我们可以利用公式求未知数个数和方程个数一致，并且系数矩阵可逆的线性方程组的唯一解.

考虑方程

$$\boldsymbol{A}\boldsymbol{x}=\boldsymbol{b}, \tag{6}$$

这里，$\boldsymbol{A}$ 是 n 阶可逆矩阵，$\boldsymbol{x}$ 是 n 阶未知数列向量，$\boldsymbol{b}$ 是 n 阶列向量. 易知 (6) 的唯一解是 $\boldsymbol{A}^{-1}\boldsymbol{b}$.

令 $\boldsymbol{A}=(a_{ij})$，$\boldsymbol{x}=(x_j)$，$\boldsymbol{b}=(b_i)$，$\boldsymbol{A}$ 中元素 $(i,\ j)$ 的代数余子式为 $\tilde{a}_{ij}$，伴随矩阵为 $\tilde{\boldsymbol{A}}$. 有

$$\boldsymbol{x}=\boldsymbol{A}^{-1}\boldsymbol{b}=\frac{1}{|\boldsymbol{A}|}\begin{pmatrix}\tilde{a}_{11} & \tilde{a}_{21} & \cdots & \tilde{a}_{n1}\\ \tilde{a}_{12} & \tilde{a}_{22} & \cdots & \tilde{a}_{n2}\\ \vdots & \vdots & & \vdots\\ \tilde{a}_{1n} & \tilde{a}_{2n} & \cdots & \tilde{a}_{nn}\end{pmatrix}\begin{pmatrix}b_1\\ b_2\\ \vdots\\ b_n\end{pmatrix}$$

$$= \frac{1}{|\boldsymbol{A}|}\begin{pmatrix} b_1\tilde{a}_{11}+b_2\tilde{a}_{21}+\cdots+b_n\tilde{a}_{n1} \\ b_1\tilde{a}_{12}+b_2\tilde{a}_{22}+\cdots+b_n\tilde{a}_{n2} \\ \cdots \\ \cdots \\ b_1\tilde{a}_{1n}+b_2\tilde{a}_{2n}+\cdots+b_n\tilde{a}_{nn} \end{pmatrix}.$$

最右边向量的第 j 个元素就是把矩阵 $\boldsymbol{A}$ 的第 j 列换成 $\boldsymbol{b}$ 所构成的矩阵

$$A_j = \begin{pmatrix} a_{11} & \cdots & \overset{\text{第 } j \text{ 列}}{\overset{\downarrow}{b_1}} & \cdots & a_{1n} \\ a_{21} & \cdots & b_2 & \cdots & a_{2n} \\ \vdots & & \vdots & & \vdots \\ a_{n1} & \cdots & b_n & \cdots & a_{nn} \end{pmatrix}.$$

关于第 j 列的展开式. 据此，我们可以得到下述定理.

定理 [3.5] （**克拉默法则**）线性方程组 (6) 的唯一解可用下面的公式求出.

$$x_j = \frac{|\boldsymbol{A}_j|}{|\boldsymbol{A}|} = \frac{\begin{vmatrix} a_{11} & \cdots & b_1 & \cdots & a_{1n} \\ a_{21} & \cdots & b_2 & \cdots & a_{2n} \\ \vdots & & \vdots & & \vdots \\ a_{n1} & \cdots & b_n & \cdots & a_{nn} \end{vmatrix}}{\begin{vmatrix} a_{11} & \cdots & a_{1j} & \cdots & a_{1n} \\ a_{21} & \cdots & a_{2j} & \cdots & a_{2n} \\ \vdots & & \vdots & & \vdots \\ a_{n1} & \cdots & a_{nj} & \cdots & a_{nn} \end{vmatrix}} (j = 1, 2, \cdots, n). \tag{7}$$

也就是说，x_j 的分母是系数行列式，分子是把系数行列式的第 j 列换成常数项的行列式.

例 a、b、c 两两互异，解线性方程组 $\begin{cases} x+y+z=1 \\ ax+by+cz=d \\ a^2x+b^2y+c^2z=d^2 \end{cases}$.

通过简单计算，可知系数行列式为

$$(a-b)(b-c)(c-a),$$

所以

$$x=\frac{(d-b)(b-c)(c-d)}{(a-b)(b-c)(c-a)},\quad y=\frac{(a-d)(d-c)(c-a)}{(a-b)(b-c)(c-a)},$$
$$z=\frac{(a-b)(b-d)(d-a)}{(a-b)(b-c)(c-a)}.$$

克拉默法则对系数是字母或系数的排列比较规则的方程组有效. 它对系数是实际数字的方程组不一定合适.

习 题

1. 计算下述行列式.

(i) $\begin{vmatrix} x & -1 & 0 & \cdots & 0 & 0 \\ 0 & x & -1 & \cdots & 0 & 0 \\ 0 & 0 & x & \ddots & \vdots & \vdots \\ \vdots & \vdots & \vdots & \ddots & -1 & 0 \\ 0 & 0 & 0 & \cdots & x & -1 \\ a_n & a_{n-1} & a_{n-2} & \cdots & a_1 & a_0 \end{vmatrix}$. (ii) $\begin{vmatrix} x & a_1 & a_2 & \cdots & a_n \\ a_1 & x & a_2 & \cdots & a_n \\ a_1 & a_2 & x & \cdots & a_n \\ \vdots & \vdots & \vdots & \ddots & \vdots \\ a_1 & a_2 & a_3 & \cdots & x \end{vmatrix}$.

(iii) $\begin{vmatrix} 1+x^2 & x & 0 & \cdots & 0 \\ x & 1+x^2 & x & \cdots & 0 \\ 0 & x & 1+x^2 & \cdots & 0 \\ \vdots & \vdots & \vdots & \ddots & \vdots \\ & & & & x \\ 0 & 0 & 0 & \cdots x & 1+x^2 \end{vmatrix}$. (iv) $\begin{vmatrix} 0 & a^2 & b^2 & 1 \\ a^2 & 0 & c^2 & 1 \\ b^2 & c^2 & 0 & 1 \\ 1 & 1 & 1 & 0 \end{vmatrix}$.

2. (i) 求证 $\begin{vmatrix} 0 & a & b & c \\ -a & 0 & d & e \\ -b & -d & 0 & f \\ -c & -e & -f & 0 \end{vmatrix}=(af-be+cd)^2$.

(ii) 求证奇数阶反对称矩阵（$\boldsymbol{A}^{\mathrm{T}}=-\boldsymbol{A}$）的行列式为 0.

（注意：可证偶数阶反对称矩阵的行列式是关于矩阵中元素的完全平方式.）

3. (i) 如果 $\boldsymbol{A}$、$\boldsymbol{B}$ 是 n 阶矩阵，求证：$\begin{vmatrix} \boldsymbol{A} & \boldsymbol{B} \\ \boldsymbol{B} & \boldsymbol{A} \end{vmatrix}=|\boldsymbol{A}+\boldsymbol{B}|\cdot|\boldsymbol{A}-\boldsymbol{B}|$.

(ii) 如果 $\boldsymbol{A}$、$\boldsymbol{B}$ 是 n 阶实数矩阵，求证：$\begin{vmatrix} \boldsymbol{A} & -\boldsymbol{B} \\ \boldsymbol{B} & \boldsymbol{A} \end{vmatrix} = |\det(\boldsymbol{A}+\mathrm{i}\boldsymbol{B})|^2$.

（其中 i 是虚数单位）

4. 求证

$$\begin{vmatrix} x_0 & x_1 & x_2 & \cdots & x_{n-1} \\ x_{n-1} & x_0 & x_1 & \cdots & x_{n-2} \\ \vdots & \vdots & \vdots & \ddots & \vdots \\ x_1 & x_2 & x_3 & \cdots & x_0 \end{vmatrix} = \prod_{\alpha^n=1} \left(x_0 + \alpha x_1 + \alpha^2 x_2 + \cdots + \alpha^{n-1} x_{n-1}\right).$$

其中，α 是 1 的所有 n 次方根，等式右边是取尽所有 α 时的乘积.

5. 将 $\begin{vmatrix} x & \mathrm{i} & 1 & -\mathrm{i} \\ -\mathrm{i} & x & \mathrm{i} & 1 \\ 1 & -\mathrm{i} & x & \mathrm{i} \\ \mathrm{i} & 1 & -\mathrm{i} & x \end{vmatrix}$ 分解成一次式的乘积.

6. 平面上 n 个点的横坐标两两互异，求证经过这 n 个点的曲线 $y = a_0 + a_1 x + \cdots + a_{n-1} x^{n-1}$ 有且仅有一条.

7. 假设 a、b、c、d 是非零实数，解下面的线性方程组.

$$\begin{cases} ax - by - az + bu = 1 \\ bx + ay - bz - au = 0 \\ cx - dy + cz - du = 0 \\ dx + cy + dz + cu = 0 \end{cases}.$$

8. 对于平面上 3 条直线

$$(l_i)\text{：} a_i x + b_i y = c_i (i = 1, 2, 3),$$

问：3 条直线满足什么条件时，$\begin{vmatrix} a_1 & b_1 & c_1 \\ a_2 & b_2 & c_2 \\ a_3 & b_3 & c_3 \end{vmatrix} = 0$ 成立.

9. 求证：经过空间内不在同一直线上 3 个点 $P_i(x_i, y_i, z_i)(i = 1, 2, 3)$ 的平面方程是

$$\begin{vmatrix} x & y & z & 1 \\ x_1 & y_1 & z_1 & 1 \\ x_2 & y_2 & z_2 & 1 \\ x_3 & y_3 & z_3 & 1 \end{vmatrix} = 0.$$

10. 对于所有元素均为整数的方块矩阵 $\boldsymbol{A}$，求证 $\boldsymbol{A}$ 可逆且 $\boldsymbol{A}^{-1}$ 仍为整数矩阵的充分必要条件是 $\boldsymbol{A}$ 的行列式为 ± 1.

11. 对 n 元置换 σ，定义 n 阶矩阵 $\boldsymbol{A}_\sigma$：元素 $(\sigma(j), j)(j = 1, 2, \cdots, n)$ 为 1，其他元素都是 0. 在此基础上，求证下述命题.

(i) $\boldsymbol{A}_\sigma$ 是正交矩阵.

(ii) $\boldsymbol{A}_{\sigma\tau} = \boldsymbol{A}_\sigma \boldsymbol{A}_\tau$.

(iii) $\mathrm{sgn}\sigma = \pm 1 \Leftrightarrow \det \boldsymbol{A}_\sigma = \pm 1$ （正负号一致）.

第 4 章　线 性 空 间

4.1　集合与映射

从本章开始，我们将以集合为对象进行讨论，虽然至今为止已有不少教材使用过集合与映射的概念，但为了方便读者理解，下面作者先介绍一下相关概念。

① 由集合 A 的部分元素构成的集合称为 A 的**子集**. B 是 A 的子集可用 $B \subset A$ 或 $A \supset B$ 表示. 注意，集合 A 本身也是 A 的子集.

不含任何元素的集合叫作**空集**，它是一种特殊的集合，记作 $\varnothing$. 虽然空集与“事物的集合”这一定义相悖，但在集合中加入空集这一重要概念，可以让集合理论更加完整统一. 空集是任何集合的子集. 设 B 是 A 的子集，如果元素 x 属于 B，那么 x 一定也属于 A，即若 $A \supset B$ 且 $x \in B$，则 $x \in A$.

设 A、B 是两个集合，由所有属于集合 A 且属于集合 B 的元素所组成的集合称为 A 与 B 的**交集**，记作 $A \cap B$.

由所有属于集合 A 或属于集合 B 的元素所组成的集合称为 A 与 B 的**并集**，记作 $A \cup B$. 与集合相关的运算法则如下.

$$(A \cup B) \cup \mathrm{C} = A \cup (B \cup C), (A \cap B) \cap \mathrm{C} = A \cap (B \cap C), \tag{1}$$

$$A \subset A \cup B, A \supset A \cap B, \tag{2}$$

$$A \supset B \Rightarrow A \cap B = B, A \cup B = A, \tag{3}$$

$$(A \cap B) \cup C = (A \cup C) \cap (B \cup C), \tag{4}$$

$$(A \cup B) \cap C = (A \cap C) \cup (B \cap C). \tag{5}$$

上述运算法则不难证明. 下图可帮助理解 (4) 和 (5).

问题　有限集合 A 所包含的元素个数可用 $|A|$ 表示. 设 A、B 为有限集合，证明以下等式成立.

$$|A| + |B| = |A \cup B| + |A \cap B|.$$

(4)

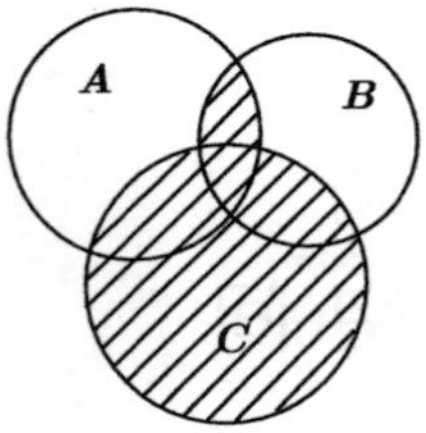

(5)

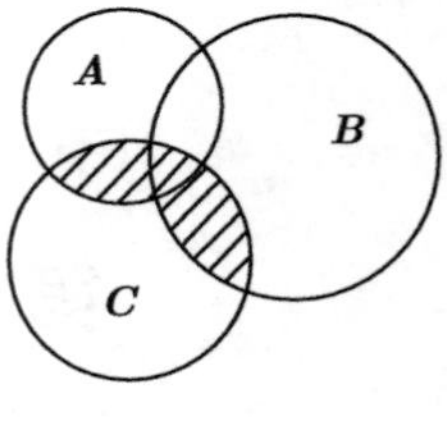

3 个及超过 3 个（甚至无限个）的集合的交集和并集，其定义也和 2 个集合的情况相同.

② 所有 n 阶矩阵的集合为 $\boldsymbol{M}_n$. 若存在可逆矩阵 $\boldsymbol{P}$，使 $\boldsymbol{M}_n$ 的两个元素 $\boldsymbol{A}$、$\boldsymbol{B}$ 满足 $\boldsymbol{P}^{-1}\boldsymbol{AP}=\boldsymbol{B}$，则我们称矩阵 $\boldsymbol{A}$ 与矩阵 $\boldsymbol{B}$ **相似**，记作 $\boldsymbol{A}\sim\boldsymbol{B}$.

此时，以下 3 个性质成立.

1) $\boldsymbol{A}\sim\boldsymbol{A}$. （自反性） (6)

2) $\boldsymbol{A}\sim\boldsymbol{B}\Rightarrow\boldsymbol{B}\sim\boldsymbol{A}$. （对称性） (7)

3) $\boldsymbol{A}\sim\boldsymbol{B},\boldsymbol{B}\sim\boldsymbol{C}\Rightarrow\boldsymbol{A}\sim\boldsymbol{C}$. （传递性） (8)

证明：1) $\boldsymbol{A}=\boldsymbol{E}^{-1}\boldsymbol{AE}$.

2) $\boldsymbol{B}=\boldsymbol{P}^{-1}\boldsymbol{AP}\Rightarrow\boldsymbol{A}=(\boldsymbol{P}^{-1})^{-1}\boldsymbol{BP}^{-1}$.

3) $\boldsymbol{B}=\boldsymbol{P}^{-1}\boldsymbol{AP},\boldsymbol{C}=\boldsymbol{Q}^{-1}\boldsymbol{BQ}\Rightarrow\boldsymbol{C}=(\boldsymbol{PQ})^{-1}\boldsymbol{A}(\boldsymbol{PQ})$.

$\boldsymbol{M}_n$ 中互为相似矩阵的元素可归类划分.

一般地，设集合 A 中任意两个元素之间存在某种关系 $\sim$，若 A 的元素 a、b、c 满足

1) $a\sim a$, （自反性） (6)

2) $a\sim b\Rightarrow b\sim a$, （对称性） (7)

3) $a\sim b,\ b\sim c\Rightarrow a\sim c$. （传递性） (8)

这 3 个性质，则我们称此二元关系为**等价关系**.

彼此之间满足等价关系的元素所组成的集合为 A 的子集. 这些子集称为**等价类**. 若两个等价类不相等，则它们的交集为空集. 所有等价类的并集为 A. 换言之，A 中任意元素都属于唯一的等价类.

反之，设有若干交集为空集的子集（等价类），若这些子集的并集为集合 A，且若 A 的两个元素 x、y 属于同一等价类，则定义 x、y 之间满足二元关系 $x\sim y$，我们则称此二元关系为集合 A 上的等价关系.

设 A 上存在一个等价关系. 以这一关系的所有等价类为元素的集合，称为 A 关于这一等价关系的**商集**.

例 1 存在一个无坐标系的空间〔平面〕，上面所有的箭头 $\overrightarrow{PQ}$（或者

由 P、Q 这两点组成的线段）所组成的集合为 A^3〔A^2〕. 若 A^3〔A^2〕的两个元素 $\overrightarrow{PQ}$、$\overrightarrow{P'Q'}$ 方向相同且长度相等，则定义它们满足二元关系

$$\overrightarrow{PQ} \sim \overrightarrow{P'Q'},$$

那么此二元关系为 A^3〔A^2〕上的等价关系. 由 A^3〔A^2〕的这一等价关系所构成的商集记作 $\boldsymbol{V}^3$〔$\boldsymbol{V}^2$〕，其元素称为这一空间〔平面〕上的向量. 这里我们基于等价关系的概念来重新定义第 1 章中向量的概念.

问题 由所有 $m \times n$ 矩阵构成的集合为 $\boldsymbol{M}_{m,n}$. 设 $\boldsymbol{A}$、$\boldsymbol{B}$ 为 $\boldsymbol{M}_{m,n}$ 的两个元素，若 $\boldsymbol{A}$ 经过若干次初等变换后形成 $\boldsymbol{B}$，则定义 $\boldsymbol{A} \sim \boldsymbol{B}$，请证明此二元关系为 $\boldsymbol{M}_{m,n}$ 上的等价关系，并求 $\boldsymbol{M}_{m,n}$ 的这一等价关系所构成的商集的元素个数.

③ 设 T 为从集合 A 到集合 B 的映射. 对于 B 的元素 a，若 A 的元素 x 满足 $Tx = a$，则我们称 x 为 a 在 T 下的**逆像**. 逆像可能有两个以上，也可能没有那么多. a 的所有逆像构成 A 的子集，我们把它称为 a 在 T 下的**逆向集**，记作 $T^{-1}(a)$.

$$T^{-1}(a) = \{x | x \in A，Tx = a\}.$$ [①]

例 2 设 $A = B = \mathbb{R}$（全体实数的集合），且 $Tx = x^2$. 当 $a>0$ 时，$T^{-1}(a) = \{\sqrt{a}, -\sqrt{a}\}$；当 $a = 0$ 时，$T^{-1}(0) = \{0\}$；当 $a < 0$ 时，$T^{-1}(a) = \varnothing$.

若 A 中两个不同元素对应的像也不同，则我们称 T 为**单射**.

所有 A 中的元素在 T 下的像是 B 的子集，我们称其为 A 在 T 下的**像**，记作 $T(A)$. 特别地，当 $T(A) = B$ 时，称为从 A 到 B 上的**满射**.

若从 A 到 B 的映射既是满射，又是单射，则该映射也可叫作 A 和 B 之间的**双射**.

使 A 中任意元素 x 都变为其自身的变换称为**恒等变换**，记作 I_A 或 I.

设 T 为从 A 到 B 的映射，S 为从 B 到 A 的映射. 若 $S \circ T = I_A$，$T \circ S = I_B$，则我们称 S 为 T 的**逆映射**，记作 T^{-1}. 当然，$T=(T^{-1})^{-1}$ 一定成立. 符号 $T^{-1}y$ 既可以表示 B 的元素 y 在 T^{-1} 下的像，也可以表示由这个元素组成的集合，即 y 在 T 下的**逆向集**.

从 A 到 B 的映射 T 存在逆映射的充分必要条件为，从 A 到 B 的映射 T 既是满射，也是单射.

当 T 为 A 的一个变换时，逆映射 T^{-1} 称为**逆变换**.

例 3 从所有 n 阶复〔实〕矩阵的集合 $\boldsymbol{M}_n(\mathbb{C})$〔$\boldsymbol{M}_n(\mathbb{R})$〕到所有复数

---

① $\{x|P(x)\}$ 这一符号表示具有性质 P 的所有 x 的集合.

（实数）集 $\mathbb{C}$〔$\mathbb{R}$〕的映射 $\det : \boldsymbol{A} \to \det \boldsymbol{A}$ 为从 $\boldsymbol{M}_n(\mathbb{C})$〔$\boldsymbol{M}_n(\mathbb{R})$〕到 $\mathbb{C}$〔$\mathbb{R}$〕的满射，而非单射. 特别地，$\det^{-1}(0)$ 为所有不可逆矩阵的集合.

例 4 集合 A 关于某种等价关系的商集为 $\tilde{A}$. 设 A 的元素 x 与包含 x 在内的唯一等价类 $\tilde{x} = \{y \mid y \in A, x \sim y\}$ 对应的映射为 p，则 p 为从 A 到 $\tilde{A}$ 的满射，而非单射. 我们称 p 为从 A 到 $\tilde{A}$ 的**自然映射**.

例 5 我们已经学过从所有 n 阶复〔实〕列向量的集合 $\mathbb{C}^n$〔$\mathbb{R}^n$〕到 $\mathbb{C}^m$〔$\mathbb{R}^m$〕的线性映射的相关知识. 一般来说，它既非满射，也非单射. 若 T 是由 $m \times n$ 矩阵 $\boldsymbol{A}$ 决定的线性映射，则 $\boldsymbol{A}$ 的秩表示 T 的像的维数（参照 4.5 节）.

4.2 线性空间

定义 若集合 $\boldsymbol{V}$ 满足下列两个条件 I 和 II，我们就称 $\boldsymbol{V}$ 为**复线性空间**或**复向量空间**.

I 设 $\boldsymbol{V}$ 的两个元素 $\boldsymbol{x}$、$\boldsymbol{y}$ 之和为集合的第 3 个元素（记作 $\boldsymbol{x}+\boldsymbol{y}$），且满足下列法则.

(1) $(\boldsymbol{x}+\boldsymbol{y})+\boldsymbol{z} = \boldsymbol{x}+(\boldsymbol{y}+\boldsymbol{z})$（结合律）.

(2) $\boldsymbol{x}+\boldsymbol{y} = \boldsymbol{y}+\boldsymbol{x}$（交换律）.

(3) 存在唯一特别的元素——**零向量**（记作 $\boldsymbol{0}$）. $\boldsymbol{V}$ 的所有元素 $\boldsymbol{x}$ 都满足 $\boldsymbol{0}+\boldsymbol{x} = \boldsymbol{x}$.

(4) 对于 $\boldsymbol{V}$ 的任意元素 $\boldsymbol{x}$，若 $\boldsymbol{V}$ 中存在唯一元素 $\boldsymbol{x}'$ 满足 $\boldsymbol{x}+\boldsymbol{x}' = \boldsymbol{0}$，则我们称 $\boldsymbol{x}'$ 为 $\boldsymbol{x}$ 的**逆向量**，记作 $-\boldsymbol{x}$.

II 设 $\boldsymbol{V}$ 的任意元素 $\boldsymbol{x}$ 和任意复数 a 之积为 $\boldsymbol{V}$ 的另一个元素，叫作 $\boldsymbol{x}$ 的 a 倍（记作 $a\boldsymbol{x}$）. 以下运算法则成立.

(5) $(a+b)\boldsymbol{x} = a\boldsymbol{x}+b\boldsymbol{x}$.

(6) $a(\boldsymbol{x}+\boldsymbol{y}) = a\boldsymbol{x}+a\boldsymbol{y}$.

(7) $(ab)\boldsymbol{x} = a(b\boldsymbol{x})$.

(8) $1\boldsymbol{x} = \boldsymbol{x}$.

上述 I 和 II 称为复线性空间的公理. 在不引起混淆的情形下，$\boldsymbol{V}$ 的元素称为**向量**. 为了与向量有所区别，我们也会将复数称为**标量**.

上述定义中出现的“复”字均可替换成“实”字，如**复线性空间**与**实线性空间**，与之相关的两类概念均有意义. 线性空间的一般理论包括“复”“实”两方面，对两者的研究是并行的. 为了避免重复描述，我们将由所有复数构成的复数集 $\mathbb{C}$ 与由所有实数构成的实数集 $\mathbb{R}$ 统一用符号 $\mathbb{K}$ 来表示，将复线性空间与实线性空间统称为 $\mathbb{K}$ 上的线性空间. 在具体问题中，$\mathbb{K}$ 也经常单独表示 $\mathbb{C}$ 或 $\mathbb{R}$. ①

现在我们已经掌握了一些有关线性空间的知识. 下面举例对相关知识点进行说明.

例 1 由唯一元素 $\mathbf{0}$ 组成的集合 $\{\mathbf{0}\}$ 若满足 $\mathbf{0}+\mathbf{0}=\mathbf{0}$，$a\mathbf{0}=\mathbf{0}(a\in\mathbb{K})$，则 $\{\mathbf{0}\}$ 是 $\mathbb{K}$ 上的一个线性空间.

例 2 空间〔平面〕的所有几何向量的集合 $\boldsymbol{V}^3$〔$\boldsymbol{V}^2$〕满足各项运算，是实线性空间.

例 3 若由 $\mathbb{K}$ 的元素组成的所有 n 阶列向量（也叫作 n 阶 $\mathbb{K}$-向量）的集合 $\mathbb{K}^n$ 满足第 2 章定义的加法运算和标量乘法运算，则 $\mathbb{K}^n$ 是 $\mathbb{K}$ 上的一个线性空间. 当 n=1 时，$\mathbb{K}$ 自身也是 $\mathbb{K}$ 上的一个线性空间.

例 4 若由 $\mathbb{K}$ 的元素组成的所有 $m\times n$ 矩阵的集合 $\boldsymbol{M}_{m,n}(\mathbb{K})$ 满足加法运算和标量乘法运算，则 $\boldsymbol{M}_{m,n}(\mathbb{K})$ 是 $\mathbb{K}$ 上的一个线性空间.

例 5 若有 n 个未知数、以 m 个 $\mathbb{K}$ 的元素为系数的齐次线性方程组满足

$$\boldsymbol{A}\boldsymbol{x}=\mathbf{0},\quad \boldsymbol{A}\in\boldsymbol{M}_{m,n}(\mathbb{K}),$$

那么它的解所构成的所有 $\mathbb{K}$-向量集合是 $\mathbb{K}$ 上的一个线性空间（参照 2.5 节）.

例 6 若以 $\mathbb{K}$ 中元素为系数的所有一元多项式的集合满足运算法则，则该集合是 $\mathbb{K}$ 上的一个线性空间. 由 n 阶及低于 n 阶的多项式组成的集合也是 $\mathbb{K}$ 上的一个线性空间。

例 7 若从集合 A（如实数直线上的某个区间）到 $\mathbb{K}$ 的所有映射的集合满足下列运算，则该集合为 $\mathbb{K}$ 上的一个线性空间。设映射 T、映射 S、A 的元素 x、$\mathbb{K}$ 的元素 a 满足

$$(T+S)(x)=T(x)+S(x),$$

$$(aT)(x)=aT(x).$$

当 A 为区间，$\mathbb{K}=\mathbb{R}$ 时，由连续函数构成的集合是 $\mathbb{R}$ 上的一个线性空间.

例 8 由所有实数列组成的集合是实线性空间. 设 $\{a_n\}+\{b_n\}=\{a_n+b_n\},c\{a_n\}=\{ca_n\}$，根据解析学相关定理可知，收敛数列的集合也是实线性空间.

例 9 实数列 $\{x_n\}=\{x_0,x_1,x_2,\cdots\}$，依次排列的 $k+1$ 项之间满足以下关系（称为递推关系式）.

① 为了方便理解这一点，可使用“域”的概念（参照附录 3）.

$$x_{n+k} + a_{k-1}x_{n+k-1} + \cdots + a_1 x_{n+1} + a_0 x_n = 0 \quad (a_0 \neq 0, n = 0, 1, 2, \cdots).$$

此时，我们称满足这一关系的所有实数列的集合为实线性空间.

例 10　k 阶齐次线性微分方程的所有解也构成一个实线性空间.

$$\frac{\mathrm{d}^k y}{\mathrm{d}x^k} + a_{k-1}(x)\frac{\mathrm{d}^{k-1} y}{\mathrm{d}x^{k-1}} + \cdots + a_1(x)\frac{\mathrm{d}y}{\mathrm{d}x} + a_0(x)y = 0 \quad (a_0(x) \not\equiv 0).$$

上述例子中的一部分将在之后的内容中进行详细说明.

定义　若从 $\mathbb{K}$ 上的线性空间 $\boldsymbol{V}$ 到 $\mathbb{K}$ 上的线性空间 $\boldsymbol{V}'$ 的映射 T 满足

$$T(\boldsymbol{x} + \boldsymbol{y}) = T\boldsymbol{x} + T\boldsymbol{y}, \tag{9}$$

$$T(a\boldsymbol{x}) = aT\boldsymbol{x} \tag{10}$$

这两个条件，我们就称 T 为从 $\boldsymbol{V}$ 到 $\boldsymbol{V}'$ 的**线性映射**.

设 T 为从 $\boldsymbol{V}$ 到 $\boldsymbol{V}'$ 的线性映射，S 为从 $\boldsymbol{V}'$ 到 $\boldsymbol{V}''$ 的线性映射，此时，组合映射 $ST = S \circ T$ 为从 $\boldsymbol{V}$ 到 $\boldsymbol{V}''$ 的线性映射.

设从 $\boldsymbol{V}$ 到 $\boldsymbol{V}'$ 的两个线性映射分别为 T_1、T_2，我们定义 T_1 与 T_2 之和 $T_1 + T_2$ 为

$$(T_1 + T_2)(\boldsymbol{x}) = T_1\boldsymbol{x} + T_2\boldsymbol{x}, \boldsymbol{x} \in \boldsymbol{V}.$$

从 $\boldsymbol{V}$ 到 $\boldsymbol{V}$ 自身的线性映射称为 $\boldsymbol{V}$ 的**线性变换**. $\boldsymbol{V}$ 的两个线性变换的**乘积**（也叫作组合变换的**乘积**）也是 $\boldsymbol{V}$ 的线性变换.

定义　若从 $\boldsymbol{V}$ 到 $\boldsymbol{V}'$ 的线性映射 φ 既是单射，又是满射，我们就称φ 为从 $\boldsymbol{V}$ 到 $\boldsymbol{V}'$ 的**同构映射**. 若 $\mathbb{K}$ 上的两个线性空间 $\boldsymbol{V}$ 和 $\boldsymbol{V}'$ 之间存在同构映射，我们就称 $\boldsymbol{V}$ 和 $\boldsymbol{V}'$ **同构**，记作 $\boldsymbol{V} \cong \boldsymbol{V}'$.

具体性质如下.

1) $\boldsymbol{V} \cong \boldsymbol{V}$.　　　　（自反性）

2) $\boldsymbol{V} \cong \boldsymbol{V}' \Rightarrow \boldsymbol{V}' \cong \boldsymbol{V}$.　　　　（对称性）

3) $\boldsymbol{V} \cong \boldsymbol{V}', \boldsymbol{V}' \cong \boldsymbol{V}'' \Rightarrow \boldsymbol{V} \cong \boldsymbol{V}''$.　　　　（传递性）

例 11　设 $\mathbb{K}$-矩阵 $\boldsymbol{A} = (\boldsymbol{a}_1 \quad \boldsymbol{a}_2 \quad \cdots \quad \boldsymbol{a}_n)$（$m \times n$ 矩阵）与 mn 阶 $\mathbb{K}$-向量 $\begin{pmatrix} \boldsymbol{a}_1 \\ \boldsymbol{a}_2 \\ \vdots \\ \boldsymbol{a}_n \end{pmatrix}$ 对应的映射为 φ，则 φ 为 $\boldsymbol{M}_{m,n}(\mathbb{K})$ 和 $\mathbb{K}^{mn}$ 之间的同构映射.

例 12　由无坐标的空间的所有几何向量组成的线性空间 $\boldsymbol{V}^3$ 与三阶实列向量组成的线性空间 $\mathbb{R}^3$ 同构. 若原点固定，其所构成的一个坐标系存在一个同构映射.

4.3 基与维数

由 n 阶列向量组成的空间 $\mathbb{K}^n$ 中有 n 个单位向量，任意向量都可表示为这 n 个单位向量的线性组合（参照 2.3 节）. 但是，在由所有多项式构成的空间和所有连续函数构成的空间中，我们找不出有限个这样的向量. 空间非常“大”. 为了测量出空间的大小，需要引入维数的概念.

固定 $\mathbb{K}$ 上的一个线性空间 $\boldsymbol{V}$.

对于 $\boldsymbol{V}$ 的向量 $\boldsymbol{a}_1, \boldsymbol{a}_2, \cdots, \boldsymbol{a}_k$，可将

$$c_1\boldsymbol{a}_1 + c_2\boldsymbol{a}_2 + \cdots + c_k\boldsymbol{a}_k, \quad c_i \in \mathbb{K} \quad (i = 1, 2, \cdots, k)$$

这种形式的向量称为 $\boldsymbol{a}_1, \boldsymbol{a}_2, \cdots, \boldsymbol{a}_k$ 的**线性组合**，将 $\boldsymbol{a}_1, \boldsymbol{a}_2, \cdots, \boldsymbol{a}_k$ 之间的关系

$$c_1\boldsymbol{a}_1 + c_2\boldsymbol{a}_2 + \cdots + c_k\boldsymbol{a}_k = \boldsymbol{0}$$

称为**线性关系**. $\boldsymbol{a}_1, \boldsymbol{a}_2, \cdots, \boldsymbol{a}_k$ 无论是什么向量，一定存在以上线性关系. 当 $c_1 = c_2 = \cdots = c_k = 0$ 时，我们把它称为**平凡**线性关系. 不总是存在系数不全为 0 的线性关系.

当 $\boldsymbol{a}_1, \boldsymbol{a}_2, \cdots, \boldsymbol{a}_k$ 之间存在非平凡线性关系时，我们则称 $\boldsymbol{a}_1, \boldsymbol{a}_2, \cdots, \boldsymbol{a}_k$ 线性相关，当 $\boldsymbol{a}_1, \boldsymbol{a}_2, \cdots, \boldsymbol{a}_k$ 之间不存在非平凡线性关系时，我们则称 $\boldsymbol{a}_1, \boldsymbol{a}_2, \cdots, \boldsymbol{a}_k$ **线性独立**.

$\mathbb{K}^n$ 的单位向量 $\boldsymbol{e}_1, \boldsymbol{e}_2, \cdots, \boldsymbol{e}_n$ 线性独立. 易知，2 个或 3 个几何向量的线性相关性概念（参照 1.1 节），符合本节关于线性相关性的定义.

[3.1] $\boldsymbol{a}_1, \boldsymbol{a}_2, \cdots, \boldsymbol{a}_k$ 线性相关，就代表其中一个向量可用其他 $k-1$ 个向量的线性组合表示.

证明：设 $\boldsymbol{a}_1, \boldsymbol{a}_2, \cdots, \boldsymbol{a}_k$ 线性相关，存在非平凡线性关系

$$c_1\boldsymbol{a}_1 + c_2\boldsymbol{a}_2 + \cdots + c_k\boldsymbol{a}_k = \boldsymbol{0}.$$

因为存在 p 满足 $c_p \neq 0$，所以

$$\boldsymbol{a}_p = -\frac{c_1}{c_p}\boldsymbol{a}_1 - \cdots - \frac{c_{p-1}}{c_p}\boldsymbol{a}_{p-1} - \frac{c_{p+1}}{c_p}\boldsymbol{a}_{p+1} - \cdots - \frac{c_k}{c_p}\boldsymbol{a}_k.$$

反之，如果存在 p 满足

$$\boldsymbol{a}_p = b_1\boldsymbol{a}_1 + \cdots + b_{p-1}\boldsymbol{a}_{p-1} + b_{p+1}\boldsymbol{a}_{p+1} + \cdots + b_k\boldsymbol{a}_k,$$

则 $\boldsymbol{a}_1, \boldsymbol{a}_2, \cdots, \boldsymbol{a}_p, \cdots, \boldsymbol{a}_k$ 之间的线性关系

$$b_1\boldsymbol{a}_1 + \cdots + b_{p-1}\boldsymbol{a}_{p-1} - \boldsymbol{a}_p + b_{p+1}\boldsymbol{a}_{p+1} + \cdots + b_k\boldsymbol{a}_k = \boldsymbol{0}$$

为非平凡线性关系. 证毕.

[3.2]　设 $\boldsymbol{a}_1, \boldsymbol{a}_2, \cdots, \boldsymbol{a}_k$ 线性独立，若 $\boldsymbol{a}$ 无法用 $\boldsymbol{a}_1, \boldsymbol{a}_2, \cdots, \boldsymbol{a}_k$ 的线性组合来表示，则 $k+1$ 个向量 $\boldsymbol{a}_1, \boldsymbol{a}_2, \cdots, \boldsymbol{a}_k, \boldsymbol{a}$ 也线性独立.

证明：$\boldsymbol{a}_1, \boldsymbol{a}_2, \cdots, \boldsymbol{a}_k, \boldsymbol{a}$ 之间的线性关系为

$$c_1\boldsymbol{a}_1 + c_2\boldsymbol{a}_2 + \cdots + c_k\boldsymbol{a}_k + c\boldsymbol{a} = \mathbf{0}. \tag{1}$$

若 $c \neq 0$，则说明 $\boldsymbol{a}$ 可表示为 $\boldsymbol{a}_1, \boldsymbol{a}_2, \cdots, \boldsymbol{a}_k$ 的线性组合，不符合题意. 因此 $c=0$. 于是，(1) 表示 $\boldsymbol{a}_1, \boldsymbol{a}_2, \cdots, \boldsymbol{a}_k$ 之间的线性关系，根据题意，$c_1 = c_2 = \cdots = c_k = 0$. 因此，$\boldsymbol{a}_1, \boldsymbol{a}_2, \cdots, \boldsymbol{a}_k, \boldsymbol{a}$ 线性独立. 证毕.

[3.3]　向量 $\boldsymbol{c}$ 是 $\boldsymbol{b}_1, \boldsymbol{b}_2, \cdots, \boldsymbol{b}_l$ 的线性组合，若每个 $\boldsymbol{b}_i(i=1,2,\cdots,l)$ 都是 $\boldsymbol{a}_1, \boldsymbol{a}_2, \cdots, \boldsymbol{a}_k$ 的线性组合，则 $\boldsymbol{c}$ 是 $\boldsymbol{a}_1, \boldsymbol{a}_2, \cdots, \boldsymbol{a}_k$ 的线性组合.

证明：若 $\boldsymbol{c} = \sum\limits_{i=1}^{l} c_i\boldsymbol{b}_i, \boldsymbol{b}_i = \sum\limits_{j=1}^{k} b_{ij}\boldsymbol{a}_j$，则 $\boldsymbol{c} = \sum\limits_{j=1}^{k}\left(\sum\limits_{i=1}^{l} c_i b_{ij}\right)\boldsymbol{a}_j$. 证毕.

定义　$\boldsymbol{V}$ 中存在有限个向量，若 $\boldsymbol{V}$ 中的任意向量可表示为这有限个向量的线性组合，我们就称 $\boldsymbol{V}$ 为**有限维**，否则称 $\boldsymbol{V}$ 为**无限维**.

之后只讨论有限维线性空间. 因此，线性空间还应满足下列公理.

Ⅲ　$\boldsymbol{V}$ 为有限维.

定义　当线性空间 $\boldsymbol{V}$ 的有限个向量 $\boldsymbol{e}_1, \boldsymbol{e}_2, \cdots, \boldsymbol{e}_n$ 满足以下两个条件时，我们称 $\boldsymbol{e}_1, \boldsymbol{e}_2, \cdots, \boldsymbol{e}_n$ 是 $\boldsymbol{V}$ 的**基**.

1) $\boldsymbol{e}_1, \boldsymbol{e}_2, \cdots, \boldsymbol{e}_n$ 线性独立.

2) $\boldsymbol{V}$ 的任意向量均可表示为 $\boldsymbol{e}_1, \boldsymbol{e}_2, \cdots, \boldsymbol{e}_n$ 的线性组合.

注意点.　若 $\boldsymbol{a}_1, \boldsymbol{a}_2, \cdots, \boldsymbol{a}_k$ 线性独立，则用 $\boldsymbol{a}_1, \boldsymbol{a}_2, \cdots, \boldsymbol{a}_k$ 的线性组合表示向量 $\boldsymbol{x}$ 的方式唯一. 实际上，若

$$\boldsymbol{x} = b_1\boldsymbol{a}_1 + b_2\boldsymbol{a}_2 + \cdots + b_k\boldsymbol{a}_k = c_1\boldsymbol{a}_1 + c_2\boldsymbol{a}_2 + \cdots + c_k\boldsymbol{a}_k,$$

则

$$(b_1 - c_1)\boldsymbol{a}_1 + (b_2 - c_2)\boldsymbol{a}_2 + \cdots + (b_k - c_k)\boldsymbol{a}_k = \mathbf{0}.$$

根据题意，得到 $b_1 = c_1, b_2 = c_2, \cdots, b_k = c_k$.

因此，根据基的条件 2) 可知，用基 $\boldsymbol{e}_1, \boldsymbol{e}_2, \cdots, \boldsymbol{e}_n$ 的线性组合表示 $\boldsymbol{V}$ 中的任意向量的方式唯一.

在考虑基的时候，需要注意向量的顺序. 如 $\boldsymbol{e}_1, \boldsymbol{e}_2, \cdots, \boldsymbol{e}_n$ 和 $\boldsymbol{e}_n, \boldsymbol{e}_{n-1}, \cdots, \boldsymbol{e}_1$ 是不同的基. 为了将基与向量组成的集合区别开来，我们将基记作 $\langle \boldsymbol{e}_1, \boldsymbol{e}_2, \cdots, \boldsymbol{e}_n \rangle$.

除由零向量构成的线性空间外，其余线性空间一定存在基且满足下列定理.

定理 [3.4] 当 $\boldsymbol{V} \neq \{\boldsymbol{0}\}$ 时，若 $\boldsymbol{e}_1, \boldsymbol{e}_2, \cdots, \boldsymbol{e}_r$ （r 可为 0）线性独立，我们再添加若干向量可得到 $\boldsymbol{V}$ 的基.

证明：因为 $\boldsymbol{V}$ 是有限维空间，所以存在有限个向量 $\boldsymbol{a}_1, \boldsymbol{a}_2, \cdots, \boldsymbol{a}_k$，并且 $\boldsymbol{V}$ 中任意向量均可表示为 $\boldsymbol{a}_1, \boldsymbol{a}_2, \cdots, \boldsymbol{a}_k$ 的线性组合.

若 $\boldsymbol{V}$ 中所有向量均可表示为 $\boldsymbol{e}_1, \boldsymbol{e}_2, \cdots, \boldsymbol{e}_r$ 的线性组合，那么 $\langle \boldsymbol{e}_1, \boldsymbol{e}_2, \cdots, \boldsymbol{e}_r \rangle$ 是 $\boldsymbol{V}$ 的基. 若存在向量无法用 $\boldsymbol{e}_1, \boldsymbol{e}_2, \cdots, \boldsymbol{e}_r$ 的线性组合表示，根据 [3.3] 可知，$\boldsymbol{a}_1, \cdots, \boldsymbol{a}_k$ 中存在无法由 $\boldsymbol{e}_1, \boldsymbol{e}_2, \cdots, \boldsymbol{e}_r$ 线性表示的向量. 假设这一向量为 $\boldsymbol{a}_1$，令 $\boldsymbol{a}_1 = \boldsymbol{e}_{r+1}$. 根据 [3.2] 可知，$\boldsymbol{e}_1, \boldsymbol{e}_2, \cdots, \boldsymbol{e}_{r+1}$ 线性独立. 若 $\boldsymbol{e}_1, \boldsymbol{e}_2, \cdots, \boldsymbol{e}_{r+1}$ 不能组成一个基，则从 $\boldsymbol{a}_2, \cdots, \boldsymbol{a}_k$ 中找出不能由 $\boldsymbol{e}_1, \boldsymbol{e}_2, \cdots, \boldsymbol{e}_{r+1}$ 的线性组合表示的向量，令其为 $\boldsymbol{e}_{r+2}$. 重复这一操作，直至 $\boldsymbol{e}_{r+k} = \boldsymbol{a}_k$（最多执行 k 次），此时 $\boldsymbol{e}_1, \boldsymbol{e}_2, \cdots, \boldsymbol{e}_k$ 是 $\boldsymbol{V}$ 的基. 证毕.

推论 [3.5] 若 $\boldsymbol{V} \neq \{\boldsymbol{0}\}$，则 $\boldsymbol{V}$ 存在基.

线性空间中的基不唯一，并且任何一个基都是由相同数量的向量构成的. 为了证明这一点，我们需要使用线性空间同构的概念.

[3.6] 设 $\boldsymbol{V}$ 和 $\boldsymbol{V}'$ 是 $\mathbb{K}$ 上彼此同构的线性空间，φ 为从 $\boldsymbol{V}$ 到 $\boldsymbol{V}'$ 的同构映射. 若 $\boldsymbol{V}$ 的向量 $\boldsymbol{a}_1, \boldsymbol{a}_2, \cdots, \boldsymbol{a}_k$ 线性独立〔线性相关〕，则 $\boldsymbol{V}'$ 的向量 $\varphi(\boldsymbol{a}_1), \varphi(\boldsymbol{a}_2), \cdots, \varphi(\boldsymbol{a}_k)$ 也线性独立〔线性相关〕.

证明：若 $\boldsymbol{a}_1, \boldsymbol{a}_2, \cdots, \boldsymbol{a}_k$ 之间的线性关系为

$$c_1\boldsymbol{a}_1 + c_2\boldsymbol{a}_2 + \cdots + c_k\boldsymbol{a}_k = \boldsymbol{0},$$

则在相同系数下，$\varphi(\boldsymbol{a}_1), \varphi(\boldsymbol{a}_2), \cdots, \varphi(\boldsymbol{a}_k)$ 之间的线性关系为

$$c_1\varphi(\boldsymbol{a}_1) + c_2\varphi(\boldsymbol{a}_2) + \cdots + c_k\varphi(\boldsymbol{a}_k) = \boldsymbol{0}'.$$

同理，从 $\boldsymbol{V}'$ 到 $\boldsymbol{V}$ 的同构映射 φ^{-1} 也一样，由此我们可推导出 [3.6]. 证毕.

[3.7] 设由 n 个向量构成的向量组是 $\boldsymbol{V}$ 的基，则 $\boldsymbol{V}$ 和 $\mathbb{K}^n$ 同构.

证明：若 $\langle \boldsymbol{e}_1, \boldsymbol{e}_2, \cdots, \boldsymbol{e}_n \rangle$ 是 $\boldsymbol{V}$ 的基，则 $\boldsymbol{V}$ 中任意向量 $\boldsymbol{x}$ 有唯一表示式

$$\boldsymbol{x} = x_1\boldsymbol{e}_1 + x_2\boldsymbol{e}_2 + \cdots + x_n\boldsymbol{e}_n.$$

定义从 $\boldsymbol{V}$ 到 $\mathbb{K}^n$ 的映射 φ 为

$$\varphi(\boldsymbol{x}) = \begin{pmatrix} x_1 \\ x_2 \\ \vdots \\ x_n \end{pmatrix},$$

可知，φ 为 $\boldsymbol{V}$ 和 $\mathbb{K}^n$ 的同构映射. 证毕.

[3.8] $\mathbb{K}^n$ 中多于 n 个的向量线性相关. 特别地，若 $m \neq n$，则 $\mathbb{K}^m$ 和 $\mathbb{K}^n$ 不同构.

证明：$\mathbb{K}^n$ 的元素 $\boldsymbol{a}_1, \boldsymbol{a}_2, \cdots, \boldsymbol{a}_m (m > n)$ 中与 m 个未知数 $x_1, x_2, \cdots, x_m$ 相关的由 n 个一次方程组成的齐次线性方程组为

$$x_1\boldsymbol{a}_1 + x_2\boldsymbol{a}_2 + \cdots + x_m\boldsymbol{a}_m = \boldsymbol{0}.$$

根据 2.5 节中的 [5.6] 可知，方程组存在非零解. 这说明 $\boldsymbol{a}_1, \boldsymbol{a}_2, \cdots, \boldsymbol{a}_m$ 线性相关.

特别地，若 $\mathbb{K}^m$ 和 $\mathbb{K}^n$ 同构，根据 [3.6] 可知，与 $\mathbb{K}^m$ 的 m 个单位向量 $\boldsymbol{e}_1, \boldsymbol{e}_2, \cdots, \boldsymbol{e}_m$ 对应的 $\mathbb{K}^n$ 的 m 个向量线性独立. 因此必有 $m \leqslant n$，同理可得 $m \geqslant n$. 由此得到 $m = n$，与假设条件 $m \neq n$ 不符. 证毕.

定理 [3.9] 若 $\mathbb{K}$ 上的线性空间 $\boldsymbol{V}$ 的基是由 n 个向量构成的，则多于 n 个的向量线性相关. 特别地，$\boldsymbol{V}$ 的任意基都是由 n 个向量构成的.

证明：根据 [3.7] 可知，$\boldsymbol{V}$ 和 $\mathbb{K}^n$ 同构. 因此，根据 [3.6] 和 [3.8] 可知，多于 n 个的向量线性相关.

若 $\boldsymbol{V}$ 有由 m 个向量构成的基，则根据 [3.7] 可知，$\boldsymbol{V}$ 和 $\mathbb{K}^m$ 也同构，必有 $m = n$. 证毕.

定义 $\boldsymbol{V}$ 的基所包含的向量个数 n（每个基底的向量个数都相同）被称为线性空间 $\boldsymbol{V}$ 的**维数**，记作 $\dim\boldsymbol{V}$.

定理 [3.9] 的证明关键在于 [3.8]，其中利用了齐次线性方程组的理论. 这个定理非常重要. 下面我们不使用齐次线性方程组理论进行证明.

对于 $\boldsymbol{V}$ 的任意子集 $\boldsymbol{S}$，若 $\boldsymbol{S}$ 中有限个向量 $\boldsymbol{e}_1, \boldsymbol{e}_2, \cdots, \boldsymbol{e}_n$ 满足

1) $\boldsymbol{e}_1, \boldsymbol{e}_2, \cdots, \boldsymbol{e}_n$ 线性独立

2) $\boldsymbol{S}$ 的任意向量均可表示为 $\boldsymbol{e}_1, \boldsymbol{e}_2, \cdots, \boldsymbol{e}_n$ 的线性组合

这两个条件，则 $\{\boldsymbol{e}_1, \boldsymbol{e}_2, \cdots, \boldsymbol{e}_n\}$ 是 $\boldsymbol{S}$ 的**极大线性无关组**.

首先，证明下面的引理.

[3.10] 若 $\boldsymbol{V}$ 的有限子集 $\boldsymbol{S}$ 中存在由 n 个元素组成的极大线性无关组，则 $\boldsymbol{S}$ 中多于 n 个的向量线性相关. $\boldsymbol{S}$ 的任意极大线性无关组均由 n 个向量构成.

证明：设 $\boldsymbol{S}$ 中包含的向量个数为 k，利用数学归纳法进行证明. 当 $k = 1$ 时，命题显然成立. 假设当 $k > 1$ 时，$k - 1$ 满足上述说法.

设 $E = \{\boldsymbol{e}_1, \boldsymbol{e}_2, \cdots, \boldsymbol{e}_n\}$ 是 $\boldsymbol{S}$ 的极大线性无关组，$F = \{\boldsymbol{f}_1, \boldsymbol{f}_2, \cdots, \boldsymbol{f}_m\}$ 线性独立. 当 $E \supset F$ 时，必有 $n \geqslant m$. 假设存在属于 F 不属于 E 的向量，令这一向量为 $\boldsymbol{f}_m$. 从 $\boldsymbol{S}$ 中去掉 $\boldsymbol{f}_m$，设由剩余的 $k - 1$ 个向量组成的集合

为 $\boldsymbol{S}'$，此时 E 是 $\boldsymbol{S}'$ 的极大线性无关组. 另外，$F' = \{\boldsymbol{f}_1, \boldsymbol{f}_2, \cdots, \boldsymbol{f}_{m-1}\}$ 包含于 $\boldsymbol{S}'$ 且线性独立. 因此，根据数学归纳法，$n \geqslant m-1$ 成立.

假设 $n = m-1$，根据数学归纳法，因为 F' 是 $\boldsymbol{S}'$ 的极大线性无关组，所以每个 $\boldsymbol{e}_i(i=1,2,\cdots,n)$ 都是 $\boldsymbol{f}_1, \boldsymbol{f}_2, \cdots, \boldsymbol{f}_{m-1}$ 的线性组合. 又因为 $\boldsymbol{f}_m$ 是 $\boldsymbol{e}_1, \boldsymbol{e}_2, \cdots, \boldsymbol{e}_n$ 的线性组合，根据 [3.3] 可知，$\boldsymbol{f}_m$ 是 $\boldsymbol{f}_1, \boldsymbol{f}_2, \cdots, \boldsymbol{f}_{m-1}$ 的线性组合，不符合 F 线性独立的要求. 因此，必有 $n \geqslant m$. 证毕.

利用上述引理证明定理 [3.9].

设 $E = \langle \boldsymbol{e}_1, \boldsymbol{e}_2, \cdots, \boldsymbol{e}_n \rangle$ 是 $\boldsymbol{V}$ 的一个基，$F = \{\boldsymbol{f}_1, \boldsymbol{f}_2, \cdots, \boldsymbol{f}_m\}$ 线性独立. 针对 $S = E \cup F$，使用 [3.10]，由此我们得到 $n \geqslant m$.

若 F 也是 $\boldsymbol{V}$ 的一个基，同样可得 $n \leqslant m$. 由此得到 $n = m$. 证毕.

通过定理 [3.9] 可以得出下面的推论.

推论 [3.11] $\mathbb{K}$ 上两个维数相同的线性空间彼此同构. 当 $\boldsymbol{V} = \{\boldsymbol{0}\}$ 时，空间不存在基. 规定这一空间的维数为 0.

求 4.2 节中的示例所用到的线性空间的维数.

显然，$\mathbb{K}^n$ 为 n 维线性空间. 几何向量空间 $\boldsymbol{V}^3$（$\boldsymbol{V}^2$）是三（二）维线性空间. 所有 $m \times n$ 矩阵的集合 $\boldsymbol{M}_{m,n}(\mathbb{K})$（例 4）是 mn 维线性空间.

根据第 2 章定理 [5.5] 可知，齐次线性方程组 $\boldsymbol{Ax} = \boldsymbol{0}$，$\boldsymbol{A} \in \boldsymbol{M}_{m,n}(\mathbb{K})$ 的 $\mathbb{K}$-解空间（例 5）是 $n-r$ 维线性空间. 其中，r 是 $\boldsymbol{A}$ 的秩. 线性独立解不会多于 $n-r$ 个.

在例 6 的多项式空间中，单项式 $1, x, x^2, \cdots$ 线性独立，是无限维空间. n 阶及低于 n 阶的多项式空间的一个基是 $\langle 1, x, x^2, \cdots, x^n \rangle$，因此维数是 $n+1$.

若例 7 中的 A 是无限集合，则线性空间为无限维. 实际上，对于 A 的元素 a，若规定从 A 到 $\mathbb{K}$ 的映射 T_a 满足 $T_a(a) = 1$，$T_a(x) = 0$，$x \neq a$，则 $\{T_a | a \in A\}$ 线性独立.

若 A 是有限集合且 $A = \{a_1, a_2, \cdots, a_{\mathrm{n}}\}$，则 $\langle T_{a_1}, T_{a_2}, \cdots, T_{a_n} \rangle$ 为线性空间的一个基，维数为 n.

某个区间上的连续函数空间也是无限维的. 实际上,单项式函数 $1, x, x^2, \cdots$ 线性独立.

例 8 的实数列空间和收敛数列空间都是无限维空间.

例 9 的空间是 k 维空间. 由前 k 项组成一个数列，对于每个 $i(0 \leqslant i \leqslant k-1)$，满足 $x_i = 1, x_j = 0(j \neq i)$. 将数列设为 $\boldsymbol{e}_i$，则 $\langle \boldsymbol{e}_0, \boldsymbol{e}_1, \cdots, \boldsymbol{e}_{k-1} \rangle$ 为线性空间的一个基.

例 10 的 k 阶齐次线性微分方程的解空间是 k 维线性空间. 根据微分方程理论，当 $b_0, b_1, \cdots, b_{k-1}$ 为任意实数时，$y^{(i)}(0) = b_i(i = 0, 1, \cdots, k-1)$

有唯一解.

若函数 $y = f_i(x), \dfrac{d^j y}{dx^j}(0) = \delta_{ij}$ 存在解，则 $\langle f_0, f_1, \cdots, f_{k-1}\rangle$ 为空间的一个基.

求 $\mathbb{K}$ 上线性空间 $\boldsymbol{V}$ 的两个基之间的关系. 根据 [3.7]，取定 $\boldsymbol{V}$ 的一个基，就意味着确定一个从 $\boldsymbol{V}$ 到 $\mathbb{K}^n$ 的同构映射.

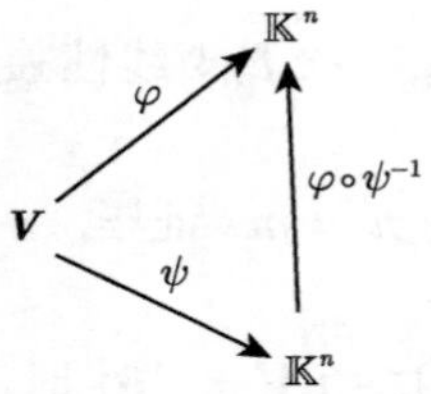

设 $E = \langle \boldsymbol{e}_1, \boldsymbol{e}_2, \cdots, \boldsymbol{e}_n\rangle$ 和 $F = \langle \boldsymbol{f}_1, \boldsymbol{f}_2, \cdots, \boldsymbol{f}_n\rangle$ 是 $\boldsymbol{V}$ 的两个基. 这两个基分别对应从 $\boldsymbol{V}$ 到 $\mathbb{K}^n$ 的同构映射 φ 和 ψ. $\varphi\circ\psi^{-1}$ 是从 $\mathbb{K}^n$ 到 $\mathbb{K}^n$ 的同构映射，根据 2.3 节中的结论可知，$\varphi\circ\psi^{-1}$ 和某个 n 阶可逆 $\mathbb{K}$-矩阵 $\boldsymbol{P} = (p_{ij})$ 对应的 $\mathbb{K}^n$ 的线性变换 $T_{\boldsymbol{P}}$ 相等. 也就是说，对于 $\mathbb{K}^n$ 的元素 $\boldsymbol{x}$，满足

$$\varphi\circ\psi^{-1}(\boldsymbol{x}) = T_{\boldsymbol{P}}\boldsymbol{x} = \boldsymbol{P}\boldsymbol{x}.$$

换言之，$\boldsymbol{V}$ 的向量 $\boldsymbol{x}$ 可由两个基分别表示为

$$\begin{aligned}\boldsymbol{x} &= x_1\boldsymbol{e}_1 + x_2\boldsymbol{e}_2 + \cdots + x_n\boldsymbol{e}_n \\ &= y_1\boldsymbol{f}_1 + y_2\boldsymbol{f}_2 + \cdots + y_n\boldsymbol{f}_n.\end{aligned}$$

此时

$$\begin{pmatrix} x_1 \\ x_2 \\ \vdots \\ x_n \end{pmatrix} = \begin{pmatrix} p_{11} & p_{12} & \cdots & p_{1n} \\ p_{21} & p_{22} & \cdots & p_{2n} \\ \vdots & \vdots & & \vdots \\ p_{n1} & p_{n2} & \cdots & p_{nn} \end{pmatrix} \begin{pmatrix} y_1 \\ y_2 \\ \vdots \\ y_n \end{pmatrix} \tag{2}$$

成立. 矩阵 $\boldsymbol{P}$ 称为 $E \to F$ 的基变换矩阵.

尝试用 $\boldsymbol{e}_1, \boldsymbol{e}_2, \cdots, \boldsymbol{e}_n$ 的线性组合来表示 $\boldsymbol{f}_i$，经过简单换算可得（注意下标的顺序）

$$\boldsymbol{f}_i = \sum_{j=1}^{n} p_{ij}\boldsymbol{e}_j \quad (i = 1, 2, \cdots, n), \tag{3}$$

我们可根据上式定义基变换矩阵.

反之，对于基 $E = \langle \boldsymbol{e}_1, \boldsymbol{e}_2, \cdots, \boldsymbol{e}_n\rangle$ 和 n 阶可逆矩阵 $\boldsymbol{P} = (p_{ij})$，我们根据式 (3) 可得 $\boldsymbol{f}_1, \boldsymbol{f}_2, \cdots, \boldsymbol{f}_n$，$F = \langle \boldsymbol{f}_1, \boldsymbol{f}_2, \cdots, \boldsymbol{f}_n\rangle$ 是 $\boldsymbol{V}$ 的一个基.

显然，$F \to E$ 的基变换矩阵是 $\boldsymbol{P}^{-1}$.

设空间的另一个基为 $G=\langle \boldsymbol{g}_1,\boldsymbol{g}_2,\cdots,\boldsymbol{g}_n\rangle$，$F\to G$ 的基变换矩阵为 $\boldsymbol{Q}$，则 $E\to G$ 的基变换矩阵为矩阵乘积 $\boldsymbol{PQ}$（注意乘积的顺序）.

例 $\mathbb{K}^n$ 的 n 个单位向量 $E_0=\langle \boldsymbol{e}_1,\boldsymbol{e}_2,\cdots,\boldsymbol{e}_n\rangle$ 是 $\mathbb{K}^n$ 的自然基. 若有 n 个线性独立的 n 阶列向量 $\boldsymbol{p}_1,\boldsymbol{p}_2,\cdots,\boldsymbol{p}_n$，则 $E=\langle \boldsymbol{p}_1,\boldsymbol{p}_2,\cdots,\boldsymbol{p}_n\rangle$ 是 $\mathbb{K}^n$ 的基. 根据式 (3) 可知，$E_0\to E$ 的基变换矩阵为 $\boldsymbol{p}_1,\boldsymbol{p}_2,\cdots,\boldsymbol{p}_n$ 横向排列组成的矩阵 $\boldsymbol{P}=(\boldsymbol{p}_1\ \ \boldsymbol{p}_2\ \ \cdots\ \ \boldsymbol{p}_n)$.

问题 1 已知 $\mathbb{K}^3$ 的两个基为 $E=\left\langle\begin{pmatrix}1\\0\\1\end{pmatrix},\begin{pmatrix}2\\1\\0\end{pmatrix},\begin{pmatrix}1\\1\\1\end{pmatrix}\right\rangle$，$F=\left\langle\begin{pmatrix}3\\-1\\4\end{pmatrix},\begin{pmatrix}4\\1\\8\end{pmatrix},\begin{pmatrix}3\\-2\\6\end{pmatrix}\right\rangle$，求 $E\to F$ 的基变换矩阵.

问题 2 已知 $\mathbb{K}^3$ 中符合 $\begin{pmatrix}x_1\\x_2\\x_3\end{pmatrix}$ 且满足 $x_1+x_2+x_3=0$ 的所有元素构成二维线性空间. $E=\left\langle\begin{pmatrix}1\\-1\\0\end{pmatrix},\begin{pmatrix}1\\0\\-1\end{pmatrix}\right\rangle,F=\left\langle\begin{pmatrix}0\\1\\-1\end{pmatrix},\begin{pmatrix}1\\1\\-2\end{pmatrix}\right\rangle$ 是这个空间的两个基. 求 $E\to F$ 的基变换矩阵.

4.4 线性子空间

定义 设 $\boldsymbol{V}$ 为 $\mathbb{K}$ 上的线性空间，$\boldsymbol{W}$ 为 $\boldsymbol{V}$ 的一个非空子集，若 $\boldsymbol{W}$ 关于 $\boldsymbol{V}$ 的向量加法和数量乘法也构成 $\mathbb{K}$ 上的线性空间，我们就称 $\boldsymbol{W}$ 为 $\boldsymbol{V}$ 的**线性子空间**，也可以把它简称为**子空间**.

$\boldsymbol{V}$ 的非空子集 $\boldsymbol{W}$ 是 $\boldsymbol{V}$ 的子空间的充分必要条件如下.

$$\left.\begin{array}{l}1)\ \boldsymbol{x},\boldsymbol{y}\in\boldsymbol{W}\Rightarrow\boldsymbol{x}+\boldsymbol{y}\in\boldsymbol{W}\\2)\ \boldsymbol{x}\in\boldsymbol{W},a\in\mathbb{K}\Rightarrow a\boldsymbol{x}\in\boldsymbol{W}\end{array}\right\}. \tag{1}$$

$\{\boldsymbol{0}\}$ 和 $\boldsymbol{V}$ 本身是 $\boldsymbol{V}$ 的子空间. 除此之外的子空间称为 $\boldsymbol{V}$ 的真子空间.

例 1 $\mathbb{K}$-矩阵 $\boldsymbol{A}$（$m\times n$ 矩阵）的一次方程组 $\boldsymbol{Ax}=\boldsymbol{0}$ 的 $\mathbb{K}$-解空间是 $\mathbb{K}^n$ 的子空间. 2.5 节中的定理 [5.5] 经过整理，可表示如下.

若 $\mathbb{K}$-矩阵 $\boldsymbol{A}$（$m\times n$ 矩阵）的秩为 r，则一次方程组 $\boldsymbol{Ax}=\boldsymbol{0}$ 的所有 $\mathbb{K}$-解构成 $\mathbb{K}^n$ 的 $n-r$ 维子空间.

例 2 在 n 阶矩阵空间 $\boldsymbol{M}_n(\mathbb{K})$ 中，所有对称矩阵（$\boldsymbol{X}^{\mathrm{T}}=\boldsymbol{X}$）和所有反对称矩阵（$\boldsymbol{X}^{\mathrm{T}}=-\boldsymbol{X}$）都是 $\boldsymbol{M}_n(\mathbb{K})$ 的子空间，满足 $\mathrm{Tr}\boldsymbol{X}=0$ 的所有矩阵 $\boldsymbol{X}$ 也是 $\boldsymbol{M}_n(\mathbb{K})$ 的子空间. 其维数分别为 $\dfrac{n(n+1)}{2}, \dfrac{n(n-1)}{2}$ 和 n^2-1.

例 3 在几何向量空间 $\boldsymbol{V}^3$ 中，所有能够用某一平面上的箭头表示的向量构成二维子空间.

问题 1 从下列 $\mathbb{K}^n$ 的子集中找出 $\mathbb{K}^n$ 的子空间并求出其维数.

(i) 满足 $x_1+x_2+\ldots+x_n=0$ 的所有 $\boldsymbol{x}=(x_i)$.

(ii) 满足 $x_{p+1}=x_{p+2}=\cdots=x_n=0(1\leqslant p\leqslant n)$ 的所有 $\boldsymbol{x}$.

(iii) 满足 $x_1^2+x_2^2+\cdots+x_n^2=1$ 的所有 $\boldsymbol{x}$.

(iv) 对一向量 $\boldsymbol{a}$，满足 $(\boldsymbol{a},\boldsymbol{x})=0$ 的所有 $\boldsymbol{x}$.

问题 2 从下列 $\boldsymbol{M}_n(\mathbb{K})$ 的子集中，找出 $\boldsymbol{M}_n(\mathbb{K})$ 的子空间.

(i) 所有不可逆矩阵.

(ii) 对于 $\boldsymbol{A}$、$\boldsymbol{B}$，满足 $\boldsymbol{AX}=\boldsymbol{XB}$ 的所有 $\boldsymbol{X}$.

(iii) 所有幂零矩阵（存在 k，满足 $\boldsymbol{X}^k=\boldsymbol{O}$）.

(iv) 所有以整数为元素的矩阵.

[4.1] 若 $\boldsymbol{W}_1$、$\boldsymbol{W}_2$ 是 $\boldsymbol{V}$ 的子空间，则交集 $\boldsymbol{W}_1\cap\boldsymbol{W}_2$ 也是 $\boldsymbol{V}$ 的子空间.

[4.2] 对于线性空间 $\boldsymbol{V}$ 的非空子集 S，S 中元素的所有线性组合

$$\{c_1\boldsymbol{x}_1+c_2\boldsymbol{x}_2+\cdots+c_k\boldsymbol{x}_k \mid c_i\in\mathbb{K}, \boldsymbol{x}_i\in S(i=1,2,\cdots,k)\}$$

是 $\boldsymbol{V}$ 的子空间，称为由 S **生成**的子空间或由 S **张成**的子空间.

[4.3] 若 $\boldsymbol{W}_1$、$\boldsymbol{W}_2$ 是 $\boldsymbol{V}$ 的子空间，$\boldsymbol{W}_1$ 的元素和 $\boldsymbol{W}_2$ 的元素之和所表示的所有向量

$$\{\boldsymbol{x}_1+\boldsymbol{x}_2 \mid \boldsymbol{x}_1\in\boldsymbol{W}_1, \boldsymbol{x}_2\in\boldsymbol{W}_2\}$$

是 $\boldsymbol{V}$ 的子空间，则我们称其为 $\boldsymbol{W}_1$ 和 $\boldsymbol{W}_2$ 的**和空间**，记作 $\boldsymbol{W}_1+\boldsymbol{W}_2$. 注意不要把和空间与并集弄混. $\boldsymbol{W}_1+\boldsymbol{W}_2$ 是 $\boldsymbol{W}_1\cup\boldsymbol{W}_2$ 生成的子空间.

[4.4] 设 T 为从 $\boldsymbol{V}$ 到 $\boldsymbol{V}'$ 的线性映射，$\boldsymbol{V}$ 在 T 下的像 $T(\boldsymbol{V})$ 是 $\boldsymbol{V}'$ 的子空间. $\boldsymbol{V}'$ 的零向量 $\mathbf{0}'$ 在 T 下的逆向集 $T^{-1}(\mathbf{0}')=\{\boldsymbol{x}\mid\boldsymbol{x}\in\boldsymbol{V}, T\boldsymbol{x}=\mathbf{0}'\}$ 是 $\boldsymbol{V}$ 的子空间，称为 T 的**核**.

齐次线性方程组 $\boldsymbol{Ax}=\mathbf{0}$ 的解空间就是 $\boldsymbol{A}$ 所对应的线性映射 $T_{\boldsymbol{A}}$ 的核.

[4.5] 上述定义的维数符号满足

$$\dim\boldsymbol{V}=\dim T^{-1}(\mathbf{0}')+\dim T(\boldsymbol{V}).$$

证明：扩充 $T^{-1}(\mathbf{0}')$ 的基 $\langle \boldsymbol{e}_1, \boldsymbol{e}_2, \cdots, \boldsymbol{e}_s \rangle$，得到 $\boldsymbol{V}$ 的基 $\langle \boldsymbol{e}_1, \boldsymbol{e}_2, \cdots, \boldsymbol{e}_s, \boldsymbol{e}_{s+1}, \cdots, \boldsymbol{e}_n \rangle$. 此时，$E' = \langle T\boldsymbol{e}_{s+1}, T\boldsymbol{e}_{s+2}, \cdots, T\boldsymbol{e}_n \rangle$ 是 $T(\boldsymbol{V})$ 的基.

对于 $T(\boldsymbol{V})$ 的任意元素 $\boldsymbol{x}'$，$\boldsymbol{V}$ 中存在元素 $\boldsymbol{x}$ 满足 $\boldsymbol{x}' = T\boldsymbol{x}$. 设

$$\boldsymbol{x} = x_1\boldsymbol{e}_1 + \cdots + x_s\boldsymbol{e}_s + x_{s+1}\boldsymbol{e}_{s+1} + \cdots + x_n\boldsymbol{e}_n,$$

因为 $T\boldsymbol{e}_i = \mathbf{0}'(i = 1, 2, \cdots, s)$，所以

$$\boldsymbol{x}' = T\boldsymbol{x} = x_{s+1}T\boldsymbol{e}_{s+1} + \cdots + x_nT\boldsymbol{e}_n.$$

另外，若线性关系为

$$c_{s+1}T\boldsymbol{e}_{s+1} + \cdots + c_nT\boldsymbol{e}_n = \mathbf{0}',$$

则

$$T\left(c_{s+1}\boldsymbol{e}_{s+1} + \cdots + c_n\boldsymbol{e}_n\right) = c_{s+1}T\boldsymbol{e}_{s+1} + \cdots + c_nT\boldsymbol{e}_n = \mathbf{0}'.$$

于是，$c_{s+1}\boldsymbol{e}_{s+1} + \cdots + c_n\boldsymbol{e}_n \in T^{-1}(\mathbf{0}')$. 因此，

$$c_{s+1}\boldsymbol{e}_{s+1} + \cdots + c_n\boldsymbol{e}_n = c_1\boldsymbol{e}_1 + \cdots + c_s\boldsymbol{e}_s.$$

因为 $\boldsymbol{e}_1, \cdots, \boldsymbol{e}_s, \boldsymbol{e}_{s+1}, \cdots, \boldsymbol{e}_n$ 线性独立，所以 $c_{s+1} = \cdots = c_n = 0$. 因此 $T\boldsymbol{e}_{s+1}, T\boldsymbol{e}_{s+2}, \cdots, T\boldsymbol{e}_n$ 是 $T(\boldsymbol{V})$ 的基. 证毕.

[4.6] 若 $\boldsymbol{W}_1$、$\boldsymbol{W}_2$ 是 $\boldsymbol{V}$ 的子空间，则

1) $\boldsymbol{W}_1 \subset \boldsymbol{W}_2 \Rightarrow \dim\boldsymbol{W}_1 \leqslant \dim\boldsymbol{W}_2$.

2) $\boldsymbol{W}_1 \subset \boldsymbol{W}_2$，$\dim\boldsymbol{W}_1 = \dim\boldsymbol{W}_2 \Rightarrow \boldsymbol{W}_1 = \boldsymbol{W}_2$.

定理 [4.7] 若 $\boldsymbol{W}_1$、$\boldsymbol{W}_2$ 是 $\boldsymbol{V}$ 的子空间，则与维数相关的下式成立.

$$\dim\boldsymbol{W}_1 + \dim\boldsymbol{W}_2 = \dim\left(\boldsymbol{W}_1 + \boldsymbol{W}_2\right) + \dim\left(\boldsymbol{W}_1 \cap \boldsymbol{W}_2\right). \tag{2}$$

证明：只要证明当 $\boldsymbol{W}_1 \cap \boldsymbol{W}_2$、$\boldsymbol{W}_1$、$\boldsymbol{W}_2$ 的维数分别为 r、$r+s$、$r+t$ 时，$\dim(\boldsymbol{W}_1 + \boldsymbol{W}_2) = r + s + t$ 即可.

扩充 $\boldsymbol{W}_1 \cap \boldsymbol{W}_2$ 的基 $\langle \boldsymbol{a}_1, \boldsymbol{a}_2, \cdots, \boldsymbol{a}_r \rangle$，得到 $\boldsymbol{W}_1$ 的基 $\langle \boldsymbol{a}_1, \boldsymbol{a}_2, \cdots, \boldsymbol{a}_r, \boldsymbol{b}_1, \boldsymbol{b}_2, \cdots, \boldsymbol{b}_s \rangle$ 和 $\boldsymbol{W}_2$ 的基 $\langle \boldsymbol{a}_1, \boldsymbol{a}_2, \cdots, \boldsymbol{a}_r, \boldsymbol{c}_1, \boldsymbol{c}_2, \cdots, \boldsymbol{c}_t \rangle$. 需证明 $E = \langle \boldsymbol{a}_1, \boldsymbol{a}_2, \cdots, \boldsymbol{a}_r, \boldsymbol{b}_1, \boldsymbol{b}_2, \cdots, \boldsymbol{b}_s, \boldsymbol{c}_1, \boldsymbol{c}_2, \cdots, \boldsymbol{c}_t \rangle$ 是 $\boldsymbol{W}_1 + \boldsymbol{W}_2$ 的基.

首先，设 $\boldsymbol{W}_1 + \boldsymbol{W}_2$ 的任意向量 $\boldsymbol{x}$ 是 $\boldsymbol{W}_1$、$\boldsymbol{W}_2$ 的向量 $\boldsymbol{x}_1$、$\boldsymbol{x}_2$ 之和，写作 $\boldsymbol{x} = \boldsymbol{x}_1 + \boldsymbol{x}_2$. 由此可知，$\boldsymbol{x}$ 通过 E 中向量的线性组合来表示.

因为要证明 E 线性独立，所以考虑线性关系

$$\sum_{i=1}^{r} a_i\boldsymbol{a}_i + \sum_{j=1}^{s} b_j\boldsymbol{b}_j + \sum_{k=1}^{t} c_k\boldsymbol{c}_k = \mathbf{0}. \tag{3}$$

对最后一项进行移项，得

$$\sum_{i=1}^{r} a_i \boldsymbol{a}_i + \sum_{j=1}^{s} b_j \boldsymbol{b}_j = -\sum_{k=1}^{t} c_k \boldsymbol{c}_k. \tag{4}$$

等式左边为 $\boldsymbol{W}_1$ 的元素，等式右边为 $\boldsymbol{W}_2$ 的元素，它们都是 $\boldsymbol{W}_1 \cap \boldsymbol{W}_2$ 的元素. 因此，得到

$$-\sum_{k=1}^{t} c_k \boldsymbol{c}_k = \sum_{i=1}^{r} {a_i}' \boldsymbol{a}_i. \tag{5}$$

因为 $\langle \boldsymbol{a}_1, \boldsymbol{a}_2, \cdots, \boldsymbol{a}_r, \boldsymbol{c}_1, \boldsymbol{c}_2, \cdots, \boldsymbol{c}_t \rangle$ 线性独立，所以

$$a_1' = a_2' = \cdots = a_r' = 0, \quad c_1 = c_2 = \cdots = c_r = 0.$$

把它代入 (4)，得

$$\sum_{i=1}^{r} a_i \boldsymbol{a}_i + \sum_{j=1}^{s} b_j \boldsymbol{b}_j = \boldsymbol{0}.$$

因为 $\langle \boldsymbol{a}_1, \boldsymbol{a}_2, \cdots, \boldsymbol{a}_r, \boldsymbol{b}_1, \boldsymbol{b}_2, \cdots, \boldsymbol{b}_s \rangle$ 线性独立，所以

$$a_1 = a_2 = \cdots = a_r = 0, \quad b_1 = b_2 = \cdots = b_s = 0.$$

因此，(3) 是平凡线性关系. 证毕.

若线性空间 $\boldsymbol{V}$ 是两个子空间 $\boldsymbol{W}_1$、$\boldsymbol{W}_2$ 的和空间，并且 $\boldsymbol{V}$ 中向量表示为 $\boldsymbol{W}_1$、$\boldsymbol{W}_2$ 的向量之和的方式唯一，我们就称 $\boldsymbol{V}$ 为 $\boldsymbol{W}_1$ 和 $\boldsymbol{W}_2$ 的**直和**，记作

$$\boldsymbol{V} = \boldsymbol{W}_1 \dot{+} \boldsymbol{W}_2.$$

[4.8]　当 $\boldsymbol{V} = \boldsymbol{W}_1 + \boldsymbol{W}_2$ 时，下列 3 个条件等价.

1) $\boldsymbol{V} = \boldsymbol{W}_1 \dot{+} \boldsymbol{W}_2$.

2) $\boldsymbol{W}_1 \cap \boldsymbol{W}_2 = \{\boldsymbol{0}\}$.

3) $\dim \boldsymbol{V} = \dim \boldsymbol{W}_1 + \dim \boldsymbol{W}_2$.

证明：根据定理 [4.7] 可知，2) 和 3) 等价. 只需证明 1) 和 2) 等价即可.

因为 $\boldsymbol{W}_1 \cap \boldsymbol{W}_2 = \{\boldsymbol{0}\}$，所以设 $\boldsymbol{V}$ 的元素 $\boldsymbol{x}$ 存在两个表达式，即

$$\boldsymbol{x} = \boldsymbol{x}_1 + \boldsymbol{x}_2 = \boldsymbol{x}_1' + \boldsymbol{x}_2', \quad \boldsymbol{x}_1, \boldsymbol{x}_1' \in \boldsymbol{W}_1, \quad \boldsymbol{x}_2, \boldsymbol{x}_2' \in \boldsymbol{W}_2.$$

由此，

$$\boldsymbol{x}_1 - \boldsymbol{x}_1' = \boldsymbol{x}_2' - \boldsymbol{x}_2.$$

等式左边是 $\boldsymbol{W}_1$ 的元素，等式右边是 $\boldsymbol{W}_2$ 的元素，它们都是 $\boldsymbol{W}_1 \cap \boldsymbol{W}_2$ 的元素，即都是 $\mathbf{0}$. 因此，$\boldsymbol{V}$ 是 $\boldsymbol{W}_1$ 和 $\boldsymbol{W}_2$ 的直和.

设 $\boldsymbol{W}_1 \cap \boldsymbol{W}_2$ 中存在非零向量 $\boldsymbol{a}$，则 $\mathbf{0}$ 可分解为

$$\mathbf{0} = \mathbf{0} + \mathbf{0} = \boldsymbol{a} + (-\boldsymbol{a}).$$

这说明 $\boldsymbol{V}$ 不是 $\boldsymbol{W}_1$ 和 $\boldsymbol{W}_2$ 的直和. 证毕.

例 4 n 阶矩阵空间 $\boldsymbol{M}_n(\mathbb{K})$ 是对称矩阵空间和反对称矩阵空间的直和（本节例 2）.

$\boldsymbol{V}$ 的子空间为 $\boldsymbol{W}_1, \boldsymbol{W}_2, \cdots, \boldsymbol{W}_k$. 当 $\boldsymbol{V}$ 的任意元素都可表示为 $\boldsymbol{W}_1, \boldsymbol{W}_2, \cdots, \boldsymbol{W}_k$ 的元素之和时，$\boldsymbol{V}$ 称为 $\boldsymbol{W}_1, \boldsymbol{W}_2, \cdots, \boldsymbol{W}_k$ 的**和空间**，记作

$$\boldsymbol{V} = \boldsymbol{W}_1 + \boldsymbol{W}_2 + \cdots + \boldsymbol{W}_k.$$

此时，下式成立.

$$\dim \boldsymbol{V} \leqslant \dim \boldsymbol{W}_1 + \dim \boldsymbol{W}_2 + \cdots + \dim \boldsymbol{W}_k. \tag{6}$$

特别是当表达方式唯一时，$\boldsymbol{V}$ 称为 $\boldsymbol{W}_1, \boldsymbol{W}_2, \cdots, \boldsymbol{W}_k$ 的**直和**，记作

$$\boldsymbol{V} = \boldsymbol{W}_1 \dot{+} \boldsymbol{W}_2 \dot{+} \cdots \dot{+} \boldsymbol{W}_k.$$

[4.9] 当 $\boldsymbol{V} = \boldsymbol{W}_1 + \boldsymbol{W}_2 + \cdots + \boldsymbol{W}_k$ 时，下列 3 个条件等价.

1) $\boldsymbol{V} = \boldsymbol{W}_1 \dot{+} \boldsymbol{W}_2 \dot{+} \cdots \dot{+} \boldsymbol{W}_k$.

2) $\boldsymbol{W}_i \cap (\boldsymbol{W}_1 + \cdots + \boldsymbol{W}_{i-1} + \boldsymbol{W}_{i+1} + \cdots + \boldsymbol{W}_k) = \{\mathbf{0}\} \quad (i = 1, 2, \cdots, k)$.

3) $\dim \boldsymbol{V} = \dim \boldsymbol{W}_1 + \dim \boldsymbol{W}_2 + \cdots + \dim \boldsymbol{W}_k$.

证明: 运用与 k 相关的数学归纳法进行证明. 根据 [4.8] 可知，当 $k = 2$ 时，[4.9] 显然成立. 当 $k > 2$ 时，假设 [4.9] 在 $k - 1$ 的情况下成立. 设

$$U_i = W_1 + \cdots + W_{i-1} + W_{i+1} + \cdots + W_k \quad (i = 1, 2, \cdots, k),$$

证明 1)⇒3)⇒2)⇒1).

证明 1)⇒3). 由假定条件可知，

$$\boldsymbol{V} = \boldsymbol{W}_1 \dot{+} \boldsymbol{U}_1,$$

$$\boldsymbol{U}_1 = \boldsymbol{W}_2 \dot{+} \boldsymbol{W}_3 \dot{+} \cdots \dot{+} \boldsymbol{W}_k.$$

根据数学归纳法可知，

$$\dim \boldsymbol{V} = \dim \boldsymbol{W}_1 + \dim \boldsymbol{U}_1 = \dim \boldsymbol{W}_1 + \sum_{i=2}^{k} \dim \boldsymbol{W}_i$$

$$= \sum_{i=1}^{k} \dim \boldsymbol{W}_i.$$

证明 3)⇒2). 因为 $\boldsymbol{V} = \boldsymbol{U}_i + \boldsymbol{W}_i$，所以

$$\dim \boldsymbol{U}_i \geqslant \dim \boldsymbol{V} - \dim \boldsymbol{W}_i = \sum_{j \neq i} \dim \boldsymbol{W}_j.$$

又因为 $\dim \boldsymbol{U}_i \leqslant \sum_{j \neq i} \dim \boldsymbol{W}_j$，所以

$$\dim \boldsymbol{V} = \dim \boldsymbol{W}_i + \dim \boldsymbol{U}_i.$$

根据 [4.8] 可知，$\boldsymbol{W}_i \cap \boldsymbol{U}_i = \{\boldsymbol{0}\}$.

证明 2)⇒1). 若 $\boldsymbol{V}$ 的元素 $\boldsymbol{x}$ 存在表达式

$$\boldsymbol{x} = \sum_{j=1}^{k} \boldsymbol{x}_j = \sum_{j=1}^{k} \boldsymbol{x}'_j, \quad \boldsymbol{x}_j, \boldsymbol{x}'_j \in \boldsymbol{W}_j \quad (j = 1, 2, \cdots, k),$$

则

$$\boldsymbol{x}_i - \boldsymbol{x}'_i = \sum_{j \neq i} \left(\boldsymbol{x}'_j - \boldsymbol{x}_j \right).$$

等式左边是 $\boldsymbol{W}_i$ 的元素，等式右边是 $\boldsymbol{U}_i$ 的元素，它们都是 $\boldsymbol{W}_1 \cap \boldsymbol{W}_2$ 的元素，即都是 $\boldsymbol{0}$. 因为 i 可取任意值，所以 $\boldsymbol{V}$ 是 $\boldsymbol{W}_1, \boldsymbol{W}_2, \cdots, \boldsymbol{W}_k$ 的直和. 证毕.

4.5　线性映射与线性变换

线性映射的相关知识我们已经有所了解. 从 $\mathbb{K}^n$ 到 $\mathbb{K}^m$ 的线性映射都是由 $m \times n$ 矩阵 $\boldsymbol{A}$ 所确定的映射 $\boldsymbol{x} \to \boldsymbol{A}\boldsymbol{x}$. 空间〔平面〕原点保持不动的变换为 $\boldsymbol{V}^3$〔$\boldsymbol{V}^2$〕的线性变换. 下面举例说明.

例 1　如果在 n 阶及低于 n 阶的 $\mathbb{K}$-系数多项式空间 $\boldsymbol{P}_n(\mathbb{K})$ 中，对于 $f \in \boldsymbol{P}_n(\mathbb{K})$，有

$$(T_b f)(x) = f(x+b), \quad b \in \mathbb{K},$$

则 T_b 为 $\boldsymbol{P}_n(\mathbb{K})$ 的线性变换. 实际上，

$$T_b(f+g)(x) = (f+g)(x+b) = f(x+b) + g(x+b) = (T_b f)(x) + (T_b g)(x)$$

$$T_b(cf)(x) = (cf)(x+b) = c \cdot f(x+b) = c\,(T_b f)(x).$$

例 2 在满足递推关系式

$$x_{n+k}+a_{k-1}x_{n+k-1}+\cdots+a_1x_{n+1}+a_0x_n=0\quad(n=0,1,2,\cdots)$$

的所有实数列 $\{x_n\}$ 的空间（参照 4.2 节的例 9）中，令所有数列后移一项的映射 T：$\{x_n\}\to\{x_{n+1}\}$ 是线性变换.

例 3 在常系数齐次线性微分方程

$$\frac{\mathrm{d}^ky}{\mathrm{d}x^k}+a_{k-1}\frac{\mathrm{d}^{k-1}y}{\mathrm{d}x^{k-1}}+\cdots+a_1\frac{\mathrm{d}y}{\mathrm{d}x}+a_0y=0\quad(a_0\neq 0,a_i\in\mathbb{R})$$

的解空间中，微分算子 $D:y\to\dfrac{\mathrm{d}y}{\mathrm{d}x}$ 是线性变换.

选取线性空间的一个基，用矩阵来表示线性映射.

选定线性空间 $\boldsymbol{V}$ 的一个基 $E=\langle\boldsymbol{e}_1,\boldsymbol{e}_2,\cdots,\boldsymbol{e}_n\rangle$，就能确定从 $\boldsymbol{V}$ 到 $\mathbb{K}^n$ 的同构映射φ. 从这一点出发，我们使用基 $(E;\varphi)$ 这种叫法.

设 $\boldsymbol{V}$、$\boldsymbol{V}'$ 是 $\mathbb{K}$ 上的 n 维线性空间和 m 维线性空间，T 为从 $\boldsymbol{V}$ 到 $\boldsymbol{V}'$ 的线性映射. 选取 $\boldsymbol{V}$ 的基 $(E;\varphi)$ 和 $\boldsymbol{V}'$ 的基 $(E';\varphi')$. 组合映射 $\varphi'\circ T\circ\varphi^{-1}$ 为从 $\mathbb{K}^n$ 到 $\mathbb{K}^m$ 的线性映射，对应某个 $m\times n$ 矩阵 $\boldsymbol{A}$，可记作 $\varphi'\circ T\circ\varphi^{-1}=T_{\boldsymbol{A}}$. 矩阵 $\boldsymbol{A}$ 称为 T 在基 $(E;\varphi)\,(E';\varphi')$ 下的矩阵.

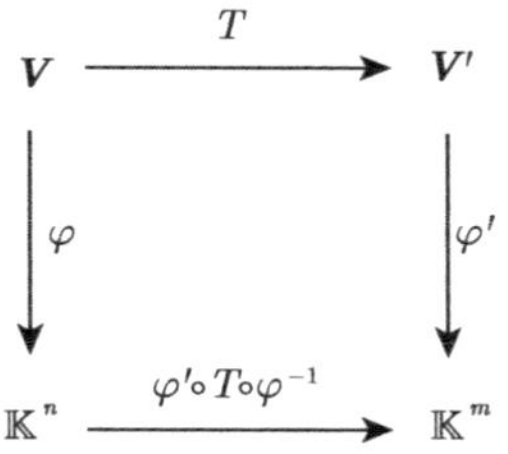

当 $E=\langle\boldsymbol{e}_1,\boldsymbol{e}_2,\cdots,\boldsymbol{e}_n\rangle, E'=\langle\boldsymbol{e}_1',\boldsymbol{e}_2',\cdots,\boldsymbol{e}_m'\rangle$ 时，$\boldsymbol{V}$ 的元素 $\boldsymbol{x}$ 和它的像 $T\boldsymbol{x}$ 表示为

$$\boldsymbol{x}=x_1\boldsymbol{e}_1+x_2\boldsymbol{e}_2+\cdots+x_n\boldsymbol{e}_n,$$

$$T\boldsymbol{x}=x_1'\boldsymbol{e}_1'+x_2'\boldsymbol{e}_2'+\cdots+x_m'\boldsymbol{e}_m',$$

则

$$\begin{pmatrix}x_1'\\x_2'\\\vdots\\x_m'\end{pmatrix}=\varphi'(T\boldsymbol{x})=T_{\boldsymbol{A}}\varphi(\boldsymbol{x})=\begin{pmatrix}a_{11}&a_{12}&\cdots&a_{1n}\\a_{21}&a_{22}&\cdots&a_{2n}\\\vdots&\vdots&&\vdots\\a_{m1}&a_{m2}&\cdots&a_{mn}\end{pmatrix}\begin{pmatrix}x_1\\x_2\\\vdots\\x_n\end{pmatrix}.\tag{1}$$

其中，$\boldsymbol{A}=(a_{ij})$.

由此可得

$$T\boldsymbol{e}_j=a_{1j}\boldsymbol{e}_1'+a_{2j}\boldsymbol{e}_2'+\cdots+a_{mj}\boldsymbol{e}_m'.$$

通过这一式子我们会更加方便求解 $\boldsymbol{A}=(a_{ij})$.

例 4　已知二阶及低于二阶的多项式空间 $\boldsymbol{P}_2(\mathbb{K})$ 的线性变换为 T_b: $f(x)\to f(x+b)$，求 T_b 在基 $E=E'=\langle 1,x,x^2\rangle$ 下的矩阵. 设

$$f(x)=a_0+a_1x+a_2x^2,$$

则

$$(T_bf)(x)=f(x+b)=\left(a_0+a_1b+a_2b^2\right)+\left(a_1+2a_2b\right)x+a_2x^2,$$

因此，所求矩阵为

$$\begin{pmatrix} 1 & b & b^2 \\ 0 & 1 & 2b \\ 0 & 0 & 1 \end{pmatrix}.$$

例 5　设例 2 的数列空间为 $\boldsymbol{V}$，令所有数列后移一项的线性变换为 T. 将 $\boldsymbol{V}$ 的元素 $\{x_n\}$ 与由前 k 项 $x_0,x_1,\cdots,x_{k-1}$ 构成的 k 阶列向量

$$\begin{pmatrix} x_0 \\ x_1 \\ \vdots \\ x_{k-1} \end{pmatrix}$$

对应起来的映射 φ 为从 $\boldsymbol{V}$ 到 $\mathbb{R}^k$ 的同构映射. 对于每个 $i(0\leqslant i\leqslant k-1)$，设满足 $x_i=1$，$x_j=0(j\neq i)$ 的数列为 $\boldsymbol{e}_i$，此时由 $\boldsymbol{V}$ 的基 $\langle \boldsymbol{e}_0,\boldsymbol{e}_1,\cdots,\boldsymbol{e}_{k-1}\rangle$. 所确定的映射为同构映射. 根据数列 $\boldsymbol{e}_i$ 的第 k 项，可得

$$T\boldsymbol{e}_0=-a_0\boldsymbol{e}_{k-1},\quad T\boldsymbol{e}_i=-a_i\boldsymbol{e}_{k-1}+\boldsymbol{e}_{i-1}\quad(1\leqslant i\leqslant k-1).$$

T 在这个基下的矩阵为

$$\boldsymbol{A}=\begin{pmatrix} 0 & 1 & 0 & \cdots & 0 \\ 0 & 0 & 1 & & \vdots \\ \vdots & \vdots & \ddots & \ddots & \vdots \\ 0 & 0 & \cdots & 0 & 1 \\ -a_0 & -a_1 & \cdots & -a_{k-2} & -a_{k-1} \end{pmatrix}.$$

同样地，设例 3 的微分方程的解空间为 $\boldsymbol{U}$，微分算子 $D:y\to\dfrac{\mathrm{d}y}{\mathrm{d}x}$. 对于每个 $i(0\leqslant i\leqslant k-1)$，满足初始条件 $y^{(i)}(0)=1$ 和 $y^{(j)}(0)=0$（其中 $j\neq i$）的解若为 $\boldsymbol{e}_i$，则 $\boldsymbol{e}_0,\boldsymbol{e}_1,\cdots,\boldsymbol{e}_{k-1}$ 为空间的基. 我们很容易就能知道

$$D\boldsymbol{e}_0=-a_0\boldsymbol{e}_{k-1},\quad D\boldsymbol{e}_i=-a_i\boldsymbol{e}_{k-1}+\boldsymbol{e}_{i-1}\quad(1\leqslant i\leqslant k-1),$$

D 在这个基下的矩阵与 T 的矩阵 $\boldsymbol{A}$ 相同.

若变换 $\boldsymbol{V}$、$\boldsymbol{V}'$ 的基，对应的矩阵会发生怎样的变化呢？

设 $\boldsymbol{V}$ 和 $\boldsymbol{V}'$ 的基 $(E;\varphi)$ 和 $(E';\varphi')$ 对应的 T 的矩阵为 $\boldsymbol{A}$，基 $(F;\psi)$ 和 $(F';\psi')$ 对应的 T 的矩阵为 $\boldsymbol{B}$，V 中 $E\to F$ 的基变换矩阵为 $\boldsymbol{P}$，$\boldsymbol{V}'$ 中 $E'\to F'$ 的基变换矩阵为 $\boldsymbol{Q}$，则

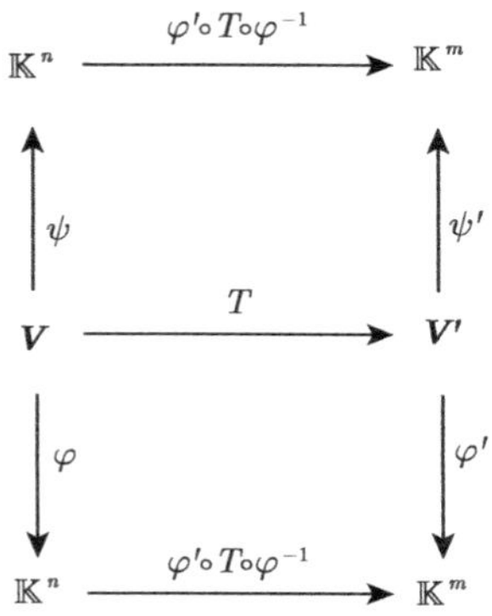

$$\varphi\circ\psi^{-1}=T_{\boldsymbol{P}},\quad \varphi'\circ\psi'^{-1}=T_{\boldsymbol{Q}}.$$

推导得

$$\begin{aligned}T_{\boldsymbol{B}}&=\psi'\circ T'\circ\psi^{-1}=\psi'\circ\left(\varphi^{-1}\circ\varphi'\right)\circ T\circ\left(\varphi^{-1}\circ\varphi\right)\circ\psi^{-1}\\&=\left(\psi'\circ\varphi'^{-1}\right)\circ\left(\varphi'\circ T\circ\varphi^{-1}\right)\circ\left(\varphi\circ\psi^{-1}\right)=T_{\boldsymbol{Q}}^{-1}\circ T_{\boldsymbol{A}}\circ T_{\boldsymbol{P}}=T_{\boldsymbol{Q}^{-1}\boldsymbol{AP}}.\end{aligned}$$

因此，得到

$$\boldsymbol{B}=\boldsymbol{Q}^{-1}\boldsymbol{AP}. \tag{2}$$

设 T 为从 $\boldsymbol{V}$ 到 $\boldsymbol{V}'$ 的线性映射. 先选取 $\boldsymbol{V}$ 在 T 下的像 $T(\boldsymbol{V})$ 的一个基 $\langle\boldsymbol{e}_1',\boldsymbol{e}_2',\cdots,\boldsymbol{e}_r'\rangle$ ，将其扩充得到 $\boldsymbol{V}'$ 的基，即 $E'=\langle\boldsymbol{e}_1',\boldsymbol{e}_2',\cdots,\boldsymbol{e}_m'\rangle$. 然后，取出对于每个 $\boldsymbol{e}_i'(1\leqslant i\leqslant r)$，满足 $T\boldsymbol{e}_i=\boldsymbol{e}_i'$ 的 $\boldsymbol{V}$ 中元素 $\boldsymbol{e}_i$，此时 $\boldsymbol{e}_1,\boldsymbol{e}_2,\cdots,\boldsymbol{e}_r$ 线性独立. 又根据 [4.5] 可知，T 的核 $T^{-1}(\boldsymbol{0}')$ 的维数是 $n-r$，$T^{-1}(\boldsymbol{0}')$ 的一个基为 $\langle\boldsymbol{e}_{r+1},\boldsymbol{e}_{r+2},\cdots,\boldsymbol{e}_n\rangle$. 我们很容易就能知道，$E=\langle\boldsymbol{e}_1,\boldsymbol{e}_2,\cdots,\boldsymbol{e}_n\rangle$ 是 V 的基. 显然，线性映射 T 在基 E、E' 下的矩阵等于标准形

$$\boldsymbol{F}_r(m,n)=\begin{pmatrix}\boldsymbol{E}_r&\boldsymbol{O}\\\boldsymbol{O}&\boldsymbol{O}\end{pmatrix}.$$

由此可证明下面的定理成立. 同时，再次运用第 2 章的定理 [4.2].

定理 [5.1] 对于从 $\boldsymbol{V}$ 到 $\boldsymbol{V}'$ 的任意线性映射 T，适当选取 $\boldsymbol{V}$、$\boldsymbol{V}'$ 的基 F、F'，则 F、F' 对应的 T 的矩阵为标准形

$$\boldsymbol{F}=\boldsymbol{F}_r(m,n)=\begin{pmatrix}\boldsymbol{E}_r&\boldsymbol{O}\\\boldsymbol{O}&\boldsymbol{O}\end{pmatrix}.$$

定义 设 T 为从 $\boldsymbol{V}$ 到 $\boldsymbol{V}'$ 的线性映射，此时，像空间 $T(\boldsymbol{V})$ 的维数称为 T 的**秩**.

根据 [4.5] 可知，T 的秩与 $\dim\boldsymbol{V}-\dim T^{-1}(\boldsymbol{0}')$ 相等.

[5.2]　设 T 为从 $\boldsymbol{V}$ 到 $\boldsymbol{V}'$ 的线性映射，T 的秩与 T 在 $\boldsymbol{V}$、$\boldsymbol{V}'$ 的任何基下的矩阵的秩相等.

证明: 根据定理 [5.1] 中形成特殊基的方式可知命题成立. 另外，两个基对应的 T 的矩阵可根据式 (2) 彼此进行初等变换得到，因此秩相等. 证毕.

下面，对运用第 2 章相关知识无法论述的下列定理进行证明.

定理 [5.3]　$m \times n$ 矩阵 $\boldsymbol{A}$ 的秩等于 $\boldsymbol{A}$ 中列向量的极大线性无关组的数量，也等于 $\boldsymbol{A}$ 中行向量的极大线性无关组的数量.

证明：设 $\boldsymbol{A}$ 的秩为 r，$\boldsymbol{A}$ 所确定的从 $\mathbb{K}^n$ 到 $\mathbb{K}^m$ 的线性映射 $T_{\boldsymbol{A}}$ 的秩等于 $\boldsymbol{A}$ 的秩，即 $\dim T_{\boldsymbol{A}}(\mathbb{K}^n) = r$.

设 $\boldsymbol{A}$ 的列向量为 $\boldsymbol{a}_1, \boldsymbol{a}_2, \cdots, \boldsymbol{a}_n$. 因为 $T_{\boldsymbol{A}}(\boldsymbol{e}_i) = \boldsymbol{A}\boldsymbol{e}_i = \boldsymbol{a}_i (i = 1, 2, \cdots, n)$，所以 $\boldsymbol{a}_1, \boldsymbol{a}_2, \cdots, \boldsymbol{a}_n$ 可生成 $T_{\boldsymbol{A}}(\mathbb{K}^n)$. 因此，存在 r 个线性独立的列向量.

行向量可由 $r(\boldsymbol{A}) = r\left(\boldsymbol{A}^{\mathrm{T}}\right)$ 推导得出. 证毕.

已知与 $m \times n$ 矩阵 $\boldsymbol{A}$ 的秩相关的下列 5 个条件等价.

1) 当 $\boldsymbol{A}$ 经过初等变换化为标准形矩阵时，对角线上排列的数字 1 的数量.

2) $\boldsymbol{A}$ 中非零子式的最高阶数.

3) $\boldsymbol{A}$ 所确定的从 $\mathbb{K}^n$ 到 $\mathbb{K}^m$ 的线性映射 $T_{\boldsymbol{A}}$ 的像空间 $T_{\boldsymbol{A}}(\mathbb{K}^n)$ 的维数.

4) $\boldsymbol{A}$ 的列向量的极大线性无关组的数量.

5) $\boldsymbol{A}$ 的行向量的极大线性无关组的数量.

之后，我们把从 $\boldsymbol{V}$ 到 $\boldsymbol{V}$ 自身的线性映射看作 $\boldsymbol{V}$ 的线性变换.

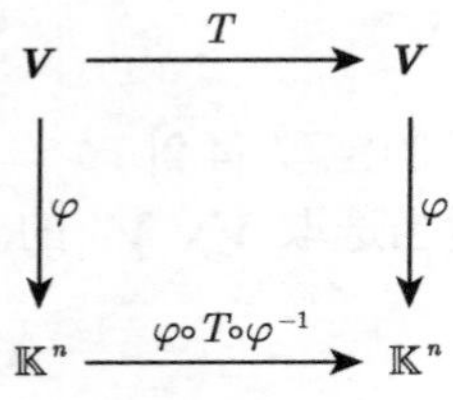

当 T 是 $\boldsymbol{V}$ 的线性变换时，$E = E'$，即 $\boldsymbol{x}$ 和 $T\boldsymbol{x}$ 都可表示为相同基的线性组合. 前面列举的例子全都满足这一点.

若 T 在基 $(E; \varphi)$ 下的矩阵为 $\boldsymbol{A} = (a_{ij})$，则

$$\varphi \circ T \circ \varphi^{-1} = T_{\boldsymbol{A}}. \tag{3}$$

V 的元素 $\boldsymbol{x}$ 和它的像 $T\boldsymbol{x}$ 表示为

$$\boldsymbol{x} = x_1\boldsymbol{e}_1 + x_2\boldsymbol{e}_2 + \cdots + x_n\boldsymbol{e}_n,$$

$$T\boldsymbol{x} = x_1'\boldsymbol{e}_1 + x_2'\boldsymbol{e}_2 + \cdots + x_n'\boldsymbol{e}_n.$$

此时，

$$\begin{pmatrix} x_1{}' \\ x_2' \\ \vdots \\ x_n' \end{pmatrix} = \begin{pmatrix} a_{11} & a_{12} & \cdots & a_{1n} \\ a_{21} & a_{22} & \cdots & a_{2n} \\ \vdots & \vdots & & \vdots \\ a_{n1} & a_{n2} & \cdots & a_{nn} \end{pmatrix} \begin{pmatrix} x_1 \\ x_2 \\ \vdots \\ x_n \end{pmatrix}. \tag{4}$$

选取 $\boldsymbol{V}$ 的另一个基 $(F;\psi)$，设 $E \to F$ 的基变换矩阵为 $\boldsymbol{P}$. T 在基 $(F;\psi)$ 下的矩阵为 $\boldsymbol{B}$. 根据式 (2) 可得

$$\boldsymbol{B} = \boldsymbol{P}^{-1}\boldsymbol{A}\boldsymbol{P}. \tag{5}$$

因此，相似矩阵可表示为同一线性变换在不同基下的矩阵.

根据式 (5) 可知，T 在不同基下的矩阵具有相同的行列式和相同的迹. 我们将其定义为线性变换 T 的行列式和迹.

例 6 在 4.2 节例 9 的数列空间 $\boldsymbol{V}$ 中，设 $k=2, a_0=2, a_1=-3$，则 $\boldsymbol{V}$ 是满足递推关系式

$$x_{n+2} - 3x_{n+1} + 2x_n = 0$$

的所有数列 $\{x_n\}$ 构成的线性空间.

设满足 $x_0 = x_1 = 1$ 的数列为 $\boldsymbol{f}_0$，满足 $x_0 = 1$，$x_1 = 2$ 的数列为 $\boldsymbol{f}_1$，则 $\langle \boldsymbol{f}_0, \boldsymbol{f}_1 \rangle$ 也是空间的基，从 $\langle \boldsymbol{e}_0, \boldsymbol{e}_1 \rangle$ 到 $\langle \boldsymbol{f}_0, \boldsymbol{f}_1 \rangle$ 的基变换矩阵 $\boldsymbol{P} = \begin{pmatrix} 1 & 1 \\ 1 & 2 \end{pmatrix}$.

因此，线性变换 T 在基 $\langle \boldsymbol{f}_0, \boldsymbol{f}_1 \rangle$ 下的矩阵为

$$\boldsymbol{P}^{-1}\boldsymbol{A}\boldsymbol{P} = \begin{pmatrix} 2 & -1 \\ -1 & 1 \end{pmatrix} \begin{pmatrix} 0 & 1 \\ -2 & 3 \end{pmatrix} \begin{pmatrix} 1 & 1 \\ 1 & 2 \end{pmatrix} = \begin{pmatrix} 1 & 0 \\ 0 & 2 \end{pmatrix}.$$

由此可知，$T\boldsymbol{f}_0 = \boldsymbol{f}_0$，$T\boldsymbol{f}_1 = 2\boldsymbol{f}_1$，$\boldsymbol{f}_0 = \{1\}$，$\boldsymbol{f}_1 = \{2^n\}$. 因此，$\boldsymbol{V}$ 内任意数列均可表示为

$$\{x_n\} = \{\alpha + \beta 2^n\}, \quad \alpha, \beta \in \mathbb{R}.$$

同理，对微分方程

$$\frac{\mathrm{d}^2 y}{\mathrm{d}x^2} - 3\frac{\mathrm{d}y}{\mathrm{d}x} + 2y = 0$$

的解空间做相同的处理可以得到满足 $f_0'(x) = f_0(x)$ 和 $f_1'(x) = 2f_1(x)$ 的两个解 f_0、f_1，可知 $f_0(x) = e^x$，$f_1(x) = e^{2x}$. 因此，一般解可表示为

$$f(x) = \alpha e^x + \beta e^{2x}, \quad \alpha, \beta \in \mathbb{R}.$$

上述证明方法本质上利用了 $\boldsymbol{P}^{-1}\boldsymbol{AP}$ 是对角矩阵的知识点. 关于如何求解 $\boldsymbol{P}$ 将在第 5 章进行探讨.

定义 设 T 为 $\boldsymbol{V}$ 的线性变换，$\boldsymbol{W}$ 为 $\boldsymbol{V}$ 的子空间. 若

$$T(\boldsymbol{W}) \subset \boldsymbol{W}$$

成立，我们就称 $\boldsymbol{W}$ 为 T 的**不变子空间**.

当 $\boldsymbol{W}$ 为 T-不变子空间时，扩充 $\boldsymbol{W}$ 的基 $\langle \boldsymbol{e}_1, \boldsymbol{e}_2, \cdots, \boldsymbol{e}_r \rangle$，可得 $\boldsymbol{V}$ 的基 $E = \langle \boldsymbol{e}_1, \boldsymbol{e}_2, \cdots, \boldsymbol{e}_r, \boldsymbol{e}_{r+1}, \cdots, \boldsymbol{e}_n \rangle$. 设 T 在基 E 下的矩阵为 $\boldsymbol{A}$，经过简单换算，$\boldsymbol{A}$ 可变为下列形式.

$$\boldsymbol{A} = \begin{array}{r} r\,[\\ n-r\,[\end{array} \overset{\begin{array}{cc} r & n-r \end{array}}{\begin{pmatrix} \boldsymbol{A}_{11} & \boldsymbol{A}_{12} \\ \boldsymbol{O} & \boldsymbol{A}_{22} \end{pmatrix}}. \tag{6}$$

若将 T 的作用限制到 $\boldsymbol{W}$ 上，则可得到 $\boldsymbol{W}$ 的线性变换 $T_{\boldsymbol{W}}$. r 阶矩阵 $\boldsymbol{A}_{11}$ 是 $T_{\boldsymbol{W}}$ 在 $\boldsymbol{W}$ 的基 $\langle \boldsymbol{e}_1, \boldsymbol{e}_2, \cdots, \boldsymbol{e}_r \rangle$ 下的矩阵.

特别地，设 $\boldsymbol{V}$ 是 $\boldsymbol{W}$ 和另一个子空间 $\boldsymbol{W}'$ 的直和，当 $\boldsymbol{W}'$ 也是 T 的不变子空间时，$\boldsymbol{W}$ 的基 $\langle \boldsymbol{e}_1, \boldsymbol{e}_2, \cdots, \boldsymbol{e}_r \rangle$ 和 $\boldsymbol{W}'$ 的基 $\langle \boldsymbol{e}_{r+1}, \boldsymbol{e}_{r+2}, \cdots, \boldsymbol{e}_n \rangle$ 可组合得到 $\boldsymbol{V}$ 的基 $E = \langle \boldsymbol{e}_1, \boldsymbol{e}_2, \cdots, \boldsymbol{e}_r, \boldsymbol{e}_{r+1}, \cdots, \boldsymbol{e}_n \rangle$. T 在基 E 下的矩阵形式为

$$\begin{array}{r} r\,[\\ n-r\,[\end{array} \overset{\begin{array}{cc} r & n-r \end{array}}{\begin{pmatrix} \boldsymbol{A}_{11} & \boldsymbol{O} \\ \boldsymbol{O} & \boldsymbol{A}_{22} \end{pmatrix}}.$$

$\boldsymbol{A}_{22}$ 是 T 限制到 $\boldsymbol{W}'$ 上的线性变换 $T'_{\boldsymbol{W}}$ 在 $\boldsymbol{W}'$ 的基 $\langle \boldsymbol{e}_{r+1}, \boldsymbol{e}_{r+2}, \cdots, \boldsymbol{e}_n \rangle$ 下的矩阵.

例 7 设 n 阶及低于 n 阶的多项式空间 $\boldsymbol{P}_n(\mathbb{K})$ 的线性变换 $f(x) \to f(x+b)$ 为 T_b. 当 $m \leqslant n$ 时，$\boldsymbol{P}_m(\mathbb{K})$ 是 T_b-不变子空间. 特别地，当 $n=2$，$m=1$ 时，扩充 $\boldsymbol{P}_1(\mathbb{K})$ 的基 $\langle 1, x \rangle$ 可得到 $\boldsymbol{P}_2(\mathbb{K})$ 的基 $\langle 1, x, x^2 \rangle$. 实际上，根据本节例 4 可知，$T_b$ 在基 $\langle 1, x, x^2 \rangle$ 下的矩阵形式如下.

$$\left(\begin{array}{cc:c} 1 & b & b^2 \\ 0 & 1 & 2b \\ \hdashline 0 & 0 & 1 \end{array}\right).$$

4.6 度量线性空间

定义 当 $\mathbb{K}$ 上的线性空间 $\boldsymbol{V}$ 满足公理 Ⅳ 时，我们称 $\boldsymbol{V}$ 为**度量线性空间**.

Ⅳ 对于 $\boldsymbol{V}$ 的两个元素 $\boldsymbol{x}$、$\boldsymbol{y}$，规定其内积为 $\mathbb{K}$ 的元素（记作 $(\boldsymbol{x},\boldsymbol{y})$）. 具体性质如下.

(1) $(\boldsymbol{x},\boldsymbol{y}_1+\boldsymbol{y}_2)=(\boldsymbol{x},\boldsymbol{y}_1)+(\boldsymbol{x},\boldsymbol{y}_2)$,

$(\boldsymbol{x}_1+\boldsymbol{x}_2,\boldsymbol{y})=(\boldsymbol{x}_1,\boldsymbol{y})+(\boldsymbol{x}_2,\boldsymbol{y})$.

(2) $(c\boldsymbol{x},\boldsymbol{y})=c(\boldsymbol{x},\boldsymbol{y})$, $\quad(\boldsymbol{x},c\boldsymbol{y})=\bar{c}(\boldsymbol{x},\boldsymbol{y})$.

(3) $(\boldsymbol{x},\boldsymbol{y})=\overline{(\boldsymbol{y},\boldsymbol{x})}$.

(4) $(\boldsymbol{x},\boldsymbol{x})$ 的值可为 0 或正数，当且仅当 $\boldsymbol{x}=\boldsymbol{0}$ 时，$(\boldsymbol{x},\boldsymbol{x})=0$.

当 $\mathbb{K}=\mathbb{R}$ 时，即不存在共轭复数，字母上的横杠可以去掉. 实度量线性空间也称为**欧几里得空间**，简称**欧氏空间**. 复度量线性空间称为**酉空间**.

$(\boldsymbol{x},\boldsymbol{x})$ 的非负平方根称为 $\boldsymbol{x}$ 的**长度**或**范数**，记作 $\|\boldsymbol{x}\|$. 当 $(\boldsymbol{x},\boldsymbol{y})=0$ 时，我们称 $\boldsymbol{x}$ 和 $\boldsymbol{y}$ **正交**.

例 1 $\mathbb{K}^n$ 是满足内积运算的度量空间（参照 2.6 节）.

例 2 （无坐标系的）空间〔平面〕几何向量空间 $\boldsymbol{V}^3$〔$\boldsymbol{V}^2$〕是满足 1.1 节中定义的内积运算的实度量空间.

也就是说，设 $\boldsymbol{a}$、$\boldsymbol{b}$ 形成的夹角为 $\theta(0\leqslant\theta\leqslant\pi)$，则

$$(\boldsymbol{a},\boldsymbol{b})=\|\boldsymbol{a}\|\|\boldsymbol{b}\|\cos\theta.$$

例 3 在 n 阶及低于 n 阶的实系数多项式空间 $\boldsymbol{P}_n(\mathbb{R})$ 中，定义 f、g 这两个多项式的内积为

$$(f,g)=\int_{-1}^{1}f(x)g(x)\mathrm{d}x.$$

由此不难确定，$\boldsymbol{P}_n(\mathbb{R})$ 是实度量线性空间，即欧氏空间.

在 n 阶及低于 n 阶的复系数多项式空间 $\boldsymbol{P}_n(\mathbb{C})$ 中，定义 f、g 这两个多项式的内积为

$$(f,g)=\int_{-1}^{1}f(x)\overline{g(x)}\mathrm{d}x,$$

则 $\boldsymbol{P}_n(\mathbb{R})$ 是复度量线性空间，即酉空间.

若 $\boldsymbol{V}$ 是度量空间，根据相同的内积，$\boldsymbol{V}$ 的任意子空间都是度量空间.

[6.1] $|(\boldsymbol{x},\boldsymbol{y})|\leqslant\|\boldsymbol{x}\|\|\boldsymbol{y}\|$ （施瓦茨不等式）, (4)

$\|\boldsymbol{x}+\boldsymbol{y}\|\leqslant\|\boldsymbol{x}\|+\|\boldsymbol{y}\|$ （三角不等式）. (5)

证明过程与第 2 章 [6.2] 的证明过程完全相同.

[6.2] 若一组非零向量 $\boldsymbol{x}_1,\boldsymbol{x}_2,\cdots,\boldsymbol{x}_k$ 两两正交，则说明这组向量必线性独立.

证明：若线性关系满足

$$c_1\boldsymbol{x}_1+c_2\boldsymbol{x}_2+\cdots+c_k\boldsymbol{x}_k=\boldsymbol{0},$$

用 $\boldsymbol{x}_i(i=1,2,\cdots,k)$ 与上述等式两端做内积，可得 $c_i=0(i=1,2,\cdots,k)$. 证毕.

定义 度量空间 $\boldsymbol{V}$ 的一组向量 $\boldsymbol{e}_1,\boldsymbol{e}_2,\cdots,\boldsymbol{e}_k$ 两两正交，并且向量长度皆为 1，我们把这组向量称为**标准正交向量组**. 若这一组向量是 V 的一个基，则我们称其为**标准正交基**.

$\boldsymbol{e}_1,\boldsymbol{e}_2,\cdots,\boldsymbol{e}_r$ 为标准正交向量组，若 $\boldsymbol{a}$ 无法表示为 $\boldsymbol{e}_1,\boldsymbol{e}_2,\cdots,\boldsymbol{e}_r$ 的线性组合，此时设

$$\boldsymbol{a}'=\boldsymbol{a}-(\boldsymbol{a},\boldsymbol{e}_1)\,\boldsymbol{e}_1-(\boldsymbol{a},\boldsymbol{e}_2)\,\boldsymbol{e}_2-\cdots-(\boldsymbol{a},\boldsymbol{e}_r)\,\boldsymbol{e}_r,$$

则 $\boldsymbol{a}'$ 为非零向量，与 $\boldsymbol{e}_1,\boldsymbol{e}_2,\cdots,\boldsymbol{e}_r$ 都正交. 因此，若 $\boldsymbol{e}_{r+1}=\dfrac{1}{\|\boldsymbol{a}'\|}\boldsymbol{a}'$，则 $\boldsymbol{e}_1,\boldsymbol{e}_2,\cdots,\boldsymbol{e}_r,\boldsymbol{e}_{r+1}$ 是标准正交向量组. 此外，$\boldsymbol{e}_1,\boldsymbol{e}_2,\cdots,\boldsymbol{e}_r,\boldsymbol{e}_{r+1}$ 张成的子空间与 $\boldsymbol{e}_1,\boldsymbol{e}_2,\cdots,\boldsymbol{e}_r,\boldsymbol{a}$ 张成的子空间相等.

设 $\boldsymbol{a}_1,\boldsymbol{a}_2,\cdots,\boldsymbol{a}_n$ 是 $\boldsymbol{V}$ 的一个基，通过以下方法，我们可得到 $\boldsymbol{V}$ 的一个标准正交基.

第一步，设 $\boldsymbol{e}_1=\dfrac{1}{\|\boldsymbol{a}_1\|}\boldsymbol{a}_1$，通过上述方法从 $\langle\boldsymbol{e}_1,\boldsymbol{a}_2\rangle$ 得到标准正交向量组 $\langle\boldsymbol{e}_1,\boldsymbol{e}_2\rangle$. 第二步，通过相同的方法，从 $\langle\boldsymbol{e}_1,\boldsymbol{e}_2,\boldsymbol{a}_3\rangle$ 得到标准正交向量组 $\langle\boldsymbol{e}_1,\boldsymbol{e}_2,\boldsymbol{e}_3\rangle$. 重复这一操作，直到得到标准正交基 $\langle\boldsymbol{e}_1,\boldsymbol{e}_2,\cdots,\boldsymbol{e}_n\rangle$. 此时，对于任意 $k(1\leqslant k\leqslant n)$，$\boldsymbol{e}_1,\boldsymbol{e}_2,\cdots,\boldsymbol{e}_k$ 张成的子空间与 $\boldsymbol{a}_1,\boldsymbol{a}_2,\cdots,\boldsymbol{a}_k$ 张成的子空间相等. 这一方法叫作**施密特正交化法**. 由此可得到下面的定理.

定理 [6.3] 任意度量线性空间 $\boldsymbol{V}(\boldsymbol{V}\neq\{\boldsymbol{0}\})$ 都有标准正交基. 具体而言，当 $\langle\boldsymbol{e}_1,\boldsymbol{e}_2,\cdots,\boldsymbol{e}_r\rangle$ 为标准正交向量组时，增加若干向量可得到 $\boldsymbol{V}$ 的标准正交基.

例 4 在几何向量空间 $\boldsymbol{V}^3$ 中，设 $\boldsymbol{a}_1$、$\boldsymbol{a}_2$、$\boldsymbol{a}_3$ 线性独立. $\boldsymbol{a}_2$ 减去 $\boldsymbol{a}_2$ 在 $\boldsymbol{a}_1$ 上的正投影，得到 $\boldsymbol{a}_2'$. $\boldsymbol{a}_3$ 减去 $\boldsymbol{a}_3$ 在 $\boldsymbol{a}_1$、$\boldsymbol{a}_2$ 张成的平面上的正投影，得到 $\boldsymbol{a}_3'$.

问题 已知 $\mathbb{R}^3$ 的基为 $\begin{pmatrix}1\\-1\\0\end{pmatrix},\begin{pmatrix}1\\0\\-1\end{pmatrix},\begin{pmatrix}1\\2\\3\end{pmatrix}$，利用施密特正交化法求标准正交基.

例 5 在例 3 的空间 $\boldsymbol{P}_n(\mathbb{R})$ 中，设

$$F_k(x)=\frac{\mathrm{d}^k}{\mathrm{d}x^k}(x^2-1)^k\quad(k=0,1,2,\cdots,n),$$

则 $F=\langle F_0,F_1,\cdots,F_n\rangle$ 是两两正交的空间 $\boldsymbol{P}_n(\mathbb{R})$ 的基（范数不为 1）.

实际上，正因为 $F_k(x)$ 是 k 阶多项式，所以 F 是 $\boldsymbol{P}_n(\mathbb{R})$ 的基成立. 又设 $G_k(x)=\left(x^2-1\right)^k$，则 $F_k(x)=G_k^{(k)}(x)$（k 阶导函数），当 $i<k$ 时，$G_k^{(i)}(1)=G_k^{(i)}(-1)=0$.

当 $k\geqslant l$ 时，根据分部积分法，可得

$$\begin{aligned}(F_k,F_l)&=\int_{-1}^{1}F_k(x)F_l(x)\mathrm{d}x=G_k^{(k-1)}(x)F_l(x)\Big|_{-1}^{1}-\int_{-1}^{1}G_k^{(k-1)}(x)F_l'(x)\mathrm{d}x\\&=-\int_{-1}^{1}G_k^{(k-1)}(x)F_l'(x)\mathrm{d}x\\&=-G_k^{(k-2)}(x)F_l'(x)\Big|_{-1}^{1}+\int_{-1}^{1}G_k^{(k-2)}(x)F_l''(x)\mathrm{d}x\\&=\cdots=(-1)^l\int_{-1}^{1}G_k^{(k-l)}(x)F_l^{(l)}(x)\mathrm{d}x.\end{aligned}\tag{6}$$

当 $k>l$ 时，因为 $F_l^{(l)}(x)=G_l^{(2l)}(x)=(2l)!$，$k-l>0$，所以

$$(F_k,F_l)=(-1)^l(2l)!G_k^{(k-l-1)}(x)\Big|_{-1}^{1}=0.$$

为了将 $F_k(x)$ 标准化，我们先计算范数 $\|F_k\|$. 在式 (6) 中，当 $k=l$ 时，

$$\begin{aligned}\|F_k\|^2&=\int_{-1}^{1}F_k(x)^2\mathrm{d}x=(-1)^k\int_{-1}^{1}G_k(x)F_k^{(k)}(x)\mathrm{d}x\\&=(-1)^k(2k)!\int_{-1}^{1}\left(x^2-1\right)^k\mathrm{d}x.\end{aligned}\tag{7}$$

再次根据分部积分法，得到

$$\int_{-1}^{1}\left(x^2-1\right)^k\mathrm{d}x=(-1)^k\frac{(k!)^2}{(2k)!}\frac{2^{2k+1}}{2k+1}.\tag{8}$$

代入，得

$$\|F_k\|=\sqrt{\frac{2}{2k+1}}\cdot 2^k k!.\tag{9}$$

因此，设

$$E_k(x)=\sqrt{\frac{2k+1}{2}}\cdot\frac{1}{2^k k!}\frac{\mathrm{d}^k}{\mathrm{d}x^k}\left(x^2-1\right)^k,$$

则 $E=\langle E_0,E_1,\cdots,E_n\rangle$ 是 $\boldsymbol{P}_n(\mathbb{R})$ 的标准正交基.

另外，E 与自然基 $\langle 1, x, x^2, \cdots, x^n \rangle$ 通过施密特正交化法得到的标准正交基一致.

实际上,因为 $\langle E_0, E_1, \cdots, E_{k-1} \rangle$ 和 $\langle 1, x, \cdots, x^{k-1} \rangle$ 都是子空间 $\boldsymbol{P}_{k-1}(\mathbb{R})$ 的基，所以 $E_k(x)$ 与 $\boldsymbol{P}_{k-1}(\mathbb{R})$ 的所有元素，即与 $k-1$ 阶及低于 $k-1$ 阶的所有多项式正交. 具有这一性质且范数为 1 的 k 阶多项式唯一（忽略正负数）（符合下列定理 [6.4]）.

注：$P_k(x) = \dfrac{1}{2^k k!} \dfrac{\mathrm{d}^k}{\mathrm{d}x^k} \left(x^2-1\right)^k (k = 0, 1, 2, \cdots)$ 称为**勒让德多项式**. 它在解析学中有着重要的作用. ①

对于度量空间 $\boldsymbol{V}$ 的子空间 $\boldsymbol{W}$，$\boldsymbol{V}$ 中正交于 $\boldsymbol{W}$ 中所有元素的元素集合也是 $\boldsymbol{V}$ 的子空间. 我们把它称为 $\boldsymbol{W}$ 的**正交补空间**，记作 $\boldsymbol{W}^{\perp}$.

定理 [6.4]　$\boldsymbol{V}$ 是 $\boldsymbol{W}$ 和 $\boldsymbol{W}^{\perp}$ 的直和.

证明：选取 $\boldsymbol{W}$ 的标准正交基 $\langle \boldsymbol{e}_1, \boldsymbol{e}_2, \cdots, \boldsymbol{e}_r \rangle$. 对于 $\boldsymbol{V}$ 中任意元素 $\boldsymbol{x}$，设

$$\boldsymbol{x}_1 = \sum_{i=1}^{r} (\boldsymbol{x}, \boldsymbol{e}_i)\, \boldsymbol{e}_i, \quad \boldsymbol{x}_2 = \boldsymbol{x} - \boldsymbol{x}_1,$$

则 $\boldsymbol{x}_1 \in \boldsymbol{W}$，因为 $\boldsymbol{x}_2$ 与 $\boldsymbol{e}_1, \boldsymbol{e}_2, \cdots, \boldsymbol{e}_r$ 正交，所以 $\boldsymbol{x}_2$ 属于 $\boldsymbol{W}^{\perp}$. 因此，$\boldsymbol{V}$ 是 $\boldsymbol{W}$ 和 $\boldsymbol{W}^{\perp}$ 的和. 若取 $\boldsymbol{W} \cap \boldsymbol{W}^{\perp}$ 的元素 $\boldsymbol{x}$，根据 $(\boldsymbol{x}, \boldsymbol{x}) = 0$ 可知，$\boldsymbol{x} = \boldsymbol{0}$，即 $\boldsymbol{V}$ 是 $\boldsymbol{W}$ 和 $\boldsymbol{W}^{\perp}$ 的直和. 证毕.

例 6　在 $m \times n$ 实矩阵 $\boldsymbol{A}$ 对应的齐次线性方程组

$$\boldsymbol{A}\boldsymbol{x} = \boldsymbol{0} \tag{10}$$

中，设 $\boldsymbol{A}$ 的 m 个行向量为 $\boldsymbol{b}_1^{\mathrm{T}}, \boldsymbol{b}_2^{\mathrm{T}}, \cdots, \boldsymbol{b}_m^{\mathrm{T}}$，则方程式 (10) 可表示为

$$(\boldsymbol{b}_i, \boldsymbol{x}) = 0 \quad (i = 1, 2, \cdots, m),$$

即 (10) 的解空间是 m 个 n 阶行向量 $\boldsymbol{b}_1, \boldsymbol{b}_2, \cdots, \boldsymbol{b}_m$ 张成的空间 $\mathbb{R}^n$ 的子空间的正交补空间.

[6.5]　不难证明下列等式成立.

1) $\left(\boldsymbol{W}^{\perp}\right)^{\perp} = \boldsymbol{W}$.

2) $(\boldsymbol{W}_1 + \boldsymbol{W}_2)^{\perp} = \boldsymbol{W}_1^{\perp} \cap \boldsymbol{W}_2^{\perp}$.

3) $(\boldsymbol{W}_1 \cap \boldsymbol{W}_2) = \boldsymbol{W}_1^{\perp} + \boldsymbol{W}_2^{\perp}$.

问题　证明 [6.5].

设 $\boldsymbol{V}$、$\boldsymbol{V}'$ 是 $\mathbb{K}$ 上的度量线性空间，φ 为从 $\boldsymbol{V}$ 到 $\boldsymbol{V}'$ 的同构映射，并且满足条件

$$(\varphi(\boldsymbol{x}), \varphi(\boldsymbol{y})) = (\boldsymbol{x}, \boldsymbol{y}), \tag{11}$$

① 具体可参照 R. 柯朗、D. 希尔伯特所著的《数学物理方法》.

则 φ 为从度量空间 $\boldsymbol{V}$ 到度量空间 $\boldsymbol{V}'$ 的同构映射，简称**等距同构映射**. 若存在这样的 φ，则称 $\boldsymbol{V}$、$\boldsymbol{V}'$ 是**等距同构**.

设 $\boldsymbol{V}$ 是度量空间，$E=\langle \boldsymbol{e}_1,\boldsymbol{e}_2,\cdots,\boldsymbol{e}_n\rangle$ 是 $\boldsymbol{V}$ 的标准正交基，E 对应的从 $\boldsymbol{V}$ 到 $\mathbb{K}^n$ 的同构映射 φ 是从 $\boldsymbol{V}$ 到 $\mathbb{K}^n$ 的等距同构映射. 实际上，若

$$\boldsymbol{x}=x_1\boldsymbol{e}_1+x_2\boldsymbol{e}_2+\cdots+x_n\boldsymbol{e}_n,\quad \boldsymbol{y}=y_1\boldsymbol{e}_1+y_2\boldsymbol{e}_2+\cdots+y_n\boldsymbol{e}_n,$$

则

$$(\boldsymbol{x},\boldsymbol{y})=x_1\overline{y}_1+x_2\overline{y}_2+\cdots+x_n\overline{y}_n.$$

又因为

$$\varphi(\boldsymbol{x})=\begin{pmatrix}x_1\\x_2\\\vdots\\x_n\end{pmatrix},\quad \varphi(\boldsymbol{y})=\begin{pmatrix}y_1\\y_2\\\vdots\\y_n\end{pmatrix},$$

所以

$$(\varphi(\boldsymbol{x}),\varphi(\boldsymbol{y}))=x_1\overline{y}_1+x_2\overline{y}_2+\cdots+x_n\overline{y}_n,$$

二者相等.

特别地，$\mathbb{K}$ 上所有维数相等的度量空间彼此等距同构.

设 $\boldsymbol{V}$ 的两个标准正交基是 $(E;\varphi)$ 和 $(F;\psi)$，$E\to F$ 的基变换矩阵为 $\boldsymbol{P}$，则 $\boldsymbol{P}$ 为酉矩阵〔当 $\mathbb{K}=\mathbb{R}$ 时为正交矩阵〕.

实际上，因为 $T_{\boldsymbol{P}}=\varphi\circ\psi^{-1}$ 是从 $\mathbb{K}^n$ 到 $\mathbb{K}^n$ 自身的等距同构映射，所以根据 2.6 节的 [6.4] 和 [6.4]$'$ 可知，$\boldsymbol{P}$ 必定为酉矩阵〔正交矩阵〕.

反之，若 E 是 $\boldsymbol{V}$ 的标准正交基，$\boldsymbol{P}$ 为酉矩阵〔正交矩阵〕，则基 E 通过矩阵 $\boldsymbol{P}$ 得到的基 F 也是标准正交基.

定义 酉空间〔实度量空间〕$\boldsymbol{V}$ 到 $\boldsymbol{V}$ 自身的等距同构映射称为 $\boldsymbol{V}$ 的**酉变换**〔**正交变换**〕.

若 $\boldsymbol{V}$ 的线性变换 T 不改变向量的长度，即对于 $\boldsymbol{V}$ 的任意元素 $\boldsymbol{x}$，$\|T\boldsymbol{x}\|=\|\boldsymbol{x}\|$ 都成立，则我们称 T 是 $\boldsymbol{V}$ 的酉变换〔正交变换〕. 实际上，不难得知，T 是从 $\boldsymbol{V}$ 到 $\boldsymbol{V}$ 上的一一变换，即同构映射. 和 2.6 节中 [6.4] 的证明相同，可知 T 不改变内积.

已知，$\mathbb{C}^n$〔$\mathbb{R}^n$〕的酉变换〔正交变换〕是酉矩阵〔正交矩阵〕对应的线性变换.

通常下列定理成立.

定理 [6.6] $\boldsymbol{V}$ 的酉变换〔正交变换〕T 在任意标准正交基 $(E;\varphi)$ 下的矩阵为酉矩阵〔正交矩阵〕. 反之，若 $\boldsymbol{V}$ 的线性变换 T 在任意标准正交基下的矩阵为酉矩阵〔正交矩阵〕，则 T 为酉变换〔正交变换〕.

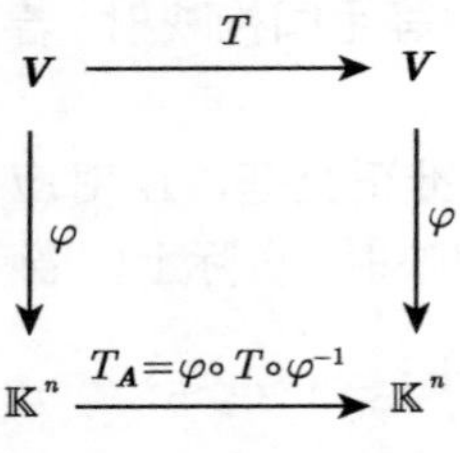

证明：设 T 在基 $(E;\varphi)$ 下的矩阵为 $\boldsymbol{A}$. 因为 $T_{\boldsymbol{A}}=\varphi\circ T\circ\varphi^{-1}$ 是从 $\mathbb{K}^n$ 到 $\mathbb{K}^n$ 自身的等距同构映射，所以 $\boldsymbol{A}$ 为酉矩阵〔正交矩阵〕.

反之，若 $\boldsymbol{A}$ 是酉矩阵〔正交矩阵〕，则 $T_{\boldsymbol{A}}$ 是从 $\mathbb{K}^n$ 到 $\mathbb{K}^n$ 自身的等距同构映射，所以 $T=\varphi{-}1\circ T_{\boldsymbol{A}}\circ\varphi$ 是从 $\boldsymbol{V}$ 到 $\boldsymbol{V}$ 的等距同构映射. 证毕.

例 7 设 $2n+1$ 个函数 1、$\cos(kx)$、$\sin(kx)(k=1,2,\cdots,n)$ 的线性组合为 $\boldsymbol{V}$，则 $\boldsymbol{V}$ 是 $2n+1$ 维实线性空间.

对于 $\boldsymbol{V}$ 内的两个函数 f、g，定义两个函数 f、g 的内积 (f,g) 为

$$(f,g)=\int_{-\pi}^{\pi}f(x)g(x)\mathrm{d}x,$$

则 $\boldsymbol{V}$ 是实线性空间.

对于任意实数 c，定义（平移）T 为

$$(Tf)(x)=f(x+c),$$

则 T 是 $\boldsymbol{V}$ 的线性变换. 实际上，因为

$$\left.\begin{aligned}\cos(k(x+c))&=\cos(kc)\cos(kx)-\sin(kc)\sin(kx)\\ \sin(k(x+c))&=\sin(kc)\cos(kx)+\cos(kc)\sin(kx)\end{aligned}\right\},\tag{12}$$

所以 $\boldsymbol{V}$ 内的函数经过线性变换后依然留在 $\boldsymbol{V}$ 内.

T 是 $\boldsymbol{V}$ 的正交变换，原因如下. 根据定义可知 $\boldsymbol{V}$ 内的函数都是以 2π 为周期的周期函数，因此，对于 $f,g\in\boldsymbol{V}$，

$$\begin{aligned}(Tf,Tg)&=\int_{-\pi}^{\pi}f(x+c)g(x+c)\mathrm{d}x=\int_{-\pi+c}^{\pi+c}f(x)g(x)\mathrm{d}x\\&=\int_{-\pi}^{\pi}f(x)g(x)\mathrm{d}x=(f,g).\end{aligned}$$

下面求 $\boldsymbol{V}$ 的标准正交基，并将其对应的 T 用矩阵表示出来.

不难得知，

$$\int_{-\pi}^{\pi}\cos(kx)\mathrm{d}x=\int_{-\pi}^{\pi}\sin(kx)\mathrm{d}x=\int_{-\pi}^{\pi}\cos(kx)\sin(lx)\mathrm{d}x=0.$$

当 $k\neq l$ 时，因为

$$\int_{-\pi}^{\pi}\cos(kx)\cos(lx)\mathrm{d}x=\int_{-\pi}^{\pi}\sin(kx)\sin(lx)\mathrm{d}x=0,$$

所以 1、$\cos(kx),\sin(kx)(k=1,2,\cdots,n)$ 彼此正交. 又因为

$$\int_{-\pi}^{\pi}1\mathrm{d}x=2\pi,\quad \int_{-\pi}^{\pi}\cos^2(kx)\mathrm{d}x=\int_{-\pi}^{\pi}\sin^2(kx)\mathrm{d}x=\pi,$$

设

$$e_0=-\frac{1}{\sqrt{2\pi}},\quad e_{2k-1}=\frac{1}{\sqrt{\pi}}\cos kx,\quad e_{2k}=\frac{1}{\sqrt{\pi}}\sin kx\quad (k=1,2,\cdots,n),$$

则 $E=\langle e_0,e_1,e_2,\cdots,e_{2n}\rangle$ 是 $\boldsymbol{V}$ 的标准正交基.

根据 (12) 可知，T 在 E 下的矩阵为

$$\begin{pmatrix} 1 & & & & & & & \\ & \cos c & \sin c & & & & & \\ & -\sin c & \cos c & & & & & \\ & & & \cos(2c) & \sin(2c) & & & \\ & & & -\sin(2c) & \cos(2c) & & & \\ & & & & & \ddots & & \\ & & & & & & \cos(nc) & \sin(nc) \\ & & & & & & -\sin(nc) & \cos(nc) \end{pmatrix}.$$

这一矩阵为正交矩阵.

注：$\boldsymbol{V}$ 的元素称为 n 阶及低于 n 阶的**傅里叶多项式或有限区间上函数的傅里叶级数**. 当 n 无限大时得到的级数为一般周期函数的傅里叶级数.

习 题

1. 已知

$$\boldsymbol{a}_1=\begin{pmatrix}1\\2\\0\\4\end{pmatrix},\boldsymbol{a}_2=\begin{pmatrix}-1\\1\\3\\-3\end{pmatrix},\boldsymbol{a}_3=\begin{pmatrix}0\\1\\-5\\-2\end{pmatrix},\boldsymbol{a}_4=\begin{pmatrix}-1\\-9\\-1\\-4\end{pmatrix}.$$

设 $\boldsymbol{a}_1$、$\boldsymbol{a}_2$ 张成的空间 $\mathbb{R}^4$ 的子空间为 $\boldsymbol{W}_1$，$\boldsymbol{a}_3$、$\boldsymbol{a}_4$ 张成的空间 $\mathbb{R}^4$ 的子空间为 $\boldsymbol{W}_2$，求交集 $\boldsymbol{W}_1\cap\boldsymbol{W}_2$ 的维数和基.

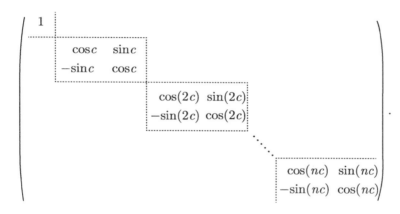

2. 已知

$$\boldsymbol{W}_1 = \left\{ \boldsymbol{x} = \begin{pmatrix} x_1 \\ x_2 \\ x_3 \\ x_4 \end{pmatrix} \middle| \begin{array}{c} x_1 + 2x_2 + x_3 + 3x_4 = 0 \\ x_1 + 3x_2 + 2x_3 = 0 \end{array} \right\},$$

$$\boldsymbol{W}_2 = \left\{ \boldsymbol{x} = \begin{pmatrix} x_1 \\ x_2 \\ x_3 \\ x_4 \end{pmatrix} \middle| \begin{array}{c} 2x_1 + x_3 + 2x_4 = 0 \\ -2x_1 - x_2 - 2x_3 + x_4 = 0 \end{array} \right\},$$

求 $\boldsymbol{W}_1 + \boldsymbol{W}_2$ 的维数和基.

3. 已知 $\boldsymbol{A}$ 是 $\mathbb{K}$-矩阵（$l \times m$ 矩阵），求从 $\boldsymbol{M}_{m,n}(\mathbb{K})$ 到 $\boldsymbol{M}_{l,n}(\mathbb{K})$ 的线性映射 $L_{\boldsymbol{A}} : \boldsymbol{X} \to \boldsymbol{AX}$ 的秩.

4. 已知 $\boldsymbol{A}$ 是 $l \times m$ 矩阵，$\boldsymbol{B}$ 是 $m \times n$ 矩阵，证明下面的不等式成立.

$$r(\boldsymbol{A}) + r(\boldsymbol{B}) - m \leqslant r(\boldsymbol{AB}) \leqslant \min(r(\boldsymbol{A}), r(\boldsymbol{B})).$$

5. 证明 $m \times n$ 矩阵 $\boldsymbol{A}$、$\boldsymbol{B}$ 满足下面的不等式.

$$r(\boldsymbol{A} + \boldsymbol{B}) \leqslant r(\boldsymbol{A}) + r(\boldsymbol{B}).$$

6. 已知 $\boldsymbol{A}$ 是 $m \times n$ 矩阵，$\boldsymbol{B}$ 是 $n \times m$ 矩阵，$m < n$.

(i) 证明 $\boldsymbol{BA}$ 不是可逆矩阵.

(ii) 求 $\boldsymbol{AB}$ 是可逆矩阵需要满足的条件.

7. 证明从 $\boldsymbol{M}_n(\mathbb{K})$ 到 $\mathbb{K}$ 的任意线性映射 T 可由某个 n 阶 $\mathbb{K}$-矩阵 $\boldsymbol{A}$ 表示为

$$T(\boldsymbol{X}) = \mathrm{Tr}\boldsymbol{AX}.$$

8. 对于区间 $[-\pi, \pi]$ 上的连续函数 $f(x)$，n 阶及低于 n 阶的傅里叶多项式为

$$g(x) = a_0 + \sum_{k=1}^{n} (a_k \cos(kx) + b_k \sin(kx)).$$

求当 $\|f - g\|^2 = \int_{-\pi}^{\pi} |f(x) - g(x)|^2 \mathrm{d}x$ 最小时的 $g(x)$.

9. 可定义二阶及低于二阶的实系数多项式空间 $\boldsymbol{P}_2(\mathbb{R})$ 的线性变换 T 和 S 满足

$$(Tf)(x) = \int_{-1}^{1} (x - t)^2 f(t) \mathrm{d}t \text{（积分算子），}$$

$$(Sf)(x) = e^x \frac{\mathrm{d}}{\mathrm{d}x} \left(e^{-x} f(x)\right) \text{（微分算子）}.$$

求 T、S 在基 $\langle 1, x, x^2\rangle$ 下的矩阵.

10. (i) 已知 $p(x)$ 是区间 $[a,\, b]$ 上恒为正值的连续函数，证明 n 阶及低于 n 阶的实系数多项式空间 $\boldsymbol{P}_n(\mathbb{R})$ 中可定义新的内积为

$$(f,g)_p = \int_a^b p(x)f(x)g(x)\mathrm{d}x.$$

(ii) 已知 $p(x) = e^{-x}$，证明当 $b=\infty$ 时，$\boldsymbol{P}_n(\mathbb{R})$ 中可定义内积为

$$(f,g)_e = \int_0^{\infty} e^{-x}f(x)g(x)\mathrm{d}x.$$

(iii) 已知

$$L_k(x) = \frac{e^x}{k!}\frac{\mathrm{d}^k}{\mathrm{d}x^k}\left(e^{-x}x^k\right) = \sum_{i=0}^{k}(-1)^i C_k^i \frac{x^i}{i!}(k=0,1,2,\cdots,n).$$

证明 $\langle L_0, L_1, \cdots, L_n\rangle$ 是 2) 的内积对应 $\boldsymbol{P}_n(\mathbb{R})$ 的标准正交基.

注：C_k^i 是二项式系数. L_k 称为 k 阶**拉盖尔多项式**.

11. 证明任意可逆矩阵 $\boldsymbol{A}$ 是酉矩阵 $\boldsymbol{U}$ 和上三角矩阵 $\boldsymbol{T}$ 的乘积，记作 $\boldsymbol{A}=\boldsymbol{UT}$.

12. 从 $\mathbb{K}$ 上的线性空间 $\boldsymbol{V}$ 到 $\mathbb{K}$ 的线性映射被称为 $\boldsymbol{V}$ 上的**线性形式**或者**线性函数**.

设 $\boldsymbol{V}$ 上所有线性形式的集合为 $\boldsymbol{V}^*$，则 $\boldsymbol{V}^*$ 是 $\mathbb{K}$ 上的线性空间. 其中，对于 $f,g\in\boldsymbol{V}^*$，满足

$$(f+g)(\boldsymbol{x}) = f(\boldsymbol{x}) + g(\boldsymbol{x}),$$

$$(cf)(\boldsymbol{x}) = cf(\boldsymbol{x}),$$

此时我们称 $\boldsymbol{V}^*$ 为 $\boldsymbol{V}$ 的**对偶空间**.

(i) 对于 $\boldsymbol{V}$ 的基 $E=\langle \boldsymbol{e}_1, \boldsymbol{e}_2, \cdots, \boldsymbol{e}_n\rangle$，证明若 $\boldsymbol{V}^*$ 的元素 f_i 可根据 $f_i(\boldsymbol{e}_j) = \sigma_{ij}$ 进行定义，则 $E^* = \langle f_1, f_2, \cdots, f_n\rangle$ 是 $\boldsymbol{V}^*$ 的基（E^* 是 E 的**对偶基**）.

(ii) 已知对于从 $\boldsymbol{V}$ 到 $\boldsymbol{W}$ 的线性映射 T，从 $\boldsymbol{W}$ 的对偶空间 $\boldsymbol{W}^*$ 到 $\boldsymbol{V}^*$ 的线性映射 T^* 可根据

$$\left(T^*f\right)(\boldsymbol{x}) = f\left(T\boldsymbol{x}\right), \quad \boldsymbol{x}\in\boldsymbol{V}, f\in\boldsymbol{W}^*$$

进行定义. 对于 $\boldsymbol{V}$、$\boldsymbol{W}$ 的基 E、F，设 $\boldsymbol{V}^*$、$\boldsymbol{W}^*$ 的对偶基为 E^*、F^*，证明 T^* 在基 E^*、F^* 下的矩阵是 T 在基 E、F 下的矩阵的转置矩阵.

3) 对于 $\boldsymbol{V}$ 的元素 $\boldsymbol{x}$，已知可通过 $\boldsymbol{x}'(f)=f(\boldsymbol{x}),\ f\in\boldsymbol{V}^*$ 定义 $(\boldsymbol{V}^*)^*$ 的元素 $\boldsymbol{x}'$，证明映射 $\boldsymbol{x}\to\boldsymbol{x}'$ 是 $\boldsymbol{V}$ 和 $(\boldsymbol{V}^*)^*$ 之间的同构映射.

13. 设 $\mathbb{K}$ 上的线性空间为 $\boldsymbol{V}$，$\boldsymbol{V}$ 的子空间为 $\boldsymbol{W}$. 对于 $\boldsymbol{V}$ 的两个元素 $\boldsymbol{x}$、$\boldsymbol{y}$，当 $\boldsymbol{x}-\boldsymbol{y}\in\boldsymbol{W}$ 时，如果定义 $\boldsymbol{x}\sim\boldsymbol{y}$，则该二元关系为 $\boldsymbol{V}$ 上的等价关系. 由 $\boldsymbol{V}$ 的等价关系组成的商集记作 $\boldsymbol{V}/\boldsymbol{W}$，其中包含 $\boldsymbol{V}$ 中元素 $\boldsymbol{x}$ 的等价类记作 $[\boldsymbol{x}]$.

(i) 证明对于 $\boldsymbol{V}/\boldsymbol{W}$ 的元素 $[\boldsymbol{x}]$ 和 $[\boldsymbol{y}]$，可通过 $[\boldsymbol{x}]+[\boldsymbol{y}]=[\boldsymbol{x}+\boldsymbol{y}]$ 和 $c[\boldsymbol{x}]=[c\boldsymbol{x}]$ 定义其和与乘积（即与等价类代表元素的选取方式无关），并证明根据上述运算可知 $\boldsymbol{V}/\boldsymbol{W}$ 是 $\mathbb{K}$ 上的线性空间. $\boldsymbol{V}/\boldsymbol{W}$ 称为 $\boldsymbol{V}$ 对 $\boldsymbol{W}$ 的**商空间**.

(ii) 选取包含 $\boldsymbol{W}$ 的基 $E_0=\langle\boldsymbol{e}_1,\boldsymbol{e}_2,\cdots,\boldsymbol{e}_r\rangle$ 在内的 $\boldsymbol{V}$ 的基 $E=\langle\boldsymbol{e}_1,\boldsymbol{e}_2,\cdots,\boldsymbol{e}_r,\boldsymbol{e}_{r+1},\cdots,\boldsymbol{e}_n\rangle$. 证明 $\tilde{E}=\langle[\boldsymbol{e}_{r+1}],\cdots,[\boldsymbol{e}_n]\rangle$ 是 $\boldsymbol{V}/\boldsymbol{W}$ 的基(因此 $\dim\boldsymbol{V}/\boldsymbol{W}=\dim\boldsymbol{V}-\dim\boldsymbol{W}$ 成立).

(iii) 已知 T 是 $\boldsymbol{V}$ 的线性变换，若 $\boldsymbol{W}$ 是 T-不变子空间，证明 $\boldsymbol{V}/\boldsymbol{W}$ 的线性变换 $\tilde{T}$ 可根据 $\tilde{T}[\boldsymbol{x}]=[T\boldsymbol{x}]$ 定义.

(iv) 若 T 限制到 $\boldsymbol{W}$ 上的 $T_{\boldsymbol{W}}$ 在基 E_0 下的矩阵为 $\boldsymbol{A}_0$，则 $\tilde{T}$ 在基 $\tilde{E}$ 下的矩阵为 $\tilde{\boldsymbol{A}}$，证明 T 在基 E 下的矩阵可转化为以下形式.

$$\begin{pmatrix}\boldsymbol{A}_0 & * \\ \boldsymbol{O} & \tilde{\boldsymbol{A}}\end{pmatrix}.$$

第 5 章　特征值和特征向量

5.1　特征值与特征根

设 $\boldsymbol{V}$ 是 $\mathbb{K}$ 上的线性空间，T 是 $\boldsymbol{V}$ 的线性变换. 经过线性变换 T 而不改变方向的向量，也就是使 $T\boldsymbol{x}=\alpha\boldsymbol{x}(\alpha\in\mathbb{K})$ 成立的 $\boldsymbol{V}$ 中非零向量 $\boldsymbol{x}$，我们称其为 T 的**特征向量**. 此时数 α 称为 T 的**特征值**，$\boldsymbol{x}$ 称为对应于 T 的特征值 α 的特征向量. 若 $\boldsymbol{x}$ 是对应于特征值 α 的特征向量，则 $\boldsymbol{x}$ 的数乘向量也是对应于 α 的特征向量.

若非零向量 $\boldsymbol{x}$ 是 T 的特征向量，则 $\boldsymbol{x}$ 张成的一维子空间 $\{c\boldsymbol{x}\mid c\in\mathbb{K}\}$ 是 T-不变子空间.

当 α 是 T 的特征值时，零向量和对应于 α 的所有 T 的特征向量构成的集合 $\boldsymbol{W}_\alpha$ 是 $\boldsymbol{V}$ 的非零线性空间 T-不变子空间，我们把它称为对应于特征值 α 的 T 的**特征空间**. T 到 $\boldsymbol{W}_\alpha$ 上的限制 $T_{\boldsymbol{W}\alpha}$ 与数乘变换αI 相等.

当 $\boldsymbol{A}$ 是 n 阶矩阵时，由 $\boldsymbol{A}$ 确定的 $\mathbb{C}^n$（注意不是 $\mathbb{R}^n$!）的线性变换 $T_{\boldsymbol{A}}$ 的特征值、特征向量、特征空间分别为矩阵 $\boldsymbol{A}$ 的特征值、特征向量、特征空间.

当 T 是复线性空间 $\boldsymbol{V}$ 的线性变换时，若 T 在 $\boldsymbol{V}$ 的任意基 $(E;\varphi)$ 下的矩阵为 $\boldsymbol{A}$，则 T 和 $\boldsymbol{A}$ 的特征值相同，特征向量、特征空间分别随 φ 发生变化.

若 $\mathbb{K}$ 上的线性空间 $\boldsymbol{V}$ 的线性变换 T 的一个特征值为 0，那么根据定义可知，T 为不可逆变换.

[1.1]　T 的对应于不同特征值的特征向量线性独立.

证明: 设 $\beta_1,\beta_2,\cdots,\beta_k$ 为 T 的不同特征值，$\boldsymbol{x}_1,\boldsymbol{x}_2,\cdots,\boldsymbol{x}_k$ 为对应的特征向量. 若 $\boldsymbol{x}_1,\boldsymbol{x}_2,\cdots,\boldsymbol{x}_k$ 线性相关,则存在 $i(2\leqslant i\leqslant k)$ 使 $\boldsymbol{x}_1,\boldsymbol{x}_2,\cdots,\boldsymbol{x}_{i-1}$ 线性独立，而 $\boldsymbol{x}_1,\boldsymbol{x}_2,\cdots,\boldsymbol{x}_{i-1},\boldsymbol{x}_i$ 线性相关. $\boldsymbol{x}_i$ 可由 $\boldsymbol{x}_1,\boldsymbol{x}_2,\cdots,\boldsymbol{x}_{i-1}$ 的线性组合来表示.

$$\boldsymbol{x}_i=c_1\boldsymbol{x}_1+c_2\boldsymbol{x}_2+\cdots+c_{i-1}\boldsymbol{x}_{i-1}. \tag{1}$$

对两边进行线性变换 T，得

$$\beta_i\boldsymbol{x}_i=c_1\beta_1\boldsymbol{x}_1+c_2\beta_2\boldsymbol{x}_2+\cdots+c_{i-1}\beta_{i-1}\boldsymbol{x}_{i-1}. \tag{2}$$

再令 (1) 的等式两边同时乘以 β_i，得

$$\beta_i \boldsymbol{x}_i = c_1\beta_i\boldsymbol{x}_1 + c_2\beta_i\boldsymbol{x}_2 + \cdots + c_{i-1}\beta_i\boldsymbol{x}_{i-1}. \tag{3}$$

因此得到

$$c_1(\beta_1-\beta_i)\boldsymbol{x}_1 + c_2(\beta_2-\beta_i)\boldsymbol{x}_2 + \cdots + c_{i-1}(\beta_{i-1}-\beta_i)\boldsymbol{x}_{i-1} = \boldsymbol{0}.$$

因为 $\boldsymbol{x}_1, \boldsymbol{x}_2, \cdots, \boldsymbol{x}_{i-1}$ 线性独立，所以 $c_j(\beta_j-\beta_i)=0 \quad (j=1,2,\cdots,i-1)$. 根据条件 $\beta_j \neq \beta_i$，可知 $c_j=0$，因此，$\boldsymbol{x}_i=\boldsymbol{0}$，这与 $\boldsymbol{x}_i$ 是特征向量 $(\neq \boldsymbol{0})$ 的假设条件不符. 证毕.

因此，若 T 所有不同的特征值 $\beta_1, \beta_2, \cdots, \beta_2$ 所对应的特征空间为 $\boldsymbol{W}_1, \boldsymbol{W}_2, \cdots, \boldsymbol{W}_k$，则和空间 $\boldsymbol{W}_1+\boldsymbol{W}_2+\cdots+\boldsymbol{W}_k$ 为直和.

但是直和 $\boldsymbol{W}_1\dot{+}\boldsymbol{W}_2\dot{+}\cdots\dot{+}\boldsymbol{W}_k$ 不一定等同于整个线性空间 $\boldsymbol{V}$. 与此相关的下列定理成立.

定理 [1.2] $\mathbb{K}$ 上的线性空间 $\boldsymbol{V}$ 的线性变换 T，在一定基下的矩阵为对角矩阵的充分必要条件是

$$\boldsymbol{V} = \boldsymbol{W}_1\dot{+}\boldsymbol{W}_2\dot{+}\cdots\dot{+}\boldsymbol{W}_k.$$

换言之，存在 $\boldsymbol{V}$ 的一个基由 T 的特征向量组成.

证明：设基为 $(E;\varphi)$，T 在 $E=\langle \boldsymbol{e}_1, \boldsymbol{e}_2, \cdots, \boldsymbol{e}_n\rangle$ 下的矩阵 $\boldsymbol{A}$ 为对角矩阵

$$\boldsymbol{A} = \begin{pmatrix} \alpha_1 & & & \\ & \alpha_2 & & \\ & & \ddots & \\ & & & \alpha_n \end{pmatrix}.$$

因为 $T_{\boldsymbol{A}} = \varphi \circ T \circ \varphi^{-1}$，所以

$$\varphi(T\boldsymbol{e}_i) = T_{\boldsymbol{A}}(\varphi(\boldsymbol{e}_i))$$

$$= \begin{pmatrix} \alpha_1 & & & & \\ & \ddots & & & \\ \cdots & \cdots & \alpha_i & \cdots & \cdots \\ & & & \ddots & \\ & & & & \alpha_n \end{pmatrix} \begin{pmatrix} 0 \\ \vdots \\ 1 \\ \vdots \\ 0 \end{pmatrix} = \alpha_i \begin{pmatrix} 0 \\ \vdots \\ 1 \\ \vdots \\ 0 \end{pmatrix} = \alpha_i \varphi(\boldsymbol{e}_i).$$

因此，$T\boldsymbol{e}_i = \alpha_i \boldsymbol{e}_i$，即 $\boldsymbol{e}_1$, $\boldsymbol{e}_2$, $\cdots$, $\boldsymbol{e}_n$ 都是 T 的特征向量.

反之，设 $\boldsymbol{e}_1$, $\boldsymbol{e}_2$, $\cdots$, $\boldsymbol{e}_n$ 全都是 T 的特征向量. 若 $T\boldsymbol{e}_i = \alpha_i\boldsymbol{e}_i$，则 T 在基 $\langle \boldsymbol{e}_1, \boldsymbol{e}_2, \cdots, \boldsymbol{e}_n\rangle$ 下的矩阵为对角矩阵

$$\begin{pmatrix} \alpha_1 & & & \\ & \alpha_2 & & \\ & & \ddots & \\ & & & \alpha_n \end{pmatrix}.$$

证毕.

下面利用矩阵的相关知识进行说明.

定理 [1.2]′ 对于 n 阶矩阵 $\boldsymbol{A}$，选取适当的（复）可逆矩阵 $\boldsymbol{P}$，使 $\boldsymbol{P}^{-1}\boldsymbol{AP}$ 为对角矩阵的充分必要条件是存在 n 个线性独立的特征列向量.

设 $\boldsymbol{p}_1$，$\boldsymbol{p}_2$，$\cdots$，$\boldsymbol{p}_n$ 为线性独立的特征向量，其横向排列组成的矩阵 $(\boldsymbol{p}_1 \ \ \boldsymbol{p}_2 \ \ \cdots \ \ \boldsymbol{p}_n)$ 为 $\boldsymbol{P}$，则 $\boldsymbol{P}^{-1}\boldsymbol{AP}$ 为对角矩阵.

证明：前半部分的证明需要令定理 [1.2] 中的 $\mathbb{K}=\mathbb{C}$. 后半部分的证明需要令 $\boldsymbol{p}_j$ 为对应于 $\boldsymbol{A}$ 的特征值 α_j 的特征向量. 设 $\boldsymbol{P}^{-1}\boldsymbol{AP}$ 的第 j 列向量为 $\boldsymbol{b}_j$，则

$$\boldsymbol{b}_j=\boldsymbol{P}^{-1}\boldsymbol{A}\boldsymbol{p}_j=\boldsymbol{P}^{-1}\alpha_j\boldsymbol{p}_j=\alpha_j\boldsymbol{e}_j.$$

其中，$\boldsymbol{e}_j$ 是 n 阶单位向量. 证毕.

本章主要围绕上述内容进行说明.

例 1 绕平面原点旋转角 θ（$\theta\neq k\pi$，k 为整数），方向一定改变. 因此，对于二阶矩阵

$$\boldsymbol{A}=\begin{pmatrix} \cos\theta & -\sin\theta \\ \sin\theta & \cos\theta \end{pmatrix},\theta\neq k\pi,$$

无论取任何实可逆矩阵 $\boldsymbol{P}$，都无法使 $\boldsymbol{P}^{-1}\boldsymbol{AP}$ 为对角矩阵.

在不用几何学探讨矩阵问题的情况下，如取复矩阵，则 $\boldsymbol{P}^{-1}\boldsymbol{AP}$ 有可能为对角矩阵. 实际上，因为 $\begin{pmatrix} 1 \\ -\mathrm{i} \end{pmatrix}$ 和 $\begin{pmatrix} 1 \\ \mathrm{i} \end{pmatrix}$ 是对应于 $\boldsymbol{A}$ 的特征值 $\boldsymbol{e}^{\mathrm{i}\theta}$、$\boldsymbol{e}^{-\mathrm{i}\theta}$ 的特征向量，所以

$$\begin{pmatrix} 1 & 1 \\ -\mathrm{i} & \mathrm{i} \end{pmatrix}^{-1}\begin{pmatrix} \cos\theta & -\sin\theta \\ \sin\theta & \cos\theta \end{pmatrix}\begin{pmatrix} 1 & 1 \\ -\mathrm{i} & \mathrm{i} \end{pmatrix}=\begin{pmatrix} e^{\mathrm{i}\theta} & 0 \\ 0 & e^{-\mathrm{i}\theta} \end{pmatrix}.$$

其中，$\boldsymbol{e}^{\mathrm{i}\theta}=\cos\theta+\mathrm{i}\sin\theta$.

例 2 设 $\boldsymbol{A}=\begin{pmatrix} 2 & 1 \\ 1 & 2 \end{pmatrix}$. 数 α 是 $\boldsymbol{A}$ 的特征值的充分必要条件是，齐次线性方程组

$$\boldsymbol{A}\boldsymbol{x} = \alpha\boldsymbol{x}$$

存在非平凡解. 这一方程组可写作

$$\left.\begin{array}{l}(\alpha-2)x_1 - x_2 = 0 \\ -x_1 + (\alpha-2)\,x_2 = 0\end{array}\right\}.$$

根据第 3 章推论 [2.11] 可知，求解

$$\begin{vmatrix} \alpha-2 & -1 \\ -1 & \alpha-2 \end{vmatrix} = 0$$

得到 1 和 3 这两个特征值.

接下来，求解下面两个齐次线性方程组

$$\boldsymbol{A}\boldsymbol{x} = \boldsymbol{x}, \quad \boldsymbol{A}\boldsymbol{x} = 3\boldsymbol{x}\ ,$$

得到线性独立的特征向量

$$\boldsymbol{p}_1 = \begin{pmatrix} 1 \\ -1 \end{pmatrix}, \quad \boldsymbol{p}_2 = \begin{pmatrix} 1 \\ 1 \end{pmatrix}.$$

因此，

$$\begin{pmatrix} 1 & 1 \\ -1 & 1 \end{pmatrix}^{-1} \begin{pmatrix} 2 & 1 \\ 1 & 2 \end{pmatrix} \begin{pmatrix} 1 & 1 \\ -1 & 1 \end{pmatrix} = \begin{pmatrix} 1 & 0 \\ 0 & 3 \end{pmatrix}.$$

例 3　运用例 2 的方法求出 $\boldsymbol{A} = \begin{pmatrix} 1 & 2 \\ 0 & 1 \end{pmatrix}$ 的特征值为 1. 对应于 1 的特征向量只有 $\begin{pmatrix} 1 \\ 0 \end{pmatrix}$ 的数乘向量. 因此，任何复可逆矩阵 $\boldsymbol{P}$ 都无法使 $\boldsymbol{A}$ 对角化，即 $\boldsymbol{P}^{-1}\boldsymbol{A}\boldsymbol{P}$ 无法成为对角矩阵.

本章相关知识难以得出包含这一情形的一般理论，具体内容将在第 6 章讨论.

根据例 2 和例 3 可知，我们利用下列代数方法求解特征值较为方便.

当 $\boldsymbol{A}$ 是 n 阶矩阵时，变量 x 的多项式

$$\phi_{\boldsymbol{A}}(x) = \det(x\boldsymbol{E} - \boldsymbol{A})$$

称为矩阵 $\boldsymbol{A}$ 的**特征多项式**. n 次方程 $\phi_{\boldsymbol{A}}(x)=0$ 称为 $\boldsymbol{A}$ 的**特征方程**. 特征方程的根称为 $\boldsymbol{A}$ 的**特征根**.

$\mathbb{K}$ 上的线性空间 $\boldsymbol{V}$ 的线性变换 T 在 $\boldsymbol{V}$ 的任意基下的矩阵 $\boldsymbol{A}$ 的特征多项式、特征方程、特征根，分别称为线性变换 T 的**特征多项式、特征方程、特征根**.

设 T 在另一个基下的矩阵为 $\boldsymbol{B}$，因为存在满足 $\boldsymbol{B}=\boldsymbol{P}^{-1}\boldsymbol{AP}$ 的可逆 $\mathbb{K}$-矩阵 $\boldsymbol{P}$，所以

$$\begin{aligned}\phi_{\boldsymbol{B}}(x)&=\det(xE-\boldsymbol{P}^{-1}\boldsymbol{AP})=\det\{\boldsymbol{P}^{-1}(xE-\boldsymbol{A})\boldsymbol{P}\}\\&=|\boldsymbol{P}|^{-1}\det(\boldsymbol{xE}-\boldsymbol{A})|\boldsymbol{P}|=\phi_{\boldsymbol{A}}(x).\end{aligned}$$

由此可知，T 的特征多项式与基的选取方式无关.

$\phi_{\boldsymbol{A}}(x)$ 是 n 阶多项式，最高阶系数为 1. x^{n-1} 的系数为 $-\mathrm{Tr}\boldsymbol{A}$，与常数项 $(-1)^n|\boldsymbol{A}|$ 相等.

利用代数基本定理（附录 1 定理 [2.1]）可知，复系数 n 次方程在复数范围内正好拥有 n 个根（包括重根）.

因此，n 阶矩阵 $\boldsymbol{A}$ 或 n 维线性空间的线性变换 T 正好拥有 n 个特征根（包括重根）.

例 4 对角线左下方的元素全为 0 的方块矩阵 $\boldsymbol{A}$ 称为**上三角矩阵**.

$$\boldsymbol{A}=\begin{pmatrix}a_{11}&a_{12}&\cdots&a_{1n}\\0&a_{22}&\cdots&a_{2n}\\\vdots&\vdots&\ddots&\vdots\\0&0&\cdots&a_{nn}\end{pmatrix}.$$

$\boldsymbol{A}$ 的特征根为对角线元素. 实际上，

$$\begin{aligned}\phi_{\boldsymbol{A}}(x)&=\begin{vmatrix}x-a_{11}&-a_{12}&\cdots&-a_{1n}\\0&x-a_{22}&\cdots&-a_{2n}\\\vdots&\vdots&\ddots&\vdots\\0&0&\cdots&x-a_{nn}\end{vmatrix}\\&=(x-a_{11})(x-a_{22})\cdots(x-a_{nn}).\end{aligned}$$

不难得出，因为 $\boldsymbol{A}^k=\begin{pmatrix}a_{11}^k&&&\\&a_{22}^k&&*\\&0&\ddots&\\&&&a_{nn}^k\end{pmatrix}$，所以 $\boldsymbol{A}^k$ 的特征根为 $a_{11}^k,a_{22}^k,\cdots,a_{nn}^k$.

例 5 对于 $\boldsymbol{A}=\begin{pmatrix}\boldsymbol{A}_{11} & \boldsymbol{A}_{12}\\ \boldsymbol{O} & \boldsymbol{A}_{22}\end{pmatrix}$ 这一形式的对称分块矩阵 $\boldsymbol{A}$，易知

$$\phi_{\boldsymbol{A}}(x)=\phi_{\boldsymbol{A}_{11}}(x)\phi_{\boldsymbol{A}_{22}}(x).$$

[1.3] 矩阵 $\boldsymbol{A}$〔或复线性空间的线性变换 T〕的特征值与 $\boldsymbol{A}$〔或 T〕的特征根相同. 实线性空间的线性变换的特征值与 T 的实特征根相同①.

证明：复数 α 是矩阵 $\boldsymbol{A}$ 的特征值就表示存在非零向量 $\boldsymbol{x}$ 满足 $\boldsymbol{Ax}=\alpha\boldsymbol{x}$，这说明齐次线性方程组

$$(\alpha\boldsymbol{E}-\boldsymbol{A})\boldsymbol{x}=\boldsymbol{0}$$

存在非零解. 根据第 3 章推论 [2.11] 可知，$\phi_{\boldsymbol{A}}(\alpha)=0$.

复线性空间的线性变换也是如此.

设实线性空间的线性变换 T 在任意基下的矩阵为 $\boldsymbol{A}$，$\boldsymbol{A}$ 为实矩阵，实数 α 为 T 的特征值就表示实系数齐次线性方程组 $(\alpha\boldsymbol{E}-\boldsymbol{A})\boldsymbol{x}=\boldsymbol{0}$ 存在非零解. 根据 2.2 节的注意点 2 可知，这表示 α 是实特征根. 证毕.

结合定理 [1.2] 或定理 [1.2]′ 可得到下列定理.

定理 [1.4] 矩阵 $\boldsymbol{A}$ 与对角矩阵相似（也就是存在正规矩阵 $\boldsymbol{P}$ 使 $\boldsymbol{P}^{-1}\boldsymbol{AP}$ 为对角矩阵）的充分必要条件是，对应于 $\boldsymbol{A}$ 的各特征根 α 的特征空间的维数与 α 的重数相同.

若 $\boldsymbol{A}$ 的特征根全部不同，则 $\boldsymbol{A}$ 与对角矩阵相似.

若 $\boldsymbol{A}$ 为实矩阵且其特征根全为实数，则选取的 $\boldsymbol{P}$ 一定是实可逆矩阵.

例 6 已知

$$\boldsymbol{A}=\begin{pmatrix}6 & -3 & -7\\ -1 & 2 & 1\\ 5 & -3 & -6\end{pmatrix},\quad \phi_{\boldsymbol{A}}(x)=(x-1)(x-2)(x+1),$$

则 $\boldsymbol{A}$ 可对角化. 求解 $\boldsymbol{Ax}=\boldsymbol{x}$、$\boldsymbol{Ax}=2\boldsymbol{x}$、$\boldsymbol{Ax}=-\boldsymbol{x}$ 这 3 个方程. 设

$$\boldsymbol{p}_1=\begin{pmatrix}2\\1\\1\end{pmatrix},\quad \boldsymbol{p}_2=\begin{pmatrix}1\\-1\\1\end{pmatrix},\quad \boldsymbol{p}_3=\begin{pmatrix}1\\0\\1\end{pmatrix},$$

得到 $\boldsymbol{P}=\begin{pmatrix}2 & 1 & 1\\ 1 & -1 & 0\\ 1 & 1 & 1\end{pmatrix}$，$\boldsymbol{P}^{-1}\boldsymbol{AP}=\begin{pmatrix}1 & 0 & 0\\ 0 & 2 & 0\\ 0 & 0 & -1\end{pmatrix}$.

① 特征根与特征值一般不区分使用. 当 T 为实线性空间的线性变换时，特征值一般指实特征值.

例 7 已知 $\boldsymbol{A}=\begin{pmatrix}1 & 2 & 1\\-1 & 4 & 1\\2 & -4 & 0\end{pmatrix}$. $\phi_A(x)=(x-2)^2(x-1)$.

对应于 2 的特征空间包含两个线性独立的向量

$$\boldsymbol{p}_1=\begin{pmatrix}1\\1\\-1\end{pmatrix},\ \boldsymbol{p}_2=\begin{pmatrix}-1\\-2\\3\end{pmatrix}.$$

因此，$\boldsymbol{A}$ 可对角化.

$$\boldsymbol{P}=\begin{pmatrix}1 & -1 & -1\\1 & -2 & -1\\-1 & 3 & 2\end{pmatrix},\quad \boldsymbol{P}^{-1}\boldsymbol{AP}=\begin{pmatrix}2 & 0 & 0\\0 & 2 & 0\\0 & 0 & 1\end{pmatrix}.$$

例 8 有实数列 $\{x_n\}_{n=0,1,2,\cdots}$，满足条件

$$x_{n+3}-4x_{n+2}+x_{n+1}+6x_n=0(n=0,1,2,\cdots)$$

的整个线性空间 $\boldsymbol{V}$ 是三维实线性空间. 实际上，确定前 3 项 x_0、x_1、x_2 即确定整个数列. 其中，数列 (1, 0, 0)(0, 1, 0)(0, 0, 1) 为 $\boldsymbol{e}_0$、$\boldsymbol{e}_1$、$\boldsymbol{e}_2$.

求这一数列的一般项，设项数依次后移的线性变换为 T（参照 4.5 节中的例 5）. T 在基 $E=\langle\boldsymbol{e}_0,\boldsymbol{e}_1,\boldsymbol{e}_2\rangle$ 下的矩阵为

$$\boldsymbol{A}=\begin{pmatrix}0 & 1 & 0\\0 & 0 & 1\\-6 & -1 & 4\end{pmatrix}.$$

因为 $\phi_{\boldsymbol{A}}(x)=(x+1)(x-2)(x-3)$，所以作为 T 的特征向量，数列

$$\boldsymbol{f}_0=\{(-1)^n\},\quad \boldsymbol{f}_1=\{2^n\},\quad \boldsymbol{f}_2=\{3^n\}$$

存在于 $\boldsymbol{V}$ 中，$F=\langle\boldsymbol{f}_0,\boldsymbol{f}_1,\boldsymbol{f}_2\rangle$ 是 $\boldsymbol{V}$ 的基. 因此，$\boldsymbol{V}$ 中任意数列 $\{x_n\}$ 可表示为

$$\{x_n\}=\alpha\{(-1)^n\}+\beta\{2^n\}+\gamma\{3^n\}=\{\alpha(-1)^n+\beta 2^n+\gamma 3^n\}.$$

其中，α、β、γ 为任意实数.

将这个数列的一般项前 3 项表示为 x_0、x_1、x_2 就相当于求 $E\to F$ 的基变换矩阵 $\boldsymbol{P}$.

已知

$$P=\begin{pmatrix}1&1&1\\-1&2&3\\1&4&9\end{pmatrix},\quad P^{-1}=\begin{pmatrix}\frac{1}{2}&-\frac{5}{12}&\frac{1}{12}\\1&\frac{2}{3}&-\frac{1}{3}\\-\frac{1}{2}&-\frac{1}{4}&\frac{1}{4}\end{pmatrix},$$

则

$$\alpha=\frac{1}{2}x_0-\frac{5}{12}x_1+\frac{1}{12}x_2,\quad \beta=x_0+\frac{2}{3}x_1-\frac{1}{3}x_2,\quad \gamma=-\frac{1}{2}x_0-\frac{1}{4}x_1+\frac{1}{4}x_2.$$

注意点 本办法不适用于 $\phi_{\boldsymbol{A}}(x)$ 有重根的情形（参照 6.2 节中的例 7）.

例 9 运用例 8 的方法，可求解微分方程

$$\frac{\mathrm{d}^3y}{\mathrm{d}x^3}-4\frac{\mathrm{d}^2y}{\mathrm{d}x^2}+\frac{\mathrm{d}y}{\mathrm{d}x}+6y=0. \tag{$*$}$$

实际上，微分算子 D：$y\to\dfrac{\mathrm{d}y}{\mathrm{d}x}$ 是 $(*)$ 的解空间 $\boldsymbol{V}$ 的线性变换. 若令 $y(0)$、$y'(0)$、$y''(0)$ 为 $(1, 0, 0)(0, 1, 0)(0, 0, 1)$ 得到的解为 e_0、e_1、e_2，则 D 在基 $\langle e_0, e_1, e_2\rangle$ 下的矩阵与例 8 的 $\boldsymbol{A}$ 相同. 作为对应于特征值 -1、2、3 的特征向量，$f_0(x)=e^{-x}$、$f_1(x)=e^{2x}$、$f_2(x)=e^{3x}$ 是 $(*)$ 的线性独立解. 因此，一般解为

$$f(x)=\alpha e^{-x}+\beta e^{2x}+\gamma e^{3x}.$$

问题 1 设下列矩阵 $\boldsymbol{A}$ 可对角化，求正规矩阵 $\boldsymbol{P}$ 使 $\boldsymbol{P}^{-1}\boldsymbol{AP}$ 为对角矩阵.

$$\text{(i)}\begin{pmatrix}-5&6&4\\-7&8&4\\-2&2&3\end{pmatrix}.\quad \text{(ii)}\begin{pmatrix}1&0&2\\-1&1&1\\-1&0&2\end{pmatrix}.\quad \text{(iii)}\begin{pmatrix}5&0&-6\\3&-1&-3\\3&0&-4\end{pmatrix}.$$

问题 2 求解下列微分方程.

$$\text{(i) } y''-5y'+6y=0.\quad \text{(ii) } y'''-7y'+6y=0.$$

注：上述方法主要用于求解特征方程，但它并非总是可行的. 之后我们将讨论其他求解方法.

矩阵的阶数越大，特征方程就越复杂. 将其变换为简单形式的方法称为**克雷洛夫法**. 相关知识可参考斯米尔诺夫的《高等数学教程》或甘特马赫尔的《矩阵论》.

5.2 酉空间的正规变换

设 $\boldsymbol{V}$ 为酉空间，T 为 $\boldsymbol{V}$ 的线性变换，T 在某个标准正交基下的矩阵为 $\boldsymbol{A}$. 在这个基下的 $\boldsymbol{A}$ 的共轭转置矩阵 $\boldsymbol{A}^* = \overline{\boldsymbol{A}}^{\mathrm{T}}$ 对应的 $\boldsymbol{V}$ 的线性变换称为 T 的**共轭转置变换**，记作 T^*. T^* 的特征为 $\boldsymbol{V}$ 中任意两个元素 $\boldsymbol{x}$、$\boldsymbol{y}$ 满足等式

$$(T^*\boldsymbol{x}, \boldsymbol{y}) = (\boldsymbol{x}, T\boldsymbol{y}). \tag{1}$$

实际上，若基为 $(E;\varphi)$，则

$$(\boldsymbol{A}^*\varphi(\boldsymbol{x}), \varphi(\boldsymbol{y})) = \varphi(\boldsymbol{x})^{\mathrm{T}}\boldsymbol{A}^{*\mathrm{T}}\overline{\varphi(\boldsymbol{y})} = (\varphi(\boldsymbol{x}), \boldsymbol{A}\varphi(\boldsymbol{y})).$$

因此 (1) 成立. 另外，使 (1) 成立的 $T^*\boldsymbol{x}$ 只有一个，由此可知共轭转置矩阵 T^* 与标准正交基的选取方式无关.

酉变换满足 $T^* = T^{-1}$.

满足 $T^* = T$ 的 T 称为**埃尔米特变换**. T 在任意标准正交基下的矩阵为埃尔米特矩阵（$\overline{\boldsymbol{A}}^{\mathrm{T}} = \boldsymbol{A}$）.

问题 证明埃尔米特变换的特征值全为实数，酉变换的特征值全是绝对值为 1 的复数.

若 T 和 T^* 可交换，则我们称满足 $T^*T = TT^*$ 的变换为**正规变换**. 酉变换和埃尔米特变换都是正规变换.

若 n 阶矩阵 $\boldsymbol{A}$ 满足 $\boldsymbol{A}^*\boldsymbol{A} = \boldsymbol{A}\boldsymbol{A}^*$，则我们称之为**正规矩阵**. 正规变换在任意标准正交基下的矩阵都为正规矩阵.

本节证明任意正规变换在某个标准正交基下的矩阵为对角矩阵.

[2.1] 若复线性空间 $\boldsymbol{V}$ 的两个线性变换 T、S 可交换，则 T、S 至少有一个共同特征向量.

证明：对应于 T 的一个特征值 α 的特征空间为 $\boldsymbol{W}$. $\boldsymbol{W}$ 为 T-不变子空间，同时为 S-不变子空间. 实际上，若 $\boldsymbol{x} \in \boldsymbol{W}$，则 $T(S\boldsymbol{x}) = S(T\boldsymbol{x}) = S(\alpha\boldsymbol{x}) = \alpha S\boldsymbol{x}$. 因此 $S\boldsymbol{x}$ 是对应于 T 的特征值 α 的特征向量，即 $\boldsymbol{W}$ 的元素.

选取 S 的一个限制到 $\boldsymbol{W}$ 上的 $S_{\boldsymbol{W}}$ 的特征向量 $\boldsymbol{\alpha}$，此时 $\boldsymbol{\alpha}$ 为 S 的特征向量，又因为 $\boldsymbol{a} \in \boldsymbol{W}$，所以 $\boldsymbol{a}$ 也是 T 的特征向量. 证毕.

[2.2] 若 n 维酉空间 $\boldsymbol{V}$ 的两个线性变换 T、S 可交换，则存在满足下列条件的 $\boldsymbol{V}$ 的子空间（列空间）$\boldsymbol{W}_0, \boldsymbol{W}_1, \cdots, \boldsymbol{W}_n$.

1) $\boldsymbol{W}_i (i = 0, 1, \cdots, n)$ 既是 T-不变子空间，又是 S-不变子空间.

2) $\{\boldsymbol{0}\} = \boldsymbol{W}_0 \subset \boldsymbol{W}_1 \subset \cdots \subset \boldsymbol{W}_{n-1} \subset \boldsymbol{W}_n = \boldsymbol{V}$.

3) $\dim \boldsymbol{W}_i = \dim \boldsymbol{W}_{i-1} + 1\ (i = 1, 2, \cdots, n)$.

证明：当 n =1 时 [2.2] 显然成立. 假设 $\dim\boldsymbol{V} = n - 1$ 时 [2.2] 也成立.

T、S 的共轭转置变换分别为 T^*、S^*，由式 (1) 可知，T^*、S^* 可交换. 选取 T^*、S^* 的共同特征向量 $\boldsymbol{a}$，设与 $\boldsymbol{a}$ 正交的所有向量组成的子空间为 $\boldsymbol{W}_{n-1}$.

$\boldsymbol{W}_{n-1}$ 既是 T-不变子空间,又是 S-不变子空间. 这是因为若 $\boldsymbol{x} \in \boldsymbol{W}_{n-1}$，则 $(\boldsymbol{a}, T\boldsymbol{x}) = (T^*\boldsymbol{a}, \boldsymbol{x}) = \alpha(\boldsymbol{a}, \boldsymbol{x}) = 0$，这说明 $\boldsymbol{W}_{n-1}$ 是 T-不变子空间（α 是对应于 $\boldsymbol{\alpha}$ 的 T^* 的特征值）. 同理，可证明 $\boldsymbol{W}_{n-1}$ 是 S-不变子空间.

设 T、S 限制在 $\boldsymbol{W}_{n-1}$ 上的变换为 T'、S'，明显 T'、S' 可交换. 因为 $\dim \boldsymbol{W}_{n-1} = n-1$，所以根据数学归纳法，存在满足下列条件的 $\boldsymbol{W}_{n-1}$ 的子空间（列空间）$\boldsymbol{W}_0, \boldsymbol{W}_1, \cdots, \boldsymbol{W}_{n-1}$.

1′) $\boldsymbol{W}_i (i = 0, 1, \cdots, n-1)$ 既是 T'-不变子空间，也是 S'-不变子空间.

2′) $\{\boldsymbol{0}\} = \boldsymbol{W}_0 \subset \boldsymbol{W}_1 \subset \cdots \subset \boldsymbol{W}_{n-1}$.

3′) $\dim \boldsymbol{W}_i = \dim \boldsymbol{W}_{i-1} + 1 (i = 1, 2, \cdots, n-1)$.

显然，$\boldsymbol{V}$ 的子空间（列空间）$\boldsymbol{W}_0, \boldsymbol{W}_1, \boldsymbol{W}_2, \cdots, \boldsymbol{W}_{n-1}, \boldsymbol{W}_n = \boldsymbol{V}$ 满足上述条件. 证毕.

下面用矩阵进行证明.

[2.2]′ 若两个方块矩阵 $\boldsymbol{A}$、$\boldsymbol{B}$ 可交换，则存在酉矩阵 $\boldsymbol{U}$ 使 $\boldsymbol{U}^{-1}\boldsymbol{A}\boldsymbol{U}$ 和 $\boldsymbol{U}^{-1}\boldsymbol{B}\boldsymbol{U}$ 同时为上三角矩阵. 特别地（若 $\boldsymbol{A} = \boldsymbol{B}$），对于任意方块矩阵 $\boldsymbol{A}$，存在酉矩阵 $\boldsymbol{U}$ 使 $\boldsymbol{U}^{-1}\boldsymbol{A}\boldsymbol{U}$ 为上三角矩阵.

证明：在 [2.2] 中，设 $\boldsymbol{V} = \mathbb{C}^n$，$T = T_{\boldsymbol{A}}$，$S = T_{\boldsymbol{B}}$. 对于各个 $i(i = 1, 2, \cdots, n)$，选取长度为 1 且与 $\boldsymbol{W}_{i-1}$ 正交的 $\boldsymbol{W}_i$ 的元素 $\boldsymbol{u}_i$，则 $T_{\boldsymbol{A}}$、$T_{\boldsymbol{B}}$ 在 $\mathbb{C}^n$ 的标准正交基 $\boldsymbol{u}_1, \boldsymbol{u}_2, \cdots, \boldsymbol{u}_n$ 下的矩阵都为上三角矩阵（参照 4.5 节中的式 (6)）. 设 $\boldsymbol{U} = (\boldsymbol{u}_1 \ \ \boldsymbol{u}_2 \ \ \cdots \ \ \boldsymbol{u}_n)$，则 $\boldsymbol{U}^{-1}\boldsymbol{A}\boldsymbol{U}$ 和 $\boldsymbol{U}^{-1}\boldsymbol{B}\boldsymbol{U}$ 为上三角矩阵. 证毕.

[2.3] 1) 若 $\boldsymbol{A}$、$\boldsymbol{B}$ 可交换，则 $\boldsymbol{A} + \boldsymbol{B}$〔或 $\boldsymbol{AB}$〕的特征值是 $\boldsymbol{A}$ 的特征值与 $\boldsymbol{B}$ 的特征值之和〔或积〕.

2) 设 $\boldsymbol{A}$ 的特征值（包括重复出现的值）为 $\alpha_1, \alpha_2, \cdots, \alpha_n$，则 $\boldsymbol{A}^k$ 的特征值为 $\alpha_1^k, \alpha_2^k, \cdots, \alpha_n^k$.

证明：选取 $\boldsymbol{U}$ 使 $\boldsymbol{U}^{-1}\boldsymbol{A}\boldsymbol{U}$ 和 $\boldsymbol{U}^{-1}\boldsymbol{B}\boldsymbol{U}$ 都为上三角矩阵，因为

$$\boldsymbol{U}^{-1}(\boldsymbol{A} + \boldsymbol{B})\boldsymbol{U} = \boldsymbol{U}^{-1}\boldsymbol{A}\boldsymbol{U} + \boldsymbol{U}^{-1}\boldsymbol{B}\boldsymbol{U},$$

$$\boldsymbol{U}^{-1}(\boldsymbol{AB})\boldsymbol{U} = (\boldsymbol{U}^{-1}\boldsymbol{A}\boldsymbol{U})(\boldsymbol{U}^{-1}\boldsymbol{B}\boldsymbol{U}),$$

所以根据 5.1 节中的例 4 可知定理成立. 证明完毕.

定理 [2.4] 酉空间 $\boldsymbol{V}$ 的线性变换 T 在某个标准正交基下的矩阵为对角矩阵的充分必要条件是 T 为正规变换.

证明：若 $TT^* = T^*T$ 成立，根据前面的结论可知，T、T^* 在某标准正交基下的矩阵 $\boldsymbol{A}$、$\boldsymbol{A}^*(= \overline{\boldsymbol{A}}^{\mathrm{T}})$ 都是上三角矩阵. 若 $\overline{\boldsymbol{A}}^{\mathrm{T}}$ 为上三角矩阵，则 $\boldsymbol{A}$ 为下三角矩阵. 因此，$\boldsymbol{A}$ 为对角矩阵.

反之，若 T 在某标准正交基下的矩阵 $\boldsymbol{A}$ 为对角矩阵，因为 $\boldsymbol{A}\boldsymbol{A}^* = \boldsymbol{A}^*\boldsymbol{A}$，所以 $TT^* = T^*T$ 成立. 证毕.

用矩阵来证明这一定理.

定理 [2.4]′　对于方块矩阵 $\boldsymbol{A}$，存在酉矩阵 $\boldsymbol{U}$ 使 $\boldsymbol{U}^{-1}\boldsymbol{A}\boldsymbol{U}$ 为对角矩阵的充分必要条件是 $\boldsymbol{A}$ 为正规矩阵.

推论 [2.5]　对应于酉空间 $\boldsymbol{V}$ 的正规变换 T 的不同特征值的特征向量彼此正交. 设 $\beta_1, \beta_2, \cdots, \beta_k$ 为 T 的所有不同的特征值，$\boldsymbol{W}_1, \boldsymbol{W}_2, \cdots, \boldsymbol{W}_k$ 为对应的特征空间，则 $\boldsymbol{W}_1, \boldsymbol{W}_2, \cdots, \boldsymbol{W}_k$ 彼此正交，并且 V 是 $\boldsymbol{W}_1, \boldsymbol{W}_2, \cdots, \boldsymbol{W}_k$ 的直和.

证明：根据定理 [2.4] 可知，存在由 T 的特征向量组成的标准正交基 $\langle \boldsymbol{e}_1, \boldsymbol{e}_2, \cdots, \boldsymbol{e}_n \rangle$. 其中，由对应于 β_i 的特征向量张成的子空间为 $\boldsymbol{W}_i$. 因此，推论成立. 证毕.

例 1　因为 $\boldsymbol{A} = \begin{pmatrix} 0 & \mathrm{i} & 1 \\ -\mathrm{i} & 0 & \mathrm{i} \\ 1 & -\mathrm{i} & 0 \end{pmatrix}$ 是埃尔米特矩阵，所以存在酉矩阵使矩阵可对角化（i 是虚数单位）.

$$\phi_{\boldsymbol{A}}(x) \begin{vmatrix} x & -\mathrm{i} & -1 \\ \mathrm{i} & x & -\mathrm{i} \\ -1 & \mathrm{i} & x \end{vmatrix} = (x-1)^2(x+2).$$

求解 $\boldsymbol{A}\boldsymbol{x} = \boldsymbol{x}$，得到对应于特征值 1 的特征空间 $\boldsymbol{W}_1$ 为

$$\boldsymbol{W}_1 = \left\{ \begin{pmatrix} x_1 \\ x_2 \\ x_3 \end{pmatrix} \middle| \, x_1 - \mathrm{i}x_2 - x_3 = 0 \right\}.$$

由此得到 $\boldsymbol{W}_1$ 的标准正交基（除此之外还有许多其他选取方式）.

$$\boldsymbol{u}_1 = \begin{pmatrix} 1/\sqrt{2} \\ 0 \\ 1/\sqrt{2} \end{pmatrix}, \quad \boldsymbol{u}_2 = \begin{pmatrix} -1/\sqrt{6} \\ 2\mathrm{i}/\sqrt{6} \\ 1/\sqrt{6} \end{pmatrix}.$$

求解 $\boldsymbol{A}\boldsymbol{x} = -2\boldsymbol{x}$，得到对应于特征值 -2 的特征空间 $\boldsymbol{W}_2$ 为

$$\boldsymbol{W}_2 = \left\{ \begin{pmatrix} x_1 \\ x_2 \\ x_3 \end{pmatrix} \middle| x_2 = \mathrm{i}x_1, x_3 = -x_1 \right\},$$

由此得到 $\boldsymbol{W}_2$ 的标准正交基为

$$\boldsymbol{u}_3 = \begin{pmatrix} 1/\sqrt{3} \\ \mathrm{i}/\sqrt{3} \\ -1/\sqrt{3} \end{pmatrix}.$$

设

$$\boldsymbol{U} = (\boldsymbol{u}_1 \ \ \boldsymbol{u}_2 \ \ \boldsymbol{u}_3) = \begin{pmatrix} 1/\sqrt{2} & -1/\sqrt{6} & 1/\sqrt{3} \\ 0 & 2\mathrm{i}/\sqrt{6} & \mathrm{i}/\sqrt{3} \\ 1/\sqrt{2} & 1/\sqrt{6} & -1/\sqrt{3} \end{pmatrix},$$

则

$$\boldsymbol{U}^{-1}\boldsymbol{A}\boldsymbol{U} = \begin{pmatrix} 1 & 0 & 0 \\ 0 & 1 & 0 \\ 0 & 0 & -2 \end{pmatrix}.$$

问题　是否存在酉矩阵使下列矩阵对角化？

$$\text{(i)} \begin{pmatrix} a & \mathrm{i} \\ \mathrm{i} & a \end{pmatrix}, a \in \mathbb{R}. \qquad \text{(ii)} \begin{pmatrix} 1 & 1 & 1 \\ 1 & 0 & 0 \\ 1 & 0 & 0 \end{pmatrix}.$$

对于酉空间 $\boldsymbol{V}$ 的子空间 $\boldsymbol{W}$，设 $\boldsymbol{W}$ 的正交补空间为 $\boldsymbol{W}^{\perp}$，则 $\boldsymbol{V}$ 中任意元素 $\boldsymbol{x}$ 只有

$$\boldsymbol{x} = \boldsymbol{x}' + \boldsymbol{x}'', \quad \boldsymbol{x}' \in \boldsymbol{W}, \quad \boldsymbol{x}'' \in \boldsymbol{W}^{\perp}$$

这一种表达式. 使 $\boldsymbol{x}'$ 对应于 $\boldsymbol{x}$ 的映射 P 是 $\boldsymbol{V}$ 的线性变换，我们称之为 $\boldsymbol{V}$ 到 $\boldsymbol{W}$ 上的**投影**.

[2.6]　$\boldsymbol{V}$ 的线性变换 P 是到某子空间 $\boldsymbol{W}$ 上的投影的充分必要条件是下式成立.

$$P^2 = P, \quad P^* = P. \tag{2}$$

证明：若 P 是到 $\boldsymbol{W}$ 上的投影，则 $P^2 = P$ 成立. 若 $\boldsymbol{V}$ 的两个元素 $\boldsymbol{x}$、$\boldsymbol{y}$ 可表示为

$$\boldsymbol{x} = \boldsymbol{x}' + \boldsymbol{x}'', \quad \boldsymbol{y} = \boldsymbol{y}' + \boldsymbol{y}'' \quad \boldsymbol{x}', \boldsymbol{y}' \in \boldsymbol{W}, \quad \boldsymbol{x}'', \boldsymbol{y}'' \in \boldsymbol{W}^{\perp},$$

则 $(P\boldsymbol{x}, \boldsymbol{y}) = (\boldsymbol{x}', \boldsymbol{y}' + \boldsymbol{y}'') = (\boldsymbol{x}', \boldsymbol{y}') = (\boldsymbol{x}' + \boldsymbol{x}'', \boldsymbol{y}') = (\boldsymbol{x}, P\boldsymbol{y})$ 成立.

反之，当 P 满足 (2) 时，设 $\boldsymbol{W} = P(\boldsymbol{V})$. 若 $\boldsymbol{x}' \in \boldsymbol{W}$，则 $\boldsymbol{x}'$ 可用 V 的元素 $\boldsymbol{x}_0$ 表示，写作 $\boldsymbol{x}' = P\boldsymbol{x}_0$，则 $P\boldsymbol{x}' = P^2\boldsymbol{x}_0 = P\boldsymbol{x}_0 = \boldsymbol{x}'$. 又设 $\boldsymbol{x}'' \in \boldsymbol{W}^{\perp}$，对于 $\boldsymbol{V}$ 的任意元素 $\boldsymbol{y}$ 满足 $P\boldsymbol{y} \in \boldsymbol{W}$，则 $(P\boldsymbol{x}'', \boldsymbol{y}) = (\boldsymbol{x}'', P\boldsymbol{y}) = 0$，所以 $P\boldsymbol{x}'' = \boldsymbol{0}$. 因此，对于 $\boldsymbol{x} = \boldsymbol{x}' + \boldsymbol{x}''(\boldsymbol{x}' \in \boldsymbol{W}, \boldsymbol{x}'' \in \boldsymbol{W}^{\perp})$，$P\boldsymbol{x} = P\boldsymbol{x}' + P\boldsymbol{x}'' = \boldsymbol{x}'$ 成立. 证毕.

我们可以把投影称为“特征值全为 1 或 0 的埃尔米特变换”.

设 $\boldsymbol{W}_1$、$\boldsymbol{W}_2$ 是 $\boldsymbol{V}$ 的两个子空间，P_1、P_2 分别是到 $\boldsymbol{W}_1$、$\boldsymbol{W}_2$ 上的投影. $\boldsymbol{W}_1$ 与 $\boldsymbol{W}_2$ 正交的充分必要条件是 $P_1P_2 = O$（或 $P_2P_1 = O$）.

实际上，若 $\boldsymbol{W}_1$ 与 $\boldsymbol{W}_2$ 正交，因为 $\boldsymbol{W}_2 \subset \boldsymbol{W}_1^{\perp}$，所以 $P_1P_2\boldsymbol{x} = \boldsymbol{0}$. 反之，若 $P_1P_2 = O$，那么对于 $\boldsymbol{x}_1 \in \boldsymbol{W}_1$，$\boldsymbol{x}_2 \in \boldsymbol{W}_2$，满足 $(\boldsymbol{x}_1, \boldsymbol{x}_2) = (P_1\boldsymbol{x}_1, P_2\boldsymbol{x}_2) = (\boldsymbol{x}_1, P_1P_2\boldsymbol{x}_2) = 0$. 同理，若 $P_2P_1 = O$，得到的结论相同.

当 T 是 $\boldsymbol{V}$ 的正规变换时，设 T 的所有不同的特征值为 $\beta_1, \beta_2, \cdots, \beta_k$，对应的特征空间为 $\boldsymbol{W}_1, \boldsymbol{W}_2, \cdots, \boldsymbol{W}_k$. 根据推论 [2.5] 可知，$\boldsymbol{W}_1, \boldsymbol{W}_2, \cdots, \boldsymbol{W}_k$ 彼此正交，并且 $\boldsymbol{V}$ 是这些子空间的直和.

设到 $\boldsymbol{W}_i$ 上的投影为 P_i. 显然，

$$P_1 + P_2 + \cdots + P_k = I, \quad P_iP_j = O \quad (i \neq j), \tag{3}$$

$$T = \beta_1P_1 + \beta_2P_2 + \cdots + \beta_kP_k \tag{4}$$

成立. 我们把它称为正规变换的**谱分解**.

谱分解是唯一的. 实际上，设 $P_1', P_2', \cdots, P_k'$ 确定的另一个谱分解为

$$P_1' + P_2' + \cdots + P_k' = I, \quad P_i'P_j' = O \quad (i \neq j),$$

$$T = \beta_1P_1' + \beta_2P_2' + \cdots + \beta_kP_k'.$$

若 P_i、P_i' 分别为到 $\boldsymbol{W}_i$、$\boldsymbol{W}_i'$ 上的投影，则 T 限制到 $\boldsymbol{W}_i$、$\boldsymbol{W}_i'$ 上的线性变换为数乘变换 β_iI，所以 $\boldsymbol{W}_i = \boldsymbol{W}_i'$，必有 $P_i = P_i'$.

反之，当存在满足 (3) 的投影 $P_1, P_2, \cdots, P_k$ 时，(4) 所定义的线性变换 T 为正规变换. 实际上，

$$TT^* = \beta_1\overline{\beta}_1P_1 + \beta_2\overline{\beta}_2P_2 + \cdots + \beta_k\overline{\beta}_kP_k = T^*T.$$

总结上述知识点可得到下面的定理.

定理 [2.7] 对于正规变换 T，设 T 的不同特征值为 $\beta_1, \beta_2, \cdots, \beta_k$，那么满足式 (3) 和式 (4) 的投影 $P_1, P_2, \cdots, P_k$ 唯一确定. 反之，当存在满

足式 (3) 的投影 $P_1, P_2, \cdots, P_k$ 和不同复数 $\beta_1, \beta_2, \cdots, \beta_k$ 时，式 (4) 所定义的线性变换 T 为正规变换.

推论 [2.8]　若 T 为正规变换，

(i) T 为埃尔米特变换 $\Leftrightarrow$ 特征值全为实数.

(ii) T 为酉变换 $\Leftrightarrow$ 特征值全为绝对值等于 1 的复数.

证明：设 T 的谱分解为

$$T = \beta_1 P_1 + \beta_2 P_2 + \cdots + \beta_k P_k,$$

则

$$T^* = \overline{\beta}_1 P_1 + \overline{\beta}_2 P_2 + \cdots + \overline{\beta}_k P_k.$$

由此得到 (i).

$$TT^* = |\beta_1|^2 P_1 + |\beta_2|^2 P_2 + \cdots + |\beta_k|^2 P_k,$$

由此得到 (ii). 证毕.

例 2　求例 1 中矩阵 $\boldsymbol{A} = \begin{pmatrix} 0 & \mathrm{i} & 1 \\ -\mathrm{i} & 0 & \mathrm{i} \\ 1 & -\mathrm{i} & 0 \end{pmatrix}$ 的谱分解. 设 $\boldsymbol{P}_1$、$\boldsymbol{P}_2$ 是到 $\boldsymbol{W}_1$、$\boldsymbol{W}_2$ 上的投影矩阵. 已知

$$\boldsymbol{u}_1 = \begin{pmatrix} 1/\sqrt{2} \\ 0 \\ 1/\sqrt{2} \end{pmatrix}, \quad \boldsymbol{u}_2 = \begin{pmatrix} -1/\sqrt{6} \\ 2\mathrm{i}/\sqrt{6} \\ 1/\sqrt{6} \end{pmatrix},$$

$$\boldsymbol{u}_3 = \begin{pmatrix} 1/\sqrt{3} \\ \mathrm{i}/\sqrt{3} \\ -1/\sqrt{3} \end{pmatrix}, \quad \boldsymbol{U} = (\boldsymbol{u}_1 \ \ \boldsymbol{u}_2 \ \ \boldsymbol{u}_3),$$

$\langle \boldsymbol{u}_1, \boldsymbol{u}_2 \rangle$ 是 $\boldsymbol{W}_1$ 的基，$\langle \boldsymbol{u}_3 \rangle$ 是 $\boldsymbol{W}_2$ 的基. $\boldsymbol{P}_1$ 满足以下条件.

$$\boldsymbol{P}_1 \boldsymbol{u}_1 = \boldsymbol{u}_1, \quad \boldsymbol{P}_1 \boldsymbol{u}_2 = \boldsymbol{u}_2, \quad \boldsymbol{P}_1 \boldsymbol{u}_3 = \boldsymbol{0}.$$

整理可得，$P_1\boldsymbol{U} = (\boldsymbol{u}_1 \ \ \boldsymbol{u}_2 \ \ \boldsymbol{0})$，所以，

$$\boldsymbol{P}_1 = (\boldsymbol{u}_1 \ \ \boldsymbol{u}_2 \ \ \boldsymbol{0})\boldsymbol{U}^* = \begin{pmatrix} \frac{1}{\sqrt{2}} & -\frac{1}{\sqrt{6}} & 0 \\ 0 & \frac{2\mathrm{i}}{\sqrt{6}} & 0 \\ \frac{1}{\sqrt{2}} & \frac{1}{\sqrt{6}} & 0 \end{pmatrix} \begin{pmatrix} \frac{1}{\sqrt{2}} & 0 & \frac{1}{\sqrt{2}} \\ -\frac{1}{\sqrt{6}} & -\frac{2\mathrm{i}}{\sqrt{6}} & \frac{1}{\sqrt{6}} \\ \frac{1}{\sqrt{3}} & -\frac{\mathrm{i}}{\sqrt{3}} & -\frac{1}{\sqrt{3}} \end{pmatrix}$$

$$
= \begin{pmatrix} \frac{2}{3} & \frac{\mathrm{i}}{3} & \frac{1}{3} \\ -\frac{\mathrm{i}}{3} & \frac{2}{3} & \frac{1}{3} \\ \frac{1}{3} & -\frac{\mathrm{i}}{3} & \frac{2}{3} \end{pmatrix}.
$$

同理，

$$
\boldsymbol{P}_2 = (\boldsymbol{0}\ \ \boldsymbol{0}\ \ \boldsymbol{u}_3)\boldsymbol{U}^* = \begin{pmatrix} 0 & 0 & \frac{1}{\sqrt{3}} \\ 0 & 0 & \frac{\mathrm{i}}{\sqrt{3}} \\ 0 & 0 & -\frac{1}{\sqrt{3}} \end{pmatrix} \begin{pmatrix} \frac{1}{\sqrt{2}} & 0 & \frac{1}{\sqrt{2}} \\ -\frac{1}{\sqrt{6}} & -\frac{2\mathrm{i}}{\sqrt{6}} & \frac{1}{\sqrt{6}} \\ \frac{1}{\sqrt{3}} & -\frac{\mathrm{i}}{\sqrt{3}} & -\frac{1}{\sqrt{3}} \end{pmatrix}
$$

$$
= \begin{pmatrix} \frac{1}{3} & -\frac{\mathrm{i}}{3} & -\frac{1}{3} \\ \frac{\mathrm{i}}{3} & \frac{1}{3} & -\frac{\mathrm{i}}{3} \\ -\frac{1}{3} & \frac{\mathrm{i}}{3} & \frac{1}{3} \end{pmatrix}.
$$

（**注意点**　求出 $\boldsymbol{P}_1$、$\boldsymbol{P}_2$ 的其中一个，另一个可通过 $\boldsymbol{P}_1 + \boldsymbol{P}_2 = \boldsymbol{E}$ 求得. 一般先求 $\boldsymbol{P}_2$. ）

因此，$\boldsymbol{A}$ 的谱分解为

$$
\begin{pmatrix} 0 & \mathrm{i} & 1 \\ -\mathrm{i} & 0 & \mathrm{i} \\ 1 & -\mathrm{i} & 0 \end{pmatrix} = \begin{pmatrix} \frac{2}{3} & \frac{\mathrm{i}}{1} & \frac{1}{3} \\ -\frac{\mathrm{i}}{3} & \frac{2}{3} & \frac{\mathrm{i}}{3} \\ \frac{1}{3} & -\frac{\mathrm{i}}{3} & \frac{2}{3} \end{pmatrix} - 2 \begin{pmatrix} \frac{1}{3} & -\frac{\mathrm{i}}{3} & -\frac{1}{3} \\ \frac{\mathrm{i}}{3} & \frac{1}{3} & -\frac{\mathrm{i}}{3} \\ -\frac{1}{3} & \frac{\mathrm{i}}{3} & \frac{1}{3} \end{pmatrix}.
$$

通过上述求解过程可推导出一般谱分解的求解方法.

下面讲解埃尔米特变换. 若 T 为酉空间的埃尔米特变换，则对于任意 $\boldsymbol{x}$、$\boldsymbol{y}$，$(T\boldsymbol{x}, \boldsymbol{y}) = (\boldsymbol{x}, T\boldsymbol{y})$ 都成立. 由此，$(T\boldsymbol{x}, \boldsymbol{x}) = (\boldsymbol{x}, T\boldsymbol{x}) = \overline{(T\boldsymbol{x}, \boldsymbol{x})}$ 成立，即 $(T\boldsymbol{x}, \boldsymbol{x})$ 是实数.

另外，正如我们前面看到的那样，T 的特征值全为实数.

[2.9]　埃尔米特变换 T 的特征值全为正（或非负）的充分必要条件是对于任意非零向量 $\boldsymbol{x}$，满足 $(T\boldsymbol{x}, \boldsymbol{x})$ 为正（或非负）.

证明：选取由 T 的特征向量构成的 $\boldsymbol{V}$ 的标准正交基 $\langle \boldsymbol{e}_1, \boldsymbol{e}_2, \cdots, \boldsymbol{e}_n \rangle$，设对应于 T 的特征值为 $\alpha_1, \alpha_2, \cdots, \alpha_n$. 若 $\alpha_1, \alpha_2, \cdots, \alpha_n$ 全为正〔或非负〕，则任意非零向量 $\boldsymbol{x}$ 表示为

$$\boldsymbol{x} = x_1\boldsymbol{e}_1 + x_2\boldsymbol{e}_2 + \cdots + x_n\boldsymbol{e}_n,$$

下面的式子成立.

$$(T\boldsymbol{x}, \boldsymbol{x}) = \left(\sum_{i=1}^{n} x_i\alpha_i\boldsymbol{e}_i, \sum_{i=1}^{n} x_i\boldsymbol{e}_i\right) = \sum_{i=1}^{n} \alpha_i |x_i|^2 > 0[\geqslant 0].$$

反之，若对于任意非零向量 $\boldsymbol{x}$，$(T\boldsymbol{x}, \boldsymbol{x})$ 为正〔或非负〕，那么 $(T\boldsymbol{e}_i, \boldsymbol{e}_i) = (\alpha_i\boldsymbol{e}_i, \boldsymbol{e}_i) = \alpha_i$ 也全为正〔或非负〕. 证毕.

满足上述条件的埃尔米特变换称为**正定**〔**半正定**〕埃尔米特变换.

若 T 为埃尔米特变换，则 T^2 为半正定埃尔米特变换. 实际上，有

$$\left(T^2\boldsymbol{x}, \boldsymbol{y}\right) = (T\boldsymbol{x}, T\boldsymbol{y}) = \left(\boldsymbol{x}, T^2\boldsymbol{y}\right),$$
$$\left(T^2\boldsymbol{y}, \boldsymbol{x}\right) = (T\boldsymbol{x}, T\boldsymbol{x}) \geqslant 0.$$

问题　证明对于任意线性变换 T，T^*T 是半正定埃尔米特变换. 若 T 为正规变换，则 T^2 为正定埃尔米特变换.

反之，若 T 为正定〔半正定〕埃尔米特变换，则存在唯一满足 $S^2 = T$ 的正定〔半正定〕埃尔米特变换.

证明：设 T 的谱分解为

$$T = \beta_1 P_1 + \beta_2 P_2 + \cdots + \beta_k P_k,$$

因为 $\beta_i > 0$〔$\beta_i \geqslant 0$〕，所以

$$S = \sqrt{\beta_1}P_1 + \sqrt{\beta_2}P_2 + \cdots + \sqrt{\beta_k}P_k.$$

因为 $P_i^2 = P_i$，$P_iP_j = O(i \neq j)$，所以 $S^2 = T$. 根据定义，S 显然是正定〔半正定〕埃尔米特变换.

设存在另一个正定〔半正定〕埃尔米特变换 S'，满足 $S'^2 = T$. 根据 [2.3] 和 S' 的正定性〔半正定性〕可知，S' 的不同特征值为 $\sqrt{\beta_1}, \sqrt{\beta_2}, \cdots, \sqrt{\beta_k}$，则 S' 的谱分解形式为

$$S' = \sqrt{\beta_1}P_1' + \sqrt{\beta_2}P_2' + \cdots + \sqrt{\beta_k}P_k',$$

T 的谱分解为

$$T = \beta_1 {P_1}' + \beta_2 {P_2}' + \cdots + \beta_k P_k'.$$

因为谱分解具有唯一性，所以 $P_i = P_i'(i = 1, 2, \cdots, k)$，必有 $S = S'$. 证毕.

将上述 S 用 $\sqrt{T}$ 表示，我们可得到下面这个重要的定理.

定理 [2.10] 酉空间的任意正规线性变换 T 可表示为正定埃尔米特变换 H 与酉变换 U 的乘积，并且表达式唯一.

证明：设 $H = \sqrt{TT^*}$，H 为正定埃尔米特变换. 设 $U = H^{-1}T$，则

$$UU^* = \left(H^{-1}T\right)\left(H^{-1}T\right)^* = H^{-1}TT^*H^{-1} = H^{-1}H^2H^{-1} = I,$$

即 U 是酉变换.

若 T 还可分解为 $T = H_1U_1$，因为 $H_1 = HUU_1^{-1}$，$H_1 = H_1^* = (U_1^{-1})^*U^*H^*$，所以 $H_1^2 = HH^* = H^2$，于是 $H = H_1$. 同理可证 $U = U_1$. 证毕.

定理 [2.10]′ 任意正规矩阵可表示为正定埃尔米特矩阵与酉矩阵的乘积，并且表达式唯一.

注意点 1 $T = U'H'$（U' 为酉变换，H^* 为埃尔米特变换）的表达式也是唯一的.

注意点 2 若为一阶矩阵，则一阶正定埃尔米特矩阵为正实数，一阶酉矩阵为绝对值等于 1 的复数. 因此，定理 [2.10]′ 可用于复数的极式.

最后列举一个用解析法求解或评判埃尔米特变换的特征值的方法.

定理 [2.11] 设埃尔米特变换 H 的最大特征值为 α，最小特征值为 β，则

$$\alpha = \sup_{\|\boldsymbol{x}\|=1} (H\boldsymbol{x}, \boldsymbol{x}) = \sup_{\boldsymbol{x}\neq\boldsymbol{0}} \frac{(H\boldsymbol{x}, \boldsymbol{x})}{(\boldsymbol{x}, \boldsymbol{x})},$$

$$\beta = \inf_{\|\boldsymbol{x}\|=1} (H\boldsymbol{x}, \boldsymbol{x}) = \inf_{\boldsymbol{x}\neq\boldsymbol{0}} \frac{(H\boldsymbol{x}, \boldsymbol{x})}{(\boldsymbol{x}, \boldsymbol{x})}.$$

证明：设 H 的特征值为 $\alpha_1, \alpha_2, \cdots, \alpha_n$，选取长度为 1、彼此正交的特征向量 $\boldsymbol{e}_1, \boldsymbol{e}_2, \cdots, \boldsymbol{e}_n$. 已知

$$\boldsymbol{x} = \sum_{i=1}^{n} x_i\boldsymbol{e}_i, \quad \|\boldsymbol{x}\|^2 = \sum_{i=1}^{n} |x_i|^2 = 1,$$

则

$$(H\boldsymbol{x}, \boldsymbol{x}) = \left(\sum_{i=1}^{n} x_i\alpha_i\boldsymbol{e}_i, \quad \sum_{i=1}^{n} x_i\boldsymbol{e}_i\right) = \sum_{i=1}^{n} \alpha_i |x_i|^2$$

$$\leqslant \sum_{i=1}^{n} \alpha_i |x_i|^2 = \alpha.$$

若对应于 α 的长度为 1 的特征向量为 $\boldsymbol{e}_j$，则 $(H\boldsymbol{e}_j, \boldsymbol{e}_j) = \alpha$. 因此，

$$\alpha = \sup_{\|\boldsymbol{x}\|=1} (H\boldsymbol{x}, \boldsymbol{x}).$$

对于任意非零向量 $\boldsymbol{x}$，设 $\boldsymbol{x}' = \dfrac{1}{\| \boldsymbol{x} \|}\boldsymbol{x}$，则 $\|\boldsymbol{x}'\| = 1$，$\dfrac{(H\boldsymbol{x}, \boldsymbol{x})}{(\boldsymbol{x}, \boldsymbol{x})} = (H\boldsymbol{x}', \boldsymbol{x}')$ 成立.

在最小特征值的情况下，我们也能得到相同的结论. 证毕.

5.3　实度量空间的对称变换

实度量空间 $\boldsymbol{V}$ 的线性变换 T 的特征根不一定为实数，也有可能不存在特征向量. 复线性空间的线性变换不能实现对角化. 但是，对于特殊的线性变换，在实数范围内可对角化.

若实度量空间 $\boldsymbol{V}$ 的线性变换 T 使 $\boldsymbol{V}$ 的任意两个元素满足

$$(T\boldsymbol{x}, \boldsymbol{y}) = (\boldsymbol{x}, T\boldsymbol{y}),$$

则我们称 T 为**对称变换**.

若 T 为对称变换，则 T 在 $\boldsymbol{V}$ 的任意标准正交基下的矩阵为实对称矩阵. 反之，若线性变换在某个标准正交基下的矩阵为实对称矩阵，则这一变换为对称变换.

因为实对称矩阵是埃尔米特矩阵，所以其特征根全为实数. 因此，对称变换的特征根全为特征值.

定理 [3.1]　设实度量空间 $\boldsymbol{V}$ 的线性变换 T 的不同特征值为 β_1, $\beta_2, \cdots, \beta_k$，对应的特征空间为 $\boldsymbol{W}_1, \boldsymbol{W}_2, \cdots, \boldsymbol{W}_k$，则 $\boldsymbol{W}_1, \boldsymbol{W}_2, \cdots, \boldsymbol{W}_k$ 彼此正交，并且 $\boldsymbol{V}$ 是这些特征空间的直和.

证明：用和 $\dim\boldsymbol{V}$ 相关的数学归纳法进行证明.

因为至少存在一个特征值，所以 $k \geqslant 1$.

$\boldsymbol{W}_1$ 的正交补空间 $\boldsymbol{W}_1^{\perp}$ 是 T-不变子空间. 实际上，若 $\boldsymbol{x} \in \boldsymbol{W}_1^{\perp}$，对于任意 $\boldsymbol{y} \in \boldsymbol{W}_1$，均有 $(T\boldsymbol{x}, \boldsymbol{y}) = (\boldsymbol{x}, T\boldsymbol{y}) = \beta_1(\boldsymbol{x}, \boldsymbol{y}) = 0$. 设 T 到 $\boldsymbol{W}_1^{\perp}$ 上的限制为 T_1，T_1 为对称变换，$\beta_2, \cdots, \beta_k$ 为 T_1 的不同特征值. 设 T_1 对应于 $\beta_2, \cdots, \beta_k$ 的特征空间为 $\boldsymbol{W}_2', \cdots, \boldsymbol{W}_k'$，根据数学归纳法的假设，$\boldsymbol{W}_2', \cdots, \boldsymbol{W}_k'$ 彼此正交，并且 $\boldsymbol{W}_1^{\perp}$ 是 $\boldsymbol{W}_2', \cdots, \boldsymbol{W}_k'$ 的直和. 因此，$\boldsymbol{W}_1, \boldsymbol{W}_2', \cdots, \boldsymbol{W}_k'$ 彼此正交，$\boldsymbol{V}$ 是 $\boldsymbol{W}_1, \boldsymbol{W}_2', \cdots, \boldsymbol{W}_k'$ 的直和. 又因为 $\boldsymbol{W}_i' \subset \boldsymbol{W}_i (i = 2, \cdots, k)$，所以 $\boldsymbol{W}_i' = \boldsymbol{W}_i$. 证毕.

推论 [3.2]　实度量空间 $\boldsymbol{V}$ 的线性变换 T 在标准正交基下的矩阵为对角矩阵的充分必要条件是 T 为对称变换.

证明：设 T 为对称变换，前述定理中的 $\boldsymbol{W}_1, \boldsymbol{W}_2, \cdots, \boldsymbol{W}_k$ 各自的标准正交基合成 $\boldsymbol{V}$ 的标准正交基，T 在这一基下的矩阵为对角矩阵.

反之亦然.

推论 [3.2]$'$ 对于实方块矩阵 $\boldsymbol{A}$，存在正交矩阵 $\boldsymbol{P}$ 使 $\boldsymbol{P}^{-1}\boldsymbol{AP}$ 为对角矩阵的充分必要条件是 $\boldsymbol{A}$ 为对称矩阵.

证明：$\boldsymbol{A}$ 为实对称矩阵，对 $\mathbb{R}^n$ 使用推论 [3.2] 得到的一个标准正交基为 $\boldsymbol{p}_1,\boldsymbol{p}_2,\cdots,\boldsymbol{p}_n$，设 $\boldsymbol{P}=(\boldsymbol{p}_1\ \ \boldsymbol{p}_2\ \ \cdots\ \ \boldsymbol{p}_n)$，根据 4.3 节的示例和 4.5 节的式 (5) 可知，$\boldsymbol{P}^{-1}\boldsymbol{AP}$ 是对角矩阵.

反之亦然.

例 1 $\boldsymbol{A}=\begin{pmatrix}2&1&1\\1&2&1\\1&1&2\end{pmatrix}$ 是实对称矩阵.

$$\phi_{\boldsymbol{A}}(x)=\begin{vmatrix}x-2&-1&-1\\-1&x-2&-1\\-1&-1&x-2\end{vmatrix}=(x-1)^2(x-4).$$

求解 $\boldsymbol{Ax}=\boldsymbol{x}$，得到对应于特征值 1 的特征空间 W_1 为

$$W_1=\left\{\begin{pmatrix}x_1\\x_2\\x_3\end{pmatrix}\middle|\, x_1+x_2+x_3=0\right\}.$$

因此，W_1 的标准正交基可取为

$$\boldsymbol{p}_1=\begin{pmatrix}1/\sqrt{2}\\-1/\sqrt{2}\\0\end{pmatrix},\quad \boldsymbol{p}_2=\begin{pmatrix}1/\sqrt{6}\\1/\sqrt{6}\\-2/\sqrt{6}\end{pmatrix}.$$

求解 $\boldsymbol{Ax}=4\boldsymbol{x}$，得到对应于特征值 4 的特征空间 W_2 为

$$\boldsymbol{W}_2=\left\{\begin{pmatrix}x_1\\x_2\\x_3\end{pmatrix}\middle|\, x_1=x_2=x_3\right\}.$$

因此，$\boldsymbol{W}_2$ 的标准正交基为

$$\boldsymbol{p}_3=\begin{pmatrix}1/\sqrt{3}\\1/\sqrt{3}\\1/\sqrt{3}\end{pmatrix}.$$

设

$$\boldsymbol{P} = (\boldsymbol{p}_1 \quad \boldsymbol{p}_2 \quad \boldsymbol{p}_3) = \begin{pmatrix} 1/\sqrt{2} & 1/\sqrt{6} & 1/\sqrt{3} \\ -1/\sqrt{2} & 1/\sqrt{6} & 1/\sqrt{3} \\ 0 & -2/\sqrt{6} & 1/\sqrt{3} \end{pmatrix},$$

则

$$\boldsymbol{P}^{-1}\boldsymbol{A}\boldsymbol{P} = \begin{pmatrix} 1 & 0 & 0 \\ 0 & 1 & 0 \\ 0 & 0 & 4 \end{pmatrix}.$$

问题　是否存在正交矩阵使下列对称矩阵可对角化.

$$1)\ \begin{pmatrix} 0 & 1 & 1 \\ 1 & 0 & 1 \\ 1 & 1 & 0 \end{pmatrix}. \qquad 2)\ \begin{pmatrix} 0 & 0 & 1 \\ 0 & 1 & 0 \\ 1 & 0 & 0 \end{pmatrix}.$$

若实度量空间的投影可定义，则有关酉空间的投影的结果对其也成立.

设 $\boldsymbol{V}$ 为实度量空间，$\boldsymbol{W}$ 为其子空间，则 $\boldsymbol{V}$ 中任意元素 $\boldsymbol{x}$ 可表示为

$$\boldsymbol{x} = \boldsymbol{x}' + \boldsymbol{x}'', \quad \boldsymbol{x}' \in \boldsymbol{W}, \quad \boldsymbol{x}'' \in \boldsymbol{W}^{\perp},$$

并且表达式唯一. $\boldsymbol{V}$ 的线性变换 P: $\boldsymbol{x} \to \boldsymbol{x}'$ 称为 $\boldsymbol{V}$ 到 $\boldsymbol{W}$ 上的**投影**. 第 1 章中已经介绍了几何向量空间 $\boldsymbol{V}^3$ 或 $\boldsymbol{V}^2$ 的投影.

下面介绍几个重要的结论，其证明和上一节对应定理的证明完全相同，故在此不再赘述.

[3.3]　$\boldsymbol{V}$ 的线性变换 P 是到其子空间 $\boldsymbol{W}$ 上的投影的充分必要条件是 P 为对称变换，并且满足 $P^2 = P$.

定理 [3.4]　设实度量空间 $\boldsymbol{V}$ 的对称变换 T 的不同特征值为 β_1, $\beta_2, \cdots, \beta_k$，则满足下列条件的投影 $P_1, P_2, \cdots, P_k$ 唯一确定.

$$P_1 + P_2 + \cdots + P_k = I, \quad P_iP_j = O(i \neq j), \tag{1}$$

$$T = \beta_1P_1 + \beta_2P_2 + \cdots + \beta_kP_k. \tag{2}$$

称为对称变换 T 的**谱分解**.

反之，当存在满足 (1) 的投影 $P_1, P_2, \cdots, P_k$ 和不同实数 $\beta_1, \beta_2, \cdots, \beta_k$ 时，(2) 所定义的线性变换 T 为对称变换.

[3.5]　对称变换 T 的特征值全为正〔或非负〕的充分必要条件是对于任意非零向量 $\boldsymbol{x}$，$(T\boldsymbol{x}, \boldsymbol{x})$ 为正〔或非负〕.

满足这一条件的对称变换称为**正定**〔**半正定**〕对称变换.

如果实对称矩阵的特征值全为正〔或非负〕，我们就把这样的矩阵称为**正定〔半正定〕**对称矩阵.

对于任意线性变换 T，T^*T 为半正定对称变换. T 在某个标准正交基下的矩阵为 $\boldsymbol{A}$ 时，我们将 $\boldsymbol{A}$ 的转置矩阵 $\boldsymbol{A}^{\mathrm{T}}$ 对应的线性变换记作 T^*，将其称为 T 的**转置变换**. 显然，T^* 的特征为对于任意 $\boldsymbol{x}$、$\boldsymbol{y}$，$(T\boldsymbol{x}, \boldsymbol{y}) = (\boldsymbol{x}, T\boldsymbol{y})$ 都成立.

若 T 为对称变换，则 T^2 为半正定对称变换. 特别地，若 T 为正规变换，则 T^2 为正定对称变换.

反之，若 T 为正定〔半正定〕对称变换，则存在唯一的正定〔半正定〕对称变换 S 满足 $S^2 = T$.

定理 [3.6] 实线性空间的正规线性变换 T 可表示为正定对称变换和正交变换的乘积，并且表达式唯一.

定理 [3.6]′ 实正规矩阵可表示为正定对称矩阵和正交矩阵的乘积，并且表达式唯一.

定理 [3.7] 设对称变换 T 的最大特征值为 α，最小特征值为 β，则

$$\alpha = \sup_{\|\boldsymbol{x}\|=1} (T\boldsymbol{x}, \boldsymbol{x}) = \sup_{\boldsymbol{x}\neq\boldsymbol{0}} \frac{(T\boldsymbol{x}, \boldsymbol{x})}{(\boldsymbol{x}, \boldsymbol{x})},$$

$$\beta = \inf_{\|\boldsymbol{x}\|=1} (T\boldsymbol{x}, \boldsymbol{x}) = \inf_{\boldsymbol{x}\neq\boldsymbol{0}} \frac{(T\boldsymbol{x}, \boldsymbol{x})}{(\boldsymbol{x}, \boldsymbol{x})}.$$

5.4 二次型

我们把含有 n 个变量 $x_1, x_2, \cdots, x_n$ 的二次齐次函数称为**二次型**.

设 a_{ij} 为 $x_i x_j$ 的系数，任何二次型都可以写作

$$F(x_1, x_2, \cdots, x_n) = \sum_{i,j=1}^{n} a_{ij} x_i x_j. \tag{1}$$

a_{ii} 为 x_i^2 的系数，并且唯一确定. 但因为 $x_i x_j = x_j x_i$，所以 $a_{ij}(i \neq j)$ 不确定. 若添加条件

$$a_{ij} = a_{ji}, \tag{2}$$

则 a_{ij} 唯一确定. 之后的相关内容均附带这一条件.

例如，当 $n = 3$ 时，则

$$a_{11}x_1^2 + a_{22}x_2^2 + a_{33}x_3^2 + 2a_{12}x_1x_2 + 2a_{13}x_1x_3 + 2a_{23}x_2x_3.$$

系数矩阵 $\boldsymbol{A} = (a_{ii})$ 称为二次型 F 的矩阵. $\boldsymbol{A}$ 为实对称矩阵. 设

$$\boldsymbol{x}=\begin{pmatrix} x_1 \\ x_2 \\ \vdots \\ x_n \end{pmatrix},$$

易知二次型表示为

$$F(x_1,x_2,\cdots,x_n)=F(\boldsymbol{x})=\boldsymbol{x}^{\mathrm{T}}\boldsymbol{A}\boldsymbol{x}. \tag{3}$$

它代表由对称矩阵 $\boldsymbol{A}$ 确定的二次型，也可以记作 $\boldsymbol{A}[\boldsymbol{x}]$.

存在可逆矩阵 $\boldsymbol{P}$ 使两个变向量 $\boldsymbol{x}$、$\boldsymbol{y}$ 满足关系

$$\boldsymbol{x}=\boldsymbol{P}\boldsymbol{y}. \tag{4}$$

因为 $F(\boldsymbol{x})$ 是包含元素 $\boldsymbol{y}$ 的二次齐次函数，设

$$G(\boldsymbol{y})=F(\boldsymbol{x}),$$

则 $G(\boldsymbol{y})$ 是 $\boldsymbol{y}$ 的二次型.

$$\begin{aligned} G(\boldsymbol{y})=F(\boldsymbol{x})=\boldsymbol{x}^{\mathrm{T}}\boldsymbol{A}\boldsymbol{x}=(\boldsymbol{P}\boldsymbol{y})^{\mathrm{T}}\boldsymbol{A}(\boldsymbol{P}\boldsymbol{y})=\boldsymbol{y}^{\mathrm{T}}\left(\boldsymbol{P}^{\mathrm{T}}\boldsymbol{A}\boldsymbol{P}\right)\boldsymbol{y} \\ =\boldsymbol{P}^{\mathrm{T}}\boldsymbol{A}\boldsymbol{P}[\boldsymbol{y}]. \end{aligned}$$

也就是说，$G(\boldsymbol{y})$ 是对称矩阵 $\boldsymbol{P}^{\mathrm{T}}\boldsymbol{A}\boldsymbol{P}$ 确定的二次型.

在给定二次型 $F(\boldsymbol{x})$ 的情况下，存在变向量 $\boldsymbol{y}=\boldsymbol{P}\boldsymbol{x}$（$\boldsymbol{P}$ 为可逆矩阵），使 $G(\boldsymbol{y})$ 为简单的二次型.

若 $\boldsymbol{P}$ 为正交矩阵，则 $\boldsymbol{P}^{\mathrm{T}}=\boldsymbol{P}^{-1}$，根据上节的推论 [3.2]′ 可知，下面的定理成立.

定理 [4.1]　对于二次型 $F(\boldsymbol{x})=\boldsymbol{A}[\boldsymbol{x}]$，存在正交矩阵 $\boldsymbol{P}$ 使 $\boldsymbol{x}=\boldsymbol{P}\boldsymbol{y}$，则

$$F(\boldsymbol{x})=G(\boldsymbol{y})=\alpha_1 y_1^2+\alpha_2 y_2^2+\cdots+\alpha_n y_n^2. \tag{5}$$

其中，$\alpha_1,\alpha_2,\cdots,\alpha_n$ 是 $\boldsymbol{A}$ 的特征值（包括重复出现的值）.

并且

$$\alpha_1,\alpha_2,\cdots,\alpha_p>0,\quad \alpha_{p+1},\alpha_{p+2},\cdots,\alpha_{p+q}<0,$$

$$\alpha_{p+q+1}=\alpha_{p+q+2}=\cdots=\alpha_n=0,$$

$p+q$ 为 $\boldsymbol{A}$ 的秩.

对变量进行正规线性变换

$$y_i = -\frac{1}{\sqrt{\alpha_i}} z_i (1 \leqslant i \leqslant p), \quad y_j = -\frac{1}{\sqrt{-\alpha_j}} z_j (p+1 \leqslant j \leqslant p+q),$$

则

$$F(\boldsymbol{x}) = H(\boldsymbol{z}) = z_1^2 + z_2^2 + \cdots + z_p^2 - z_{p+1}^2 - \cdots - z_{p+q}^2, \tag{6}$$

我们把它称为二次型 $F(\boldsymbol{x})$ 的**标准形**.

下面这个重要的定理成立.

定理 [4.2]（西尔维斯特惯性定理） 标准形唯一确定，即无论对变量施加怎样的可逆线性变换，将其转换为标准形，正负项数 p、q 都是确定的.

证明：通过两个变量变换

$$\boldsymbol{x} = \boldsymbol{P}\boldsymbol{y}, \quad \boldsymbol{x} = \boldsymbol{Q}\boldsymbol{z},$$

得到两个标准形

$$\begin{aligned} F(\boldsymbol{x}) = G(\boldsymbol{y}) &= {y_1}^2 + {y_2}^2 + \cdots + {y_p}^2 - y_{p+1}^2 - \cdots - y_{p+q}^2 \\ &= H(\boldsymbol{z}) = {z_1}^2 + {z_2}^2 + \cdots + {z_s}^2 - z_{s+1}^2 - \cdots - z_{s+t}^2. \end{aligned}$$

$p+q = s+t = r(\boldsymbol{A})$. 假设 $p > s$. 含 $x_1, x_2, \cdots, x_n$ 的齐次线性方程组

$$y_i = 0 \quad (i = p+1, p+2, \cdots, n),$$

$$z_j = 0 \quad (j = 1, 2 \cdots, s)$$

存在非零解 $a_1, a_2, \cdots, a_n$. 之所以得出这样的结论，是因为根据假定条件，方程式的个数为 $n-p+s$，小于变量的个数 n. 因为

$$\boldsymbol{P}^{-1} \begin{pmatrix} a_1 \\ a_2 \\ \vdots \\ \vdots \\ \vdots \\ a_n \end{pmatrix} = \begin{pmatrix} b_1 \\ b_2 \\ \vdots \\ b_p \\ 0 \\ \vdots \\ 0 \end{pmatrix}, \quad \boldsymbol{Q}^{-1} \begin{pmatrix} a_1 \\ a_2 \\ \vdots \\ \vdots \\ \vdots \\ a_n \end{pmatrix} = \begin{pmatrix} 0 \\ \vdots \\ 0 \\ c_{s+1} \\ \vdots \\ \vdots \\ c_n \end{pmatrix},$$

所以

$$b_1^2 + b_2^2 + \cdots + b_p^2 = -{c_{s+1}}^2 - c_{s+2}^2 - \cdots - c_n^2.$$

因此，$b_1 = b_2 = \cdots = b_p = 0$，不符合 $a_1, a_2, \cdots, a_n$ 存在非零解这一条件. 因此，$p = s$. 证毕.

p、q 的数对 (p, q) 称为二次型 $F(\boldsymbol{x}) = \boldsymbol{A}[\boldsymbol{x}]$ 的**惯性指数**. 其中，实对称矩阵 $\boldsymbol{A}$ 的正特征值的个数 p 称为正惯性指数，实对称矩阵 $\boldsymbol{A}$ 的负特征值的个数 q 称为负惯性指数.

对于非零向量 $\boldsymbol{x}$，若 $F(\boldsymbol{x}) > 0$〔或 $F(\boldsymbol{x}) \geqslant 0$〕成立，则我们称二次型 $F(\boldsymbol{x})$ 为**正定**〔**半正定**〕二次型. $F(\boldsymbol{x}) = \boldsymbol{x}^{\mathrm{T}}\boldsymbol{A}\boldsymbol{x} = (\boldsymbol{A}\boldsymbol{x}, \boldsymbol{x})$，这表示实对称矩阵 $\boldsymbol{A}$ 为正定〔半正定〕矩阵. 根据 [3.5] 可知，这等价于 $p = n$〔$q = 0$〕成立.

下面列举一个通过行列式判定二次型正定性的方法. 若

$$\boldsymbol{A} = \begin{pmatrix} a_{11} & a_{12} & \cdots & a_{1n} \\ a_{21} & a_{22} & \cdots & a_{2n} \\ \vdots & \vdots & & \vdots \\ a_{n1} & a_{n2} & \cdots & a_{nn} \end{pmatrix},$$

则设

$$\boldsymbol{A}_k = \begin{pmatrix} a_{11} & a_{12} & \cdots & a_{1k} \\ a_{21} & a_{22} & \cdots & a_{2k} \\ \vdots & \vdots & & \vdots \\ a_{k1} & a_{k2} & \cdots & a_{kk} \end{pmatrix} (k = 1, 2, \cdots, n).$$

定理 [4.3]　二次型 $\boldsymbol{A}[\boldsymbol{x}]$ 正定的充分必要条件是 $|\boldsymbol{A}_k| > 0(k = 1, 2, \cdots, n)$.

证明：若 $\boldsymbol{A}[\boldsymbol{x}]$ 是正定的，则 k 元二次型 $\boldsymbol{A}_k[\boldsymbol{x}_k]$（$\boldsymbol{x}_k$ 是 k 阶列向量）也是正定的，作为 $\boldsymbol{A}_k$ 的特征值之积，$|\boldsymbol{A}_k|$ 为正 $(k = 1, 2, \cdots, n)$.

用与 n 相关的数学归纳法反过来进行证明. 当 $n = 1$ 时，显然定理成立.

假设 $n - 1$ 时定理成立，则 $\boldsymbol{A}_{n-1}[\boldsymbol{x}]$ 是正定的. $\boldsymbol{A}$ 可分块为

$$\boldsymbol{A} = \begin{pmatrix} \boldsymbol{A}_{n-1} & \boldsymbol{b} \\ \boldsymbol{b}^{\mathrm{T}} & c \end{pmatrix}.$$

设

$$\boldsymbol{P} = \begin{pmatrix} \boldsymbol{E}_{n-1} & \boldsymbol{A}_{n-1}^{-1}\boldsymbol{b} \\ \boldsymbol{0}^{\mathrm{T}} & 1 \end{pmatrix},$$

简单计算后得到

$$\boldsymbol{A}=\boldsymbol{P}^{\mathrm{T}}\begin{pmatrix}\boldsymbol{A}_{n-1} & \boldsymbol{0}\\ \boldsymbol{0}^{\mathrm{T}} & c-\boldsymbol{A}_{n-1}^{-1}[\boldsymbol{b}]\end{pmatrix}\boldsymbol{P}. \tag{7}$$

根据定理 [4.2] 可知，

$$\boldsymbol{B}=\begin{pmatrix}\boldsymbol{A}_{n-1} & \boldsymbol{0}\\ \boldsymbol{0}^{\mathrm{T}} & c-\boldsymbol{A}_{n-1}^{-1}[\boldsymbol{b}]\end{pmatrix}$$

是正定的. 取式 (7) 两边的行列式，得到

$$|\boldsymbol{A}|=|\boldsymbol{A}_{n-1}|\cdot\left(c-\boldsymbol{A}_{n-1}^{-1}[\boldsymbol{b}]\right).$$

根据假定条件可知 $|\boldsymbol{A}|>0$，$|\boldsymbol{A}_{n-1}|>0$，$d=c-\boldsymbol{A}_{n-1}^{-1}[\boldsymbol{b}]$ 为正.

非零向量 n 阶列向量 $\boldsymbol{x}$ 可分块为

$$\boldsymbol{x}=\begin{pmatrix}\boldsymbol{x}'\\ x_n\end{pmatrix},$$

则

$$\boldsymbol{B}[\boldsymbol{x}]=(\boldsymbol{x}'^{\mathrm{T}}x_n)\begin{pmatrix}\boldsymbol{A}_{n-1} & \boldsymbol{0}\\ \boldsymbol{0}^{\mathrm{T}} & d\end{pmatrix}\begin{pmatrix}\boldsymbol{x}'\\ x_n\end{pmatrix}=\boldsymbol{A}_{n-1}[\boldsymbol{x}']+dx_n^2>0,$$

即 $\boldsymbol{B}$ 是正定的. 证明完毕.

对于任意非零向量 $\boldsymbol{x}$，若 $F(\boldsymbol{x})<0$（$F(\boldsymbol{x})\leqslant 0$）成立，则我们称二次型 $F(\boldsymbol{x})$ 为**负定**（**半负定**）二次型. $(-\boldsymbol{A})[\boldsymbol{x}]$ 为正定时，$\boldsymbol{A}[\boldsymbol{x}]$ 为负定，因此，根据上述定理我们可以得到下面的推论.

推论 [4.4] 二次型 $\boldsymbol{A}[\boldsymbol{x}]$ 为负定的充分必要条件是 $(-1)^k|\boldsymbol{A}_k|>0(k=1,2,\cdots,n)$.

若二次型既非正定，也非负定，那么上述两个定理的判定方法无法判定惯性指数的正负. 即使二次型是正定或负定的，若变量的个数非常多，我们也无法使用上述方法进行判定①. 下面通过示例介绍**拉格朗日方法**.

例 1 $F(x,y,z)=x^2+y^2-z^2+4xz+4yz=(x+2z)^2+y^2-5z^2+4yz$

$$=(x+2z)^2+(y+2z)^2-(3z)^2.$$

因此惯性指数是 (2, 1). 向标准形转换的变换矩阵 $\boldsymbol{P}$ 作为上三角矩阵求得. 设 $x'=x+2z$，$y'=y+2z$，$z'=3z$，则

$$\boldsymbol{P}^{-1}=\begin{pmatrix}1&0&2\\0&1&2\\0&0&3\end{pmatrix},\quad \boldsymbol{P}=\begin{pmatrix}1&0&-2/3\\0&1&-2/3\\0&0&1/3\end{pmatrix}.$$

① 解对称矩阵 $\boldsymbol{A}$ 的特征方程并求特征值的求解过程比较复杂.

实际上，$\begin{pmatrix}1&0&0\\0&1&0\\2&2&3\end{pmatrix}\begin{pmatrix}1&0&0\\0&1&0\\0&0&-1\end{pmatrix}\begin{pmatrix}1&0&2\\0&1&2\\0&0&3\end{pmatrix}=\begin{pmatrix}1&0&2\\0&1&2\\2&2&-1\end{pmatrix}$.

例 2 $F(x,y,z)=2xy+2yz$. 没有平方项，所以设 $x'=x+y, y'=x-y$,

$$\begin{aligned}F(x,y,z)&=\frac{1}{2}x'^2-\frac{1}{2}y'^2+(x'-y')\,z\\&=\frac{1}{2}\left(x'+z\right)^2-\frac{1}{2}y'^2-y'z-\frac{1}{2}z^2=\frac{1}{2}\left(x'+z\right)^2-\frac{1}{2}\left(y'+z\right)^2\\&=\frac{1}{2}(x+y+z)^2-\frac{1}{2}(x-y+z)^2.\end{aligned}$$

因此惯性指数为 (1, 1).

$$\boldsymbol{P}^{-1}=\begin{pmatrix}\frac{1}{\sqrt{2}}&\frac{1}{\sqrt{2}}&\frac{1}{\sqrt{2}}\\\frac{1}{\sqrt{2}}&-\frac{1}{\sqrt{2}}&\frac{1}{\sqrt{2}}\\0&0&1\end{pmatrix},\quad \boldsymbol{P}=\begin{pmatrix}\frac{1}{\sqrt{2}}&\frac{1}{\sqrt{2}}&-1\\\frac{1}{\sqrt{2}}&-\frac{1}{\sqrt{2}}&0\\0&0&1\end{pmatrix}.$$

问题 1 证明存在上三角矩阵 $\boldsymbol{P}$ 使正定对称矩阵 $\boldsymbol{A}$ 表示为 $\boldsymbol{A}=\boldsymbol{P}^{\mathrm{T}}\boldsymbol{P}$.

问题 2 将下列二次型转换为标准形，并求其惯性指数.

(i) $F(x,y,z,u)=xy+xz+xu+yz+yu+zu$.

(ii) $F(x,y,z,u)=x^2+4y^2+4z^2-u^2+2xy-2xz+2xu+4yz+2yu$.

5.5 二次曲线与二次曲面

运用二次型理论，对二次曲线与二次曲面进行分类.

首先，整理与空间〔平面〕的坐标变换相关的知识.

空间〔平面〕的坐标系（不论方向）可看作一点 O 与几何向量空间 $\boldsymbol{V}^3$〔$\boldsymbol{V}^2$〕的一个基 $E=\langle\boldsymbol{e}_1,\boldsymbol{e}_2,\boldsymbol{e}_3\rangle$〔$E=\langle\boldsymbol{e}_1,\boldsymbol{e}_2\rangle$〕的组合 (O,E). 特别地，当 E 是标准正交基时构成直角坐标系.

在变换坐标系时，我们只需考虑点的位置向量是如何变换的.

设有两个坐标系 $(O, E)(O', E')$，$\boldsymbol{V}^3$〔$\boldsymbol{V}^2$〕中 $E\to E'$ 的基变换矩阵为 $\boldsymbol{T}=(t_{ij})$，点 O' 在坐标系 (O, E) 下的位置向量为

$$\boldsymbol{t}_0=\begin{pmatrix}t_1\\t_2\\t_3\end{pmatrix}\quad\left[\boldsymbol{t}_0=\begin{pmatrix}t_1\\t_2\end{pmatrix}\right].$$

设点 P 在坐标系 $(O,\,E)$ $(O',\,E')$ 下的位置向量分别为

$$\boldsymbol{x}=\begin{pmatrix}x_1\\x_2\\x_3\end{pmatrix},\quad \boldsymbol{y}=\begin{pmatrix}y_1\\y_2\\y_3\end{pmatrix},\quad\left[\boldsymbol{x}=\begin{pmatrix}x_1\\x_2\end{pmatrix},\boldsymbol{y}=\begin{pmatrix}y_1\\y_2\end{pmatrix}\right],$$

因为 $\overrightarrow{OP}=\overrightarrow{OO'}+\overrightarrow{O'P}$，所以

$$\begin{aligned}\sum_{i=1}^{3(2)}x_i\boldsymbol{e}_i&=\sum_{i=1}^{3(2)}t_i\boldsymbol{e}_i+\sum_{i=1}^{3(2)}y_i\boldsymbol{e}_i'\\&=\sum_{i=1}^{3(2)}t_i\boldsymbol{e}_i+\sum_{i,j=1}^{3(2)}y_it_{ji}\boldsymbol{e}_j.\end{aligned}$$

由此得到

$$\boldsymbol{x}=\boldsymbol{T}\boldsymbol{y}+\boldsymbol{t}_0. \tag{1}$$

这就是坐标变换的公式.

又设

$$\tilde{\boldsymbol{x}}=\begin{pmatrix}\boldsymbol{x}\\1\end{pmatrix},\tilde{\boldsymbol{y}}=\begin{pmatrix}\boldsymbol{y}\\1\end{pmatrix},\tilde{\boldsymbol{T}}=\begin{pmatrix}\boldsymbol{T}&\boldsymbol{t}_0\\\boldsymbol{0}^{\mathrm{T}}&1\end{pmatrix},$$

坐标变换的公式还可表示为

$$\tilde{\boldsymbol{x}}=\tilde{\boldsymbol{T}}\tilde{\boldsymbol{y}}. \tag{2}$$

$\tilde{\boldsymbol{x}}$、$\tilde{\boldsymbol{y}}$ 称为点的非齐次位置向量（参照 2.7 节).

若 $(O,E)(O',\,E')$ 都为直角坐标系，则 $\boldsymbol{T}$ 为正交矩阵.

式 (1) 与空间〔平面〕的合同变换公式类似，注意不要混淆.

之后的内容皆以直角坐标系为前提.

空间〔平面〕中的**二次曲面**〔**二次曲线**〕是指在某个坐标系下坐标的二次方程的零点集合. 根据式 (1) 可知，坐标的二次方程在其他坐标系下也是二次方程，所以，二次曲面〔二次曲线〕的概念与坐标系的选取无关.

二次曲线 (q) 在某个直角坐标系下可表示为

$$(q):a_{11}x_1^2+a_{22}x_2^2+2a_{12}x_1x_2+2b_1x_1+2b_2x_2+c=0. \tag{3}$$

设

$$\boldsymbol{A}=\begin{pmatrix} a_{11} & a_{12} \\ a_{21} & a_{22} \end{pmatrix}, \quad a_{21}=a_{12}, \quad \boldsymbol{b}=\begin{pmatrix} b_1 \\ b_2 \end{pmatrix},$$

则该曲线可表示为

$$(q): \quad \boldsymbol{A}[\boldsymbol{x}]+2(\boldsymbol{b},\boldsymbol{x})+c=0. \tag{4}$$

又设

$$\tilde{\boldsymbol{A}}=\begin{pmatrix} \boldsymbol{A} & \boldsymbol{b} \\ \boldsymbol{b}^{\mathrm{T}} & c \end{pmatrix},$$

则

$$q: \tilde{\boldsymbol{A}}[\tilde{\boldsymbol{x}}]=0. \tag{5}$$

二次曲面 (Q) 可表示为

$$\begin{aligned}(Q): a_{11}x_1^2+a_{22}{x_2}^2+a_{33}{x_3}^2+2a_{12}x_1x_2+2a_{13}x_1x_3+2a_{23}x_2x_3 \\ +2b_1x_1+2b_2x_2+2b_3x_3+c=0.\end{aligned} \tag{6}$$

设

$$\boldsymbol{A}=\begin{pmatrix} a_{11} & a_{12} & a_{13} \\ a_{21} & a_{22} & a_{23} \\ a_{31} & a_{32} & a_{33} \end{pmatrix}, a_{ij}=a_{ji}, \boldsymbol{b}=\begin{pmatrix} b_1 \\ b_2 \\ b_3 \end{pmatrix}, \tilde{\boldsymbol{A}}=\begin{pmatrix} \boldsymbol{A} & \boldsymbol{b} \\ \boldsymbol{b}^{\mathrm{T}} & c \end{pmatrix},$$

则该曲面可表示为

$$(Q): \boldsymbol{A}[\boldsymbol{x}]+2(\boldsymbol{b},\boldsymbol{x})+c=0, \tag{7}$$

$$(Q): \tilde{\boldsymbol{A}}[\tilde{\boldsymbol{x}}]=0. \tag{8}$$

二次曲线与二次曲面可根据 $\boldsymbol{A}$ 的秩、$\tilde{\boldsymbol{A}}$ 的秩，还有惯性指数进行分类. 设 $\operatorname{sgn}\boldsymbol{A}=(p,q)$, $\quad\operatorname{sgn}\tilde{\boldsymbol{A}}=(\tilde{p},\tilde{q})$，即使 $p\geqslant q, \tilde{p}\geqslant\tilde{q}$，普遍性也不会丢失.

经过直角坐标变换

$$\tilde{\boldsymbol{x}}=\tilde{\boldsymbol{T}}\tilde{\boldsymbol{y}}, \tag{2}$$

二次方程可变换为

$$\tilde{\boldsymbol{A}}[\tilde{\boldsymbol{x}}]=\tilde{\boldsymbol{T}}^{\mathrm{T}}\tilde{\boldsymbol{A}}\tilde{\boldsymbol{T}}[\tilde{\boldsymbol{y}}].$$

选取合适的 $\tilde{\boldsymbol{T}}$, 使 $\tilde{\boldsymbol{T}}^{\mathrm{T}}\tilde{\boldsymbol{A}}\tilde{\boldsymbol{T}}$ 变为最简单的形式. 同时，根据定理 [4.2] 可知，$\boldsymbol{A}$ 和 $\tilde{\boldsymbol{A}}$ 的惯性指数保持不变.

首先选取合适的 $\boldsymbol{T}$，使 $\boldsymbol{T}^{\mathrm{T}}\boldsymbol{A}\boldsymbol{T}$ 为对角矩阵. 再次进行原点保持不变的坐标变换 $\boldsymbol{x}=\boldsymbol{T}\boldsymbol{y}$，直到 $\boldsymbol{A}$ 为对角矩阵.

先从二次曲线开始分类.

$$(q):\tilde{\boldsymbol{A}}[\tilde{\boldsymbol{x}}]=0,\quad \tilde{\boldsymbol{A}}=\begin{pmatrix}\alpha_1 & 0 & b_1\\ 0 & \alpha_2 & b_2\\ b_1 & b_2 & c\end{pmatrix}.$$

(i) 当 $r(\boldsymbol{A})=2$ 时，因为 α_1、α_2 不为 0，所以坐标系经过平行移动 $x_1=y_1-\dfrac{b_1}{\alpha_1}$，$x_2=y_2-\dfrac{b_2}{\alpha_2}$（用 x_1、x_2 表示 y_1、y_2）后，二次曲线表示为

$$(q):\alpha_1x_1^2+\alpha_2x_2^2+c'=0.$$

其中，$a_1=\sqrt{|\alpha_1|}$，$a_2=\sqrt{|\alpha_2|}$.

1. $\operatorname{sgn}\boldsymbol{A}=(2,0),\operatorname{sgn}\tilde{\boldsymbol{A}}=(2,1)$.

椭圆： $a_1^2x_1^2+a_2^2x_2^2=d^2$.

1′. $\operatorname{sgn}\boldsymbol{A}=(2,0),\operatorname{sgn}\tilde{\boldsymbol{A}}=(3,0)$. 表示空集.

1″. $\operatorname{sgn}\boldsymbol{A}=(2,0),\operatorname{sgn}\tilde{\boldsymbol{A}}=(2,0)$. 表示一个点.

2. $\operatorname{sgn}\boldsymbol{A}=(1,1),\operatorname{sgn}\tilde{\boldsymbol{A}}=(2,1)$.

双曲线： $a_1^2x_1^2-a_2^2x_2^2=\pm d^2$.

3. $\operatorname{sgn}\boldsymbol{A}=(1,1),\operatorname{sgn}\tilde{\boldsymbol{A}}=(1,1)$.

相交的两直线： $a_1^2x_1^2-a_2^2x_2^2=0$.

(ii) 当 $r(\boldsymbol{A})=1$ 时，因为 $\alpha_1\neq 0$，$\alpha_2=0$，所以坐标系经过平行移动 $x_1=y_1-\dfrac{b_1}{\alpha_1}$（用 x_1 表示 y_1）后，二次曲线表示为

$$(q):\alpha_1x_1^2+2b_2x_2+c'=0.$$

4. 当 $r(\tilde{\boldsymbol{A}})=3,b_2\neq 0$ 时，

抛物线： $x_1^2=b'x_2$.

5. 当 $\operatorname{sgn}\tilde{\boldsymbol{A}}=(1,1),b_2=0,\alpha_1c'<0$ 时，

平行的两直线： $x_1^2=d^2$.

5′. $\operatorname{sgn}\tilde{\boldsymbol{A}}=(2,0)$. 表示空集.

5″. 当 $r(\tilde{\boldsymbol{A}})=1,b_2=c'=0$ 时,

直线： $x_1^2=0$.

因为 $\boldsymbol{A}[\boldsymbol{x}]$ 表示二次方程，所以 $r(\boldsymbol{A})$ 不为 0. 因此，二次曲线可分为上述几类. 在 5″ 中，$\boldsymbol{A}[\boldsymbol{x}]$ 是一次式的完全平方式，$\boldsymbol{A}[\boldsymbol{x}]=0$ 相当于一次

方程，故不属于二次曲线. 除了空集和一个点，二次曲线可分为以上已知的 5 类.

其中，除 $\boldsymbol{A}[\boldsymbol{x}]$ 可分解为两个一次方程的乘积的情况 3、5 外，$\tilde{\boldsymbol{A}}$ 为可逆矩阵的二次曲线，称为**常见的二次曲线**. 常见的二次曲线包括椭圆（含圆）、双曲线、抛物线.

二次曲面可用同样的方法进行分类. 设

$$(Q): \tilde{\boldsymbol{A}}[\tilde{\boldsymbol{x}}] = 0, \quad \tilde{\boldsymbol{A}} = \begin{pmatrix} \alpha_1 & 0 & 0 & b_1 \\ 0 & \alpha_2 & 0 & b_2 \\ 0 & 0 & \alpha_3 & b_3 \\ b_1 & b_2 & b_3 & c \end{pmatrix},$$

$a_i = \sqrt{|\alpha_i|}(i = 1, 2, 3)$.

(i) 当 $r(\boldsymbol{A}) = 3$ 时，坐标系经过平行移动 $x_i = y_i - \dfrac{b_i}{\alpha_i}(i = 1, 2, 3)$（用 x_i 表示 y_i）后，(Q) 变为

$$(Q): \alpha_1 {x_1}^2 + \alpha_2 {x_2}^2 + \alpha_3 {x_3}^2 + c' = 0 \quad (\alpha_i \neq 0).$$

其中，$\alpha_i > 0$.

1. $\operatorname{sgn} \boldsymbol{A} = (3, 0), \operatorname{sgn} \tilde{\boldsymbol{A}} = (3, 1)$.
椭圆面：$a_1^2 x_1^2 + a_2^2 x_2^2 + a_3^2 x_3^2 = d^2 (d > 0)$.

1′. $\operatorname{sgn} \boldsymbol{A} = (3, 0), \operatorname{sgn} \tilde{\boldsymbol{A}} = (4, 0)$. 表示空集.

1″. $\operatorname{sgn} \boldsymbol{A} = (3, 0), \operatorname{sgn} \tilde{\boldsymbol{A}} = (3, 0)$. 表示一个点.

2. $\operatorname{sgn} \boldsymbol{A} = (2, 1), \operatorname{sgn} \tilde{\boldsymbol{A}} = (2, 2)$.
单叶双曲面：$a_1^2 x_1^2 + a_2^2 x_2^2 - a_3^2 x_3^2 = d^2 (d > 0)$.

3. $\operatorname{sgn} \boldsymbol{A} = (2, 1), \quad \operatorname{sgn} \tilde{\boldsymbol{A}} = (3, 1)$.
双叶双曲面：$a_1^2 x_1^2 + a_2^2 x_2^2 - a_3^2 x_3^2 = -d^2 (d > 0)$.

4. $\operatorname{sgn} \boldsymbol{A} = (2, 1), \operatorname{sgn} \tilde{\boldsymbol{A}} = (2, 1)$.
椭圆锥面：$a_1^2 x_1^2 + a_2^2 x_2^2 - \alpha_3^2 x_3^2 = 0$.

(ii) 当 $r(\boldsymbol{A}) = 2$ 时，$\alpha_1, \alpha_2 \neq 0, \alpha_3 = 0$，经过变换 $x_i = y_i - \dfrac{b_i}{\alpha_i}(i = 1, 2)$ 后，(Q) 变为

$$(Q): \alpha_1^2 x_1^2 + \alpha_2^2 x_2^2 + 2b_3^2 x_3 + c' = 0.$$

5. $\operatorname{sgn} \tilde{\boldsymbol{A}} = (2, 0), r(\tilde{\boldsymbol{A}}) = 4$.
椭圆抛物面：$a_1^2 x_1^2 + a_2^2 x_2^2 = b' x_3 \, (b' \neq 0)$.

6. $\operatorname{sgn} \boldsymbol{A} = (2,0), \operatorname{sgn} \tilde{\boldsymbol{A}} = (2,1)$.

椭圆柱面：$a_1^2 x_1^2 + a_2^2 x_2^2 = d^2 (d > 0)$.

6′. $\operatorname{sgn} \boldsymbol{A} = (2,0), \operatorname{sgn} \tilde{\boldsymbol{A}} = (3,0)$. 表示空集.

6″. $\operatorname{sgn} \boldsymbol{A} = (2,0), \operatorname{sgn} \tilde{\boldsymbol{A}} = (2,0)$. 表示一个点.

7. $\operatorname{sgn} \tilde{\boldsymbol{A}} = (1,1), r(\tilde{\boldsymbol{A}}) = 4$.

双曲抛物面：$a_1^2 x_1^2 - a_2^2 x_2^2 = b' x_3 \quad (b' \neq 0)$.

8. $\operatorname{sgn} \tilde{\boldsymbol{A}} = (1,1), r(\tilde{\boldsymbol{A}}) = 3$.

双曲柱面：$a_1^2 x_1^2 - a_2^2 x_2^2 = d (d \neq 0)$.

9. $\operatorname{sgn} \tilde{\boldsymbol{A}} = (1,1), r(\tilde{\boldsymbol{A}}) = 2$.

相交的两平面：$a_1^2 x_1^2 - a_2^2 x_2^2 = 0$.

(iii) 当 $r(\boldsymbol{A}) = 1$ 时，必有 $r(\tilde{\boldsymbol{A}}) \leqslant 3$. $\alpha_1 \neq 0$，$\alpha_2 = \alpha_3 = 0$，经过变换 $x_1 = y_1 - \dfrac{b_1}{\alpha_1}$ 后，(Q) 变为

$$(Q): a_1 x_1^2 + 2b_2 x_2 + 2b_3 x_3 + c = 0.$$

10. $r(\tilde{\boldsymbol{A}}) = 3$. **抛物柱面：**$x_1^2 = b' x_2'$.

11. $\operatorname{sgn} \tilde{\boldsymbol{A}} = (1,1)$. **平行的两个平面：**$x_1^2 = d^2$.

11′. $\operatorname{sgn} \tilde{\boldsymbol{A}} = (2,0)$. 表示空集.

11″. $r(\tilde{\boldsymbol{A}}) = 1$. **平面：**$x_1^2 = 0$.

二次曲面可分为上述几类. 在 11″ 中，$\tilde{A}[\tilde{\boldsymbol{x}}] = 0$ 相当于一次方程，故不属于二次曲面. 除了空集与一个点，二次曲面可分为 11 类. 其中，$r(\tilde{\boldsymbol{A}}) = 4$ 的二次曲面 1、2、3、5、7 称为**常见的二次曲面**.

通过平行平面在各坐标平面上产生的截面可知标准形下二次曲面的曲面形状.

常见的二次曲面与椭圆锥面的形状如下图.

问题 1　求下列二次曲线的标准形.

(i) $xy + y = 0$.　　(ii) $x^2 + 2y^2 + 2xy - 2x + 2y + 3 = 0$.

问题 2　求下列二次曲线的标准形.

(i) $x^2 + y^2 + z^2 + xy + yz + zx - 2x - 2y - 2z - 1 = 0$.

(ii) $x^2 + 2y^2 + z^2 + 2xy - 2yz + 2y - 4z - 1 = 0$.

(iii) $2xy + 2yz + 2zx - 1 = 0$.

注意点　二次曲面〔二次曲线〕的方程 $\tilde{\boldsymbol{A}}[\tilde{\boldsymbol{x}}] = 0$ 经过直角坐标变换转换为标准形. 换句话说，就是在坐标系固定，并且彼此合同的二次曲面〔二次曲线〕中，求出了使方程转换为标准形的二次曲面. 实际上，合同变换

$$\boldsymbol{y} = T\boldsymbol{x} + \boldsymbol{\alpha}$$

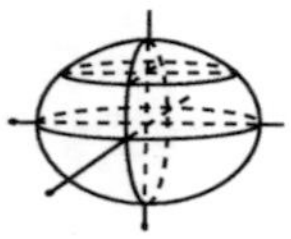

椭圆面

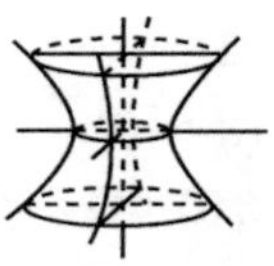

单叶双曲面

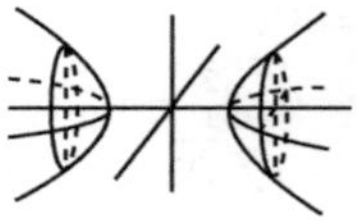

双叶双曲面

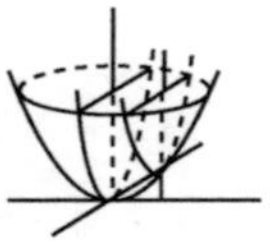

椭圆抛物面

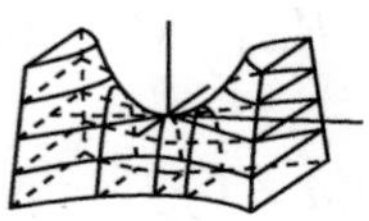

双曲抛物面

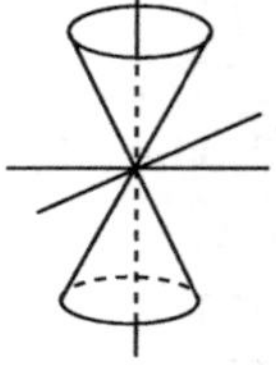

椭圆锥面

和直角坐标变换

$$\boldsymbol{x} = T^{-1}\boldsymbol{y} - T^{-1}\boldsymbol{\alpha}$$

与位置向量的变换相同.

各种柱面 6、8、10 显然是与坐标平面 $x_3=0$ 垂直的直线并集.

椭圆锥面

$$a_1^2x_1^2 + a_2^2x_2^2 - a_3^2x_3^2 = 0$$

是平面 $x_3 = c$ 上椭圆 $a_1^2x_1^2 + a_2^2x_2^2 = a_3^2c^2$ 的各点与原点连接的直线并集. 各直线称为锥面的**母线**.

一般地，直线的并集曲面称为**直纹面**.

除各类柱面与椭圆锥面之外，单叶双曲面和双叶双曲面也是直纹面.

问题　证明单叶双曲面和双叶双曲面是直纹面，求母线族方程.

5.6　正交变换与三维空间的旋转

设 $\boldsymbol{A}$ 为 n 阶实正规矩阵，思考在实数范围内我们会得到什么样的标准形.

设 $\boldsymbol{A}$ 的特征根为 $\alpha_1, \alpha_2, \cdots, \alpha_n$. 若 α_j 为虚数，则 $\bar{\alpha}_j$ 也是 $\boldsymbol{A}$ 的特征根（附录 1[2.7]）. 因此，$\alpha_1, \alpha_2, \cdots, \alpha_{2m}$ 是虚根，$\alpha_{2m+1}, \cdots, \alpha_n$ 是实根. 设置项数满足 $\alpha_{2j} = \bar{\alpha}_{2j-1}(j = 1, 2, \cdots, m)$.

取由 $\boldsymbol{A}$ 的特征向量构成的 $\mathbb{C}^n$ 的标准正交基 $\boldsymbol{p}_1, \boldsymbol{p}_2, \cdots, \boldsymbol{p}_n$，满足 $\boldsymbol{p}_{2j} = \overline{\boldsymbol{p}}_{2j-1}(j = 1, 2, \cdots, m)$，$\overline{\boldsymbol{p}}_k = \boldsymbol{p}_k(k = 2m+1, \cdots, n)$.

$$A\boldsymbol{p}_{2j-1} = \alpha_{2j-1}\boldsymbol{p}_{2j-1}, \quad A\overline{\boldsymbol{p}}_{2j-1} = \bar{\alpha}_{2j-1}\overline{\boldsymbol{p}}_{2j-1}.$$

于是，设

$$q_{2j-1}=\frac{p_{2j-1}+\bar{p}_{2j-1}}{\sqrt{2}},\quad q_{2j}=\frac{(p_{2j-1}-\bar{p}_{2j-1})}{\sqrt{2}\mathrm{i}}$$

$$(\mathrm{i}\ \text{是虚数单位})\quad (j=1,2,\cdots,m),$$

$$q_k=p_k\quad (k=2m+1,\cdots,n),$$

$q_1,q_2,\cdots,q_n$ 全为实列向量，$\langle q_1,q_2,\cdots,q_n\rangle$ 是 $\mathbb{R}^n$ 的标准正交基.

设 $\alpha_{2j-1}=a_j-\mathrm{i}b_j\,(a_j,b_j\in\mathbb{R})$，经过简单计算可得到

$$Aq_{2j-1}=a_jq_{2j-1}+b_jq_{2j},\quad Aq_{2j}=-b_jq_{2j-1}+a_jq_{2j}.$$

因此，设 $Q=\begin{pmatrix} q_1 & q_2 & \cdots & q_n\end{pmatrix}$，则 Q 是正交矩阵，满足

$$Q^{-1}AQ=\begin{pmatrix} \begin{array}{|cc|}\hline a_1 & -b_1\\ b_1 & a_1\\\hline\end{array} & & & & & \\ & \begin{array}{|cc|}\hline a_2 & -b_2\\ b_2 & a_2\\\hline\end{array} & & & & \\ & & \ddots & & & \\ & & & \begin{array}{|cc|}\hline a_m & -b_m\\ b_m & a_m\\\hline\end{array} & & \\ & & & & \alpha_{2m+1} & \\ & & & & & \ddots \\ & & & & & & \alpha_n \end{pmatrix}. \tag{1}$$

可证明下面的定理成立.

定理 [6.1] 实正规矩阵 A 在正交矩阵 Q 下可变换成 (1) 的形式.

若 A 是正交矩阵，因为特征根的绝对值为 1，所以

$$a_j=\cos\theta_j,\quad b_j=\sin\theta_j.$$

由此，我们得到下面的推论.

推论 [6.2] 正交矩阵 A 在正交矩阵 Q 下可变换成以下形式.

$$Q^{-1}AQ=\begin{pmatrix} \begin{array}{|cc|}\hline \cos\theta_1 & -\sin\theta_1\\ \sin\theta_1 & \cos\theta_1\\\hline\end{array} & & & & \\ & \ddots & & & \\ & & \begin{array}{|cc|}\hline \cos\theta_m & -\sin\theta_m\\ \sin\theta_m & \cos\theta_m\\\hline\end{array} & & \\ & & & \pm1 & \\ & & & & \ddots \\ & & & & & \pm1 \end{pmatrix}. \tag{2}$$

下面用线性变换的相关知识进行说明.

推论 [6.2]′ 针对实度量空间 $\boldsymbol{V}$ 的正交变换 T，选取 $\boldsymbol{V}$ 的一个标准正交基 $\langle \boldsymbol{e}_1, \boldsymbol{e}_2, \cdots, \boldsymbol{e}_n \rangle$ 使下面的变换公式成立.

$$\left.\begin{aligned} T\boldsymbol{e}_{2j-1} &= \cos\theta_j \cdot \boldsymbol{e}_{2j-1} + \sin\theta_j \cdot \boldsymbol{e}_{2j} \\ T\boldsymbol{e}_{2j} &= -\sin\theta_j \cdot \boldsymbol{e}_{2j-1} + \cos\theta_j \cdot \boldsymbol{e}_{2j} \end{aligned}\right\} (j = 1, 2, \cdots, m), \tag{3}$$

$$T\boldsymbol{e}_k = \pm \boldsymbol{e}_k (k = 2m+1, \cdots, n). \tag{4}$$

由式 (2) 可知，正交矩阵 $\boldsymbol{A}$ 的行列式若为 1，则 $\boldsymbol{A}$ 的特征值 -1 的重数必为偶数.

利用上述理论，讨论拥有正向直角坐标系 (x, y, z) 的三维空间绕原点旋转（参照第 2.7 节）的相关知识.

因为旋转变换 T 对应的矩阵 $\boldsymbol{A}$ 是行列式为 1 的三阶正交矩阵，所以在同一原点下的另一个正向直角坐标系 (x', y', z') 下，矩阵 $\boldsymbol{Q}^{-1}\boldsymbol{A}\boldsymbol{Q}$ 可表示为

$$\boldsymbol{Q}^{-1}\boldsymbol{A}\boldsymbol{Q} = \begin{pmatrix} \cos\alpha & -\sin\alpha & 0 \\ \sin\alpha & \cos\alpha & 0 \\ 0 & 0 & 1 \end{pmatrix}, \tag{5}$$

即 T 为绕 z' 轴旋转角 α.

实际上，要想求旋转矩阵 $\boldsymbol{A}$ 的不变方向 z' 和绕 z' 轴旋转的旋转角 α，就需要用 3 个角作为参数将矩阵 $\boldsymbol{A}$ 表示出来.

若 $\boldsymbol{A} = (a_{ij})$ 是行列式为 1 的三阶正交矩阵，则 $a_{33} = \cos\theta (0 \leqslant \theta \leqslant \pi)$ 唯一存在. 因为列向量和行向量的长度都为 1，所以存在满足下列条件的 φ 和 $\psi (0 \leqslant \varphi, \psi < 2\pi)$.

$$a_{13} = \sin\theta\cos\varphi, \quad a_{23} = \sin\theta\sin\varphi,$$

$$a_{31} = -\sin\theta\cos\psi, \quad a_{32} = \sin\theta\sin\psi.$$

若 $a_{33} \neq \pm 1$，也就是 $\theta \neq 0, \pi$，那么 φ 和 ψ 唯一确定.

同时，设 $\theta \neq 0, \pi$.

剩下的元素根据 $\boldsymbol{A}$ 是行列式为 1 的正交矩阵而随之确定，计算过程较为复杂，我们得到

$$\boldsymbol{A} = \begin{pmatrix} \cos\theta\cos\varphi\cos\psi - \sin\varphi\sin\psi & -\cos\theta\cos\varphi\cos\psi - \sin\varphi\sin\psi & \sin\theta\cos\varphi \\ \cos\theta\sin\varphi\cos\psi + \cos\varphi\sin\psi & -\cos\theta\sin\varphi\cos\psi + \cos\varphi\sin\psi & \sin\theta\sin\varphi \\ -\sin\theta\cos\psi & \sin\theta\sin\psi & \cos\theta \end{pmatrix}. \tag{6}$$

(θ, φ, ψ) 称为旋转变换 T 的**欧拉角**. 它的几何学意义如下图所示.

具体来说，就是当坐标系的单位向量为 $\boldsymbol{e}_1$、$\boldsymbol{e}_2$、$\boldsymbol{e}_3$ 时，θ 为 $\boldsymbol{e}_3$ 与 $T\boldsymbol{e}_3$ 之间的夹角，φ 为 $\boldsymbol{e}_3$、$T\boldsymbol{e}_3$ 所在平面 A 和 $\boldsymbol{e}_1$、$\boldsymbol{e}_2$ 所在平面的交线 OM 与 $\boldsymbol{e}_1$ 之间的夹角（经度）. ψ 为 $T\boldsymbol{e}_1$、$T\boldsymbol{e}_2$ 所在平面和 A 的交线 ON 与 $T\boldsymbol{e}_1$ 之间的夹角①.

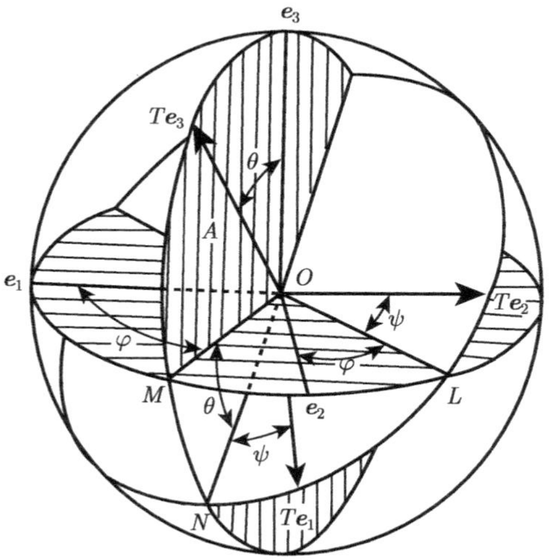

求解 $\boldsymbol{A}\boldsymbol{x} = \boldsymbol{x}$，得到 T-不变方向 z' 的方向向量

$$\boldsymbol{f} = \begin{pmatrix} (1-\cos\theta)\{1-\cos(\varphi-\psi)\} \\ -(1-\cos\theta)\sin(\varphi-\psi) \\ \sin\theta(\cos\varphi-\cos\psi) \end{pmatrix}. \tag{7}$$

$\boldsymbol{A}$ 的特征值为 1，$\cos\alpha \pm \mathrm{i}\sin\alpha$，求解 $1+2\cos\alpha=\mathrm{Tr}A$，得到

$$\cos\alpha = \frac{1}{2}(\cos\theta+1)\{\cos(\varphi+\psi)+1\}-1. \tag{8}$$

其中，α 存在两个条件，为 $\cos\alpha \neq \pm 1$. α 根据不变方向 z' 的选取方向决定. 决定 z' 的方向时要注意 z 方向与 z' 方向形成的夹角不超过 $\dfrac{\pi}{2}$. 也就是说，在 (7) 中，若 $\cos\varphi \geqslant \cos\psi$，则 z' 与 $\boldsymbol{f}$ 方向相同，若 $\cos\varphi < \cos\psi$，则 z' 与 $-\boldsymbol{f}$ 方向相同. 设与 z' 方向相同且长度为 1 的向量为 $\boldsymbol{e}_3'$.

若 $0 < \alpha < \pi$，则 $\boldsymbol{e}_3$、$T\boldsymbol{e}_3$、$\boldsymbol{e}_3'$ 形成正向坐标系（参照上图），即

$$0 < (\cos\varphi - \cos\psi)\cdot\det(\boldsymbol{e}_3, T\boldsymbol{e}_3, \boldsymbol{f})$$

① 详细内容请参照山内恭彦、杉浦光夫所著的《连续群论入门》(『連続群論入門』).

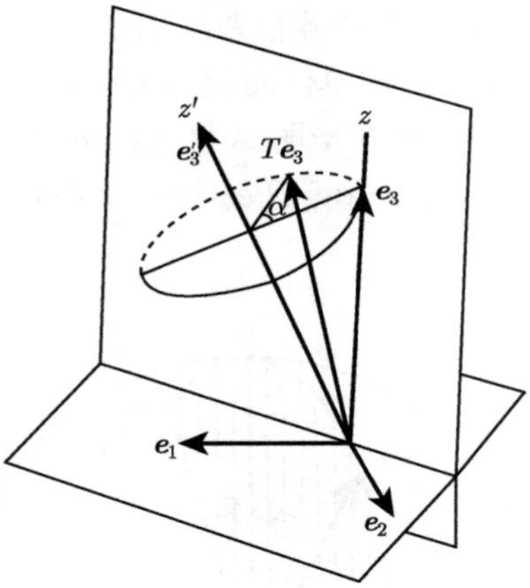

$$= (\cos\varphi - \cos\psi)\begin{vmatrix} 0 & \sin\theta\cos\varphi & (1-\cos\theta)\{1-\cos(\varphi-\psi)\} \\ 0 & \sin\theta\sin\varphi & -(1-\cos\theta)\sin(\varphi-\psi) \\ 1 & \cos\theta & \sin\theta(\cos\varphi-\cos\psi) \end{vmatrix}$$

$$= -\sin\theta(1-\cos\theta)(\cos\varphi-\cos\psi)(\sin\varphi-\sin\psi).$$

因此，

$$0 < \alpha < \pi \Leftrightarrow (\cos\varphi - \cos\psi)(\sin\varphi - \sin\psi) < 0. \tag{9}$$

由此确定 α.

若 $a_{33} = 1$，则 z 轴不变，

$$\boldsymbol{A} = \begin{pmatrix} \cos\alpha & -\sin\alpha & 0 \\ \sin\alpha & \cos\alpha & 0 \\ 0 & 0 & 1 \end{pmatrix}.$$

它相当于式 (6) 中 $\theta = 0, \varphi + \psi = \alpha$. 式 (8) 成立，式 (7) 不成立.

若 $a_{33} = -1$，则 $\boldsymbol{A}$ 表示为

$$\boldsymbol{A} = \begin{pmatrix} -\cos\beta & -\sin\beta & 0 \\ -\sin\beta & \cos\beta & 0 \\ 0 & 0 & -1 \end{pmatrix}.$$

它相当于式 (6) 中 $\theta = \pi, \varphi + \psi = \beta$. 式 (8) 与式 (7) 皆成立，即不变的方向为

$$\boldsymbol{f} = \begin{pmatrix} 1-\cos\beta \\ -\sin\beta \\ 0 \end{pmatrix}.$$

也就是说在 $x-y$ 平面上，其旋转角为 π.

定理 [6.3]　拥有直角坐标系为 (x, y, z) 的三维空间绕原点的旋转变换 T 为绕 z' 轴旋转角 α.

设 T 的欧拉角为 (θ, φ, ψ)，$\theta \neq 0, \pi$，T 对应的矩阵由式 (6) 确定. z' 轴的方向由式 (7) 确定，旋转角 α 由式 (8) 和式 (9) 确定.

当 $\theta = 0$ 时，T 为绕 z 轴旋转角 α.

当 $\theta = \pi$ 时，T 为绕 $x-y$ 平面的 f 轴旋转角 π.

注意点　设 Y_θ 为绕 y 轴旋转角 θ，Z_φ、Z_ψ 为绕 z 轴旋转角 φ、ψ，于是

$$T = Z_\varphi Y_\theta Z_\psi$$

成立. 实际上，对应矩阵的乘积为

$$\begin{pmatrix} \cos\varphi & -\sin\varphi & 0 \\ \sin\varphi & \cos\varphi & 0 \\ 0 & 0 & 1 \end{pmatrix} \begin{pmatrix} \cos\theta & 0 & \sin\theta \\ 0 & 1 & 0 \\ -\sin\theta & 0 & \cos\theta \end{pmatrix} \begin{pmatrix} \cos\psi & -\sin\psi & 0 \\ \sin\psi & \cos\psi & 0 \\ 0 & 0 & 1 \end{pmatrix}.$$

计算可知与式 (6) 相同. 这就是欧拉角的群论意义.

问题 1　证明若 T 的欧拉角为 (θ, φ, ψ)，则 T^{-1} 的欧拉角为 $(\theta, \pi - \psi, \pi - \varphi)$.

问题 2　求下面的矩阵代表的旋转轴和旋转角.

$$1)\ \begin{pmatrix} \dfrac{1}{2\sqrt{2}} & -\dfrac{\sqrt{3}}{2} & \dfrac{1}{2\sqrt{2}} \\ \dfrac{\sqrt{3}}{2\sqrt{2}} & \dfrac{1}{2} & \dfrac{\sqrt{3}}{2\sqrt{2}} \\ -\dfrac{1}{\sqrt{2}} & 0 & \dfrac{1}{\sqrt{2}} \end{pmatrix}. \quad 2)\ \begin{pmatrix} -\dfrac{1}{4} & -\dfrac{3}{4} & \dfrac{\sqrt{3}}{2\sqrt{2}} \\ \dfrac{3}{4} & \dfrac{1}{4} & \dfrac{\sqrt{3}}{2\sqrt{2}} \\ -\dfrac{\sqrt{3}}{2\sqrt{2}} & \dfrac{\sqrt{3}}{2\sqrt{2}} & \dfrac{1}{2} \end{pmatrix}.$$

问题 3　求绕 x 轴旋转角 α 的欧拉角.

习　题

1. 下列矩阵可对角化. 求对角形 $\boldsymbol{D}$ 与变换矩阵 $\boldsymbol{P}$.

$$\text{(i)} \begin{pmatrix} -4 & 0 & 6 \\ -3 & 2 & 3 \\ -3 & 0 & 5 \end{pmatrix}. \quad \text{(ii)} \begin{pmatrix} 1 & 0 & -2 \\ 2 & -1 & -2 \\ -2 & 2 & 0 \end{pmatrix}.$$

(iii) $\begin{pmatrix} -3 & -2 & -2 & 1 \\ 2 & 3 & 2 & 0 \\ 3 & 1 & 2 & -1 \\ -4 & -2 & -2 & 2 \end{pmatrix}$.

2. 将下列实对称矩阵或埃尔米特矩阵，通过正交矩阵或酉矩阵对角化.

(i) $\begin{pmatrix} 3 & 0 & -1 \\ 0 & 2 & 0 \\ -1 & 0 & 3 \end{pmatrix}$. (ii) $\begin{pmatrix} 1 & 0 & 2 \\ 0 & 1 & 2 \\ 2 & 2 & -1 \end{pmatrix}$. (iii) $\begin{pmatrix} 1 & 1 & \sqrt{2} \\ 1 & 1 & -\sqrt{2} \\ \sqrt{2} & -\sqrt{2} & 0 \end{pmatrix}$.

(iv) $\begin{pmatrix} 3 & -\sqrt{3} & -2 \\ -\sqrt{3} & 1 & -2\sqrt{3} \\ -2 & -2\sqrt{3} & 0 \end{pmatrix}$. (v) $\begin{pmatrix} 3 & \mathrm{i} & -1 \\ -\mathrm{i} & 5 & \mathrm{i} \\ -1 & -\mathrm{i} & 3 \end{pmatrix}$.

(vi) $\begin{pmatrix} a & \mathrm{i} & 1 & -\mathrm{i} \\ -\mathrm{i} & a & \mathrm{i} & 1 \\ 1 & -\mathrm{i} & a & \mathrm{i} \\ \mathrm{i} & 1 & -\mathrm{i} & a \end{pmatrix}$ $(a \in \mathbb{R})$. (vii) $\begin{pmatrix} & & & 1 \\ & n & 1 & \\ & \iddots & & \\ 1 & & & \end{pmatrix}$.

3. n 维线性空间 $\boldsymbol{V}$ 的线性变换 T 的幂次方为零变换时，也就是存在自然数 k 使得 $T^k = O$ 时，我们称 T 为**幂零变换**. 证明下列推论成立.

(i) T 为幂零变换 $\Leftrightarrow T^n = O$.

(ii) T 为幂零变换 $\Leftrightarrow T$ 的特征根全为 0.

4. 证明可交换的实对称矩阵 $\boldsymbol{A}$、$\boldsymbol{B}$ 可通过相同的正交矩阵对角化（即存在正交矩阵 $\boldsymbol{P}$ 使 $\boldsymbol{P}^{-1}\boldsymbol{AP}$、$\boldsymbol{P}^{-1}\boldsymbol{BP}$ 为对角矩阵）.

5. (i) 证明实反对称矩阵的特征值全为纯虚数或 0.

(ii) 证明实反对称矩阵的秩为偶数.

6. (i) $\boldsymbol{U}$ 为酉矩阵，若 $\boldsymbol{U}^{-1}\boldsymbol{AU} = \boldsymbol{B}$，证明 $\mathrm{Tr}\boldsymbol{A}^*\boldsymbol{A} = \mathrm{Tr}\boldsymbol{B}^*\boldsymbol{B}$.

(ii) 设 $\boldsymbol{A} = (a_{ij})$ 的特征值为 $\alpha_1, \alpha_2, \cdots, \alpha_n$，证明下面的式子成立.

$$\sum_{i=1}^{n} |\alpha_i|^2 \leqslant \sum_{i,j=1}^{n} |\alpha_{ij}|^2 .$$

(iii) 证明上述不等式等号成立的条件是 $\boldsymbol{A}$ 为正规矩阵.

7. 设埃尔米特矩阵 $\boldsymbol{A} = (a_{ij})$ 最大的特征值为 α，最小的特征值为 β，证明 $\alpha \geqslant a_{ii} \geqslant \beta$.

8. 将下列二次型变换为标准形.

(i) $x^2 + 2y^2 + 3z^2 + 2xy - 2xz + 2yz$.

(ii) $x^2+2y^2-z^2-u^2+2xy-2yz+2yu-6zu$.

9. 求 n^2 个变量 $\boldsymbol{X}=(x_{ij})$ 的二次型 $\mathrm{Tr}\boldsymbol{X}^2$ 的惯性指数.

10. 对于正定埃尔米特矩阵 $\boldsymbol{A}=(a_{ij})$，证明 $|\boldsymbol{A}|\leqslant a_{11}a_{22}\cdots a_{nn}$. 当且仅当 $\boldsymbol{A}$ 为对角矩阵时，等号成立.

11. 对于任意方块矩阵 $\boldsymbol{A}=(\boldsymbol{a}_1\ \ \boldsymbol{a}_2\ \ \cdots\ \ \boldsymbol{a}_n)$，证明下面的式子（**阿达马不等式**）成立.

$$|\det\boldsymbol{A}|\leqslant\|\boldsymbol{a}_1\|\cdot\|\boldsymbol{a}_2\|\cdots\|\boldsymbol{a}_n\|.$$

当且仅当 $\boldsymbol{A}$ 为可逆矩阵且 $\boldsymbol{a}_1,\boldsymbol{a}_2,\cdots,\boldsymbol{a}_n$ 彼此正交时，等号成立.

第 6 章　不变因子和若尔当标准形

6.1　不变因子

对于一个由变量 x 的 $\mathbb{K}$-系数多项式组成的 n 阶矩阵，方便起见，我们称之为 x-矩阵.

普通矩阵是 x-矩阵，因为 $\mathbb{K}$ 的元素是 0 阶的多项式.

两个 x-矩阵的和、差和积的结果构成的矩阵仍为 x-矩阵，并且适用 x-矩阵的运算法则. 以 x 的多项式构成的矩阵也以相同的方式定义.

对于 x-矩阵 $\boldsymbol{A}(x)$，有

$$\boldsymbol{A}(x)\boldsymbol{X}(x) = \boldsymbol{X}(x)\boldsymbol{A}(x) = \boldsymbol{E}. \tag{1}$$

当 x-矩阵 $\boldsymbol{X}(x)$ 存在时，$\boldsymbol{A}(x)$ 称为**可逆矩阵**.

当 $\boldsymbol{A}(x)$ 是可逆矩阵时，对于数字矩阵，只有一个 $\boldsymbol{X}(x)$ 满足等式 (1). $\boldsymbol{X}(x)$ 被称为 $\boldsymbol{A}(x)$ 的逆矩阵，用 $\boldsymbol{A}(x)^{-1}$ 表示.

[1.1]　某个 x-矩阵 $\boldsymbol{A}(x)$ 是可逆矩阵的充分必要条件是行列式 $|\boldsymbol{A}(x)|$ 为 $\mathbb{K}$ 的非零元素.

证明：如果 $\boldsymbol{A}(x)$ 是可逆矩阵，则

$$|\boldsymbol{A}(x)|\left|\boldsymbol{A}(x)^{-1}\right| = \left|\boldsymbol{A}(x)\boldsymbol{A}(x)^{-1}\right| = |\boldsymbol{E}| = 1.$$

$|\boldsymbol{A}(x)|$ 和 $|\boldsymbol{A}(x)^{-1}|$ 也由 x 的多项式构成，因此，$|\boldsymbol{A}(x)| \in \mathbb{K}$，$|\boldsymbol{A}(x)| \neq 0$.

反过来，设 $|\boldsymbol{A}(x)|$ 是 K 的非零元素. 如果 $\boldsymbol{A}(x)$ 的伴随矩阵为 $\tilde{\boldsymbol{A}}(x)$，则有

$$\tilde{\boldsymbol{A}}(x)\boldsymbol{A}(x) = \boldsymbol{A}(x)\tilde{\boldsymbol{A}}(x) = |\boldsymbol{A}(x)| \cdot \boldsymbol{E}.$$

因上式成立，所以 $\dfrac{1}{|\boldsymbol{A}(x)|}\tilde{\boldsymbol{A}}(x)$ 是 $\boldsymbol{A}(x)$ 的逆矩阵. 证毕.

现在，我们来回顾一下初等矩阵的定义（参照 2.4 节）.

$$\boldsymbol{P}_n(i,\ j)=\begin{array}{r}\\ \text{第}\,i\,\text{行}\rightarrow\\ \\ \text{第}\,j\,\text{行}\rightarrow\\ \\ \end{array}\begin{pmatrix}1 & & \vdots & & \vdots & & \\ & \ddots & \vdots & & \vdots & & \\ \cdots & \cdots & 0 & \cdots & 1 & \cdots & \cdots \\ & & \vdots & \ddots & \vdots & & \\ \cdots & \cdots & 1 & \cdots & 0 & \cdots & \cdots \\ & & \vdots & & \vdots & \ddots & \\ & & \vdots & & \vdots & & 1\end{pmatrix}\begin{array}{l}\\ \\ \\ \\ \\ \end{array},\quad \text{（第}\,i\,\text{列、第}\,j\,\text{列）}$$

$$\boldsymbol{Q}_n(i;\ c)=\text{第}\,i\,\text{行}\searrow\begin{pmatrix}1 & & \vdots & & \\ & \ddots & \vdots & & \\ \cdots & \cdots & c & \cdots & \cdots \\ & & \vdots & \ddots & \\ & & \vdots & & 1\end{pmatrix},\quad c\neq 0.\quad \text{（第}\,i\,\text{列）}$$

$$\boldsymbol{R}_n(i,\ j;\ c)=\begin{array}{r}\\ \text{第}\,i\,\text{行}\rightarrow\\ \\ \\ \\ \end{array}\begin{pmatrix}1 & & & \vdots & \\ & \ddots & & \vdots & \\ \cdots & \cdots & 1\ \cdots & c & \cdots\cdots \\ & & \ddots & \vdots & \\ & 0 & & 1 & \\ & & & \vdots & \ddots \\ & & & \vdots & & 1\end{pmatrix}.\quad \text{（第}\,j\,\text{列）}$$

在 $\boldsymbol{R}_n(i,j;\ c)$ 中，如果把数字 c 替换为 x 的多项式 $c(x)$，则 $\boldsymbol{R}_n(i,\ j;\ c(x))$ 也称为初等矩阵.

因 $\boldsymbol{R}_n(i,\ j;\ c(x))\cdot\boldsymbol{R}_n(i,\ j;\ -c(x))=\boldsymbol{E}$，所以该矩阵是可逆的，其逆矩阵也是初等矩阵.

左乘或右乘初等矩阵的运算称为初等行变换或初等列变换，初等行变换或初等列变换合在一起简称为**初等变换**. 初等变换是可逆的操作.

初等变换对 x-矩阵元素的影响与数字矩阵相似.

定义 $\boldsymbol{A}(x)$ 和 $\boldsymbol{B}(x)$ 这两个 x-矩阵通过几次初等变换相互转换，此时，$\boldsymbol{A}(x)$ 和 $\boldsymbol{B}(x)$ 的关系被称为**等价**，用 $\boldsymbol{A}(x)\sim\boldsymbol{B}(x)$ 表示. 显然“$\sim$”是一种等价关系.

我们来看下面的定理.

定理 [1.2] 任何 n 阶 x-矩阵 $\boldsymbol{A}(x)$ 均等价于以下标准形.

$$\begin{pmatrix}e_1(x) & & & & & & \\ & e_2(x) & & & & & \\ & & \ddots & & & & \\ & & & e_r(x) & & & \\ & & & & 0 & & \\ & & & & & \ddots & \\ & & & & & & 0\end{pmatrix}. \qquad (2)$$

$e_1(x),\ e_2(x),\ \cdots,\ e_r(x)$ 满足以下条件.

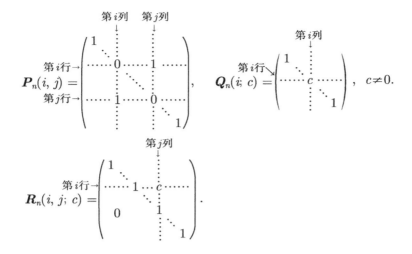

(1) $e_i(x)$ $(i = 1, 2, \cdots, r)$ 是最高阶系数为 1 的多项式.

(2) $e_i(x)$ 可被 $e_{i-1}(x)$ 整除 $(i = 2, 3, \cdots, r)$.

此外，该标准形由 $\boldsymbol{A}(x)$ 唯一定义.

由 $\boldsymbol{A}(x)$ 确定的数 r 称为 $\boldsymbol{A}(x)$ 的**秩**，r 个多项式 $e_1(x)$, $e_2(x)$, $\cdots$, $e_r(x)$ 被称为 $\boldsymbol{A}(x)$ 的**不变因子**.

证明：首先，通过数学归纳法证明前半部分. 当 $n = 1$ 时，结果不言而喻，所以我们令 $n > l$，并假设所有 $n - 1$ 阶 x-矩阵都等价于标准形.

1) $\boldsymbol{A}(x) = \boldsymbol{O}$ 时，它本身就是一个标准形，所以 $\boldsymbol{A}(x) \neq \boldsymbol{O}$. 至少有一个矩阵等价于 $\boldsymbol{A}(x)$，其元素 (1, 1) 不为 0. 思考这样的矩阵，取元素 (1, 1)（x 的多项式）的阶数最低的一个. 用该矩阵的第 1 行除以元素 (1, 1) 的最高阶系数，我们就可以得到如下与 $\boldsymbol{A}(x)$ 对等的矩阵.

$$\boldsymbol{B}(x) = \begin{pmatrix} e_1(x) & b_{12}(x) & \cdots & b_{1n}(x) \\ b_{21}(x) & b_{22}(x) & \cdots & b_{2n}(x) \\ \vdots & \vdots & & \vdots \\ b_{n1}(x) & b_{n2}(x) & \cdots & b_{nn}(x) \end{pmatrix}.$$

$e_1(x)$ 的最高阶系数为 1.

2) $\boldsymbol{B}(x)$ 的第 1 行和第 1 列中的所有元素都可以被 $e_1(x)$ 整除.

实际上，如果 $b_{1j}(x)(j \neq 1)$ 不能被 $e_1(x)$ 整除，那么存在使 $b_{1j}(x) = e_1(x)q(x) + r(x)$ 成立的多项式 $q(x)$ 和阶数比 $e_1(x)$ 小的多项式 $r(x)$（参照附录 1[1.2]）. 如果将 $\boldsymbol{B}(x)$ 的第 j 列减去第 1 列的 $q(x)$ 倍，然后将第 1 列与第 j 列交换，则得到的矩阵等价于 $\boldsymbol{A}(x)$，并且元素 (1, 1) 为 $r(x)$. 这与 $\boldsymbol{B}(x)$ 的选择方法相悖.

$b_{i1}(x)$ $(i \neq 1)$ 也是如此.

因此，设 $b_{1j}(x) = e_1(x)q_j(x)$，$b_{i1}(x) = e_1(x)q'_i(x)$，从第 j 列减去第 1 列的 $q_j(x)$ 倍，从第 i 行减去第 1 行的 $q'_i(x)$ 倍，则得到下式.

$$\boldsymbol{C}(x) = \begin{pmatrix} e_1(x) & 0 & \cdots & 0 \\ 0 & c_{22}(x) & \cdots & c_{2n}(x) \\ \vdots & \vdots & & \vdots \\ 0 & c_{n2}(x) & \cdots & c_{nn}(x) \end{pmatrix}.$$

3) 根据数学归纳法的假设，$n-1$ 阶矩阵

$$\begin{pmatrix} c_{22}(x) & \cdots & c_{2n}(x) \\ \vdots & & \vdots \\ c_{n2}(x) & \cdots & c_{nn}(x) \end{pmatrix}$$

通过几次初等变换，会变换为标准形

$$\begin{pmatrix} e_2(x) & & & & & & \\ & \ddots & & & & & \\ & & \ddots & & & & \\ & & & e_r(x) & & & \\ & & & & 0 & & \\ & & & & & \ddots & \\ & & & & & & 0 \end{pmatrix}.$$

对 $\boldsymbol{C}(x)$ 施加同样的变换，得到与 $\boldsymbol{A}(x)$ 等价的矩阵

$$\boldsymbol{D}(x) = \begin{pmatrix} e_1(x) & & & & & & & \\ & e_2(x) & & & & & & \\ & & \ddots & & & & & \\ & & & \ddots & & & & \\ & & & & e_r(x) & & & \\ & & & & & 0 & & \\ & & & & & & \ddots & \\ & & & & & & & 0 \end{pmatrix}.$$

4) $e_2(x)$ 除以 $e_1(x)$. 假设

$$e_2(x) = e_1(x)q(x) + r(x),$$

$r(x)$ 比 $e_1(x)$ 阶数小，将 $\boldsymbol{D}(x)$ 的第 2 列加上第 1 列的 $q(x)$ 倍，然后让第 2 行减去第 1 行，则元素 (2, 2) 变为 $r(x)$. 通过行和列的交换，$r(x)$ 可以移到元素 (1, 1)，这与 $e_1(x)$ 的选择方法相悖.

因此 $\boldsymbol{D}(x)$ 是标准形.

这样，我们就证明了定理的前半部分. 为了证明标准形的唯一性，我们需要做一些准备.

定义 我们把 n 阶 x-矩阵 $\boldsymbol{A}(x)$ 的所有 k 阶子式的最大公约数（最高阶系数为 1）称为 $\boldsymbol{A}(x)$ 的 k 阶**行列式因子**，用 $d_k(x)$ 表示. 当 k 阶子式都是 0 时，$d_k(x)=0$.

[1.3] 等价的 n 阶 x-矩阵的 n 个行列式因子彼此相等.

证明：对 n 阶 x-矩阵 $\boldsymbol{A}(x)$ 进行初等变换时，行列式因子不变.

很明显，交换行或列以及将行或列乘以 $\mathbb{K}$ 的非零元素不会改变行列式因子.

设 $\boldsymbol{A}(x)$ 的第 i 行加上第 j 行 $(j \neq i)$ 的 $c(x)$ 倍得到的矩阵为 $\boldsymbol{A}'(x)$，$\boldsymbol{A}'(x)$ 的 k 阶行列式因子为 $d'_k(x)$.

在 $\boldsymbol{A}(x)$ 的各种 k 阶子式中，不包括第 i 行的行列式是不变的，包含第 i 行和第 j 行的行列式也是不变的. 假设 k 阶子式 $\Delta(x)$ 包含第 i 行，但不包含第 j 行. 设 $\Delta'(x)$ 是矩阵 $\boldsymbol{A}'(x)$ 对应位置的行列式. $\Delta_1(x)$ 是将包含在 $\Delta(x)$ 中的 $\boldsymbol{A}(x)$ 的第 i 行替换为第 j 行得到的行列式（$\boldsymbol{A}(x)$ 的 k 阶子式），$\Delta'(x)$ 是 $\Delta(x)$ 与 $c(x)$ 倍的 $\Delta_1(x)$ 的和，即 $\Delta'(x)=\Delta(x)+c(x)\Delta_1(x)$. 因为 $\Delta(x)$ 和 $\Delta_1(x)$ 可被 $d_k(x)$ 整除，所以 $\Delta'(x)$ 也可被 $d_k(x)$ 整除.

综上，因为 $\boldsymbol{A}'(x)$ 的所有 k 阶子式都能被 $d_k(x)$ 整除，所以其最大公约数 $d'_k(x)$ 能被 $d_k(x)$ 整除.

因为初等变换是可逆的，所以 $d_k(x)$ 能被 $d'_k(x)$ 整除，两者的最高阶系数均为 1，所以 $d_k(x)=d'_k(x)$. 证毕.

由此我们可以证明定理 [1.2] 的后半部分.

标准形

$$\begin{pmatrix} e_1(x) & & & & & & \\ & e_2(x) & & & & & \\ & & \ddots & & & & \\ & & & e_r(x) & & & \\ & & & & 0 & & \\ & & & & & \ddots & \\ & & & & & & 0 \end{pmatrix} \tag{2}$$

的行列式因子（也是 $\boldsymbol{A}(x)$ 的行列式因子）是 $d_1(x), d_2(x), \cdots, d_n(x)$ 的话，

我们很容易看出

$$d_k(x)=e_1(x)e_2(x)\cdots e_k(x),\quad k\leqslant r,$$
$$d_k(x)=0,\quad k>r$$

成立. 因此，

$$e_k(x)=\frac{d_k(x)}{d_{k-1}(x)},\quad k\leqslant r.$$

由此，$e_1(x),e_2(x),\cdots,e_r(x)$ 由 $\boldsymbol{A}(x)$ 唯一决定. 数 r 作为 $\boldsymbol{A}(x)$ 的非零子式的最高阶，当然由 $\boldsymbol{A}(x)$ 唯一确定.

综上，定理 [1.2] 已经被完全证明.

例 1 求 $\boldsymbol{A}(x)=\begin{pmatrix} x & -2 & -1 \\ 4 & x-6 & -2 \\ -4 & 4 & x \end{pmatrix}$ 的标准形.

如果继续进行初等变换，则

$$\begin{pmatrix} x & -2 & -1 \\ 4 & x-6 & -2 \\ -4 & 4 & x \end{pmatrix}\to\begin{pmatrix} 1 & -2 & x \\ 2 & x-6 & 4 \\ -x & 4 & -4 \end{pmatrix}$$
$$\to\begin{pmatrix} 1 & -2 & x \\ 0 & x-2 & -2x+4 \\ 0 & -2x+4 & x^2-4 \end{pmatrix}\to\begin{pmatrix} 1 & 0 & 0 \\ 0 & x-2 & -2(x-2) \\ 0 & -2(x-2) & (x+2)(x-2) \end{pmatrix}$$
$$\to\begin{pmatrix} 1 & 0 & 0 \\ 0 & x-2 & -2(x-2) \\ 0 & 0 & (x+2)(x-2)-4(x-2) \end{pmatrix}$$
$$\to\begin{pmatrix} 1 & 0 & 0 \\ 0 & x-2 & 0 \\ 0 & 0 & (x-2)^2 \end{pmatrix}.$$

当然，我们也可以求行列式因子. 为此，必须计算 9 个二阶子式. 结果为

$$d_1(x)=1,\quad d_2(x)=x-2,\quad d_3(x)=(x-2)^3.$$
$$e_1(x)=1,\quad e_2(x)=x-2,\quad e_3(x)=(x-2)^2.$$

问题　求下列 x-矩阵的标准形.

$$\text{(i)}\ \begin{pmatrix} x-2 & -1 & 0 \\ 0 & x-2 & 0 \\ 0 & 0 & x-2 \end{pmatrix} \cdot \quad \text{(ii)}\ \begin{pmatrix} x-4 & 0 & -1 \\ -2 & x-3 & -2 \\ 0 & 2 & x \end{pmatrix}.$$

从定理 [1.2] 可以直接得出以下推论.

推论 [1.4]　两个 x-矩阵等价的充分必要条件是其秩及不变因子一致.

推论 [1.5]　(i) 可逆的 x-矩阵与单位矩阵等价，与单位矩阵等价的 x-矩阵可逆.

(ii) 任意可逆矩阵可表示为初等矩阵的乘积.

(iii) 可逆矩阵仅通过初等行变换或初等列变换变换为单位矩阵.

证明：(i) 等价的两个 x-矩阵的行列式，只差常数（$\neq 0$）倍. 可逆矩阵的行列式是不为零的常数，所以其标准形的行列式也是不为零的常数. 因此，标准形必须是单位矩阵. 反之亦然.

(ii) 如果 $\boldsymbol{A}(x)$ 是可逆矩阵，根据 (i)，初等矩阵 $\boldsymbol{P}_1(x), \boldsymbol{P}_2(x), \cdots, \boldsymbol{P}_k(x)$ 和 $\boldsymbol{Q}_1(x), \boldsymbol{Q}_2(x), \cdots, \boldsymbol{Q}_1(x)$ 存在，于是

$$\boldsymbol{P}_1(x)\boldsymbol{P}_2(x)\cdots\boldsymbol{P}_k(x)\boldsymbol{A}(x)\boldsymbol{Q}_1(x)\boldsymbol{Q}_2(x)\cdots\boldsymbol{Q}_1(x)=\boldsymbol{E}.$$

因此，

$$\boldsymbol{A}(x)=\boldsymbol{P}_k(x)^{-1}\boldsymbol{P}_{k-1}(x)^{-1}\cdots\boldsymbol{P}_1(x)^{-1}\boldsymbol{Q}_l(x)^{-1}\cdots\boldsymbol{Q}_l(x)^{-1}$$

成立. $\boldsymbol{P}_i(x)^{-1}$、$\boldsymbol{Q}_j(x)^{-1}$ 是初等矩阵.

(iii) 通过 (ii) 可证. 证毕.

推论 [1.6]　$\boldsymbol{A}(x)$ 和 $\boldsymbol{B}(x)$ 等价的充分必要条件是存在两个可逆矩阵 $\boldsymbol{P}(x)$、$\boldsymbol{Q}(x)$ 使

$$\boldsymbol{B}(x)=\boldsymbol{P}(x)\boldsymbol{A}(x)\boldsymbol{Q}(x). \tag{3}$$

证明：根据推论 [1.5] 的 (ii) 可证. 证毕.

以上给出的不变因子理论，可拓展应用于求解不能实现对角化的数字矩阵的标准形问题.

对于以 $\mathbb{K}$ 的元素为元素的矩阵 $\boldsymbol{A}$，x-矩阵 $x\boldsymbol{E}-\boldsymbol{A}$ 称为 $\boldsymbol{A}$ **的特征 x-矩阵**.

x-矩阵是指以 x 的多项式为元素的矩阵，我们也可以将其视为以矩阵为系数的 x 的多项式.

例如，

$$\begin{pmatrix} x^2-2x-1 & 2x+3 \\ x+2 & 2x^2-3x \end{pmatrix} = \begin{pmatrix} 1 & 0 \\ 0 & 2 \end{pmatrix} x^2 + \begin{pmatrix} -2 & 2 \\ 1 & -3 \end{pmatrix} x + \begin{pmatrix} -1 & 3 \\ 2 & 0 \end{pmatrix}.$$

通常，用

$$\boldsymbol{A}(x) = \boldsymbol{A}_0 x^k + \boldsymbol{A}_1 x^{k-1} + \cdots + \boldsymbol{A}_{k-1} x + \boldsymbol{A}_k, \quad \boldsymbol{A}_0 \neq \boldsymbol{O} \tag{4}$$

表示. $\boldsymbol{A}_0, \boldsymbol{A}_1, \cdots, \boldsymbol{A}_k$ 是以 $\mathbb{K}$ 的元素为元素的矩阵. 拥有系数矩阵（非零）的最高阶 k 称为 x-矩阵 $\boldsymbol{A}(x)$ 的**幂次**.

[1.7] 在两个 n 阶 x-矩阵

$$\boldsymbol{A}(x) = \boldsymbol{A}_0 x^k + \boldsymbol{A}_1 x^{k-1} + \cdots + \boldsymbol{A}_{k-1} x + \boldsymbol{A}_k, \quad \boldsymbol{A}_0 \neq \boldsymbol{O}, \tag{4}$$

$$\boldsymbol{B}(x) = \boldsymbol{B}_0 x^l + \boldsymbol{B}_1 x^{l-1} + \cdots + \boldsymbol{B}_{l-1} x + \boldsymbol{B}_l, \quad \boldsymbol{B}_0 \neq \boldsymbol{O} \tag{5}$$

中，如果 $\boldsymbol{B}(x)$ 的最高阶的系数矩阵 $\boldsymbol{B}_0$ 是可逆的，那么满足

$$\boldsymbol{A}(x) = \boldsymbol{B}(x)\boldsymbol{Q}_1(x) + \boldsymbol{R}_1(x), \tag{6}$$

并且 $\boldsymbol{R}_1(x)$ 为零矩阵，或者幂次小于 $\boldsymbol{B}(x)$ 的幂次的两个 n 阶 x-矩阵 $\boldsymbol{Q}_1(x)$ 和 $\boldsymbol{R}_1(x)$ 是唯一确定的.

此外，满足

$$\boldsymbol{A}(x) = \boldsymbol{Q}_2(x)\boldsymbol{B}(x) + \boldsymbol{R}_2(x), \tag{7}$$

并且 $\boldsymbol{R}_2(x)$ 为零矩阵，或者幂次小于 $\boldsymbol{B}(x)$ 的幂次的两个 n 阶 x-矩阵 $\boldsymbol{Q}_2(x)$ 和 $\boldsymbol{R}_2(x)$ 是唯一确定的（参照附录 1 的 [1.2]）.

证明：根据数学归纳法，证明满足式 (6) 的 $\boldsymbol{Q}_1(x)$ 和 $\boldsymbol{R}_1(x)$ 的存在.

当 $k=0$ 时，如果 $l>0$，则设 $\boldsymbol{Q}_1(x)=\boldsymbol{O}$，$\boldsymbol{R}_1(x)=\boldsymbol{A}(x)$；如果 $l=0$，则 $\boldsymbol{B}(x)=\boldsymbol{B}_0$，所以 $\boldsymbol{Q}_1(x)=\boldsymbol{B}_0^{-1}\boldsymbol{A}(x)$，$\boldsymbol{R}_1(x)=\boldsymbol{O}$.

对于幂次小于 k 的 x-矩阵，假设命题成立.

如果 $k<l$，我们可以令 $\boldsymbol{Q}_1(x)=\boldsymbol{O}$，$\boldsymbol{R}_1(x)=\boldsymbol{A}(x)$.

当 $k \geqslant l$ 时，设

$$\boldsymbol{A}'(x) = \boldsymbol{A}(x) - \boldsymbol{B}(x)\boldsymbol{B}_0^{-1}\boldsymbol{A}_0 x^{k-l}.$$

我们可以清晰地看到，$\boldsymbol{A}'(x)$ 的幂次小于或等于 $k-1$. 因此，存在满足

$$\boldsymbol{A}'(x) = \boldsymbol{B}(x)\boldsymbol{Q}'(x) + \boldsymbol{R}_1(x)$$

的 $\boldsymbol{Q}'(x)$ 和幂次小于 l 的 $\boldsymbol{R}_1(x)$（或零矩阵）. 如果

$$\boldsymbol{Q}_1(x)=\boldsymbol{B}_0^{-1}\boldsymbol{A}_0x^{k-l}+\boldsymbol{Q}'(x),$$

那么，

$$\boldsymbol{A}(x)=\boldsymbol{B}(x)\boldsymbol{Q}_1(x)+\boldsymbol{R}_1(x)$$

成立. 因此，该结论对所有 k 值都适用.

如果另一组 $\boldsymbol{Q}_1'(x)$ 和 $\boldsymbol{R}_1'(x)$ 满足条件，则

$$\boldsymbol{B}(x)\{\boldsymbol{Q}_1(x)-\boldsymbol{Q}_1'(x)\}=\boldsymbol{R}_1'(x)-\boldsymbol{R}_1(x)$$

成立. 根据幂次相关的条件，必然有 $\boldsymbol{Q}_1(x)=\boldsymbol{Q}_1'(x)$，$\boldsymbol{R}_1(x)=\boldsymbol{R}_1'(x)$.

满足 (7) 的 $\boldsymbol{Q}_2(x)$ 和 $\boldsymbol{R}_2(x)$ 的存在性和唯一性同样可被证明. 证毕.

以下定理是我们解决问题的关键.

定理 [1.8]　两个 $\mathbb{K}$-矩阵 $\boldsymbol{A}$ 和 $\boldsymbol{B}$ 相似（即存在一个可逆 $\mathbb{K}$-矩阵 $\boldsymbol{P}$，使得 $\boldsymbol{B}=\boldsymbol{P}^{-1}\boldsymbol{A}\boldsymbol{P}$）的充分必要条件是它们的特征 x-矩阵 $x\boldsymbol{E}-\boldsymbol{A}$ 和 $x\boldsymbol{E}-\boldsymbol{B}$ 等价.

证明：如果 $\boldsymbol{B}=\boldsymbol{P}^{-1}\boldsymbol{A}\boldsymbol{P}$，则 $x\boldsymbol{E}-\boldsymbol{B}=\boldsymbol{P}^{-1}(x\boldsymbol{E}-\boldsymbol{A})\boldsymbol{P}$ 成立，因为 $\boldsymbol{P}$ 是可逆矩阵，所以根据推论 [1.6]，$x\boldsymbol{E}-\boldsymbol{A}$ 和 $x\boldsymbol{E}-\boldsymbol{B}$ 也等价.

相反，如果 $x\boldsymbol{E}-\boldsymbol{A}$ 和 $x\boldsymbol{E}-\boldsymbol{B}$ 等价，则存在满足

$$(x\boldsymbol{E}-\boldsymbol{A})\boldsymbol{P}(x)=\boldsymbol{Q}(x)(x\boldsymbol{E}-\boldsymbol{B}) \tag{8}$$

的可逆矩阵 $\boldsymbol{P}(x)$ 和 $\boldsymbol{Q}(x)$. 根据 [1.7]，存在满足

$$\boldsymbol{P}(x)=\boldsymbol{P}_1(x)(x\boldsymbol{E}-\boldsymbol{B})+\boldsymbol{P},\boldsymbol{Q}(x)=(x\boldsymbol{E}-\boldsymbol{A})\boldsymbol{Q}_1(x)+\boldsymbol{Q} \tag{9}$$

的 x-矩阵 $\boldsymbol{P}_1(x)$、$\boldsymbol{Q}_1(x)$ 及 $\mathbb{K}$-矩阵 $\boldsymbol{P}$、$\boldsymbol{Q}$.

$$\begin{aligned}&(x\boldsymbol{E}-\boldsymbol{A})\left\{\boldsymbol{P}_1(x)-\boldsymbol{Q}_1(x)\right\}(x\boldsymbol{E}-\boldsymbol{B})\\&=(x\boldsymbol{E}-\boldsymbol{A})\boldsymbol{P}_1(x)(x\boldsymbol{E}-\boldsymbol{B})-(x\boldsymbol{E}-\boldsymbol{A})\boldsymbol{Q}_1(x)(x\boldsymbol{E}-\boldsymbol{B})\\&=(x\boldsymbol{E}-\boldsymbol{A})(\boldsymbol{P}(x)-\boldsymbol{P})-(\boldsymbol{Q}(x)-\boldsymbol{Q})(x\boldsymbol{E}-\boldsymbol{B})\\&=[(x\boldsymbol{E}-\boldsymbol{A})\boldsymbol{P}(x)-\boldsymbol{Q}(x)(x\boldsymbol{E}-\boldsymbol{B})]\\&\quad+[\boldsymbol{Q}(x\boldsymbol{E}-\boldsymbol{B})-(x\boldsymbol{E}-\boldsymbol{A})\boldsymbol{P}].\end{aligned}$$

根据式 (8)，因最后面的第一项是 $\boldsymbol{O}$，所以

$$(x\boldsymbol{E}-\boldsymbol{A})\{\boldsymbol{P}_1(x)-\boldsymbol{Q}_1(x)\}(x\boldsymbol{E}-\boldsymbol{B})=\boldsymbol{Q}(x\boldsymbol{E}-\boldsymbol{B})-(x\boldsymbol{E}-\boldsymbol{A})\boldsymbol{P} \tag{10}$$

成立. 如果 $\boldsymbol{P}_1(x) \neq \boldsymbol{Q}_1(x)$，那么因为式 (10) 的左边的幂次大于或等于 2，而右边的幂次小于或等于 1（或零矩阵），所以

$$\boldsymbol{P}_1(x) = \boldsymbol{Q}_1(x), \quad \boldsymbol{Q}(x\boldsymbol{E} - \boldsymbol{B}) = (x\boldsymbol{E} - \boldsymbol{A})\boldsymbol{P}.$$

第 2 个等式可以写成

$$(\boldsymbol{P} - \boldsymbol{Q})x = \boldsymbol{AP} - \boldsymbol{QB},$$

所以根据幂次的关系，下式必定成立.

$$\boldsymbol{P} = \boldsymbol{Q}, \quad \boldsymbol{AP} = \boldsymbol{QB} = \boldsymbol{PB}. \tag{11}$$

如果 $\boldsymbol{P}$ 是可逆的，那么 $\boldsymbol{B} = \boldsymbol{P}^{-1}\boldsymbol{AP}$，适用的定理已经被证明.

因为 $\boldsymbol{P}(x)$ 是可逆矩阵，所以满足

$$\boldsymbol{P}^{-1}(x) = \boldsymbol{R}(x)(x\boldsymbol{E} - \boldsymbol{A}) + \boldsymbol{R}$$

的 $\boldsymbol{R}(x)$ 和 $\mathbb{K}$-矩阵 $\boldsymbol{R}$ 存在.

$$\begin{aligned}\boldsymbol{E} &= [\boldsymbol{R}(x)(x\boldsymbol{E} - \boldsymbol{A}) + \boldsymbol{R}]\,[\boldsymbol{P}_1(x)(x\boldsymbol{E} - \boldsymbol{B}) + \boldsymbol{P}]\\ &= [\boldsymbol{R}(x)(x\boldsymbol{E} - \boldsymbol{A}) + \boldsymbol{R}]\boldsymbol{P}_1(x)(x\boldsymbol{E} - \boldsymbol{B}) + \boldsymbol{R}(x)(x\boldsymbol{E} - \boldsymbol{A})\boldsymbol{P} + \boldsymbol{RP}\\ &= [\boldsymbol{R}(x)(x\boldsymbol{E} - \boldsymbol{A}) + \boldsymbol{R}]\boldsymbol{P}_1(x)(x\boldsymbol{E} - \boldsymbol{B}) + \boldsymbol{R}(x)\boldsymbol{Q}(x\boldsymbol{E} - \boldsymbol{B}) + \boldsymbol{RP}\\ &= \boldsymbol{S}(x)(x\boldsymbol{E} - \boldsymbol{B}) + \boldsymbol{RP}.\end{aligned} \tag{12}$$

其中

$$\boldsymbol{S}(x) = [\boldsymbol{R}(x)(x\boldsymbol{E} - \boldsymbol{A}) + \boldsymbol{R}]\boldsymbol{P}_1(x) + \boldsymbol{R}(x)\boldsymbol{Q}.$$

如果 $\boldsymbol{S}(x)$ 为非零矩阵，则式 (12) 右边的幂次为 1 或比 1 更高. 因左边幂次为 0，所以 $\boldsymbol{S}(x) = \boldsymbol{O}, \boldsymbol{RP} = \boldsymbol{E}$ 成立. 因此，$\boldsymbol{P}$ 是一个可逆矩阵. 证毕.

根据该证明，对于满足

$$(x\boldsymbol{E} - \boldsymbol{A})\boldsymbol{P}(x) = \boldsymbol{Q}(x)(x\boldsymbol{E} - \boldsymbol{B}), \tag{8}$$

$$\boldsymbol{P}^{-1}\boldsymbol{AP} = \boldsymbol{B}$$

的 $\boldsymbol{P}(x)$、$\boldsymbol{Q}(x)$、$\boldsymbol{P}$，有

$$\boldsymbol{P}(x) = \boldsymbol{P}_1(x)(x\boldsymbol{E} - \boldsymbol{B}) + \boldsymbol{P}, \quad \boldsymbol{Q}(x) = (x\boldsymbol{E} - \boldsymbol{A})\boldsymbol{P}_1(x) + \boldsymbol{P}. \tag{13}$$

问题　请证明任意方块矩阵 $\boldsymbol{A}$ 都与其转置矩阵 $\boldsymbol{A}^{\mathrm{T}}$ 相似.

为了求得将 $\boldsymbol{A}$ 转换为 $\boldsymbol{B}$ 的矩阵 $\boldsymbol{P}$，我们证明了以下定理.

定理 [1.9]　一个幂次为 k 的 n 阶 x-矩阵 $\boldsymbol{P}(x)$ 如果用

$$\boldsymbol{P}(x)=\boldsymbol{P}_0x^k+\boldsymbol{P}_1x^{k-1}++\boldsymbol{P}^{k-1}x+\boldsymbol{P}_k,\quad \boldsymbol{P}_0\neq\boldsymbol{O}, \tag{14}$$

$$\boldsymbol{P}(x)=\boldsymbol{P}_1(x)(x\boldsymbol{E}-\boldsymbol{B})+\boldsymbol{P} \tag{15}$$

表示，那么，

$$\boldsymbol{P}=\boldsymbol{P}_0\boldsymbol{B}^k+\boldsymbol{P}_1\boldsymbol{B}^{k-1}+\cdots+\boldsymbol{P}_{k-1}\boldsymbol{B}+\boldsymbol{P}_k \tag{16}$$

成立.

同样，

$$\boldsymbol{Q}(x)=\boldsymbol{Q}_0x^l+\boldsymbol{Q}_1x^{l-1}+\cdots+\boldsymbol{Q}_{l-1}x+\boldsymbol{Q}_l,\quad \boldsymbol{Q}_0\neq\boldsymbol{O}, \tag{17}$$

$$\boldsymbol{Q}(x)=(x\boldsymbol{E}-\boldsymbol{A})\boldsymbol{Q}_1(x)+\boldsymbol{Q}, \tag{18}$$

那么，

$$\boldsymbol{Q}=\boldsymbol{A}^l\boldsymbol{Q}_0+\boldsymbol{A}^{l-1}\boldsymbol{Q}_1+\cdots+\boldsymbol{A}\boldsymbol{Q}_{l-1}+\boldsymbol{Q}_l \tag{19}$$

也成立.

证明：我们用数学归纳法做了证明. $k=0$ 时的情况已经清楚，因此，我们假设 $k>0$，在幂次为 $k-1$ 或比 $k-1$ 更小的情况下，定理成立.

[1.7] 的证明过程如上文所述，

$$\begin{aligned}\boldsymbol{P}'(x)&=\boldsymbol{P}(x)-\boldsymbol{P}_0(x\boldsymbol{E}-\boldsymbol{B})x^{k-1}\\&=(\boldsymbol{P}_1+\boldsymbol{P}_0\boldsymbol{B})x^{k-1}+\boldsymbol{P}_2x^{k-2}+\cdots+\boldsymbol{P}_{k-1}x+\boldsymbol{P}_k\end{aligned}$$

的幂次小于等于 $k-1$，

$$\boldsymbol{P}'(x)=\boldsymbol{P}_1'(x)(x\boldsymbol{E}-\boldsymbol{B})+\boldsymbol{P}$$

成立. 根据数学归纳法的假设，

$$\begin{aligned}\boldsymbol{P}&=(\boldsymbol{P}_1+\boldsymbol{P}_0\boldsymbol{B})\boldsymbol{B}^{k-1}+\boldsymbol{P}_2\boldsymbol{B}^{k-2}+\cdots+\boldsymbol{P}_{k-1}\boldsymbol{B}+\boldsymbol{P}_k\\&=\boldsymbol{P}_0\boldsymbol{B}^k+\boldsymbol{P}_1\boldsymbol{B}^{k-1}+\boldsymbol{P}_2\boldsymbol{B}^{k-2}+\cdots+\boldsymbol{P}_{k-1}\boldsymbol{B}+\boldsymbol{P}_k\end{aligned}$$

成立. $\boldsymbol{Q}(x)$ 也是如此. 证毕.

注意点 定理 [1.9] 是矩阵系数的多项式的余数定理. 然而，因为矩阵通常不可互换，所以 $\boldsymbol{B}$ 或 $\boldsymbol{A}$ 不能“赋值”给式 (15) 或式 (18) 的 x.

当 $\boldsymbol{A}$ 和 $\boldsymbol{B}$ 相似时，满足 $\boldsymbol{B}=\boldsymbol{P}^{-1}\boldsymbol{AP}$ 的 $\boldsymbol{P}$ 可通过下面的方式求出.

因为 $x\boldsymbol{E}-\boldsymbol{A}$ 和 $x\boldsymbol{E}-\boldsymbol{B}$ 等价，所以 $x\boldsymbol{E}-\boldsymbol{A}$ 可通过几次初等变换转换为 $x\boldsymbol{E}-\boldsymbol{B}$. 其中，$\boldsymbol{P}(x)$ 为仅仅通过初等列变换（与列相关）并将相应的初等矩阵按顺序相乘得到的结果. 如果

$$\boldsymbol{P}(x)=\boldsymbol{P}_0x^k+\boldsymbol{P}_1x^{k-1}+\cdots+\boldsymbol{P}_{k-1}x+\boldsymbol{P}_k,$$

那么

$$\boldsymbol{P}=\boldsymbol{P}_0\boldsymbol{B}^k+\boldsymbol{P}_1\boldsymbol{B}^{k-1}+\cdots+\boldsymbol{P}_{k-1}\boldsymbol{B}+\boldsymbol{P}_k$$

是要求的矩阵.

或者，设 $\boldsymbol{Q}(x)$ 为将对应于初等行变换的初等矩阵的逆矩阵按顺序相乘得到的结果. 如果

$$\boldsymbol{Q}(x)=\boldsymbol{Q}_0x^l+\boldsymbol{Q}_1x^{l-1}+\cdots+\boldsymbol{Q}_{l-1}x+\boldsymbol{Q}_l,$$

那么

$$\boldsymbol{P}=\boldsymbol{Q}=\boldsymbol{A}^l\boldsymbol{Q}_0+\boldsymbol{A}^{l-1}\boldsymbol{Q}_1+\cdots+\boldsymbol{A}\boldsymbol{Q}_{l-1}+\boldsymbol{Q}_l$$

是要求的矩阵.

例 2 假设

$$\boldsymbol{A}=\begin{pmatrix}0&2&1\\-4&6&2\\4&-4&0\end{pmatrix},\quad \boldsymbol{B}=\begin{pmatrix}2&1&0\\0&2&0\\0&0&2\end{pmatrix}.$$

特征矩阵 $x\boldsymbol{E}-\boldsymbol{A}$ 和 $x\boldsymbol{E}-\boldsymbol{B}$ 的不变因子都是 $e_1(x)=1$，$e_2(x)=x-2$，$e_3(x)=(x-2)^2$，所以 $\boldsymbol{A}$ 和 $\boldsymbol{B}$ 是相似的（参照本章例 1）.

当将 $x\boldsymbol{E}-\boldsymbol{A}$ 转换为 $x\boldsymbol{E}-\boldsymbol{B}$ 时，如果对在 $x\boldsymbol{E}-\boldsymbol{A}$ 下添加了单位矩阵的 6×3 矩阵进行变换，那么当上半部分变成 $x\boldsymbol{E}-\boldsymbol{B}$ 时，下半部分则得到初等列变换的矩阵 $\boldsymbol{P}(x)$. 如果进行计算，则有

$$\begin{pmatrix}x&-2&-1\\4&x-6&-2\\-4&4&x\\1&0&0\\0&1&0\\0&0&1\end{pmatrix}\to\begin{pmatrix}x-2&-2&-1\\x-2&x-6&-2\\0&4&x\\1&0&0\\1&1&0\\0&0&1\end{pmatrix}$$

$$\to\begin{pmatrix} x-2 & -2 & -1 \\ 0 & x-4 & -1 \\ 0 & 4 & x \\ 1 & 0 & 0 \\ 1 & 1 & 0 \\ 0 & 0 & 1 \end{pmatrix}\to\begin{pmatrix} x-2 & -1 & -2 \\ 0 & -1 & x-4 \\ 0 & x & 4 \\ 1 & 0 & 0 \\ 1 & 0 & 1 \\ 0 & 1 & 0 \end{pmatrix}$$

$$\to\begin{pmatrix} x-2 & -1 & 0 \\ 0 & -1 & x-2 \\ 0 & x & 4-2x \\ 1 & 0 & 0 \\ 1 & 0 & 1 \\ 0 & 1 & -2 \end{pmatrix}\to\begin{pmatrix} x-2 & -1 & 0 \\ 0 & x-2 & 0 \\ 0 & x & 4-2x \\ 1 & 0 & 0 \\ 1 & 0 & 1 \\ 0 & 1 & -2 \end{pmatrix}$$

$$\to\begin{pmatrix} x-2 & -1 & 0 \\ 0 & x-2 & 0 \\ 2x-4 & z-2 & 4-2x \\ 1 & 0 & 0 \\ 1 & 0 & 1 \\ 0 & 1 & -2 \end{pmatrix}\to\begin{pmatrix} x-2 & -1 & 0 \\ 0 & x-2 & 0 \\ 0 & x-2 & 4-2x \\ 1 & 0 & 0 \\ 2 & 0 & 1 \\ -2 & 1 & -2 \end{pmatrix}$$

$$\to\begin{pmatrix} x-2 & -1 & 0 \\ 0 & x-2 & 0 \\ 0 & 0 & x-2 \\ 1 & 0 & 0 \\ 2 & 0 & 1 \\ -2 & 1 & -2 \end{pmatrix}.$$

因此，$\boldsymbol{P}(x)=\begin{pmatrix} 1 & 0 & 0 \\ 2 & 0 & 1 \\ -2 & 1 & -2 \end{pmatrix}$. 因为幂次为 0，所以 $\boldsymbol{P}=\boldsymbol{P}(x)$.

$\boldsymbol{AP}=\boldsymbol{PB}$ 即可被确认.

然而，在一般情况下，还没有将 $x\boldsymbol{E}-\boldsymbol{A}$ 转换为 $x\boldsymbol{E}-\boldsymbol{B}$ 的既定方法. 如果很难直接将 $x\boldsymbol{E}-\boldsymbol{A}$ 转换为 $x\boldsymbol{E}-\boldsymbol{B}$，则分别将它们转换为（通用的）标准形. 如果初等列变换的矩阵是 $\boldsymbol{P}_1(x)$ 和 $\boldsymbol{P}_2(x)$，则 $\boldsymbol{P}(x)$ 可通过 $\boldsymbol{P}(x)=\boldsymbol{P}_1(x)\boldsymbol{P}_2(x)^{-1}$ 求得.

在这个例子中，

$$\boldsymbol{P}_1(x)=\begin{pmatrix} 0 & 0 & 1 \\ 0 & 1 & 2 \\ -1 & -2 & x-4 \end{pmatrix}, \quad \boldsymbol{P}_2(x)^{-1}=\begin{pmatrix} x-2 & -1 & 0 \\ 0 & 0 & 1 \\ 1 & 0 & 0 \end{pmatrix}.$$

注意点 变换矩阵 $\boldsymbol{P}$ 不是唯一的. 如果 $\boldsymbol{C}$ 与 $\boldsymbol{A}$ 为可交换的可逆矩阵，那么 $(\boldsymbol{CP})^{-1}\boldsymbol{A}(\boldsymbol{CP})=\boldsymbol{B}$ 成立.

问题 下面两个矩阵 $\boldsymbol{A}$、$\boldsymbol{B}$ 相似. 求出 $\boldsymbol{B}=\boldsymbol{P}^{-1}\boldsymbol{AP}$ 的可逆矩阵 $\boldsymbol{P}$.

(i)

$$A=\begin{pmatrix} -1 & 4 \\ -1 & 3 \end{pmatrix}, \quad B=\begin{pmatrix} 1 & 1 \\ 0 & 1 \end{pmatrix}.$$

(ii)

$$A=\begin{pmatrix} 4 & -1 & 1 \\ 8 & -2 & 2 \\ -6 & 1 & -2 \end{pmatrix}, \quad B=\begin{pmatrix} 0 & 1 & 0 \\ 0 & 0 & 1 \\ 0 & 0 & 0 \end{pmatrix}.$$

注：在本节中，我们用到了 x-矩阵的行列式的性质，而没有证明. 当然，我们应该逐个证明这些定理，但在此省略，因为它们的求解方法与数字矩阵的行列式的情况完全相同. 第 3 章中不包括元素除法的所有定理（多重线性、反对称性、乘法公式、矩阵展开等）都成立.

6.2 若尔当标准形

方便起见，假设 $\mathbb{K}=\mathbb{C}$.

为了节省空间，对于 m 阶 x-矩阵 $\boldsymbol{A}(x)$ 和 n 阶 x-矩阵 $\boldsymbol{B}(x)$，我们把 $m+n$ 阶 x-矩阵 $\begin{pmatrix} \boldsymbol{A}(x) & \boldsymbol{O} \\ \boldsymbol{O} & \boldsymbol{B}(x) \end{pmatrix}$ 叫作 $\boldsymbol{A}(x)$ 和 $\boldsymbol{B}(x)$ 的**直和**，用 $\boldsymbol{A}(x)\dot{+}\boldsymbol{B}(x)$ 来表示，即

$$\boldsymbol{A}(x)\dot{+}\boldsymbol{B}(x)=\begin{pmatrix} \boldsymbol{A}(x) & \boldsymbol{O} \\ \boldsymbol{O} & \boldsymbol{B}(x) \end{pmatrix}.$$

对于三阶及大于三阶的 x-矩阵 $\boldsymbol{A}_1(x), \boldsymbol{A}_2(x), \cdots, \boldsymbol{A}_k(x)$，其直和定义

如下：

$$A_1(x)\dot{+}A_2(x)\dot{+}\cdots\dot{+}A_k(x)=\begin{pmatrix} A_1(x) & O & \cdots & O \\ O & A_2(x) & \cdots & O \\ \vdots & \vdots & \ddots & \vdots \\ O & O & \cdots\cdots & A_k(x) \end{pmatrix}.$$

注意，即使改变直和的顺序，我们也可以得到等价的 x-矩阵.

k 阶矩阵

$$\begin{pmatrix} \alpha & 1 & 0 & \cdots & 0 \\ 0 & \alpha & \ddots & \ddots & \vdots \\ & 0 & \ddots & \ddots & \\ \vdots & \vdots & & \ddots & 1 \\ 0 & 0 & \cdots\cdots & & \alpha \end{pmatrix}$$

称为特征值为 α 的 k 阶**若尔当块**，由 $J(\alpha,k)$ 表示.

$$J(\alpha,1)=(\alpha),\quad J(\alpha,2)=\begin{pmatrix} \alpha & 1 \\ 0 & \alpha \end{pmatrix},\quad J(\alpha,3)=\begin{pmatrix} \alpha & 1 & 0 \\ 0 & \alpha & 1 \\ 0 & 0 & \alpha \end{pmatrix}.$$

对于不同的特征值，不同阶数的几个若尔当块的直和称为**若尔当矩阵**.

$$J=\begin{pmatrix} J_1 & & & \\ & J_2 & & \\ & & \ddots & \\ & & & J_s \end{pmatrix},\quad J_i=J\left(\alpha_i,k_i\right).$$

我们的目的是证明任意的复矩阵都有唯一的若尔当矩阵（不考虑若尔当块的排列方式）与之相似.

正如前面介绍的那样（参照第 5 章定理 [1.4]），如果矩阵 A 的特征根 $\alpha_1,\alpha_2,\cdots,a_n$ 都不同，那么 A 与若尔当矩阵（实际上是对角矩阵）

$$J\left(\alpha_1,1\right)\dot{+}J\left(\alpha_2,1\right)\dot{+}\cdots\dot{+}J\left(\alpha_n,1\right)$$

相似.

[2.1] $\boldsymbol{A}(x)$ 和 $\boldsymbol{B}(x)$ 是阶数不一定相等的标准形 x-矩阵. 假设

$$\boldsymbol{A}(x)=\begin{pmatrix}1&&&&\\&1&&&\\&&\ddots&&\\&&&1&\\&&&&f(x)\end{pmatrix},\quad \boldsymbol{B}(x)=\begin{pmatrix}1&&&&\\&1&&&\\&&\ddots&&\\&&&1&\\&&&&g(x)\end{pmatrix}.$$

(i) 如果 $g(x)$ 被 $f(x)$ 整除，那么，$\boldsymbol{A}(x)\dotplus\boldsymbol{B}(x)$ 及 $\boldsymbol{B}(x)\dotplus\boldsymbol{A}(x)$ 都与标准形

$$\begin{pmatrix}1&&&&\\&1&&&\\&&\ddots&&\\&&&f(x)&\\&&&&g(x)\end{pmatrix}$$

等价.

(ii) $f(x)$ 和 $g(x)$ 如果没有公因子，那么 $\boldsymbol{A}(x)\dotplus\boldsymbol{B}(x)$ 与标准形

$$\begin{pmatrix}1&&&&\\&1&&&\\&&\ddots&&\\&&&1&\\&&&&f(x)g(x)\end{pmatrix}$$

等价.

证明：

(i) 的标准形可以通过转换 $\boldsymbol{A}(x)\dotplus\boldsymbol{B}(x)$ 的列和行来轻松获取.

(ii) $f(x)$ 和 $g(x)$ 的最大公约数是 1，所以满足

$$f(x)u(x)+g(x)v(x)=1$$

的多项式 $u(x)$ 和 $v(x)$ 存在（请参照附录 1 的 [1.4]）.

首先将 $\boldsymbol{A}(x)\dotplus\boldsymbol{B}(x)$ 变换为 (i) 的形式，请注意右下的二阶矩阵

$$\begin{pmatrix}f(x)&0\\0&g(x)\end{pmatrix}.$$

$$\begin{pmatrix} 1 & v(x) \\ -g(x) & f(x)u(x) \end{pmatrix} \begin{pmatrix} f(x) & 0 \\ 0 & g(x) \end{pmatrix} \begin{pmatrix} u(x) & -g(x)v(x) \\ 1 & f(x) \end{pmatrix}$$
$$= \begin{pmatrix} 1 & 0 \\ 0 & f(x)g(x) \end{pmatrix}$$

成立，左边两侧的 x-矩阵可逆，因为行列式是 1. 由此得出

$$\begin{pmatrix} f(x) & 0 \\ 0 & g(x) \end{pmatrix} \sim \begin{pmatrix} 1 & 0 \\ 0 & f(x)g(x) \end{pmatrix}.$$

证毕.

我们把若尔当块 $\boldsymbol{J}(\alpha,k)$ 的特征矩阵

$$x\boldsymbol{E}-\boldsymbol{J}(\alpha,k)=\begin{pmatrix} x-\alpha & -1 & 0 & \cdots & 0 \\ 0 & x-\alpha & -1 & & \vdots \\ \vdots & \vdots & \ddots & \ddots & -1 \\ 0 & 0 & \cdots\cdots & & x-\alpha \end{pmatrix}$$

称为**特征若尔当块**. 它与标准形

$$\begin{pmatrix} 1 & & & & \\ & 1 & & & \\ & & \ddots & & \\ & & & \ddots & \\ & & & & (x-\alpha)^k \end{pmatrix}$$

等价. 关于这一点，我们只要查看行列式因子就能马上明白.

下面我们求 n 阶若尔当矩阵

$$\boldsymbol{J}=\boldsymbol{J}_1\dot{+}\boldsymbol{J}_2\dot{+}\cdots\dot{+}\boldsymbol{J}_s$$

的特征矩阵

$$x\boldsymbol{E}-\boldsymbol{J}=\begin{pmatrix} x\boldsymbol{E}-\boldsymbol{J}_1 & & & & \\ & x\boldsymbol{E}-\boldsymbol{J}_2 & & & \\ & & \ddots & & \\ & & & \ddots & \\ & & & & x\boldsymbol{E}-\boldsymbol{J}_s \end{pmatrix}$$

的标准形.

设 $\boldsymbol{J}$ 的不同特征值为 $\alpha_1, \alpha_2, \cdots, \alpha_p$. 对于每个 α_i，取 $x\boldsymbol{E}-\boldsymbol{J}$ 阶数最大的特征若尔当块，并将其直和设为 $\boldsymbol{K}_1$. 如果对于某个 α_i，阶数最大的特征若尔当块有多个，则我们取其中一个. 根据 [2.1] 的 (ii)，$\boldsymbol{K}_1$ 的标准形如下. 其中，n 是 $\boldsymbol{J}$ 的阶，不是 $\boldsymbol{K}_1$ 的阶.

$$\begin{pmatrix} 1 & & & & \\ & 1 & & & \\ & & \ddots & & \\ & & & \ddots & \\ & & & & e_n(x) \end{pmatrix}.$$

接下来，针对每个 α_i，取阶数第二大的特征若尔当块，将它们的直和设为 $\boldsymbol{K}_2$. 如果这样的特征若尔当块有多个，则取未包含在 $\boldsymbol{K}_1$ 中的一个. 此外，如果对于某 α_i 只有一个特征若尔当块，则不取值，因为它已经被 $\boldsymbol{K}_1$ 包含. 根据 [2.1] 的 (ii)，$\boldsymbol{K}_2$ 的不变因子形式为 $1, 1, \cdots, e_{n-1}(x)$，但通过调整 $\boldsymbol{K}_1$ 和 $\boldsymbol{K}_2$ 的取法，$e_n(x)$ 可被 $e_{n-1}(x)$ 整除.

如果继续这一操作，直到所有特征若尔当块逐一取尽，我们将得到 x-矩阵的序列 $\boldsymbol{K}_1, \boldsymbol{K}_2, \cdots, \boldsymbol{K}_r$. 当然，$x\boldsymbol{E}-\boldsymbol{J}$ 等于 $\boldsymbol{K}_1$, $\boldsymbol{K}_2, \cdots, \boldsymbol{K}_r$ 的直和（只需要更改行和列）.

此外，$\boldsymbol{K}_i$ 与标准形

$$\begin{pmatrix} 1 & & & & \\ & 1 & & & \\ & & \ddots & & \\ & & & \ddots & \\ & & & & e_{n-i+1}(x) \end{pmatrix}$$

等价，$e_{n-i+1}(x)$ 能被 $e_{n-i}(x)$ 整除.

因此，根据 [2.1] 中的 (i)，$x\boldsymbol{E}-\boldsymbol{J}$ 的标准形为

$$\begin{pmatrix} 1 & & & & & \\ & 1 & & & & \\ & & \ddots & & & \\ & & & e_{n-i-r}(x) & & \\ & & & & \ddots & \\ & & & & & e_n(x) \end{pmatrix}.$$

根据以上结果和定理 [1.8] 可知，对于两个若尔当矩阵，只有当一个若尔当矩阵的若尔当块重新排列形成另一个若尔当矩阵时，两个矩阵才相似.

例 1　$\boldsymbol{J}=\boldsymbol{J}(2,3)\dot{+}\boldsymbol{J}(-1,2)\dot{+}\boldsymbol{J}(-1,1)\dot{+}\boldsymbol{J}(2,1)\dot{+}\boldsymbol{J}(2,3)$. $\boldsymbol{J}$ 是十阶矩阵, 其不变因子是

$$e_{10}(x)=(x-2)^3(x+1)^2,\quad e_9(x)=(x-2)^3(x+1),\quad e_8(x)=x-2,$$
$$e_7(x)=e_6(x)=\cdots=e_1(x)=1.$$

相反，有 n 个非零多项式 $e_1(x),e_2(x),\cdots,e_n(x)$. 如果 $e_i(x)$ 被 $e_{i-1}(x)$ 整除，那么，只有一个若尔当矩阵将它作为不变因子（不考虑若尔当块的排列方式）. 实际上，在 $e_1(x)=\cdots=e_{n-r}(x)=1$，$e_{n-r+1}(x)\neq 1$ 的时候，最好把 $e_{n-r+1}(x),\cdots,e_n(x)$ 分解为 $(x-\alpha)^k$ 的乘积的形式，形成各 $(x-\alpha)^k$ 所对应的全部若尔当块 $\boldsymbol{J}(\alpha,k)$ 的直和.

问题　从例 1 的结果的多项式 $e_1(x),e_2(x),\cdots,e_{10}(x)$ 中，求出以其为不变因子的若尔当矩阵.

对于任何 n 阶矩阵 $\boldsymbol{A}$，作为特征矩阵 $x\boldsymbol{E}-\boldsymbol{A}$ 的 x-矩阵的秩都是 n，因此上述推理证明了下面的定理.

定理 [2.2]　任意的方块矩阵 $\boldsymbol{A}$ 都只和一个若尔当矩阵 $\boldsymbol{J}$ 相似（不考虑若尔当块的排列方式）.

$\boldsymbol{J}$ 被称为矩阵 $\boldsymbol{A}$ 的**若尔当标准形**.

推论 [2.3]　矩阵 $\boldsymbol{A}$ 与对角矩阵相似的充分必要条件是，$\boldsymbol{A}$ 的特征矩阵 $x\boldsymbol{E}-\boldsymbol{A}$ 的最后一个不变因子 $e_n(x)$ 能被分解为不同的一次因数的乘积（$e_n(x)=0$ 没有重根）.

例 2　$\begin{pmatrix} 0 & 2 & 1 \\ -4 & 6 & 2 \\ 4 & -4 & 0 \end{pmatrix}$ 的特征矩阵 $x\boldsymbol{E}-\boldsymbol{A}$ 的不变因子为 $e_1(x)=1$，$e_2(x)=x-2$，$e_3(x)=(x-2)^2$（参照 6.1 节的例 1）. 因此，$\boldsymbol{A}$ 的若尔当

标准形 $\boldsymbol{J}$ 为

$$\boldsymbol{J}=\begin{pmatrix}2&1&0\\0&2&0\\0&0&2\end{pmatrix}.$$

如果要找到满足 $\boldsymbol{P}^{-1}\boldsymbol{AP}=\boldsymbol{J}$ 的可逆矩阵 $\boldsymbol{P}$，可以使用 6.1 节中描述的方法. $\boldsymbol{P}$ 并不是唯一的，例如

$$\boldsymbol{P}=\begin{pmatrix}1&0&0\\2&0&1\\-2&1&-2\end{pmatrix}.$$

（参照 6.1 节的例 2）.

这种方法很常见，但不管是只求 $\boldsymbol{J}$，还是同时求解 $\boldsymbol{J}$ 和 $\boldsymbol{P}$，它都不一定是最佳方法.

问题 求下列矩阵的若尔当标准形和变换矩阵.

(i) $\begin{pmatrix}4&0&1\\2&3&2\\0&-2&0\end{pmatrix}$.　(ii) $\begin{pmatrix}4&-1&-4\\4&-1&-4\\3&-1&-3\end{pmatrix}$.

考虑到由单个若尔当块 $\boldsymbol{J}(\alpha,k)$ 确定的 $\mathbb{C}^k$ 的线性变换，当 k 阶单位向量为 $\boldsymbol{e}_1, \boldsymbol{e}_2, \cdots, \boldsymbol{e}_k$ 时，显然，

$$(\boldsymbol{J}(\alpha,k)-\alpha\boldsymbol{E})\boldsymbol{e}_1=\boldsymbol{0},\quad (\boldsymbol{J}(\alpha,k)-\alpha\boldsymbol{E})\boldsymbol{e}_i=\boldsymbol{e}_{i-1}(i=2,3,\cdots,k)$$

成立.

此外，m 阶若尔当矩阵 $\boldsymbol{J}$ 如果只有一个特征值 α，那么对于任意 m 阶列向量 $\boldsymbol{x}$，

$$(\boldsymbol{J}-\alpha\boldsymbol{E})^m\boldsymbol{x}=\boldsymbol{0}$$

成立.

如果将上述有关矩阵的理论应用到线性变换上，我们会得到以下定理.

定理 [2.4] 对于复线性空间 $\boldsymbol{V}$ 的任何线性变换 T，存在具有以下性质的 T-不变子空间 $\boldsymbol{V}_1, \boldsymbol{V}_2, \cdots, \boldsymbol{V}_s$.

1) $\boldsymbol{V}=\boldsymbol{V}_1\dot{+}\boldsymbol{V}_2\dot{+}\cdots\dot{+}\boldsymbol{V}_s$（直和）.

2) 对于 $\boldsymbol{V}_i$，T 只有一个特征值 α_i，并且对于 $\boldsymbol{V}_i$ 的适当的基 $\boldsymbol{e}_{i,1}$, $\boldsymbol{e}_{i,2}, \cdots, \boldsymbol{e}_{i,k_i}$，

$$(T-\alpha_i I)\,\boldsymbol{e}_{i,1}=\boldsymbol{0},\quad (T-\alpha_i I)\,\boldsymbol{e}_{i,j}=\boldsymbol{e}_{i,j-1}\,(j=2,3,\cdots,k_i)$$

成立.

3) 在 $\boldsymbol{V}_1, \boldsymbol{V}_2, \cdots, \boldsymbol{V}_s$ 中，如果 T 的特征值为 α 的 T-不变子空间的直和是 $\boldsymbol{U}_\alpha$，则

$$\boldsymbol{U}_\alpha = \{\boldsymbol{x} \mid \boldsymbol{x} \in \boldsymbol{V}, (T - \alpha I)^n \boldsymbol{x} = \boldsymbol{0}\}.$$

下面，我们要寻找另一种方法来求解矩阵 $\boldsymbol{A}$ 的若尔当标准形 $\boldsymbol{J}$ 和变换矩阵 $\boldsymbol{P}$. 换句话说，我们要找到一种方法来求满足用若尔当矩阵表示线性变换 T 这一条件的基.

当 α 是 $\boldsymbol{A}$ 的特征值时，$\boldsymbol{J}$ 中 α 对应的若尔当块都对应一个齐次线性方程组

$$(\boldsymbol{A} - \alpha \boldsymbol{E})\boldsymbol{x} = \boldsymbol{0}$$

的解（标量倍除外），因此 α 的特征空间 $\boldsymbol{W}_\alpha$ 的维数等于 α 的若尔当块的数量.

一般来说，方法解释起来比较复杂，因此我打算通过以下几个例子来进行介绍. 如果矩阵的阶数小，那么这种方法通常比不变因子方法更简便.

例 3 对于矩阵 $\boldsymbol{A} = \begin{pmatrix} 6 & -3 & -7 \\ -1 & 2 & 1 \\ 5 & -3 & -6 \end{pmatrix}$，求解特征方程 $\Phi_{\boldsymbol{A}}(x) = 0$，获得特征值 1、2 和 -1. 根据第 5 章定理 [1.4]，$\boldsymbol{A}$ 可对角化.

求解 3 个方程式

$$\boldsymbol{A}\boldsymbol{x} = \alpha \boldsymbol{x} \quad (\alpha = 1, 2, -1).$$

例如，根据

$$\boldsymbol{p}_1 = \begin{pmatrix} 2 \\ 1 \\ 1 \end{pmatrix}, \quad \boldsymbol{p}_2 = \begin{pmatrix} 1 \\ -1 \\ 1 \end{pmatrix}, \quad \boldsymbol{p}_3 = \begin{pmatrix} 1 \\ 0 \\ 1 \end{pmatrix},$$

则

$$\boldsymbol{J} = \begin{pmatrix} 1 & 0 & 0 \\ 0 & 2 & 0 \\ 0 & 0 & -1 \end{pmatrix}, \quad \boldsymbol{P} = \begin{pmatrix} 2 & 1 & 1 \\ 1 & -1 & 0 \\ 1 & 1 & 1 \end{pmatrix}.$$

例 4 $\boldsymbol{A}=\begin{pmatrix}6 & -3 & -2\\ 4 & -1 & -2\\ 3 & -2 & 0\end{pmatrix}$. $\Phi_{\boldsymbol{A}}(x)=(x-1)(x-2)^2$.

$$\boldsymbol{p}_1=\begin{pmatrix}1\\1\\1\end{pmatrix}.$$

求解 $(\boldsymbol{A}-\boldsymbol{E})\boldsymbol{x}=\boldsymbol{0}$，则

$$\boldsymbol{p}_2=\begin{pmatrix}2\\2\\1\end{pmatrix}.$$

$(\boldsymbol{A}-2\boldsymbol{E})\boldsymbol{x}=\boldsymbol{0}$ 拥有唯一的解（标量倍除外），因此有 $\boldsymbol{J}=\begin{pmatrix}1 & 0 & 0\\ 0 & 2 & 1\\ 0 & 0 & 2\end{pmatrix}$.

求解 $(\boldsymbol{A}-2\boldsymbol{E})x=\boldsymbol{p}_2, \boldsymbol{p}_3=\begin{pmatrix}1\\0\\1\end{pmatrix}$，因此有 $\boldsymbol{P}=\begin{pmatrix}1 & 2 & 1\\ 1 & 2 & 0\\ 1 & 1 & 1\end{pmatrix}$.

例 5 $\boldsymbol{A}=\begin{pmatrix}0 & 2 & 1\\ -4 & 6 & 2\\ 4 & -4 & 0\end{pmatrix}$（参照例 2）. $\Phi_{\boldsymbol{A}}(x)=(x-2)^3$.

$r(\boldsymbol{A}-2\boldsymbol{E})=1$，因此若尔当块有两个（$3-1=2$），于是，

$$\boldsymbol{J}=\begin{pmatrix}2 & 1 & 0\\ 0 & 2 & 0\\ 0 & 0 & 2\end{pmatrix}.$$

$(\boldsymbol{A}-2\boldsymbol{E})\boldsymbol{x}=\boldsymbol{0}$ 的通解为 $\boldsymbol{b}=\begin{pmatrix}\alpha+\beta\\ \alpha\\ 2\beta\end{pmatrix}, \alpha, \beta\in\mathbb{C}$.

为了使 $(\boldsymbol{A}-2\boldsymbol{E})\boldsymbol{x}=\boldsymbol{b}$ 有解，$\alpha+2\beta$ 必须为 0. 设 $\alpha=2, \beta=-1$，求得一个解 $\boldsymbol{p}_2=\begin{pmatrix}-1/2\\ 0\\ 0\end{pmatrix}$. $\boldsymbol{p}_1=(\boldsymbol{A}-2\boldsymbol{E})\boldsymbol{p}_2=\begin{pmatrix}1\\ 2\\ -2\end{pmatrix}$.

作为与 $\boldsymbol{p}_1$ 独立的、$(\boldsymbol{A}-2\boldsymbol{E})\boldsymbol{x}=\boldsymbol{0}$ 的解，$\boldsymbol{p}_3=\begin{pmatrix}1\\1\\0\end{pmatrix}$，因此

$$\boldsymbol{P}=\begin{pmatrix}1&-1/2&1\\2&0&1\\-2&0&0\end{pmatrix}.$$

我们需要提高计算效率，例如，

$$(\boldsymbol{A}-2\boldsymbol{E})\boldsymbol{x}=\begin{pmatrix}b_1\\b_2\\b_3\end{pmatrix},$$

先弄清楚有解的条件并求出通解会比较方便.

例 6 $\boldsymbol{A}=\begin{pmatrix}0&-1&-1&0\\-1&1&0&1\\2&1&2&-1\\-1&-1&-1&1\end{pmatrix}$. $\Phi_{\boldsymbol{A}}(x)=(x-1)^4$.

因为 $r(\boldsymbol{A}-\boldsymbol{E})=2$，所以存在两个若尔当块（$4-2=2$），我们可以想到 $\boldsymbol{J}=\boldsymbol{J}(1,1)\dot{+}\boldsymbol{J}(1,3), \boldsymbol{J}=\boldsymbol{J}(1,2)\dot{+}\boldsymbol{J}(1,2)$ 这两种可能.

求解方程 $(\boldsymbol{A}-\boldsymbol{E})\boldsymbol{x}=\boldsymbol{b}$.

$$\begin{pmatrix}-1&-1&-1&0&b_1\\-1&0&0&1&b_2\\2&1&1&-1&b_3\\-1&-1&-1&0&b_4\end{pmatrix}\to\begin{pmatrix}1&1&1&0&-b_1\\0&1&1&1&b_2-b_1\\0&-1&-1&-1&b_3+2b_1\\0&0&0&0&b_4-b_1\end{pmatrix}$$

$$\to\begin{pmatrix}1&0&0&-1&-b_2\\0&1&1&1&b_2-b_1\\0&0&0&0&b_1+b_2+b_3\\0&0&0&0&b_4-b_1\end{pmatrix}.$$

$(\boldsymbol{A}-\boldsymbol{E})\boldsymbol{x}=\boldsymbol{0}$ 的通解为 $\boldsymbol{b}=\begin{pmatrix}\beta\\-\alpha-\beta\\\alpha\\\beta\end{pmatrix}$ $(\alpha,\beta\in\mathbb{C})$. 因此，对于任

意的 α 和 $\beta, (\boldsymbol{A}-\boldsymbol{E})\boldsymbol{x}=\boldsymbol{b}$ 有解. 所以

$$\boldsymbol{J}=\boldsymbol{J}(1,2)\dot{+}\boldsymbol{J}(1,2)=\begin{pmatrix}1&1&0&0\\0&1&0&0\\0&0&1&1\\0&0&0&1\end{pmatrix}.$$

$\alpha=1, \beta=0$ 时的一个解是 $\boldsymbol{p}_2=\begin{pmatrix}1\\-1\\0\\0\end{pmatrix}$，因此 $\boldsymbol{p}_1=(\boldsymbol{A}-\boldsymbol{E})\boldsymbol{p}_2=\begin{pmatrix}0\\-1\\1\\0\end{pmatrix}$.

$\alpha=0, \beta=1$ 时的一个解为 $\boldsymbol{p}_4=\begin{pmatrix}1\\-2\\0\\0\end{pmatrix}$，因此 $\boldsymbol{p}_3=(\boldsymbol{A}-\boldsymbol{E})\boldsymbol{p}_4=\begin{pmatrix}1\\-1\\0\\1\end{pmatrix}$，因此

$$\boldsymbol{P}=\begin{pmatrix}0&1&1&1\\-1&-1&-1&-2\\1&0&0&0\\0&0&1&0\end{pmatrix}.$$

问题 求解下列矩阵的若尔当标准形和变换矩阵.

(i) $\begin{pmatrix}0&-1&2\\0&-1&2\\-1&0&2\end{pmatrix}$. (ii) $\begin{pmatrix}4&-1&1\\8&-2&2\\-6&1&-2\end{pmatrix}$. (iii) $\begin{pmatrix}1&1&1\\0&1&2\\0&0&1\end{pmatrix}$.

最后，我们总结一下 $\mathbb{K}=\mathbb{R}$ 时的情况，其中实矩阵 $\boldsymbol{A}$ 被实可逆矩阵 $\boldsymbol{P}$ 转换为若尔当标准形 $\boldsymbol{J}$，并且 $\boldsymbol{A}$ 的所有特征根都是实数. 相反，如果 $\boldsymbol{A}$

的特征根都是实数，因为变换矩阵 $\boldsymbol{P}$ 的列向量是实系数一次方程组的解，所以我们可以选择实向量. 由此，下面的定理得到证明.

定理 [2.5] 实方块矩阵 $\boldsymbol{A}$ 被实可逆矩阵 $\boldsymbol{P}$ 变换为若尔当标准形的充分必要条件是 $\boldsymbol{A}$ 的所有特征根都是实根.

上面所举的全部示例都基于这种情况.

例 7 对于实数列 $\{x_n\}_{n=0,1,2,\cdots}$，满足条件 $x_{n+3} = 3x_{n+2} - 4x_n$ $(n = 0, 1, 2, \cdots)$ 的整个线性空间 $\boldsymbol{V}$ 是三维实线性空间. 为了求这种数列的一般项，与 5.1 节的例 8 相同，我们设项数依次后移（即 $\{x_n\}\to\{x_{n+1}\}$）的线性变换为 T.

如果使用元素为前 3 项 x_0、x_1、x 的列向量来表示数列 $\{x_n\}$，则 T 可用矩阵 $\boldsymbol{A} = \begin{pmatrix} 0 & 1 & 0 \\ 0 & 0 & 1 \\ -4 & 0 & 3 \end{pmatrix}$ 表示.

因为 $\Phi_T(x) = \Phi_{\boldsymbol{A}}(x) = (x+1)(x-2)^2$，所以数列 $\boldsymbol{f}_1 = \{(-1)^n\}$ 和 $\boldsymbol{f}_2 = \{2^n\}$ 在 $\boldsymbol{V}$ 中为 T 的特征值 -1 和 2 的特征向量. 因此，从题目的性质来看，与 2 对应的特征向量只有 $\{2^n\}$ 的标量倍. $\boldsymbol{A}$ 的若尔当标准形是 $\boldsymbol{J} = \boldsymbol{J}(-1,1)\dot{+}\boldsymbol{J}(2,2)$. 因为应该存在满足 $T\boldsymbol{f}_3 = 2\boldsymbol{f}_3 + \boldsymbol{f}_2$ 的数列 $\boldsymbol{f}_3 = \{x_n\}$,所以我们通过条件 $x_{n+1} = 2x_n + 2^n$ 可以得到 $x_n = 2^n x_0 + n2^{n-1}$. 设 $x_0 = 0$，$\boldsymbol{f}_3 = \{n2^{n-1}\}$，因此，$\boldsymbol{V}$ 内的任意数列 $\{x_n\}$ 都可以用下式表示. α、β 和 γ 是任意实数.

$$
\begin{aligned}
\{x_n\} &= \alpha\{(-1)^n\} + \beta\{2^n\} + \gamma\{n2^{n-1}\} \\
&= \{\alpha(-1)^n + \beta 2^n + \gamma n 2^{n-1}\}.
\end{aligned}
$$

用前 3 项 x_0、x_1、x_2 表示该一般项相当于求变换矩阵 $\boldsymbol{P}$.

因为

$$
\boldsymbol{P} = \begin{pmatrix} 1 & 1 & 0 \\ -1 & 2 & 1 \\ 1 & 4 & 4 \end{pmatrix}, \quad \boldsymbol{P}^{-1} = \begin{pmatrix} 4/9 & -4/9 & 1/9 \\ 5/9 & 4/9 & -1/9 \\ -2/3 & -1/3 & 1/3 \end{pmatrix},
$$

所以

$$
\begin{aligned}
&\alpha = \frac{4}{9}x_0 - \frac{4}{9}x_1 + \frac{1}{9}x_2, \quad \beta = \frac{5}{9}x_0 + \frac{4}{9}x_1 - \frac{1}{9}x_2, \\
&\gamma = -\frac{2}{3}x_0 - \frac{1}{3}x_1 + \frac{1}{3}x_2.
\end{aligned}
$$

问题 按照上面的方法，解如下微分方程.

$$\frac{\mathrm{d}^3y}{\mathrm{d}x^3}-3\frac{\mathrm{d}^2y}{\mathrm{d}x^2}+4y=0.$$

答案：$y=\alpha e^{-x}+\beta e^{2x}+\gamma xe^{2x}$.

6.3 最小多项式

对于 n 阶 $\mathbb{K}$-矩阵 $\boldsymbol{A}$, $\boldsymbol{E}_n$, $\boldsymbol{A}$, $\boldsymbol{A}^2,\cdots,\boldsymbol{A}^k$（$k$ 是自然数）的线性组合称为 **$\boldsymbol{A}$ 的多项式**.

对于变量 x 的多项式

$$f(x)=a_0x^k+a_1x^{k-1}+\cdots+a_{k-1}x+a_k,$$

将矩阵 $\boldsymbol{A}$ “代入” x 得到的矩阵

$$f(\boldsymbol{A})=a_0\boldsymbol{A}^k+a_1\boldsymbol{A}^{k-1}+\cdots+a_{k-1}\boldsymbol{A}+a_k\boldsymbol{E}$$

称为多项式 $f(x)$ 在 $\boldsymbol{A}$ 处的**值**. 其中，常数项 a_k 为 $a_k\boldsymbol{A}^0=a_k\boldsymbol{E}$.

[3.1] 1) 对于两个多项式 $f(x)$ 和 $g(x)$，有

$$(f+g)(\boldsymbol{A})=f(\boldsymbol{A})+g(\boldsymbol{A}),\quad (fg)(\boldsymbol{A})=f(\boldsymbol{A})g(\boldsymbol{A}).$$

2) $\boldsymbol{P}$ 和 $\boldsymbol{A}$ 为阶数相同的可逆矩阵，那么，

$$f(\boldsymbol{P}^{-1}\boldsymbol{A}\boldsymbol{P})=\boldsymbol{P}^{-1}f(\boldsymbol{A})\boldsymbol{P}.$$

3) 当 $\boldsymbol{A}$、$\boldsymbol{B}$ 是阶数不等的方块矩阵时，

$$f(\boldsymbol{A}\dotplus\boldsymbol{B})=f(\boldsymbol{A})\dotplus f(\boldsymbol{B}).$$

证明：1) 无须再证. 2) 可通过 $(\boldsymbol{P}^{-1}\boldsymbol{A}\boldsymbol{P})^i=\boldsymbol{P}^{-1}\boldsymbol{A}^i\boldsymbol{P}$ 证明，3) 可通过 $(\boldsymbol{A}\dotplus\boldsymbol{B})^i=\boldsymbol{A}^i\dotplus\boldsymbol{B}^i$ 证明. 证毕.

对于任意的 n 阶矩阵 $\boldsymbol{A}$，存在一个多项式 $f(x)$，使得 $f(\boldsymbol{A})=\boldsymbol{O}$. 实际上，因为矩阵空间 $\boldsymbol{M}_n(\mathbb{K})$ 是 n^2 维的，所以 n^2+1 个矩阵 $\boldsymbol{E}$, $\boldsymbol{A}$, $\boldsymbol{A}^2,\cdots,\boldsymbol{A}^{n^2}$ 之间存在明显的线性关系：

$$a_0\boldsymbol{A}^{n^2}+a_1\boldsymbol{A}^{n^2-1}+\cdots+a_{n^2-1}\boldsymbol{A}+a_{n^2}\boldsymbol{E}=\boldsymbol{O}.$$

在满足 $f(\boldsymbol{A})=\boldsymbol{O}$ 的多项式 $f(x)$ 中，幂次最低且最高阶系数为 1 的多项式称为 **$\boldsymbol{A}$ 的最小多项式**，用 $\varphi_{\boldsymbol{A}}(x)$ 表示.

[3.2]　如果 $f(\boldsymbol{A})=\boldsymbol{O}$，则 $f(x)$ 被 $\varphi_{\boldsymbol{A}}(x)$ 整除.

证明：有一个多项式 $g(x)$ 满足 $f(x)=q(x)\varphi_{\boldsymbol{A}}(x)+r(x)$，并且有一个幂次小于 $\varphi_{\boldsymbol{A}}(x)$ 次的多项式 $r(x)$（或 $r(x)=0$）存在（附录 1 的 [1.2]）. 因为 $r(\boldsymbol{A})=f(\boldsymbol{A})=\boldsymbol{O}$，所以根据 $\varphi_{\boldsymbol{A}}(x)$ 的定义，$r(x)$ 必须为 0. 证毕.

定理 [3.3]　$\boldsymbol{A}$ 的最小多项式等于 $\boldsymbol{A}$ 的特征矩阵 $x\boldsymbol{E}-\boldsymbol{A}$ 的最后一个不变因子 $e_n(x)$.

证明：设 $\boldsymbol{A}(x)=x\boldsymbol{E}-\boldsymbol{A}$，其 $n-1$ 阶行列式因子为 $d_{n-1}(x)$. 因为 $|\boldsymbol{A}(x)|=d_{n-1}(x)e_n(x)$，所以如果设 $\boldsymbol{A}(x)$ 的伴随矩阵为 $\tilde{\boldsymbol{A}}(x)$，则

$$\boldsymbol{A}(x)\tilde{\boldsymbol{A}}(\mathrm{x})=d_{n-1}(x)e_n(x)\boldsymbol{E}. \tag{1}$$

根据行列式因子的定义，有

$$\tilde{\boldsymbol{A}}(x)=d_{n-1}(x)\boldsymbol{B}(x). \tag{2}$$

由式 (1) 和式 (2) 可知，$\boldsymbol{B}(x)$ 的元素没有公共因子.

$$\boldsymbol{A}(x)\boldsymbol{B}(x)=e_n(x)\boldsymbol{E} \tag{3}$$

成立. 式 (3) 说明 x-矩阵 $e_n(x)\boldsymbol{E}$ 可以从左边除以 $\boldsymbol{A}(x)=x\boldsymbol{E}-\boldsymbol{A}$. 因此，由定理 [1.9] 可得，$e_n(\boldsymbol{A})\boldsymbol{E}=e_n(\boldsymbol{A})=\boldsymbol{O}$. 由 [3.2] 可知，$e_n(x)$ 可被 $\varphi_{\boldsymbol{A}}(x)$ 整除. 假设

$$e_n(x)=q(x)\varphi_{\boldsymbol{A}}(x). \tag{4}$$

由于 $\varphi_{\boldsymbol{A}}(\boldsymbol{A})=\boldsymbol{O}$，根据定理 [1.9]，将 x-矩阵 $\varphi_{\boldsymbol{A}}(x)\boldsymbol{E}$ 从左除以 $\boldsymbol{A}(x)=x\boldsymbol{E}-\boldsymbol{A}$，可得

$$\varphi_{\boldsymbol{A}}(x)\boldsymbol{E}=\boldsymbol{A}(x)\boldsymbol{Q}(x). \tag{5}$$

根据式 (3)、式 (4) 和式 (5)，可得

$$\boldsymbol{A}(x)\boldsymbol{B}(x)=q(x)\boldsymbol{A}(x)\boldsymbol{Q}(x). \tag{6}$$

因为 $\boldsymbol{A}(x)=x\boldsymbol{E}-\boldsymbol{A}$ 的最高阶系数矩阵是 $\boldsymbol{E}$，根据 [1.7]，

$$\boldsymbol{B}(x)=q(x)\boldsymbol{Q}(x),$$

$\boldsymbol{B}(x)$ 的元素没有公共因子，所以 $q(x)$ 必须为 1. 因此 $\varphi_{\boldsymbol{A}}(x)=e_n(x)$. 证毕.

推论 [3.4]　矩阵 $\boldsymbol{A}$ 与对角矩阵相似的充分必要条件是 $\boldsymbol{A}$ 的最小多项式 $\varphi_{\boldsymbol{A}}(x)$ 没有重因子.

证明：与本章 [2.3] 相似.

推论 [3.5]（哈密顿-凯莱定理） 任何矩阵 $\boldsymbol{A}$ 都是其特征多项式 $\Phi_{\boldsymbol{A}}(x) = |x\boldsymbol{E} - \boldsymbol{A}|$ 的零点.

证明：因为 $\Phi_{\boldsymbol{A}}(x) = d_{n-1}(x)e_n(x) = d_{n-1}(x)\varphi_{\boldsymbol{A}}(x)$，所以 $\Phi_{\boldsymbol{A}}(\boldsymbol{A}) = \boldsymbol{O}$. 证毕.

[3.6] 矩阵 $\boldsymbol{A}_1$ 和 $\boldsymbol{A}_2$ 的直和 $\boldsymbol{A}_1\dot{+}\boldsymbol{A}_2$ 的最小多项式等于 $\varphi_{\boldsymbol{A}_1}(x)$ 和 $\varphi_{\boldsymbol{A}_2}(x)$ 的最小公倍数.

证明：$\varphi_{\boldsymbol{A}_1}(x)$ 和 $\varphi_{\boldsymbol{A}_2}(x)$ 的最小公倍数为 $m(x)$，对于任意多项式 $f(x)$，因为 $f(\boldsymbol{A}_1\dot{+}\boldsymbol{A}_2) = f(\boldsymbol{A}_1)\dot{+}f(\boldsymbol{A}_2)$，所以 $m(\boldsymbol{A}_1\dot{+}\boldsymbol{A}_2) = \boldsymbol{O}$.

一方面，根据 $\boldsymbol{O} = \varphi_{\boldsymbol{A}_1\dot{+}\boldsymbol{A}_2}(\boldsymbol{A}_1\dot{+}\boldsymbol{A}_2) = \varphi_{\boldsymbol{A}_1\dot{+}\boldsymbol{A}_2}(\boldsymbol{A}_1)\dot{+}\varphi_{\boldsymbol{A}_1\dot{+}\boldsymbol{A}_2}(\boldsymbol{A}_2)$，$\varphi_{\boldsymbol{A}_1\dot{+}\boldsymbol{A}_2}(x)$ 是 $m(x)$ 的倍数. 因此，$\varphi_{\boldsymbol{A}_1\dot{+}\boldsymbol{A}_2}(x) = m(x)$，证毕.

[3.7] 假设矩阵 $\boldsymbol{A}_1, \boldsymbol{A}_2, \cdots, \boldsymbol{A}_k$ 的最小多项式中的任意两个都没有公因数，如果 $\boldsymbol{B}_i (i = 1, 2, \cdots, k)$ 是 $\boldsymbol{A}_i$ 的多项式，那么 $\boldsymbol{B}_1\dot{+}\boldsymbol{B}_2\dot{+}\cdots\dot{+}\boldsymbol{B}_k$ 是 $\boldsymbol{A}_1\dot{+}\boldsymbol{A}_2\dot{+}\cdots\dot{+}\boldsymbol{A}_k$ 的多项式.

证明：根据 [3.6]，只证明 $k = 2$ 时的情况即可.

根据假设，存在满足

$$\varphi_{\boldsymbol{A}_1}(x)u_1(x) + \varphi_{\boldsymbol{A}_2}(x)u_2(x) = 1$$

的多项式 $u_1(x)$ 和 $u_2(x)$（参照附录 1 的 [1.4]）. 当 $\boldsymbol{B}_1 = f_1(\boldsymbol{A}_1)$，$\boldsymbol{B}_2 = f_2(\boldsymbol{A}_2)$ 时，

$$f(x) = f_1(x)\varphi_{\boldsymbol{A}_2}(x)u_2(x) + f_2(x)\varphi_{\boldsymbol{A}_1}(x)u_1(x),$$

如此则有

$$f(\boldsymbol{A}_1) = f_1(\boldsymbol{A}_1)(\boldsymbol{E} - \varphi_{\boldsymbol{A}_1}(\boldsymbol{A}_1)u_1(\boldsymbol{A}_1)) = \boldsymbol{B}_1,$$

$$f(\boldsymbol{A}_2) = f_2(\boldsymbol{A}_2)(\boldsymbol{E} - \varphi_{\boldsymbol{A}_2}(\boldsymbol{A}_2)u_2(\boldsymbol{A}_2)) = \boldsymbol{B}_2.$$

因此，

$$f(\boldsymbol{A}_1\dot{+}\boldsymbol{A}_2) = f(\boldsymbol{A}_1)\dot{+}f(\boldsymbol{A}_2) = \boldsymbol{B}_1\dot{+}\boldsymbol{B}_2.$$

证毕.

定理 [3.8] 对于任意的复方块矩阵 $\boldsymbol{A}$，正好有一组满足以下条件的复方块矩阵 $\boldsymbol{S}$ 和 $\boldsymbol{N}$.

1) $\boldsymbol{A} = \boldsymbol{S} + \boldsymbol{N}$，$\boldsymbol{SN} = \boldsymbol{NS}$.

2) $\boldsymbol{S}$ 与对角矩阵相似.

3) $\boldsymbol{N}$ 是幂零矩阵，即对于某个自然数 k，$\boldsymbol{N}^k = \boldsymbol{O}$.

4) $\boldsymbol{S}$、$\boldsymbol{N}$ 都是 $\boldsymbol{A}$ 的多项式.

如果 $\boldsymbol{A}$ 是实矩阵，则 $\boldsymbol{S}$ 和 $\boldsymbol{N}$ 也是实矩阵.

注意点　如果存在这样的 $\boldsymbol{S}$ 和 $\boldsymbol{N}$，则根据第 5 章 [2.3]，$\boldsymbol{S}$ 的特征值与 $\boldsymbol{A}$ 的特征值一致.

证明：(i) $\boldsymbol{S}$、$\boldsymbol{N}$ 存在. 设 $\boldsymbol{A}$ 的若尔当标准形是 $\boldsymbol{J} = \boldsymbol{P}^{-1}\boldsymbol{AP}$. 此时，选择 $\boldsymbol{J}$，使 $\boldsymbol{J}$ 由各特征值对应的若尔当块排列得到. 设 $\boldsymbol{J}$ 的不同特征值是 $\alpha_1, \alpha_2, \cdots, \alpha_k$，则 α_i $(i = 1, 2, \cdots, k)$ 对应的若尔当块的直和为 $\boldsymbol{J}_i$，

$$\boldsymbol{J} = \boldsymbol{J}_1 \dotplus \boldsymbol{J}_2 \dotplus \cdots \dotplus \boldsymbol{J}_k \tag{7}$$

成立. 因此，如果对于每个 i，有

$$\boldsymbol{S}_i = \alpha_i \boldsymbol{E}, \quad \boldsymbol{N}_i = \boldsymbol{J}_i - \alpha_i \boldsymbol{E}, \tag{8}$$

则对于 $\boldsymbol{J}_i$，$\boldsymbol{S}_i$ 和 $\boldsymbol{N}_i$ 满足定理 1) 至 4) 的条件. 如果

$$\boldsymbol{S}_0 = \boldsymbol{S}_1 \dotplus \boldsymbol{S}_2 \dotplus \cdots \dotplus \boldsymbol{S}_k,$$

$$\boldsymbol{N}_0 = \boldsymbol{N}_1 \dotplus \boldsymbol{N}_2 \dotplus \cdots \dotplus \boldsymbol{N}_k,$$

则对于 $\boldsymbol{J}$，$\boldsymbol{S}_0$ 和 $\boldsymbol{N}_0$ 满足条件 1) 至 3). 此外，因为 $\boldsymbol{J}_i$ 的最小多项式是 $x - \alpha_i$ 的幂，所以根据 [3.7]，$\boldsymbol{S}_0$ 和 $\boldsymbol{N}_0$ 是 $\boldsymbol{J}$ 的多项式，满足条件 4). 如果

$$\boldsymbol{S} = \boldsymbol{P}\boldsymbol{S}_0\boldsymbol{P}^{-1}, \quad \boldsymbol{N} = \boldsymbol{P}\boldsymbol{N}_0\boldsymbol{P}^{-1},$$

则对于 $\boldsymbol{A}$，$\boldsymbol{S}$ 和 $\boldsymbol{N}$ 满足条件 1) 至 4).

(ii) 对若尔当矩阵 $\boldsymbol{J}$ 来说，条件已满足. 对于 $\boldsymbol{J}$，$\boldsymbol{S}_0'$ 和 $\boldsymbol{N}_0'$ 满足条件 1) 至 4). 因为 $\boldsymbol{S}_0'$ 和 $\boldsymbol{N}_0'$ 是 $\boldsymbol{J}$ 的多项式，所以根据 $\boldsymbol{J}$ 的直和分解式 (7)，有

$$\boldsymbol{S}_0' = \boldsymbol{S}_1' \dotplus \boldsymbol{S}_2' \dotplus \cdots \dotplus \boldsymbol{S}_k',$$

$$\boldsymbol{N}_0' = \boldsymbol{N}_1' \dotplus \boldsymbol{N}_2' \dotplus \cdots \dotplus \boldsymbol{N}_k'.$$

对于 $\boldsymbol{J}_i$，$\boldsymbol{S}_i'$ 和 $\boldsymbol{N}_i'$ 满足条件 1) 至 4). 实际上，根据推论 [3.4] 和 [3.6]，$\boldsymbol{S}_i'$ 与对角矩阵相似. 其他条件不言自明.

根据证明前提到的注意点，$\boldsymbol{S}_i'$ 的特征值仅为 α_i，所以 $\boldsymbol{S}_i'$ 与标量矩阵 $\alpha_i\boldsymbol{E}$ 相似，因此它一定为 $\alpha_i\boldsymbol{E}$ 本身，即 $\boldsymbol{S}_i' = \boldsymbol{S}_i$，$\boldsymbol{N}_i' = \boldsymbol{N}_i$.

(iii) 在实矩阵的情况下，对于 $\overline{\boldsymbol{A}} = \boldsymbol{A}$，$\overline{\boldsymbol{S}}$、$\overline{\boldsymbol{N}}$ 满足条件 1) 至 4). 因此，$\overline{\boldsymbol{S}} = \boldsymbol{S}, \overline{\boldsymbol{N}} = \boldsymbol{N}$. 证毕.

注意点　即使去掉条件 4)，唯一性也能得到保证. 实际上，除了满足条件 1) 至 4) 的 $\boldsymbol{S}$ 和 $\boldsymbol{N}$，还有满足条件 1) 至 3) 的 $\boldsymbol{S}'$ 和 $\boldsymbol{N}'$. $\boldsymbol{S}'$ 和 $\boldsymbol{N}'$ 与 $\boldsymbol{A}$ 可互换，因此与 $\boldsymbol{S}$ 和 $\boldsymbol{N}$ 也可互换. 根据第 5 章的问题 4，$\boldsymbol{S}$ 和 $\boldsymbol{S}'$ 同时对角化. 因此，$\boldsymbol{S}-\boldsymbol{S}'=\boldsymbol{N}'-\boldsymbol{N}$ 也是对角化的. 因为 $\boldsymbol{N}$ 和 $\boldsymbol{N}'$ 的特征值仅为 0，所以根据第 5 章的 [2.3]，$\boldsymbol{N}'-\boldsymbol{N}$ 的特征值也为 0. 因此，$\boldsymbol{N}'=\boldsymbol{N}$，$\boldsymbol{S}'=\boldsymbol{S}$.

习　题

1. 求下列矩阵的若尔当标准形和变换矩阵.

(i) $\begin{pmatrix} -2 & -1 & -2 & 1 \\ 5 & 3 & 4 & -1 \\ 1 & 0 & 1 & -1 \\ -3 & -1 & -2 & 2 \end{pmatrix}$. (ii) $\begin{pmatrix} 1 & -1 & -1 & -1 \\ 1 & 2 & 2 & 1 \\ -1 & 0 & 0 & 0 \\ 1 & -1 & -1 & -1 \end{pmatrix}$.

(iii) $\begin{pmatrix} 0 & -1 & -1 & 0 \\ 6 & 3 & 4 & -2 \\ -5 & -1 & -2 & 2 \\ -1 & -1 & -1 & 1 \end{pmatrix}$. (iv) $\begin{pmatrix} -3 & -2 & -3 & 1 \\ 5 & 3 & 4 & -1 \\ 2 & 1 & 2 & -1 \\ -4 & -2 & -3 & 2 \end{pmatrix}$.

2. 求 $\begin{pmatrix} \alpha & b & c \\ 0 & \alpha & a \\ 0 & 0 & \alpha \end{pmatrix}$ 的若尔当标准形.

3. 假设二阶及低于二阶的 $\mathbb{K}$-系数多项式的空间 $\boldsymbol{P}_2(\mathbb{K})$ 的线形变换 $T_b: f(x) \to f(x+b)$, $(b \neq 0)$ 可用若尔当矩阵表示，求满足条件的 $\boldsymbol{P}_2(\mathbb{K})$ 的基.

4. 对于 $\boldsymbol{A}=\begin{pmatrix} 5 & -1 & 1 \\ 8 & -1 & 2 \\ -6 & 1 & -1 \end{pmatrix}$，求 $\boldsymbol{A}^n$（n 是正整数）.

5. (i) 假设 $\boldsymbol{A}^k=\boldsymbol{E}$，证明 $\boldsymbol{A}$ 与对角矩阵相似.

(ii) 假设 $\boldsymbol{A}^k=\boldsymbol{O}$，$\boldsymbol{A}\neq\boldsymbol{O}$，证明 $\boldsymbol{A}$ 与对角矩阵不相似.

6. 假设 n 阶矩阵 $\boldsymbol{A}$ 的若尔当标准形为 $\boldsymbol{J}$，$\boldsymbol{J}$ 的特征值为 0 的若尔当块个数为 s，证明 $n-s$ 是 $\boldsymbol{A}$ 的秩.

7. 假设 $\boldsymbol{A}$ 为可逆矩阵，证明逆矩阵 $\boldsymbol{A}^{-1}$ 可表示为 $\boldsymbol{A}$ 的多项式.

8. 对于任意的可逆矩阵 $\boldsymbol{A}$，证明正好有一组满足以下条件的矩阵 $\boldsymbol{S}$ 和 $\boldsymbol{U}$.

1) $\boldsymbol{A}=\boldsymbol{SU}=\boldsymbol{US}$.

2) $\boldsymbol{S}$ 是可逆矩阵，与对角矩阵相似.

3) $\boldsymbol{U}-\boldsymbol{E}$ 是幂零矩阵.

4)$\boldsymbol{S}$、$\boldsymbol{U}$ 都是 $\boldsymbol{A}$ 的多项式.

如果 $\boldsymbol{A}$ 是实矩阵，证明 $\boldsymbol{S}$ 和 $\boldsymbol{U}$ 也是实矩阵.

9.（整数矩阵的不变因子）. 以整数为元素的矩阵称为**整数矩阵**. 如果 $\boldsymbol{P}$ 是可逆的，并且 $\boldsymbol{P}$ 和 $\boldsymbol{P}^{-1}$ 都是整数矩阵，则 $\boldsymbol{P}$ 称为**幺模矩阵**. 如果存在幺模矩阵 $\boldsymbol{P}$ 和 $\boldsymbol{Q}$，使得对于两个整数方块矩阵 $\boldsymbol{A}$ 和 $\boldsymbol{B}$，满足 $\boldsymbol{B}=\boldsymbol{PAQ}$，那么 $\boldsymbol{A}$ 和 $\boldsymbol{B}$ 被称为幺模对等.

证明任意的整数方块矩阵 $\boldsymbol{A}$ 都只与如下形式的标准形幺模对等.

$$\begin{pmatrix} d_1 & & & & & & \\ & d_2 & & & & & \\ & & \ddots & & & & \\ & & & d_r & & & \\ & & & & 0 & & \\ & & & & & \ddots & \\ & & & & & & 0 \end{pmatrix}.$$

其中，r 是 $\boldsymbol{A}$ 的秩，$d_1, d_2, \cdots, d_r$ 是正整数，$d_i\ (i=2, \cdots, r)$ 可被 d_{i-1} 整除.

注：$d_1, d_2, \cdots, d_r$ 称为整数矩阵 $\boldsymbol{A}$ 的**不变因子**.

第 7 章　向量和矩阵的解析处理

7.1　向量值函数和矩阵函数的微积分

在实数直线上定义某个区间，有取 $m \times n$ 实矩阵的值的映射 $\boldsymbol{A}(t) = (a_{ij}(t))$. 如果每个 $a_{ij}(t)$ 在点 a 处连续，则 $\boldsymbol{A}(t)$ 在点 a 处**连续**. 用

$$\boldsymbol{A}(a) = \lim_{t \to a} \boldsymbol{A}(t) \tag{1}$$

表示.

如果

$$\lim_{t \to a} \frac{\boldsymbol{A}(t) - \boldsymbol{A}(a)}{t - a} \tag{2}$$

存在，则 $\boldsymbol{A}(t)$ 在 a 处**可微**，这个值叫作 $\boldsymbol{A}(t)$ 在 a 处的**导数**，用 $\boldsymbol{A}'(a)$、$\left.\dfrac{d\boldsymbol{A}(t)}{dt}\right|_{t=a}$ 等表示. 显然，$\boldsymbol{A}'(a) = (a'_{ij}(a))$.

某区间上的可微性和导函数（导映射）也按照同样的方式定义.

[1.1] (i) $A(t)$、$B(t)$ 都是 $m \times n$ 矩阵值的可微函数，如果 $c(t)$ 是实数值的可微函数，那么

$$(\boldsymbol{A}(t) + \boldsymbol{B}(t))' = \boldsymbol{A}'(t) + \boldsymbol{B}'(t), \tag{3}$$

$$(c(t)\boldsymbol{A}(t))' = c'(t)\boldsymbol{A}(t) + c(t)\boldsymbol{A}'(t). \tag{4}$$

(ii) 如果 $\boldsymbol{A}(t)$ 是 $l \times m$ 矩阵，$\boldsymbol{B}(t)$ 是 $m \times n$ 矩阵，而且两者都可微，那么 $\boldsymbol{A}(t)\boldsymbol{B}(t)$ 也可微，有

$$(\boldsymbol{A}(t)\boldsymbol{B}(t))' = \boldsymbol{A}'(t)\boldsymbol{B}(t) + \boldsymbol{A}(t)\boldsymbol{B}'(t). \tag{5}$$

(iii) 如果 $\boldsymbol{A}(t)$ 是 n 阶可逆矩阵，那么 $\boldsymbol{A}(t)^{-1}$ 也可微，

$$(\boldsymbol{A}(t)^{-1})' = -\mathbf{A}(t)^{-1} \cdot \boldsymbol{A}'(t) \cdot \boldsymbol{A}(t)^{-1}. \tag{6}$$

证明：(i) 和 (ii) 无须细述，我们来证明 (iii).

如果 $\boldsymbol{A}(t)$ 的 (i,j) 代数余子式是 $\tilde{a}_{ij}(t)$，那么 $\boldsymbol{A}(t)^{-1}$ 的元素 (i,j) 就是 $\dfrac{\tilde{a}_{ji}(t)}{|\boldsymbol{A}(t)|}$. 分母和分子都是 $a_{ij}(t)$ 的多项式，是可微的，$\boldsymbol{A}(t)^{-1}$ 也是可微的，因为 $|\boldsymbol{A}(t)| \neq 0$.

如果我们对 $\boldsymbol{A}(t)\boldsymbol{A}(t)^{-1} = \boldsymbol{E}$ 的两边进行微分，则

$$\boldsymbol{A}'(t)\boldsymbol{A}(t)^{-1} + \boldsymbol{A}(t)(\boldsymbol{A}(t)^{-1})' = \boldsymbol{O}.$$

移动第一项并左乘 $\boldsymbol{A}(t)^{-1}$ 后得到式 (6). 证毕.

注意点　作为一种特殊情况，本书还定义了 n 阶列向量值函数的微分.

注意点　对于在一般实线性空间 $\boldsymbol{V}$ 中取值的函数和取从 $\boldsymbol{V}$ 到 $\boldsymbol{V}'$ 的线性映射的值的函数，我们可以任意选择一个基，认为它是列向量值或矩阵函数.

实际上，与两个基相关的、$\boldsymbol{V}$ 的相同元素对应的列向量 $\boldsymbol{x}(t)$ 和 $\boldsymbol{y}(t)$ 之间存在 $\boldsymbol{x}(t) = \boldsymbol{P}\boldsymbol{y}(t)$ 的关系；同一个线性映射对应的矩阵 $\boldsymbol{A}(t)$、$\boldsymbol{B}(t)$ 之间也存在 $\boldsymbol{B}(t) = \boldsymbol{P}^{-1}\boldsymbol{A}(t)\boldsymbol{Q}$ 的关系.

根据式 (5)，$\boldsymbol{x}'(t) = \boldsymbol{P}\boldsymbol{y}'(t)$，$\boldsymbol{B}'(t) = \boldsymbol{P}^{-1}\boldsymbol{A}'(t)\boldsymbol{Q}$ 成立，不管连续性和微分系数针对哪个基定义，结果都是相同的.

以下内容同理，不过方便起见，我们来分析矩阵和列向量.

注意点　同样的理论也适用于复矩阵函数. 然而，复值函数 $a(t) + \mathrm{i}b(t)$ 的连续性和微分定义，适用于每一实部和虚部.

在 $\boldsymbol{A}(t) = (a_{ij}(t))$ 中，如果每个元素都是一个实解析函数，则 $\boldsymbol{A}(t)$ 展开为泰勒级数：

$$\boldsymbol{A}(t) = \sum_{p=0}^{\infty} \frac{1}{p!}\boldsymbol{A}^{(p)}(a)(t-a)^p. \tag{7}$$

特别是如果 $a = 0$，则

$$\boldsymbol{A}(t) = \sum_{p=0}^{\infty} \frac{1}{p!}\boldsymbol{A}^{(p)}(0)t^p. \tag{8}$$

相反，在以矩阵为系数的 t 的幂级数

$$\sum_{p=0}^{\infty} \boldsymbol{B}_p t^p \tag{9}$$

的每个元素的收敛范围内，式 (9) 定义了矩阵值的解析函数 $\boldsymbol{A}(t)$，可以逐

项微分：

$$\boldsymbol{A}^{(i)}(t)=\sum_{p=i}^{\infty}\frac{p!}{(p-i)!}\boldsymbol{B}_p t^{p-i}.$$

两个矩阵解析函数的和与积也是解析函数.

以上只是同时描述了大家都知道的关于 mn 个实值函数的定理.

例 1 运动的点的位置向量 $\boldsymbol{x}$ 作为时间 t 的函数，有 $\boldsymbol{x}=\boldsymbol{x}(t)$，此时 $\mathbf{x}'(t)$ 称为**速度向量**，$\boldsymbol{x}''(t)$ 称为**加速度向量**. 每个元素表示沿各坐标方向的速度或加速度. $\|\boldsymbol{x}'(t)\|$ 是通常意义上的速度. 这个例子众所周知，但它是最基本的.

问题 1 如果 $\boldsymbol{a}(t)$ 和 $\boldsymbol{b}(t)$ 是三阶实向量，则

$$(\boldsymbol{a}(t)\times\boldsymbol{b}(t))'=\boldsymbol{a}'(t)\times\boldsymbol{b}(t)+\boldsymbol{a}(t)\times\boldsymbol{b}'(t).$$

问题 2 请证明如果向量值函数 $\boldsymbol{x}(t)$ 是可微的，并且 $\|\boldsymbol{x}(t)\|$ 是常数，那么 $\boldsymbol{x}(t)$ 和 $\boldsymbol{x}'(t)$ 是正交的.

问题 3 $\boldsymbol{A}(t)$ 是正交矩阵. 证明在 $\boldsymbol{A}(0)=\boldsymbol{E}$ 时，在 0 处的导数 $\boldsymbol{A}'(0)$ 是反对称矩阵.

例 2 对于空间曲线 $(c):\boldsymbol{x}=\boldsymbol{x}(s)$，其参数为从某点开始的长度 s. 可以认为是一个点以绝对速度 1 沿着曲线 (c) 移动. 这样，s 就是时间的参数.

如果 $\boldsymbol{a}_1(s)=\boldsymbol{x}'(s)$，则 $\|\boldsymbol{a}_1(s)\|=1$. $\boldsymbol{a}_1(s)$ 称为曲线 (c) 的切向量.

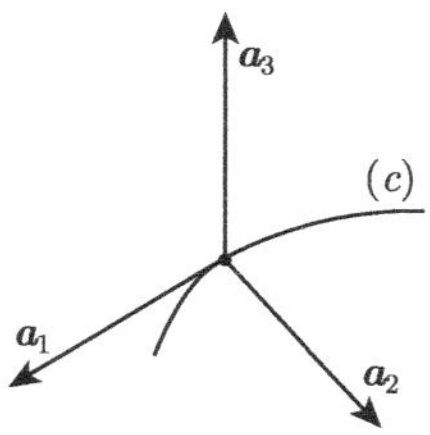

另外，$\boldsymbol{a}_1(s)$ 和 $\boldsymbol{a}_1'(s)=\boldsymbol{x}''(s)$ 是正交的（参照问题 2）. 假设 $\boldsymbol{a}_1'(s)\neq\boldsymbol{0}$，$\|\boldsymbol{a}_1'(s)\|=k(s)$，$\boldsymbol{a}_2(s)=\dfrac{1}{k(s)}\boldsymbol{a}_1'(s)$. $\boldsymbol{a}_2(s)$ 是曲线 (c) 的**主法向量**，$k(s)$ 称为曲线 (c) 的**曲率**.

如果 $\boldsymbol{a}_3(s)=\boldsymbol{a}_1(s)\times\boldsymbol{a}_2(s)$，那么 $\boldsymbol{a}_3(s)$ 也是长度为 1 的向量，$\langle\boldsymbol{a}_1(s),\boldsymbol{a}_2(s),\boldsymbol{a}_3(s)\rangle$ 是 $\mathbb{R}^3$ 的标准正交基. $\boldsymbol{a}_3(s)$ 为曲线 (c) 的**副法向量**.

$$\boldsymbol{a}_3'(s)=\boldsymbol{a}_1'(s)\times\boldsymbol{a}_2(s)+\boldsymbol{a}_1(s)\times\boldsymbol{a}_2'(s)=\boldsymbol{a}_1(s)\times\boldsymbol{a}_2'(s).$$

因为 $\boldsymbol{a}_1(s)$ 和 $\boldsymbol{a}_2'(s)$ 都与 $\boldsymbol{a}_2(s)$ 正交，所以

$$\boldsymbol{a}_3'(s) = -\tau(s)\boldsymbol{a}_2(s).$$

$\tau(s)$ 被称作曲线 (c) 的**挠率**. 挠率并不总为正（或 0）.

曲率 $k(\mathrm{s})$ 表示曲线 $k(\mathrm{s})$ 的弯曲程度. 准确地说，它是曲率圆的半径（曲率半径）的倒数.

挠率 $\tau(s)$ 表示曲线 (c) 的扭曲程度. 平面曲线的挠率为 0. $\tau(s)$ 仅在 $\boldsymbol{a}_1(s)$、$\boldsymbol{a}_2(s)$、$\boldsymbol{a}_2'(s)$ 满足右手定则时为正.

现在，$\boldsymbol{A}(s) = (\boldsymbol{a}_1(s) \quad \boldsymbol{a}_2(s) \quad \boldsymbol{a}_3(s))$ 是一个正交矩阵，所以如果对 $\boldsymbol{A}^{\mathrm{T}}(s)\boldsymbol{A}(s) = \boldsymbol{E}$ 的两边进行微分，则有

$$\boldsymbol{A}'^{\mathrm{T}}(s)\boldsymbol{A}(s) + \boldsymbol{A}^{\mathrm{T}}(s)\boldsymbol{A}'(s) = \boldsymbol{O}.$$

如果 $\boldsymbol{B}(s) = \boldsymbol{A}(s)^{-1}\boldsymbol{A}'(s) = \boldsymbol{A}^{\mathrm{T}}(\mathrm{s})\boldsymbol{A}'(\mathrm{s})$，由上式可知，$\boldsymbol{B}(s)$ 为反对称矩阵.

$\boldsymbol{B}(s)$ 的元素 (i, j) 是 $(\boldsymbol{a}_i(s), \boldsymbol{a}_j'(s))$，

$$(\boldsymbol{a}_2(s), \boldsymbol{a}_1'(s)) = \kappa(s), \quad (\boldsymbol{a}_3(s), \boldsymbol{a}_1'(s)) = 0, \quad (\boldsymbol{a}_2(s), \boldsymbol{a}_3'(s)) = -\tau(s),$$

因此，

$$\boldsymbol{B}(s) = \begin{pmatrix} 0 & -\kappa(s) & 0 \\ \kappa(s) & 0 & -\tau(s) \\ 0 & \tau(s) & 0 \end{pmatrix}.$$

也就是说，

$$(\boldsymbol{a}_1'(s) \quad \boldsymbol{a}_2'(s) \quad \boldsymbol{a}_3'(s)) = (\boldsymbol{a}_1(s) \quad \boldsymbol{a}_2(s) \quad \boldsymbol{a}_3(s)) \begin{pmatrix} 0 & -\kappa(s) & 0 \\ \kappa(s) & 0 & -\tau(s) \\ 0 & \tau(s) & 0 \end{pmatrix}.$$

这就是**弗勒内-塞雷公式**.

例 3 在具有坐标系的空间中，某点围绕通过原点的轴正向匀速旋转. 我们来求出这个运动的速度向量. 可以应用先前例子中的方法，不过这里我们使用另一种方法.

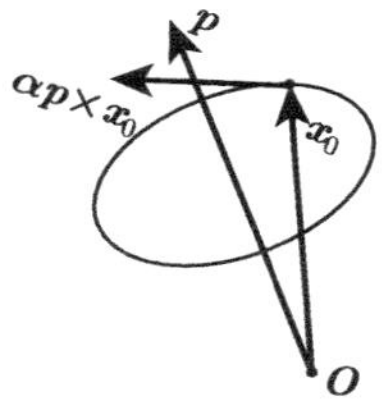

设长度为 1 的轴向量为 $\boldsymbol{p}$，$t=0$ 时点的位置向量为 $\boldsymbol{x}_0=\boldsymbol{x}(0)$，旋转的角速度为 α $(\alpha>0)$，在时间点 t，点的位置向量为 $\boldsymbol{x}(t)$.

取包含 $\boldsymbol{p}$ 的右手定则的正交基 $\langle\boldsymbol{p}_1,\boldsymbol{p}_2,\boldsymbol{p}_3\rangle$ $(\boldsymbol{p}_3=\boldsymbol{p})$，设 $\boldsymbol{P}=(\boldsymbol{p}_1\boldsymbol{p}_2\boldsymbol{p}_3)=(\boldsymbol{p}_{ij})$. 对于这个坐标系，围绕 $\boldsymbol{p}$ 轴的角 αt 的旋转用下式表示.

$$\boldsymbol{B}(t)=\begin{pmatrix}\cos(\alpha t) & -\sin(\alpha t) & 0\\ \sin(\alpha t) & \cos(\alpha t) & 0\\ 0 & 0 & 1\end{pmatrix}.$$

因此，关于原本的坐标系，矩阵如下所示（参照 5.6 节）.

$$\boldsymbol{A}(t)=\boldsymbol{P}\boldsymbol{B}(t)\boldsymbol{P}^{-1}=\boldsymbol{P}\boldsymbol{B}(t)\boldsymbol{P}^{\mathrm{T}}.$$

因此，

$$\boldsymbol{x}(t)=\boldsymbol{A}(t)\boldsymbol{x}_0=\boldsymbol{P}\boldsymbol{B}(t)\boldsymbol{P}^{\mathrm{T}}\boldsymbol{x}_0,$$

$$\boldsymbol{x}'(0)=\boldsymbol{A}'(0)\boldsymbol{x}_0=\boldsymbol{P}\boldsymbol{B}'(0)\boldsymbol{P}^{\mathrm{T}}\boldsymbol{x}_0$$

成立. 通过简单的计算，可得

$$\boldsymbol{A}'(0)=\boldsymbol{P}\begin{pmatrix}0 & -\alpha & 0\\ \alpha & 0 & 0\\ 0 & 0 & 0\end{pmatrix}\boldsymbol{P}^{\mathrm{T}}=\begin{pmatrix}0 & -\alpha p_{33} & \alpha p_{23}\\ \alpha p_{33} & 0 & -\alpha p_{13}\\ -\alpha p_{23} & \alpha p_{13} & 0\end{pmatrix}.$$

因此，$\boldsymbol{x}'(0)=\boldsymbol{A}'(0)\boldsymbol{x}_0=\alpha\boldsymbol{p}\times\boldsymbol{x}_0$（参照第 2 章问题 13）. 这是 $t=0$ 时的速度向量.

位置向量的变换 $\boldsymbol{x}\to\alpha\boldsymbol{p}\times\boldsymbol{x}$ 称为**无穷小旋转**或**瞬时旋转**，表示的角速度 α 绕 $\boldsymbol{p}$ 轴的旋转运动. 这是应用连续群论的典型问题之一.

7.2 矩阵的幂级数

① $m\times n$ 矩阵的无穷列或无穷级数的收敛性和极限是由每个元素创建的数列或级数的收敛性和极限来定义的.

当 $\boldsymbol{X}$ 是 n 阶矩阵时，矩阵的级数

$$\sum_{p=0}^{\infty} a_p \boldsymbol{X}^p = a_0 \boldsymbol{E} + a_1 \boldsymbol{X} + a_2 \boldsymbol{X}^2 + \cdots \tag{1}$$

被称为 $\boldsymbol{X}$ 的**幂级数**. 如果这个级数收敛，和就代表一个 n 阶矩阵.

与式 (1) 相对应，对于普通幂级数

$$\sum_{p=0}^{\infty} a_p x^p = a_0 + a_1 x + a_2 x^2 + \cdots, \tag{2}$$

设其收敛半径为 ρ.

下面是基础定理.

定理 [2.1] 如果 $\boldsymbol{X}$ 的所有特征根的绝对值小于 ρ，则矩阵的幂级数 (1) 收敛. 如果特征根的绝对值超过 ρ，那么即使有一个特征根也会发散.

证明：(i) $\boldsymbol{X}$ 是对角矩阵的情况. 如果 $\boldsymbol{X} = (\delta_{ij} x_i)$，则 $\boldsymbol{X}$ 的特征根为 $x_1, x_2, \cdots, x_n$，$\boldsymbol{X}^p = (\delta_{ij} x_i^p)$. 因此，(1) 的收敛性归结为 n 个复级数 $\sum\limits_{p=0}^{\infty} a_p x_i^p (i = 1, 2, \cdots, n)$ 的收敛性. 因此，定理正确.

(ii) $\boldsymbol{X}$ 为若尔当矩阵的情况. 设 $\boldsymbol{X} = \boldsymbol{D} + \boldsymbol{N}$，$\boldsymbol{D}$ 是对角矩阵，$\boldsymbol{N}$ 是幂零矩阵，$\boldsymbol{DN} = \boldsymbol{ND}$，$\boldsymbol{N}^n = \boldsymbol{O}$. 因为 $p \geqslant n$，所以

$$\begin{aligned}\boldsymbol{X}^p &= \sum_{k=0}^{p} \mathrm{C}_p^k \boldsymbol{D}^{p-k} \boldsymbol{N}^k = \sum_{k=0}^{n-1} \mathrm{C}_p^k \boldsymbol{D}^{p-k} \boldsymbol{N}^k \\ &= \boldsymbol{D}^p + p\boldsymbol{D}^{p-1}\boldsymbol{N} + \cdots + \mathrm{C}_p^k \boldsymbol{D}^{p-k}\boldsymbol{N}^k + \cdots + \mathrm{C}_p^{n-1}\boldsymbol{D}^{p-n+1}\boldsymbol{N}^{n-1}.\end{aligned}$$

因此，幂级数 (1) 的收敛性等价于 n 个幂级数 $\sum\limits_{p=k}^{\infty} a_{pp} \mathrm{C}_p^k \boldsymbol{D}^{p-k} (k = 0, 1, \cdots, n-1)$ 的收敛性. 因为对应的幂级数 $\sum\limits_{p=k}^{\infty} a_{pp} \mathrm{C}_p^k x^{p-k}$ 是幂级数 $\sum\limits_{p=0}^{\infty} a_p x^p$ 逐项 k 次微分后的结果的 $\dfrac{1}{k!}$ 倍，所以它的收敛半径仍然是 ρ. 因为 $\boldsymbol{D}$ 是对角矩阵，所以根据 (i)，结论正确.

(iii) 一般情况. 如果 $\boldsymbol{P}$ 是可逆矩阵，则两个幂级数

$$\sum_{p=0}^{\infty} a_p \boldsymbol{X}^p, \quad \sum_{p=0}^{\infty} a_p \left(\boldsymbol{P}^{-1} \boldsymbol{X} \boldsymbol{P}\right)^p$$

同时收敛或发散. 我们可以选择使 $\boldsymbol{P}^{-1}\boldsymbol{X}\boldsymbol{P}$ 成为若尔当矩阵的 $\boldsymbol{P}$，因此根据 (ii)，在一般情况下，结论也是正确的. 证毕.

推论 [2.2] (i) 如果幂级数 (1) 收敛，则幂级数

$$\sum_{p=0}^{\infty} a_p \left(\boldsymbol{P}^{-1}\boldsymbol{X}\boldsymbol{P}\right)^p$$

也收敛，和等于 $\boldsymbol{P}^{-1}\left(\sum\limits_{p=0}^{\infty} a_p \boldsymbol{X}^p\right)\boldsymbol{P}$.

(ii) 如果 $\alpha_1, \alpha_2, \cdots, \alpha_n$ 是 $\boldsymbol{X}$ 的特征根, 那么 $\sum\limits_{p=0}^{\infty} a_p \boldsymbol{X}^p$ 的特性根为 $\sum\limits_{p=0}^{\infty} a_p \alpha_i^p (i = 1, 2, \cdots, n)$.

② **指数级数**是最重要的幂级数. 指数级数 $\sum\limits_{p=0}^{\infty} \dfrac{1}{p!}\boldsymbol{X}^p$ 收敛于所有的矩阵 $\boldsymbol{X}$. 这个和用 $\exp \boldsymbol{X}$ 表示，映射 $\boldsymbol{X} \to \exp \boldsymbol{X}$ 称为矩阵的**指数函数**.

$$\exp \boldsymbol{X} = \sum_{p=0}^{\infty} \frac{1}{p!}\boldsymbol{X}^p = \boldsymbol{E} + \boldsymbol{X} + \frac{1}{2!}\boldsymbol{X}^2 + \cdots .$$

根据推论 [2.2]，对于任意的可逆矩阵 $\boldsymbol{P}$，$\exp \boldsymbol{P}^{-1}\boldsymbol{X}\boldsymbol{P} = \boldsymbol{P}^{-1}(\exp \boldsymbol{X})\boldsymbol{P}$ 成立. 如果 $\boldsymbol{X}$ 的特征值是 $\alpha_1, \alpha_2, \cdots, \alpha_n$，则 $\exp \boldsymbol{X}$ 的特征值是 $e^{\alpha_1}, e^{\alpha_2}, \cdots, \mathrm{e}^{\alpha_n}$. 因此，

$$\det(\exp \boldsymbol{X}) = e^{\mathrm{Tr}\boldsymbol{X}}$$

成立. $\exp \boldsymbol{X}$ 一定是可逆的，如果 $\boldsymbol{X}$ 是实矩阵，则 $\exp \boldsymbol{X}$ 的行列式为正.

当然，$(\exp \boldsymbol{X})^{\mathrm{T}} = \exp \boldsymbol{X}^{\mathrm{T}}$.

实变量矩阵函数 $\boldsymbol{A}(t) = \exp t\boldsymbol{X}$ 是解析函数，所以如果逐项微分，我们可得到

$$(\exp t\boldsymbol{X})' = \boldsymbol{X} \exp t\boldsymbol{X}.$$

相反，利用联立微分方程组的解的存在定理，可微矩阵函数 $\boldsymbol{A}(t)$ 如果满足

$$\boldsymbol{A}'(t) = \boldsymbol{X}\boldsymbol{A}(t),$$

$$\boldsymbol{A}(0) = \boldsymbol{E},$$

则 $\boldsymbol{A}(t)=\exp t\boldsymbol{X}$.

[2.3] （加法定理）如果 $\boldsymbol{X}$ 和 $\boldsymbol{Y}$ 可以交换，则

$$\exp(\boldsymbol{X}+\boldsymbol{Y})=\exp\boldsymbol{X}\cdot\exp\boldsymbol{Y}.$$

特别地，$\exp(-\boldsymbol{X})=(\exp\boldsymbol{X})^{-1}$.

证明：$(\exp t\boldsymbol{X}\cdot\exp t\boldsymbol{Y})'=(\exp t\boldsymbol{X})'(\exp t\boldsymbol{Y})+(\exp t\boldsymbol{X})(\exp t\boldsymbol{Y})'$

$$=(\boldsymbol{X}+\boldsymbol{Y})(\exp t\boldsymbol{X}\cdot\exp t\boldsymbol{Y}).$$

$\exp 0\boldsymbol{X}\cdot\exp 0\boldsymbol{Y}=\boldsymbol{E}$，所以 $\exp t\boldsymbol{X}\cdot\exp t\boldsymbol{Y}=\exp t(\boldsymbol{X}+\boldsymbol{Y})$. 证毕.

注：即使不依赖微分方程理论，我们也可以使用 $\exp t(\boldsymbol{X}+\boldsymbol{Y})$ 和 $\exp t\boldsymbol{X}\cdot\exp t\boldsymbol{Y}$ 都是 t 的解析函数这一事实来比较泰勒展开的系数.

此外，我们还可以通过直接计算来证明.

[2.4] (i) 如果 $\boldsymbol{X}$ 是反对称矩阵，则 $\exp\boldsymbol{X}$ 是正交矩阵. 相反，如果对于所有的 t，$\exp t\boldsymbol{X}$ 是正交矩阵，则 $\boldsymbol{X}$ 是反对称矩阵.

(ii) 如果 $\boldsymbol{X}$ 是实对称矩阵，则 $\exp\boldsymbol{X}$ 是正定对称矩阵. 相反，如果对于所有的 t，$\exp t\boldsymbol{X}$ 是实对称矩阵，则 $\boldsymbol{X}$ 是实对称矩阵.

证明：(i) 如果 $\boldsymbol{X}^{\mathrm{T}}=-\boldsymbol{X}$，则 $(\exp\boldsymbol{X})^{\mathrm{T}}=\exp\boldsymbol{X}^{\mathrm{T}}=(\exp\boldsymbol{X})^{-1}$，因此 $\exp\boldsymbol{X}$ 是正交矩阵. 相反，如果 $\exp\boldsymbol{X}^{\mathrm{T}}$ 也是正交矩阵，比较

$$(\exp t\boldsymbol{X})^{\mathrm{T}}(\exp t\boldsymbol{X})=\boldsymbol{E}$$

的两边在 0 处的导数，比较后可得到 $\boldsymbol{X}^{\mathrm{T}}+\boldsymbol{X}=\boldsymbol{O}$.

(iii) 同理. 证毕.

例 1 如果 $\boldsymbol{X}=\begin{pmatrix}0&-\alpha\\\alpha&0\end{pmatrix}$，则 $\exp\boldsymbol{X}=\begin{pmatrix}\cos\alpha&-\sin\alpha\\\sin\alpha&\cos\alpha\end{pmatrix}$.

此外，从第 5 章的推论 [6.2] 可以看出，行列式为 1 的任何正交矩阵都可通过反对称矩阵 $\boldsymbol{X}$ 表示为 $\exp\boldsymbol{X}$. 实际上，特征值 -1 的重数是偶数，所以

$$\begin{pmatrix}-1&0\\0&-1\end{pmatrix}=\exp\begin{pmatrix}0&-\pi\\\pi&0\end{pmatrix}.$$

特别地，在三维空间中，绕经过原点的轴 $\boldsymbol{p}=\begin{pmatrix}p_1\\p_2\\p_3\end{pmatrix}$ $(\|\boldsymbol{p}\|=1)$ 旋转

角 a 的矩阵 $\boldsymbol{A}$ 表示如下（上一节例 3）.

$$\boldsymbol{A}=\exp\begin{pmatrix}0 & -\alpha p_3 & \alpha p_2\\ \alpha p_3 & 0 & -\alpha p_1\\ -\alpha p_2 & \alpha p_1 & 0\end{pmatrix}.$$

注意点 将 $\boldsymbol{X}$ 转换为对角形或若尔当标准形来计算 $\exp\boldsymbol{X}$ 会比较简单.

$$\exp\boldsymbol{X}=\boldsymbol{P}(\exp\boldsymbol{P}^{-1}\boldsymbol{X}\boldsymbol{P})\boldsymbol{P}^{-1}.$$

问题 求下列矩阵 $\boldsymbol{X}$ 对应的 $\exp\boldsymbol{X}$.

(i) $\begin{pmatrix}0 & 1\\ 1 & 0\end{pmatrix}$. (ii) $\begin{pmatrix}1 & 2 & 0\\ 3 & -1 & -3\\ -1 & 2 & 2\end{pmatrix}$. (iii) $\begin{pmatrix}2 & 1 & 1\\ 1 & 2 & 1\\ 1 & 1 & 2\end{pmatrix}$.

例 2 与 n 个未知函数 $x_1(t), x_2(t), \cdots, x_n(t)$ 相关的常系数齐次线性微分方程组如下所示.

$$\left.\begin{array}{l} x_1'(t)=a_{11}x_1(t)+a_{12}x_2(t)+\cdots+a_{1n}x_n(t)\\ x_2'(t)=a_{21}x_1(t)+a_{22}x_2(t)+\cdots+a_{2n}x_n(t)\\ \cdots\cdots\cdots\cdots\cdots\\ \cdots\cdots\cdots\cdots\cdots\\ x_n{}'(t)=a_{n1}x_1(t)+a_{n2}x_2(t)+\cdots+a_{nn}x_n(t)\end{array}\right\}. \tag{3}$$

如果 $\boldsymbol{x}(t)=(x_i(t))$，$\boldsymbol{A}=(a_{ij})$，则有

$$\boldsymbol{A}\boldsymbol{x}(t)=\boldsymbol{x}'(t). \tag{4}$$

根据前面的理论，满足该方程的初始条件

$$\boldsymbol{x}(0)=\boldsymbol{b} \tag{5}$$

的唯一解是

$$\boldsymbol{x}(t)=(\exp t\boldsymbol{A})\boldsymbol{b}. \tag{6}$$

设 $\boldsymbol{b}=\boldsymbol{e}_i$ $(i=1,2,\cdots,n)$ 对应的解 $\boldsymbol{x}_i(t)$，则

$$\exp t\boldsymbol{A}=(\boldsymbol{x}_1(t)\ \boldsymbol{x}_2(t)\ \cdots\ \boldsymbol{x}_n(t)) \tag{7}$$

成立. 也就是说，$\exp t\boldsymbol{A}$ 的 n 个列向量给出线性微分方程 (3) 的基本解.

问题　求解微分方程组

$$\left.\begin{array}{l} x_1'(t) = x_1(t) + 2x_2(t) \\ x_2'(t) = 3x_1(t) - x_2(t) - 3x_3(t) \\ x_3'(t) = -x_1(t) + 2x_2(t) + 2x_3(t) \end{array}\right\}.$$

注意点　n 阶常系数齐次线性微分方程

$$\frac{\mathrm{d}^n x(t)}{\mathrm{d}t^n} + a_{n-1}\frac{\mathrm{d}^{n-1}x(t)}{\mathrm{d}t^{n-1}} + \cdots + a_1\frac{\mathrm{d}x(t)}{\mathrm{d}t} + a_0 x(t) = 0$$

通过未知函数

$$x_1(t) = x(t), \quad x_2(t) = x'(t), \quad \cdots, \quad x_n(t) = x^{(n-1)}(t)$$

变换为一阶联立线性微分方程组

$$\left.\begin{array}{l} x_1'(t) = \qquad\qquad x_2(t) \\ x_2'(t) = \qquad\qquad\qquad x_3(t) \\ \cdots\cdots\cdots\cdots \qquad\qquad\qquad \ddots \\ \cdots\cdots\cdots\cdots \\ x_n'(t) = -a_0x_1(t) - a_1x_2(t) - \cdots - a_{n-1}x_n(t) \end{array}\right\}.$$

它是方程 (4) 中以

$$\boldsymbol{A} = \begin{pmatrix} 0 & 1 & 0 & & \\ \vdots & & \ddots & \ddots & \\ & & & \ddots & 0 \\ 0 & & & & 1 \\ -a_0 & -a_1 & \cdots\cdots & & -a_{n-1} \end{pmatrix}$$

为条件的微分方程. 因此，我们可以使用前面介绍的方法. 将此方法与 5.1 节的例 9 和 6.2 节的例 7 中使用的方法进行比较.

最后再来列举其他重要的级数.

对数级数

$$\sum_{p=1}^{\infty}(-1)^{p-1}\frac{1}{p}\boldsymbol{X}^p.$$

如果 $\boldsymbol{X}$ 的特征值的绝对值小于 1，则对数级数收敛. 这个总和用 $\log(\boldsymbol{E}+\boldsymbol{X})$ 表示.

与普通的对数函数一样，对于特征值足够小的矩阵，可证明对数函数是指数函数的逆函数. ①

等比级数

$$\sum_{p=0}^{\infty} \boldsymbol{X}^p = \boldsymbol{E} + \boldsymbol{X} + \boldsymbol{X}^2 + \cdots .$$

如果 $\boldsymbol{X}$ 的特征值的绝对值小于 1，则等比级数收敛. 此时可确认和等于 $(\boldsymbol{E}-\boldsymbol{X})^{-1}$，即

$$(\boldsymbol{E}-\boldsymbol{X})^{-1} = \boldsymbol{E} + \boldsymbol{X} + \boldsymbol{X}^2 + \cdots .$$

③ 接下来，我们讨论向量和矩阵范数.

n 阶列向量的无限列 $\{\boldsymbol{x}_p\}$ 收敛到 $\boldsymbol{x}_0$ 的充分必要条件是

$$\lim_{p\to\infty} \|\boldsymbol{x}_0 - \boldsymbol{x}_p\| = 0 \tag{8}$$

成立. 证明这一点并不难. 但是，当 $\boldsymbol{x} = (x_i)$ 时，

$$\|\boldsymbol{x}\| = \sqrt{x_1^2 + x_2^2 + \cdots + x_n^2}.$$

如果

$$\|\boldsymbol{x}\|_1 = |x_1| + |x_2| + \cdots + |x_n|,$$

$$\|\boldsymbol{x}\|_\infty = \max(|x_1|, |x_2|, \cdots, |x_n|),$$

我们很容易就能知道

$$\|\boldsymbol{x}\|_1 \geqslant \|\boldsymbol{x}\| \geqslant \|\boldsymbol{x}\|_\infty \geqslant \frac{1}{n}\|\boldsymbol{x}\|_1.$$

因此，在无限列的收敛条件 (8) 中，范数 $\|\ \|$ 可以替换为 $\|\ \|_1$ 或 $\|\ \|_\infty$. $\|\ \|_1$ 为 **1-范数**，$\|\ \|_\infty$ 为**无穷范数**. 普通范数有时称为 **2-范数**，用 $\|\ \|_2$ 表示.

[2.5] 上述 3 种范数有以下性质.

1) 如果 $\|\boldsymbol{x}\| \geqslant 0$，$\|\boldsymbol{x}\| = 0$ 时，$\boldsymbol{x} = \boldsymbol{0}$.

2) $\|\boldsymbol{x}+\boldsymbol{y}\| \leqslant \|\boldsymbol{x}\| + \|\boldsymbol{y}\|$.

---

① 详细内容请参照山内恭彦、杉浦光夫所著的《连续群论入门》(『連続群論入門』).

3) $\|c\boldsymbol{x}\| = |c|\|\boldsymbol{x}\|$.

以上内容是线性空间中范数的条件. 还有很多 $\mathbb{R}^n$ 或 $\mathbb{C}^n$ 到 $\mathbb{R}$ 的映射满足这 3 个条件，这里就不讨论了.

对 $m \times n$ 矩阵 $\boldsymbol{A} = (a_{ij})$，通过

$$\|\boldsymbol{A}\|_2 = \sqrt{\sum_{i,j} |a_{ij}|^2}, \quad \|\boldsymbol{A}\|_1 = \sum_{i,j} |a_{ij}|$$

定义 2-范数，1-范数，并通过

$$\|\boldsymbol{A}\|_0 = \sup_{\substack{\|\boldsymbol{x}\|_2=1 \\ \boldsymbol{x}\in\mathbb{R}^n}} \|\boldsymbol{A}\boldsymbol{x}\|_2 = \sup_{\substack{\boldsymbol{x}\neq\boldsymbol{0} \\ \boldsymbol{x}\in\mathbb{R}^n}} \frac{\|\boldsymbol{A}\boldsymbol{x}\|_2}{\|\boldsymbol{x}\|_2}$$

定义**算子范数**.

[2.6] 上述 3 种范数具有下列性质

1) 如果 $\|\boldsymbol{A}\| \geqslant 0$，$\|\boldsymbol{A}\| = 0$ 时，$\boldsymbol{A} = \boldsymbol{O}$.

2) 如果 $\boldsymbol{A}$ 和 $\boldsymbol{B}$ 为同类型的矩阵，那么 $\|\boldsymbol{A}+\boldsymbol{B}\| \leqslant \|\boldsymbol{A}\| + \|\boldsymbol{B}\|$.

3) $\|c\boldsymbol{A}\| = |c|\|\boldsymbol{A}\|$.

4) 如果定义乘积为 $\boldsymbol{AB}$，则 $\|\boldsymbol{AB}\| \leqslant \|\boldsymbol{A}\|\|\boldsymbol{B}\|$.

证明过程很简单.

注意点 $\max\limits_{i,j} |a_{ij}|$ 不满足条件 4). 因此它不是通常意义上的范数.

我们很容易证明

$$\|\boldsymbol{A}\|_1 \geqslant \|\boldsymbol{A}\|_2 \geqslant \|\boldsymbol{A}\|_0 \geqslant \frac{1}{n^2}\|\boldsymbol{A}\|_1 \tag{9}$$

成立，因此无穷序列 $\{\boldsymbol{A}_p\}$ 收敛到 $\boldsymbol{A}_0$ 的条件

$$\lim_{p\to\infty} \|\boldsymbol{A}_0 - \boldsymbol{A}_p\| = 0 \tag{10}$$

对任何范数都有效.

[2.7] （**柯西收敛法则**）$m \times n$ 矩阵的无穷序限列 $\{\boldsymbol{A}_p\}$ 收敛的充分必要条件是，对任意正数 ε 选择足够大的 p_0，使 $q, r \geqslant p_0$ 时，$\|\boldsymbol{A}_r - \boldsymbol{A}_q\| < \varepsilon$ 成立.

上述事实说明“矩阵空间 $\boldsymbol{M}_{m,n}(\mathbb{R})$ 是**完备的**”.

[2.8] 对于 $m \times n$ 矩阵的级数 $\sum\limits_{p=1}^{\infty} \boldsymbol{A}_p$，如果级数 $\sum\limits_{p=1}^{\infty} \|\boldsymbol{A}_p\|$ 收敛，则原始级数收敛，此时，$\sum\limits_{p=1}^{\infty} \boldsymbol{A}_p$ **绝对收敛**.

证明: 根据 [2.7] 求证 $\|\boldsymbol{A}_{q+1}+\boldsymbol{A}_{q+2}+\cdots+\boldsymbol{A}_r\| \leqq \|\boldsymbol{A}_{q+1}\|+\|\boldsymbol{A}_{q+2}\|+\cdots+\|\boldsymbol{A}_r\|$.

[2.9] $\boldsymbol{A}$ 为方块矩阵，如果幂级数 $\sum\limits_{p=0}^{\infty}|a_p|\,\|\boldsymbol{A}\|^p$ 收敛，则矩阵的幂级数 $\sum\limits_{p=0}^{\infty}a_p\boldsymbol{A}^p$ 也收敛.

证明：通过 [2.8] 和范数性质 $\|\boldsymbol{A}^p\| \leqslant \|\boldsymbol{A}\|^p$ 可证.

矩阵的特征值通常很难找到，所以这些收敛判断方法一般是有用的.

问题 1 证明 $m\times n$ 矩阵 $\boldsymbol{A}$ 的 2-范数的平方等于正定矩阵 $\boldsymbol{A}^*\boldsymbol{A}$ 的特征值，算子范数的平方等于 $\boldsymbol{A}^*\boldsymbol{A}$ 的最大特征值.

问题 2 证明不等式 (9).

④ 与单实变量的矩阵函数相同，我们可以处理矩阵变量的矩阵函数.

从矩阵空间 $\boldsymbol{M}_{m,n}(\mathbb{R})$ 的子集 S 到 $\boldsymbol{M}_{m',n'}(\mathbb{R})$ 的映射 ρ 在 S 的一点 A 上是**连续**的，这表示如果对任何正数 ε 取足够小的正数 δ，那么对于满足 $\|\boldsymbol{X}-\boldsymbol{A}\|<\delta$ 的任何 $\boldsymbol{X}\in S$，有 $\|\rho(\boldsymbol{X})-\rho(\boldsymbol{A})\|<\varepsilon$ 成立. 范数可以是任何数.

此类函数的一般理论是多变量分析的主题. 这里只描述 3.2 节中提到的以下定理.

整个 n 阶可逆实矩阵的集合用 $\boldsymbol{GL}(n,\mathbb{R})$ 表示.

定理 [2.10] 从 $\boldsymbol{GL}(n,\mathbb{R})$ 到 $\mathbb{R}$ 的连续映射 ρ 不恒为 0，如果满足条件

$$\rho(\boldsymbol{XY})=\rho(\boldsymbol{X})\rho(\boldsymbol{Y}), \tag{11}$$

则存在某个实数 s，使得

$$\rho(\boldsymbol{X})=|\det\boldsymbol{X}|^s, \tag{12}$$

或者

$$\rho(\boldsymbol{X})=\operatorname{sgn}(\det\boldsymbol{X})\cdot|\det\boldsymbol{X}|^s. \tag{13}$$

但是，根据 x 的正负，$\operatorname{sgn}(x)$ 为 1 或 -1.

证明：(i) 准备. 在整个实数中定义的实值函数 f 恒不为 0，如果满足条件

$$f(x+y)=f(x)f(y), \tag{14}$$

则存在一个正数 α，$f(x)=a^x$.

实际上，如果对于某个 x_1，有 $f(x_1)=0$，则对于任意的 x，$f(x)=f(x_1)f(x-x_1)=0$，与假设相反. 如果 $f(0)=1$，$a=f(1)$，则 $a=f(1/2)^2>$

0，$f(-1)=\alpha^{-1}$. 因此，当取任意整数 p、q 时，根据 $f(p)=f(1)^p=a^p$，$f(p/q)^q=f(p)=a^p$，对于任意有理数 p/q，$f(p/q)=a^{p/q}$ 成立. 根据连续性的定义，对于任何实数 x，有 $f(x)=a^x$.

(ii) $n=1$ 时的证明. 如果证明 $f(x)=\rho(e^x)$，则 f 连续且恒不为 0，满足条件 (14). 因此，根据 (i)，有一个正数 a，使得 $f(x)=a^x$. 如果 $s=\log a$，则对于正数 x，

$$\rho(x)=f(\log x)=a^{\log x}=x^s$$

成立. 因为 $\rho(-1)^2=\rho(1)=1$，$\rho(-x)=\rho(-1)\rho(x)$，如果 $\rho(-1)=1$，则 $\rho(x)=|x|^s$，如果 $\rho(-1)=-1$，则 $\rho(x)=\mathrm{sgn}(x)\cdot|x|^s$.

(iii) $n>1$ 时的证明. 我们很容易看出 $\rho(\boldsymbol{E})=1$，$\rho(\boldsymbol{X})$ 绝对不会为 0. 现在我们来回忆一下任何可逆矩阵表示为 $\boldsymbol{Q}(i;c)$ 和 $\boldsymbol{R}(i,j;c)$ 这两种初等矩阵的乘积这个知识点.

首先，如果 $f(x)=\rho(\boldsymbol{R}(i,j;x))$，很容易看出 f 满足 (i) 的条件. 因此，存在一个正数 a，使 $f(x)=a^x$.

因为 $\boldsymbol{Q}(i;c)\boldsymbol{R}(i,j;x)\boldsymbol{Q}(i;c)^{-1}=\boldsymbol{R}(i,j;cx)$ 成立，所以 $a^x=a^{cx}$，则 a 必须为 1.

接下来，对于不为 0 的 x，如果 $\rho_i(x)=\rho(\boldsymbol{Q}(i;x))$，则 ρ_i 连续且恒不为 0，并且 $\rho_i(xy)=\rho_i(x)\rho_i(y)$ 成立. 根据 $\boldsymbol{P}(i,j)\boldsymbol{Q}(i;c)\boldsymbol{P}(i;j)^{-1}=\boldsymbol{Q}(j;c)$，$\rho_1(x)=\rho_2(x)=\cdots=\rho_n(x)$. 因此，由 (ii) 可得，存在一个实数 s，使得 $\rho_i(x)=|x|^s$ 或 $\rho_i(x)=\mathrm{sgn}(x)\cdot|x|^s$. 也就是说，

$$\rho(\boldsymbol{Q}(i;x))=|\mathrm{det}\boldsymbol{Q}(i;x)|^s$$

或

$$\rho(\boldsymbol{Q}(i;x))=\mathrm{sgn}(\mathrm{det}\boldsymbol{Q}(i;x))\cdot|\mathrm{det}\boldsymbol{Q}(i;x)|^s.$$

因为任何可逆矩阵 $\boldsymbol{X}$ 都是初等矩阵的乘积，所以我们求得 $\rho(\boldsymbol{X})=|\det\boldsymbol{X}|^s$ 或 $\rho(\boldsymbol{X})=\mathrm{sgn}(\det\boldsymbol{X})\cdot|\det\boldsymbol{X}|^s$. 证毕.

推论 [2.11]　从 $\boldsymbol{M}_n(\mathbb{R})$ 到 $\mathbb{R}$ 的连续映射 ρ 既不等于 0，也不等于 1，如果满足条件

$$\rho(\boldsymbol{XY})=\rho(\boldsymbol{X})\rho(\boldsymbol{Y}),\tag{11}$$

则存在正实数 s，使

$$\rho(\boldsymbol{X})=|\det\boldsymbol{X}|^s,\tag{12}$$

或

$$\rho(\boldsymbol{X})=\mathrm{sgn}(\det\boldsymbol{X})\cdot|\det\boldsymbol{X}|^s.\tag{13}$$

证明：如果将 ρ 限制为 $\boldsymbol{GL}(\mathrm{n},\mathbb{R})$，并应用前面的定理，则有实数 s 存在，针对可逆矩阵，式 (12) 或式 (13) 成立. 可以很容易看出，$\rho(\boldsymbol{O})=0$，$\lim\limits_{x\to 0} x\boldsymbol{E}=\boldsymbol{O}$，所以根据连续性的定义，$s$ 必须为正. 因为任何非可逆矩阵 $\boldsymbol{X}$ 是可逆矩阵的极限，所以 $\rho(\boldsymbol{X})=0$ 成立.

当所有 n 阶可逆复矩阵的集合用 $\boldsymbol{GL}(n,\mathbb{C})$ 表示时，以下定理成立.

定理 [2.12] 从 $\boldsymbol{GL}(n,\mathbb{C})$ 到 $\mathbb{C}$ 的连续映射 ρ 不恒为 0，如果满足条件

$$\rho(\boldsymbol{XY})=\rho(\boldsymbol{X})\rho(\boldsymbol{Y}), \tag{11}$$

则存在整数 k 和实数 s 使

$$\rho(\boldsymbol{X})=e^{\sqrt{-1}k\arg(\det\boldsymbol{X})}\cdot|\det\boldsymbol{X}|^{s} \tag{14}$$

成立.

证明：从绝对值为 1 的所有复数的集合到复数的恒不为 0 的连续映射 ρ，可由整数 k 表示为

$$\rho(z)=e^{\sqrt{-1}k\arg z}.$$

因此，如果 $n=1$，则 $z=e^{\sqrt{-1}\arg z}\cdot|z|$，可得出下式.

$$\rho(z)=e^{\sqrt{-1}k\arg z}\cdot|z|^{\mathrm{s}}.$$

当 $n>1$ 时，证明过程类似于定理 [2.10].

7.3 非负矩阵

元素都是正数的矩阵称为**正矩阵**，元素全部是 0 或正数的矩阵称为**非负矩阵**.

在工学和经济学的稳定性问题中，此类矩阵的理论发挥着重要的作用. 这里我们只证明其中最重要的定理. ①

定理 [3.1] （**弗罗贝尼乌斯-佩龙定理**）对于正方块矩阵 $\boldsymbol{A}$，以下内容成立.

1) $\boldsymbol{A}$ 具有正特征值. 如果其中最大的正特征值是 α，那么 α 是一个作为单根的特征根. α 有一个正特征向量 $\boldsymbol{u}$. α 被称作 $\boldsymbol{A}$ 的**弗罗贝尼乌斯根**.

2) $\boldsymbol{A}$ 的正特征向量都是 $\boldsymbol{u}$ 的常数倍.

3) α 以外的 $\boldsymbol{A}$ 的特征值的绝对值必小于 α.

4) 转置矩阵 $\boldsymbol{A}^{\mathrm{T}}$ 的弗罗贝尼乌斯根等于 $\boldsymbol{A}$ 的弗罗贝尼乌斯根.

① 详细内容请参考二阶堂副包所著的《经济线性数学》(『経済のための線型数学』).

证明：(i) $\boldsymbol{A}=(a_{ij})$，$\varepsilon=\min a_{ij}>0$. 对于任意非负向量 $\boldsymbol{x}=(x_i)$，如果 $\boldsymbol{A}x=(y_i)$，则

$$y_i=\sum_{j=1}^{n}a_{ij}x_j\geqslant\varepsilon\sum_{j=1}^{n}x_j\geqslant\varepsilon\|\boldsymbol{x}\|_\infty\geqslant\varepsilon x_i. \tag{1}$$

(ii) 如果 $\boldsymbol{x}=(x_i)$ 为正，那么 $\boldsymbol{A}x=(y_i)$ 也为正. 如果

$$\alpha(\boldsymbol{x})=\min\frac{y_i}{x_i},\quad \beta(\boldsymbol{x})=\max\frac{y_i}{x_i},$$

则 $0<\varepsilon\leqslant\alpha(\boldsymbol{x})\leqslant\beta(\boldsymbol{x})$.

$\boldsymbol{x}'=\dfrac{1}{\|\boldsymbol{Ax}\|_\infty}\boldsymbol{Ax}$ 也为正，所以我们可以按上面的方式确定 $\alpha(\boldsymbol{x}')$、$\beta(\boldsymbol{x}')$. 此时，不等式 (2) 和 (3) 成立.

$$\alpha(\boldsymbol{x})\leqslant\alpha\left(\boldsymbol{x}'\right)\leqslant\beta\left(\boldsymbol{x}'\right)\leqslant\beta(\boldsymbol{x}), \tag{2}$$

$$\alpha\left(\boldsymbol{x}'\right)\geqslant\alpha(\boldsymbol{x})+\frac{\varepsilon}{\|\boldsymbol{A}\|_1}\|\boldsymbol{Ax}-\alpha(\boldsymbol{x})\boldsymbol{x}\|_\infty\geqslant\alpha(\boldsymbol{x}). \tag{3}$$

实际上，$\beta(\boldsymbol{x})\boldsymbol{x}-\boldsymbol{Ax}$ 也是非负向量，左乘 $\dfrac{1}{\|\boldsymbol{Ax}\|_\infty}\boldsymbol{A}$ 可知，$\beta(\boldsymbol{x})\boldsymbol{x}'-\boldsymbol{Ax}'$ 也为非负值，也就是说，$\beta(\boldsymbol{x})\geqslant\beta(\boldsymbol{x}')$.

另外，假设 $\boldsymbol{x}'=(x_i')$，$\boldsymbol{A}x'=(y_i')$.

$\boldsymbol{Ax}-\alpha(\boldsymbol{x})\boldsymbol{x}$ 为非负向量，左乘 $\dfrac{1}{\|\boldsymbol{Ax}\|_\infty}\boldsymbol{A}$ 可得，$\boldsymbol{Ax}'-\alpha(\boldsymbol{x})\boldsymbol{x}'$ 也是非负值，根据式 (1)，

$$y_i'-\alpha(\boldsymbol{x})x_i'\geqslant\frac{\varepsilon}{\|\boldsymbol{Ax}\|_\infty}\|\boldsymbol{Ax}-\alpha(\boldsymbol{x})\boldsymbol{x}\|_\infty$$

成立. 所以 $x_i'\leqslant1$，$\|\boldsymbol{x}\|_\infty=1$，$\|\boldsymbol{Ax}\|_\infty\leqslant\|\boldsymbol{A}\|_1$，

$$\frac{y_i'}{x_i'}\geqslant\alpha(\boldsymbol{x})+\frac{\varepsilon}{\|\boldsymbol{A}\|_1}\|\boldsymbol{Ax}-\alpha(\boldsymbol{x})\boldsymbol{x}\|_\infty,$$

$$\alpha\left(\boldsymbol{x}'\right)\geqslant\alpha(\boldsymbol{x})+\frac{\varepsilon}{\|\boldsymbol{A}\|_1}\|\boldsymbol{Ax}-\alpha(\boldsymbol{x})\boldsymbol{x}\|_\infty$$

成立.

(iii) 从满足 $\|\boldsymbol{x}\|_0=1$ 的任意正向量 $\boldsymbol{x}_0$ 出发，可定义

$$\boldsymbol{x}_1=\frac{1}{\|\boldsymbol{Ax}_0\|_\infty}\boldsymbol{Ax}_0,\quad\cdots,\quad\boldsymbol{x}_p=\frac{1}{\|\boldsymbol{Ax}_{p-1}\|_\infty}\boldsymbol{Ax}_{p-1},$$

由此可得正向量的无穷序列 $\{\boldsymbol{x}_p\}$，$\|\boldsymbol{x}_p\|_\infty = 1$.

令 $\alpha_p = \alpha(\boldsymbol{x}_p), \beta_p = \beta(\boldsymbol{x}_p)$，根据 (ii)，

$$0 < \alpha_0 \leqslant \alpha_1 \leqslant \cdots \leqslant \beta_1 \leqslant \beta_0 \tag{4}$$

$$\alpha_{p+1} \geqslant \alpha_p + \frac{\varepsilon}{\|\boldsymbol{A}\|_1} \|\boldsymbol{A}\boldsymbol{x}_p - \alpha_p \boldsymbol{x}_p\|_\infty \tag{5}$$

成立.

因此，$\lim\limits_{p\to\infty} \alpha_p = \alpha > 0$ 存在，

$$\lim_{p\to\infty} \|\boldsymbol{A}\boldsymbol{x}_p - \alpha_p \boldsymbol{x}_p\|_\infty = 0 \tag{6}$$

成立. 所有满足 $\|\boldsymbol{x}\|_\infty = 1$ 的向量都是 $\mathbb{R}^n$ 的有界闭集，因此 $\{\boldsymbol{x}_p\}$ 的子列 $\{\boldsymbol{x}_{p'}\}$ 收敛.

如果

$$\boldsymbol{u} = \lim_{p'\to\infty} \boldsymbol{x}_{p'},$$

则 $\boldsymbol{u}$ 为非负值，$\|\boldsymbol{u}\|_\infty = 1$，而且 $\boldsymbol{A}\boldsymbol{u} = \alpha\boldsymbol{u}$ 成立，因此 $\boldsymbol{u}$ 为正. 也就是说，α 是 $\boldsymbol{A}$ 的正特征值，$\boldsymbol{u}$ 是 α 的正特征向量.

(iv) $\boldsymbol{A}^{\mathrm{T}}$ 也是正矩阵，因此正特征值 γ 及 γ 对应的正特征向量 $\boldsymbol{v}$ 存在.

$$\alpha(\boldsymbol{v}, \boldsymbol{u}) = \boldsymbol{v}^{\mathrm{T}}\alpha\boldsymbol{u} = \boldsymbol{v}^{\mathrm{T}}\boldsymbol{A}\boldsymbol{u} = \left(\boldsymbol{A}^{\mathrm{T}}\boldsymbol{v}\right)^{\mathrm{T}}\boldsymbol{u} = \gamma\boldsymbol{v}^{\mathrm{T}}\boldsymbol{u} = \gamma(\boldsymbol{v}, \boldsymbol{u}).$$

$(\boldsymbol{v}, \boldsymbol{u}) > 0$，因此 $\alpha = \gamma$.

(v) 假设 $\boldsymbol{x}$ 是 $\boldsymbol{A}$ 的正特征向量. 如果 $\boldsymbol{A}\boldsymbol{x} = \lambda\boldsymbol{x}$，则

$$\lambda(\boldsymbol{v}, \boldsymbol{x}) = \boldsymbol{v}^{\mathrm{T}}\lambda\boldsymbol{x} = \boldsymbol{v}^{\mathrm{T}}\boldsymbol{A}\boldsymbol{x} = \gamma\boldsymbol{v}^{\mathrm{T}}\boldsymbol{x} = \alpha(\boldsymbol{v}, \boldsymbol{x}).$$

因为 $(\boldsymbol{v}, \boldsymbol{x}) > 0$，所以 $\lambda = \alpha$，也就是说，x 是 α 的特征向量.

因此，对于任意正数 c，$\boldsymbol{x} - c\boldsymbol{u}$ 是 α 的特征向量. 如果取满足 $\boldsymbol{x} - c\boldsymbol{u}$ 非负这一条件的最大的 c 值，则至少有一个元素为 0. 因此，$\alpha(\boldsymbol{x} - c\boldsymbol{u})$ 为非负，而不为正. 另外，$\boldsymbol{A}$ 为正，所以如果 $\boldsymbol{x} - c\boldsymbol{u} \neq \boldsymbol{0}$，则 $\boldsymbol{A}(\boldsymbol{x} - c\boldsymbol{u})$ 为正. 因此，一定有 $\boldsymbol{x} = c\boldsymbol{u}$.

特别地，α 的特征空间是一维的. 如果 α 不是作为单根的特征根，那么当 $\boldsymbol{A}$ 转换为若尔当标准形时，α 对应的若尔当块的阶数会大于等于 2. 所以存在 $\boldsymbol{y}$，使得 $\boldsymbol{A}\boldsymbol{y} = \alpha\boldsymbol{y} + \boldsymbol{u}$（参照第 6 章定理 [2.4]）. 如果两边乘以 $\boldsymbol{v}^{\mathrm{T}}$，那么 $\alpha\boldsymbol{v}^{\mathrm{T}}\boldsymbol{y} = \alpha\boldsymbol{v}^{\mathrm{T}}\boldsymbol{y} + \boldsymbol{v}^{\mathrm{T}}\boldsymbol{u}$，所以 $\boldsymbol{v}^{\mathrm{T}}\boldsymbol{u} = 0$，前后矛盾. 因此 α 必须是单特征根.

(vi) 最后来证明 3. λ 是 α 之外的 $\boldsymbol{A}$ 的特征值，$\boldsymbol{x}=(x_i)$ 是 λ 的特征向量，有

$$\sum_{j=1}^{n} a_{ij}x_j = \lambda x_i,$$

$$|\lambda|\,|x_i| \leqslant \sum_{j=1}^{n} a_{ij}\,|x_j| \quad (i=1,2,\cdots,n). \tag{7}$$

如果 $\boldsymbol{v}=(v_i)$，在式子两边加上 $v_i>0$，则有

$$|\lambda|\sum_{i=1}^{n} v_i\,|x_i| \leqslant \sum_{i,j=1}^{n} a_{ij}v_i\,|x_j| = \alpha\sum_{j=1}^{n} v_j\,|x_j|\,.$$

因此，$|\lambda|\leqslant\alpha$ 成立. 如果 $|\lambda|=\alpha$，则对应于各 i，式 (7) 的相等关系成立，即

$$\sum_{j=1}^{n} a_{ij}\,|x_j| = |\lambda x_i| = \left|\sum_{j=1}^{n} a_{ij}x_j\right|.$$

因此，$x_1, x_2, \cdots, x_n$ 具有共同的偏角 θ. $e^{-\mathrm{i}\theta}\boldsymbol{x}$ 是 λ 的正特征向量，因此根据 (v)，有 $\lambda=\alpha$，与假设相反，所以 $|\lambda|<\alpha$，证毕.

注意点　该证明还给出了一种近似求解弗罗贝尼乌斯根的方法.

例 1　为了按 10^{-3} 的精度求 $\boldsymbol{A}=\begin{pmatrix}1&2&1\\1&1&1\\2&1&1\end{pmatrix}$ 的弗罗贝尼乌斯根，需要设 $\boldsymbol{x}_0=\begin{pmatrix}1\\1\\1\end{pmatrix}$，计算 $\boldsymbol{A}^p\boldsymbol{x}_0$.

对于 $\boldsymbol{A}^5\boldsymbol{x}_0=\begin{pmatrix}185\\145\\196\end{pmatrix}$ 和 $\boldsymbol{A}^6\boldsymbol{x}_0=\begin{pmatrix}671\\526\\711\end{pmatrix}$，元素的比值为 3.6270、3.6275、3.6275（四舍五入），所以 $3.6270<\alpha<3.6276$.

问题　求下列矩阵的弗罗贝尼乌斯根，精度为 10^{-3}.

(i) $\begin{pmatrix}1&1&2\\3&1&1\\1&2&1\end{pmatrix}$.　　(ii) $\begin{pmatrix}1&2&1&1\\1&1&1&1\\1&1&1&2\\1&1&2&1\end{pmatrix}$.

[3.2] (i) 正矩阵 $\boldsymbol{A}$ 的弗罗贝尼乌斯根为 α. 如果实数 ρ 大于 α，则 $\rho\boldsymbol{E}-\boldsymbol{A}$ 可逆，逆矩阵 $(\rho\boldsymbol{E}-\boldsymbol{A})^{-1}$ 为正.

(ii) 对于实数 ρ 和非负非零向量 $\boldsymbol{x}$，如果 $\boldsymbol{Ax}-\rho\boldsymbol{x}$ 为非负向量，则 ρ 不大于 α.

(iii) 如果 $\boldsymbol{A}$ 和 $\boldsymbol{B}$ 是正矩阵，$\boldsymbol{A}-\boldsymbol{B}$ 是非负矩阵，那么 $\boldsymbol{B}$ 的弗罗贝尼乌斯根不大于 $\boldsymbol{A}$ 的弗罗贝尼乌斯根.

证明：(i) ρ 不是 $\boldsymbol{A}$ 的特征值，所以 $\rho\boldsymbol{E}-\boldsymbol{A}$ 是可逆的. $\dfrac{1}{\rho}\boldsymbol{A}$ 的特征值的绝对值都小于 1. 因此有

$$(\rho\boldsymbol{E}-\boldsymbol{A})^{-1}=\frac{1}{\rho}\sum_{p=0}^{\infty}\left(\frac{\boldsymbol{A}}{\rho}\right)^{p}=\frac{1}{\rho}\left(\boldsymbol{E}+\frac{\boldsymbol{A}}{\rho}+\frac{\boldsymbol{A}^2}{\rho^2}+\cdots\right).$$

因此 $(\rho\boldsymbol{E}-\boldsymbol{A})^{-1}$ 为正.

(ii) $(\rho\boldsymbol{E}-\boldsymbol{A})\boldsymbol{x}$ 是非正向量. 如果 ρ 大于 α，则根据 (i)，$(\rho\boldsymbol{E}-\boldsymbol{A})^{-1}$ 为正，因此 $\boldsymbol{x}$ 为非正向量，与假设相反.

(iii) β 是 $\boldsymbol{B}$ 的弗罗贝尼乌斯根，$\boldsymbol{v}$ 是 β 的正特征向量. 假设 $\boldsymbol{Av}-\beta\boldsymbol{v}=(\boldsymbol{A}-\boldsymbol{B})\boldsymbol{v}$ 是非负向量，根据 (ii)，$\beta\leqslant\alpha$. 证毕.

定理 [3.3] 以下结论适用于非负方块矩阵 $\boldsymbol{A}$.

(i) $\boldsymbol{A}$ 有非负实特征值. 如果其中最大的是 α，则存在 α 的非负特征向量. α 称为 $\boldsymbol{A}$ 的**弗罗贝尼乌斯根**.

(ii) $\boldsymbol{A}$ 的任何特征值的绝对值不超过 α.

(iii) 转置矩阵 $\boldsymbol{A}^{\mathrm{T}}$ 的弗罗贝尼乌斯根等于矩阵 $\boldsymbol{A}$ 的弗罗贝尼乌斯根.

证明：如果 $\boldsymbol{A}=(a_{ij})$，当 t 是正数时，$\boldsymbol{A}(t)=(a_{ij}+t)$，$\boldsymbol{A}(t)$ 是正矩阵，并且是 t 的连续函数. 此外，$\boldsymbol{A}=\lim\limits_{t\to0+}\boldsymbol{A}(t)$ 成立.

设 $\alpha(t)$ 为 $\boldsymbol{A}(t)$ 的弗罗贝尼乌斯根，$\boldsymbol{u}(t)$ 是与 $\alpha(t)$ 对应的唯一正特征向量（其中 $\|\boldsymbol{u}(t)\|_\infty=1$）. $\boldsymbol{u}(t)$ 与 $\alpha(t)$ 是 t 的连续函数. 根据 [3.2]，$\alpha(t)$ 单调递增，因此 $\alpha=\lim\limits_{t\to0+}\alpha(t)\geqslant0$, $\boldsymbol{u}=\lim\limits_{t\to0+}\boldsymbol{u}(t)$, $\|\boldsymbol{u}\|_\infty=1$ 存在，$\boldsymbol{Au}=\alpha\boldsymbol{u}$ 成立.

$\boldsymbol{A}$ 的任意特征值 λ 作为 $\boldsymbol{A}(t)$ 的特征值 $\lambda(t)$ 的极限，用 $\lambda=\lim\limits_{t\to0+}\lambda(t)$（参照附录 1 推论 [2.6]-b）表示，所以 (ii) 成立.

(iii) 就不需要过多证明了. 证毕.

例 1 对于 n 阶非负矩阵 $\boldsymbol{A}=(a_{ij})$，如果矩阵满足 $\sum\limits_{j=1}^{n}a_{ij}=1(i=1,2,\cdots,n)$，则我们称其为**随机矩阵**（参照第 2 章的习题 15）. 设 α 为 $\boldsymbol{A}$ 的

特征值，$\boldsymbol{x}=(x_i)$ 为 α 对应的特征向量，$\|\boldsymbol{x}\|_\infty=|x_p|$. 在 $\alpha x_p=\sum_{j=1}^{n}a_{pj}x_j$ 的两边取绝对值，则 $|\alpha||x_p|\leqslant\sum_{j=1}^{n}a_{pj}|x_j|\leqslant\sum_{j=1}^{n}a_{pj}|x_p|=|x_p|$. 因此 $|\alpha|\leqslant 1$.

另外，如果 $\boldsymbol{u}$ 是向量，其元素均为 1，则 $\boldsymbol{Au}=\boldsymbol{u}$，因此 $\boldsymbol{A}$ 的弗罗贝尼乌斯根为 1.

问题 如果 $\boldsymbol{A}$ 和 $\boldsymbol{B}$ 是 n 阶随机矩阵，请证明乘积 $\boldsymbol{AB}$ 也是随机矩阵.

习 题

1. $\boldsymbol{x}(s)$ 和 $\boldsymbol{x}(s+\Delta s)$ 为曲线 (c)：$\boldsymbol{x}=\boldsymbol{x}(s)$ 上的两点，如果过两点的切线所形成的角为 $\Delta\theta$，请证明 $\kappa(s)=\lim\limits_{\Delta s\to 0}\dfrac{\Delta\theta}{\Delta s}$ 成立. 另外，如果副法线所形成的角度是 $\Delta\varphi$，主法线所成的角是 $\Delta\varPsi$，证明

$$\tau(s)=\lim_{\Delta s\to 0}\frac{\Delta\varphi}{\Delta s}.\quad \sqrt{\kappa(s)^2+\tau(s)^2}=\lim_{\Delta s\to 0}\frac{\Delta\psi}{\Delta s}$$

也成立.

2. 如果 $\boldsymbol{A}$ 和 $\boldsymbol{B}$ 是 n 阶矩阵，请证明 $\boldsymbol{AB}$ 和 $\boldsymbol{BA}$ 的特征多项式相同.

3. 求解 $\exp\begin{pmatrix} a & b \\ c & -a \end{pmatrix}, (a,b,c,\in\mathbb{R})$.

4. 请证明 $\lim\limits_{p\to\infty}\left(\boldsymbol{E}+\dfrac{1}{p}\boldsymbol{A}\right)^p=\exp\boldsymbol{A}$.

5. 请证明幂级数 $\cos\boldsymbol{X}=\sum\limits_{p=0}^{\infty}\dfrac{(-1)^n}{(2n)!}\boldsymbol{X}^{2n}; \sin\boldsymbol{X}=\sum\limits_{p=0}^{\infty}\dfrac{(-1)^n}{(2n+1)!}\boldsymbol{X}^{2n+1}$ 对任意方块矩阵 $\boldsymbol{X}$ 都收敛，并验证其与 $\exp\boldsymbol{X}$ 之间的关系.

6. 对于某些范数，如果 $\lim\limits_{p\to\infty}\|\boldsymbol{A}^p\|^{1/p}=0$，请证明 $\boldsymbol{A}$ 是幂零矩阵.

7. 设 α 是非负正矩阵 $\boldsymbol{A}$ 的弗罗贝尼乌斯根. 对于实数 ρ，证明 $\rho\boldsymbol{E}-\boldsymbol{A}$ 是非负逆矩阵的充分必要条件是 ρ 大于 α.

8. 如果 $\boldsymbol{A}$ 是正随机矩阵，证明 $\boldsymbol{B}=\lim\limits_{p\to\infty}\boldsymbol{A}^p$ 存在，并且可以表示为

$$\boldsymbol{B}=\begin{pmatrix} b_1 & b_2 & \cdots\cdots & b_n \\ b_1 & b_2 & \cdots\cdots & b_n \\ \vdots & \vdots & & \vdots \\ b_1 & b_2 & \cdots\cdots & b_n \end{pmatrix}$$

的形式，其中 $b_1 + b_2 + \cdots + b_n = 1$，$b_i \geqslant 0$.

特别地，如果 $\boldsymbol{A}$ 是对称矩阵，请证明 $\boldsymbol{B}$ 的所有元素都是 $\dfrac{1}{n}$.

附录 1　多项式

1.1　单变量多项式

由字母 x 和 $\mathbb{K}$[①]的元素 $a_0, a_1, \cdots, a_n$ 构成的

$$\sum_{i=0}^{n} a_i x^i = a_0 + a_1 x + \cdots + a_n x^n \tag{1}$$

称为 x 的 **$\mathbb{K}$-系数多项式**. 当 $a_n \neq 0$ 时，n 称为多项式 (1) 的**阶数**.

当所有对应的系数相等时，两个多项式**相等**. 我们将 $\mathbb{K}$ 的元素看作零阶多项式.

$\mathbb{K}$ 的元素 0 也被视为一个没有阶数的多项式.

$\mathbb{K}$-系数多项式的集合用 $\mathbb{K}[x]$ 表示.

对于多项式

$$f(x) = \sum_{i=0}^{n} a_i x^i, \quad g(x) = \sum_{i=0}^{n} b_i x^i,$$

和 $f(x) + g(x)$ 与积 $f(x)g(x)$ 分别用如下式子表示.

$$f(x) + g(x) = \sum_{i=0}^{n} (a_i + b_i) x^i, \tag{2}$$

$$f(x)g(x) = \sum_{i=0}^{2n} c_i x^i, \quad c_i = \sum_{\substack{j+k=i \\ j,k \leqslant n}} a_j b_k. \tag{3}$$

由以上运算可知，在 $\mathbb{K}[x]$ 中，我们可以进行加法、减法和乘法的运算，结合律、分配律和交换律都适用.

对于多项式 $f(x) = \sum_{i=0}^{n} a_i x^i$，将复数 α“代入”x 得到的复数 $\sum_{i=0}^{n} a_i \alpha^i$ 称为多项式 $f(x)$ 在 α 处的**值**，用 $f(\alpha)$ 表示. 满足 $f(\alpha) = 0$ 的复数 α 称为 $f(x)$ 的**零点**.

---

① 与第 4 章相同，$\mathbb{K}$ 表示实数集 $\mathbb{R}$ 或复数集 $\mathbb{C}$.

我们已经将多项式定义为包含字母 x 的形式，我们也可以将 x 视为变量，将 $f(x)$ 看作函数 f: $x \to f(x)$. 准确地说，它应该被称为多项式函数，但从我们的角度来看，把它称为多项式也没有问题，因此在后面的讲解中，我们将多项式和多项式函数看作同一个东西. 实际上，如果两个多项式函数对所有实数（仅正整数就足够了）有相等的值，那么它们作为多项式是相等的.

用 $\deg f(x)$ 表示非零多项式 $f(x)$ 的阶数，可得以下两个式子.

$$\deg(f(x)+g(x)) \leqslant \max\{\deg f(x), \deg g(x)\}, \tag{4}$$

$$\deg(f(x)g(x)) = \deg f(x) + \deg g(x). \tag{5}$$

对于 $\mathbb{K}$-系数多项式 $f(x)$ 和 $g(x)$，当存在满足

$$f(x) = g(x)q(x)$$

的 $\mathbb{K}$-系数多项式 $q(x)$ 时，$f(x)$ 可以被 $g(x)$ **整除**. 此时 $g(x)$ 是 $f(x)$ 的**约数**，$f(x)$ 是$g(x)$ **倍数**. 任何多项式都可以被其自身和所有零次多项式整除.

如果 $f(x)$ 的约数只有自身的常数倍和一个零次多项式，那么 $f(x)$ 被认为是**不可约**的.

例　$f(x) = x^2+1$ 作为 $\mathbb{R}[x]$ 的元素是不可约的，但作为 $\mathbb{C}[x]$ 的元素可约. 实际上，$f(x) = (x+\mathrm{i})(x-\mathrm{i})$.

以下内容显然易见.

[1.1] (i) 如果 $f(x)$ 可被 $g(x)$ 整除，$g(x)$ 可被 $h(x)$ 整除，则 $f(x)$ 可以被 $h(x)$ 整除.

(ii) 如果 $f(x)$ 和 $g(x)$ 都可被 $h(x)$ 整除，那么对于任意多项式 $u(x)$ 或 $v(x)$，$u(x)f(x)+v(x)g(x)$ 都可以被 $h(x)$ 整除.

定理 [1.2] 如果 $f(x)$ 是 $\mathbb{K}$-系数多项式，$g(x)$ 为非零 $\mathbb{K}$-系数多项式，那么满足

$$f(x) = g(x)q(x) + r(x) \tag{6}$$

的 $\mathbb{K}$-系数多项式 $q(x)$ 和 $r(x)$ 只有一组. 其中，$r(x)$ 为 0 或为低于 $g(x)$ 的多项式.

证明：首先证明唯一性. 如果 $q(x)$、$r(x)$，以及 $q_1(x)$、$r_1(x)$ 满足条件，那么

$$g(x)(q(x)-q_1(x)) = r_1(x) - r(x).$$

如果 $q(x)-q_1(x) \neq 0$，则等式左侧的阶数不小于 $\deg g(x)$. 因为右侧的阶数小于 $\deg g(x)$，所以 $q(x) = q_1(x)$. 因此，$r(x) = r_1(x)$ 成立.

接着，证明符合以上条件的 $q(x)$ 和 $r(x)$ 的存在. 如果 $f(x)=0$，则 $q(x)=r(x)=0$. 因此，$f(x)\neq 0$. 可使用关于 $\deg f(x)$ 的数学归纳法.

在 $\deg f(x)=0$ 的情况下，如果 $\deg g(x)=0$，则 $q(x)=f(x)/g(x)$，$r(x)=0$；如果 $\deg g(x)>0$，则 $q(x)=0$，$r(x)=f(x)$.

假设在 $\deg f(x)=n>0$ 的情况下，对于小于等于 $n-1$ 阶的多项式 $f(x)$，结论是正确的. 设

$$\begin{aligned} f(x)&=a_0x^n+a_1x^{n-1}+\cdots+a_{n-1}x+a_n, \quad a_0\neq 0,\\ g(x)&=b_0x^m+b_1x^{m-1}+\cdots+b_{m-1}x+b_m, \quad b_0\neq 0,\end{aligned}$$

如果 $\deg f(x)<\deg g(x)$，则 $q(x)=0$，$r(x)=f(x)$.

$\deg f(x)\geqslant\deg g(x)$ 时，如果设

$$f_1(x)=f(x)-\frac{a_0}{b_0}x^{n-m}g(x),$$

则 $f_1(x)$ 是小于等于 $n-1$ 阶的多项式. 根据数学归纳法的假设，满足

$$f_1(x)=g(x)q_1(x)+r(x)$$

的多项式 $q_1(x)$ 及小于等于 $m-1$ 阶的多项式（或 0）$r(x)$ 存在.

$$q(x)=\frac{a_0}{b_0}x^{n-m}+q_1(x).$$

证毕.

注意　从这个定理可以看出，如果实系数多项式 $f(x)$ 可以在复数范围内被实系数多项式 $g(x)$ 整除，那么它在实数范围内也能被整除.

$q(x)$ 为 $f(x)$ 除以 $g(x)$ 时的**商**，$r(x)$ 为**余数**.

推论 [1.3]　（剩余定理）$f(x)$ 除以 $x-\alpha(\alpha\in\mathbb{K})$ 的余数等于 $f(\alpha)$.

证明：在 $f(x)=(x-\alpha)q(x)+r$ 中，将 α 代入 x 即可.

当 $f_1(x),f_2(x),\cdots,f_m(x)$ 中的每一个元素能被 $h(x)$ 整除时，我们说 $h(x)$ 是 $f_1(x),f_2(x),\cdots,f_m(x)$ 的**公约数**. 阶数最高的公约数称为**最大公约数**.

当非零多项式 $k(x)$ 能被 $f_1(x),f_2(x),\cdots,f_m(x)$ 中的每一个元素整除时，$k(x)$ 被称为 $f_1(x),f_2(x),\cdots,f_m(x)$ 的**公倍数**. 阶数最低的公倍数称为**最小公倍数**.

定理 [1.4] 如果 $d(x)$ 是 $f_1(x),f_2(x),\cdots,f_m(x)$ 的最大公约数，则满足

$$f_1(x)u_1(x)+f_2(x)u_2(x)+\cdots+f_m(x)u_m(x)=d(x) \tag{7}$$

的多项式 $u_1(x), u_2(x), \cdots, u_m(x)$ 存在.

证明：对于任意的多项式的 $u_1(x), u_2(x), \cdots, u_m(x)$，设式 (7) 左侧这种形式的多项式的集合为 A. 在 A 的元素中，取阶数最低的元素 $\varphi(x)$. 设

$$\varphi(x) = \sum_{i=1}^{m} f_i(x) u_i(x),$$

将 $f_i(x)$ 除以 $\varphi(x)$，

$$f_i(x) = \varphi(x) q_i(x) + r_i(x), \quad \deg r_i(x) < \deg \varphi(x) \quad \text{或者 } r_i(x) = 0.$$

因为

$$\begin{aligned} r_i(x) &= f_i(x) - \varphi(x) q_i(x) \\ &= f_i(x) \{1 - u_i(x) q_i(x)\} - \sum_{j \neq i} f_j(x) u_j(x) q_i(x), \end{aligned}$$

$r_i(x) \in A$，所以 $r_i(x) = 0$. 也就是说，$\varphi(x)$ 为 $f_1(x), f_2(x), \cdots, f_m(x)$ 的公约数. 因此，deg $\varphi(x)$ $\leqslant$deg d(x). 另外，从 $\varphi(x)$ 的形式来看，$\varphi(x)$ 能被 $d(x)$ 整除，所以 $\varphi(x) = cd(x)(c \in \mathbb{K}, c \neq 0)$. 证毕.

推论 [1.5]　$f_1(x), f_2(x), \cdots, f_m(x)$ 的最大公约数可除以任意公约数. 在不考虑常数倍的情况下，最大公约数只有一个.

为了实际找到多项式 $f(x)$ 和 $g(x)$ 的最大公约数，需要使用以下**欧几里得相除法**.

假设 deg f(x) $\geqslant$deg $g(x) \neq 0$，我们来完成一系列除法运算.

$$\left.\begin{array}{ll} f(x) = g(x) q(x) + r_1(x), & \deg g(x) > \deg r_1(x) \\ g(x) = r_1(x) q_1(x) + r_2(x), & \deg r_1(x) > \deg r_2(x) \\ r_1(x) = r_2(x) q_2(x) + r_3(x), & \deg r_2(x) > \deg r_3(x) \\ \cdots\cdots\cdots\cdots\cdots & \cdots\cdots\cdots\cdots \\ r_{k-2}(x) = r_{k-1}(x) q_{k-1}(x) + r_k(x), & \deg r_{k-1}(x) > \deg r_k(x) \\ r_{k-1}(x) = r_k(x) q_k(x). & \end{array}\right\} \quad (8)$$

也就是说，当求出能整除 $r_{k-1}(x)$ 的最初的 $r_k(x)$ 时，$r_k(x)$ 是 $f(x)$ 和 $g(x)$ 的最大公约数. 实际上，如果从下往上看式 (8)，我们可以看到 $r_k(x)$ 是 $f(x)$ 和 $g(x)$ 的公约数. 如果 $h(x)$ 是 $f(x)$ 和 $g(x)$ 的公约数，通过从上往下看式 (8)，$r_k(x)$ 能被 $h(x)$ 整除. 因此，$r_k(x)$ 是最大公约数.

问题 求以下两个多项式的最大公约数.

(i) $x^5+2x^4+x-1,\quad x^4+3x^3-3x+1$.

(ii) $x^3-x^2-4x+4,\quad x^2-2x-3$.

当 $f_1(x),f_2(x),\cdots,f_m(x)$ 的最大公约数为常数时，$f_1(x),f_2(x),\cdots,f_m(x)$ **互质**.

推论 [1.6] $f_1(x),f_2(x),\cdots,f_m(x)$ 互质的充分必要条件是存在满足

$$f_1(x)u_1(x)+f_2(x)u_2(x)+\cdots+f_m(x)u_m(x)=1 \tag{9}$$

的 $u_1(x),u_2(x),\cdots,u_m(x)$.

证明：见定理 [1.4] 的证明中 $\varphi(x)$ 等于 1 的情况.

[1.7] (i) 如果 $f(x)$ 和 $g(x)$ 互质，$f(x)$ 和 $h(x)$ 互质，那么 $f(x)$ 和 $g(x)h(x)$ 是互质的.

(ii) 如果 $f(x)g(x)$ 被 $h(x)$ 整除，$f(x)$ 和 $h(x)$ 互质，则 $g(x)$ 被 $h(x)$ 整除.

(iii) 如果 $f(x)$ 分别被 $g(x)$ 和 $h(x)$ 整除，$g(x)$ 和 $h(x)$ 互质，则 $f(x)$ 被 $g(x)h(x)$ 整除.

证明：(i) 依据推论 [1.6]，满足

$$f(x)u(x)+g(x)v(x)=1$$

的 $u(x)$ 和 $v(x)$ 存在. 如果两边乘以 $h\ (x)$，则

$$f(x)h(x)u(x)+g(x)h(x)v(x)=h(x).$$

因此，如果 $\varphi(x)$ 是 $f(x)$ 和 $g(x)h(x)$ 的公约数，那么它也是 $h(x)$ 的约数. 因此 $\varphi(x)=1$.

(ii) 取满足 $f(x)u(x)+h(x)v(x)=1$ 的 $u(x)$ 及 $v(x)$. 根据 $f(x)g(x)u(x)+h(x)g(x)v(x)=g(x)$，$g(x)$ 能被 $h(x)$ 整除.

(iii) $f(x)=g(x)q(x)$ 能被 $h(x)$ 整除，所以 $q(x)$ 能被 $h(x)$ 整除. 因此，$f(x)$ 能被 $g(x)h(x)$ 整除. 证毕.

[1.8] (i) 如果 $\mathbb{K}$-系数多项式的乘积 $f_1(x)f_2(x)\cdots f_m(x)$ 在 $\mathbb{K}$ 中可被不可约的多项式 $p(x)$ 整除，则至少有一个 $f_i(x)$ 能被 $p(x)$ 整除.

(ii) （**质因数分解的唯一性**）任何不为 0 的 $\mathbb{K}$-系数多项式都能分解为几个 $\mathbb{K}$-不可约多项式的乘积. 在不考虑常数倍和排序的情况下，这种分解结果是唯一的.

证明：(i) 可再次利用 [1.7] 的 (ii) 求证.

(ii) 如果继续分解，直到每个因数不可约，我们至少可以得到一个分解结果.

假设 $f(x)$ 有

$$f(x) = p_1(x)p_2(x)\cdots p_n(x) = q_1(x)q_2(x)\cdots q_m(x)$$

这两种质因数分解结果. 根据 (i)，$q_i(x)$ 被某个 $p_1(x)$ 整除. 因为 $q_i(x)$ 也是不可约的，所以 $p_1(x) = c_1q_i(x)(c_1 \in \mathbb{K}, c_1 \neq 0)$. 同样，对于各边除以 $p_1(x)$ 的结果，存在 $q_j(x)(j \neq i)$，使得 $p_2(x) = c_2q_j(x)$ 成立. 继续这个运算就可以了. 证毕.

注意　上文中将 $\mathbb{K}$ 设为了 $\mathbb{R}$ 或 $\mathbb{C}$，但实际上以上理论在 $\mathbb{K}$ 是任意域的情况下成立. 关于域，请见附录 3.

1.2　代数方程　代数基本定理

n 阶复系数多项式与 0 用等号连接的式子为

$$f(x) = a_0x^n + a_1x^{n-1} + \cdots + a_{n-1}x + a_n = 0 \tag{1}$$

这样的式子称为 **n 次代数方程**.

这并不代表多项式 $f(x)$ 恒等于 0.

当复数 α 满足 $f(\alpha) = 0$ 时，α 称为代数方程 (1) 的根. 也就是说，(1) 的根只不过是多项式 $f(x)$ 的零点.

众所周知，有实系数的代数方程并不总是在实数范围内有根. 如果将范围扩大到复数，根据定义，二次方程 $x^2 + 1 = 0$ 有根. 实际上，任何代数方程（假设不是 0 次）在复数范围内有根已得到证明. 这是 19 世纪初由高斯证明的，因其重要性而被称为**代数基本定理**.

定理 [2.1]（代数基本定理）　一次以上的任意代数方程至少有一个根.

证明：假设方程为

$$f(x) = a_0x^n + a_1x^{n-1} + \cdots + a_{n-1}x + a_n = 0, \quad a_0 \neq 0, \quad n \geqslant 1. \tag{2}$$

(i) 复变量实值函数 $x \to |f(x)|$ 在复平面上有最小值.

实际上，如果 $x \neq 0$，则有

$$f(x) = x^n\left(a_0 + \frac{a_1}{x} + \cdots + \frac{a_{n-1}}{x^{n-1}} + \frac{a_n}{x^n}\right).$$

如果取足够大的 R，只要 $|x| > R$，则

$$\frac{|a_0|}{2} > \left|\frac{a_1}{x} + \cdots + \frac{a_n}{x^n}\right|,$$

$$|f(x)| > |x|^n \frac{|a_0|}{2}$$

成立. 因此，任意实数，比如对于 $|f(0)|$ 有足够大的 R'，只要 $|x| > R'$，则

$$|f(x)| > |f(0)| \tag{3}$$

成立. 因为复变量函数 $x \to |f(x)|$ 是连续的，所以它在有界闭集 $\{x|x \in \mathbb{C}, |x| \leqslant R'\}$ 中有最小值. 这是按照式 (3) 的条件，在整个复平面上的最小值.

(ii) 对于一点 α，如果 $f(\alpha) \neq 0$，则满足 $|f(\beta)| < |f(\alpha)|$ 的点 β 存在.

实际上，如果 $g(x) = \dfrac{f(x+\alpha)}{f(\alpha)}$，则 $g(x)$ 是 n 阶多项式函数，因为 $g(0) = 1$，所以有

$$g(x) = 1 + b_1 x + \cdots + b_n x^n, \quad b_n \neq 0.$$

在 $b_1, b_2, \cdots, b_n$ 中，将第一个不为 0 的数设为 $b_m = re^{\mathrm{i}\theta}(r > 0, 0 \leqslant \theta < 2\pi)$，$K = \max(|b_{m+1}|, \cdots, |b_n|)$.

如果取足够小的正实数 ρ，则

$$1 - r\rho^m > 0, \quad 0 < r\rho^m - \frac{K\rho^{m+1}}{1-\rho} < 1$$

成立. 设 $\gamma = \rho e^{\frac{\pi-\theta}{m}\mathrm{i}}$，则 $b_m\gamma^m = -\gamma\rho^m$，

$$\begin{aligned}|g(\gamma)| &\leqslant |1 - r\rho^m| + K\left(\rho^{m+1} + \cdots + \rho^n\right) \\ &\leqslant 1 - r\rho^m + \frac{K\rho^{m+1}}{1-\rho} < 1\end{aligned}$$

成立. 如果 $\beta = \gamma + \alpha$，则 $|f(\beta)| < |f(\alpha)|$ 成立.

(iii) $|f(x)|$ 的最小值为 $|f(\alpha)|$. 如果 $|f(\alpha)| \neq 0$，根据 (ii)，满足 $|f(\beta)| < |f(\alpha)|$ 的点 β 存在，因此 $|f(\alpha)| = 0$，也就是说一定有 $f(\alpha) = 0$. 证毕.

推论 [2.2] 任何 n 阶多项式都可分解为 n 个一次因式的乘积：

$$f(x) = a_0\left(x - \alpha_1\right)\left(x - \alpha_2\right)\cdots\left(x - \alpha_n\right). \tag{4}$$

证明：如果 $f(x) = 0$ 的一个根为 α_1，根据剩余定理，$f(x)$ 能被 $x - \alpha_1$ 整除：

$$f(x) = \left(x - \alpha_1\right) f_1(x).$$

$f_1(x)$ 为 $n-1$ 阶多项式. 继续推导就会得到式 (4). 证毕.

当 α 是 $f(x)=0$ 的根时，分解结果 (4) 中出现的因数 $x-\alpha$ 的个数称为根 α 的**重数**. 重数为 1 的根称为**单根**，重数为 k 的根称为 k **重根**.

推论 [2.2] 有时会按下面的方式表示.

推论 [2.3] 考虑重数，n 次代数方程正好有 n 个根.

推论 [2.4] 如果两个小于等于 n 阶的多项式函数 $f(x)$ 和 $g(x)$ 对 $n+1$ 个不同的复数 $\alpha_1, \alpha_2, \cdots, \alpha_{n+1}$ 有相等的值，则 $f(x)=g(x)$.

证明：$h(x)=f(x)-g(x)$ 如果不为 0，则是小于等于 n 阶的多项式. 方程 $h(x)=0$ 不为低于 n 阶的多项式，因为它的根是 $\alpha_1, \alpha_2, \cdots, \alpha_{n+1}$. 因此，$h(x)=0$. 证毕.

例　如果 $f(x) = a_0x^n + a_1x^{n-1} + \cdots + a_{n-1}x + a_n = 0$ 的根为 $\alpha_1, \alpha_2, \cdots, \alpha_n$（考虑重复的情况），则

$$\left.\begin{aligned}&\alpha_1+\alpha_2+\cdots+\alpha_n=-\frac{a_1}{a_0},\\&\alpha_1\alpha_2+\alpha_1\alpha_3+\cdots+\alpha_{n-1}\alpha_n=\frac{a_2}{a_0},\\&\cdots\cdots\cdots\cdots\\&\alpha_1\alpha_2\cdots\alpha_n=(-1)^n\frac{a_n}{a_0}\end{aligned}\right\}\tag{5}$$

成立. 这叫**根与系数的关系**.

实际上，将

$$f(x)=a_0\left(x-\alpha_1\right)\left(x-\alpha_2\right)\cdots\left(x-\alpha_n\right)$$

展开比较系数即可.

这里先证明一下第 7 章定理 [3.3] 的证明所用的定理. 简单来说，当多项式的系数连续变化时，式子的根在某种意义上也是连续变化的.

假设多项式

$$f(x)=a_0x^n+a_1x^{n-1}+\cdots+a_{n-1}x+a_n$$

的范式定义如下（其他范式，如 $\|f\|_1, \|f\|_2$ 亦可，详见 7.2 节）.

$$\|f\|=\|f\|_\infty=\max\left(\left|a_0\right|,\left|a_1\right|,\cdots,\left|a_n\right|\right).$$

定理 [2.5] 当 α 是 n 次代数方程 $f_0(x)=0$ 的根时，如果对任意正数 ε 取足够小的正数 δ，则满足 $\|f-f_0\|<\delta$ 的任意 n 阶多项式 $f(x)$ 有满足 $|\beta-\alpha|<\varepsilon$ 的零点 β.

证明：设 $f_0(x)$ 的最高阶系数为 a_0. 不难看出，对于任意正数 ε，如果取足够小的正数 δ，则满足 $\|f-f_0\|<\delta$ 的任意 n 阶多项式 $f(x)$ 的最高阶系数的绝对值大于 $\frac{|a_0|}{2}$，

$$|f(\alpha)|=|f(\alpha)-f_0(\alpha)|<\frac{|a_0|}{2}\varepsilon^n$$

成立. 如果设此类任意多项式 $f(x)$ 的最高阶系数为 b_0，零点为 $\beta_1,\beta_2,\cdots,\beta_n$，则根据

$$|b_0|\,|\alpha-\beta_1|\,|\alpha-\beta_2|\cdots|\alpha-\beta_n|=|f(\alpha)|<\frac{|a_0|}{2}\varepsilon^n.$$

至少对于一个 j，一定有 $|\alpha-\beta_j|<\varepsilon$. 证毕.

推论 [2.6] 对于包含 t_0 的某区间内的实数 t，有多项式

$$f_t(x)=x^n+\alpha_1(t)x^{n-1}+\cdots+\alpha_n(t),$$

t 的复值函数 $a_1(t),a_2(t),\cdots,a_n(t)$ 在 t_0 处连续. 此时，如果 α 是方程 $f_{t_0}(x)=0$ 的根，对任意正数 ε 取足够小的正数 δ 后，对于满足 $|t_0-t|<\delta$ 的所有 t，方程 $f_t(x)=0$ 有满足 $|\alpha-\beta(t)|<\varepsilon$ 的根 $\beta(t)$.

证明：这是定理 [2.5] 的特例.

下面我们研究实系数代数方程的性质.

[2.7] 如果实系数代数方程

$$f(x)=a_0x^n+a_1x^{n-1}+\cdots+a_{n-1}x+a_n=0,\quad a_0\neq 0,$$

有虚根 α，那么 α 的共轭复数 $\bar{\alpha}$ 也是根.

证明: 取 $a_0\alpha^n+a_1\alpha^{n-1}+\cdots+a_{n-1}\alpha+a_n=0$ 两边的共轭复数，得到

$$a_0\bar{\alpha}^n+a_1\bar{\alpha}^{n-1}+\cdots+a_{n-1}\bar{\alpha}+a_n=0.$$

证毕.

[2.8] 实系数的多项式在实数范围内可分解为一次因式和二次因式的乘积.

证明：设实系数代数方程

$$f(x)=a_0x^n+a_1x^{n-1}+\cdots+a_{n-1}x+a_n=0,\quad a_0\neq 0$$

的虚根为 $\alpha_1,\bar{\alpha}_1,\alpha_2,\bar{\alpha}_2,\cdots,\alpha_r,\bar{\alpha}_r$，实根为 $\beta_1,\beta_2,\cdots,\beta_s(2r+s=n)$，则

$$f(x)=a_0\left(x-\alpha_1\right)\left(x-\bar{\alpha}_1\right)\cdots\left(x-\alpha_r\right)\left(x-\bar{\alpha}_r\right)\left(x-\beta_1\right)\cdots\left(x-\beta_s\right)$$

$$= a_0 \left\{x^2 - (\alpha_1 + \bar{\alpha}_1)\, x + \alpha_1\bar{\alpha}_1\right\} \cdots \left\{x^2 - (\alpha_r + \bar{\alpha}_r)\, x + \alpha_r\bar{\alpha}_r\right\}$$
$$(x - \beta_1) \cdots (x - \beta_s)\,.$$

$\alpha_j + \bar{\alpha}_j, \alpha_j\bar{\alpha}_j$ 也是实数. 证毕.

由此可以得到下一个推论.

推论 [2.9] 实系数奇次代数方程至少有一个实根.

注 1：对于复系数二次方程

$$ax^2 + bx + c = 0, \quad a \neq 0,$$

有求根公式

$$\frac{-b \pm \sqrt{b^2 - 4ac}}{2a}.$$

实际上，针对三次方程和四次方程，也有一个公式，其中根表示为包含系数根号的公式. 由于它过于复杂且价值较低，这里不做讨论.

与此相反，对于五次以上的方程，不存在像四次及低于四次的方程那样的求根公式.

注 2：实系数代数方程的理论还涉及许多重要的内容，如实根数量的估计、根的存在范围的估计、根的近似计算方法等，在此就不详细介绍了.

1.3　多变量多项式

由 n 个字符 $x_1, x_2, \cdots, x_n$ 和 $\mathbb{K}$ 的元素 a 构成的式子

$$ax_1^{p_1} x_2^{p_2} \cdots x_n^{p_n} \quad (p_i \geqslant 0) \tag{1}$$

为 n 个变量 $x_1, x_2, \cdots, x_n$ 的**单项式**. $p = p_1 + p_2 + \cdots + p_n$ 为单项式 (1) 的**阶数**. 单个 p_i 称为单项式 (1) 关于 x_i 的阶数.

用符号 + 连接多个单项式，即

$$\sum_{(p_1, p_2, \cdots, p_n)} a_{p_1, p_2, \cdots, p_n} x_1^{p_1} x_2^{p_2} \cdots x_n^{p_n}. \tag{2}$$

它称作 n 个变量 $x_1, x_2, \cdots, x_n$ 的**多项式**.

当相应的单项式的系数都相等时，两个多项式**相等**. 包含于多项式 (2) 的非零系数的单项式的最大阶数称为多项式 (2) 的**阶数**.

我们用众所周知的方法定义了两个多项式的和与乘积，各种运算法则成立.

不难看出，如果 f、g 不等于 0，那么乘积 fg 也不等于 0.

与单变量多项式一样，我们将 n 变量多项式和 n 变量多项式函数看作同一种东西.

当多项式的每一项的阶数都相等时，多项式称为**齐次多项式**. 二次型是二次齐次多项式.

对于 n 变量多项式，约数、倍数、公约数、公倍数、最大公约数、互质、不可约等概念的定义与单变量的情况相同. 然而，该理论在单变量的情况下要更为复杂.

例如，与定理 [1.2] 和 [1.4] 等对应的事项是不成立的. 但是，质因数分解的唯一性（[1.8]）被证明是成立的.

这里，我们只证明以下几个实用的结论.

[3.1]（余式定理）对于 n 变量多项式 $f(x_1, x_2, \cdots, x_n)$ 和 $n-1$ 变量多项式 $\varphi(x_2, x_3, \cdots, x_n)$，若

$$f\left(\varphi\left(x_2, \cdots, x_n\right), x_2, \cdots, x_n\right) = 0$$

成立，则 $f(x_1, x_2, \cdots, x_n)$ 可被 $x_1 - \varphi(x_2, \cdots, x_n)$ 整除.

证明：使用数学归纳法证明.

对于 x_1 的 0 阶，即 $f(x_1, x_2, \cdots, x_n)$ 不包含 x_1，则根据条件，$f(x_1, x_2, \cdots, x_n) = 0$.

假设 $f(x_1, x_2, \cdots, x_n)$ 关于 x_1 的阶数为 $p(p \geqslant 1)$，小于等于 $p-1$ 阶时结论正确. 整理式子，

$$\begin{aligned} & f\left(x_1, x_2, \cdots, x_n\right) \\ = & a_0\left(x_2, \cdots, x_n\right) x_1^p + a_1\left(x_2, \cdots, x_n\right) x_1^{p-1} + \cdots + a_p\left(x_2, \cdots, x_n\right), \end{aligned}$$

则 $a_i(x_2, \cdots, x_n)$ 为 $n-1$ 变量多项式. $a_0(x_2, \cdots, x_n) \neq 0$.

如果

$$\begin{aligned} f_1\left(x_1, x_2, \cdots, x_n\right) = & f\left(x_1, x_2, \cdots, x_n\right) \\ & - a_0\left(x_2, \cdots, x_n\right)\left\{x_1 - \varphi\left(x_2, \cdots, x_n\right)\right\}^p, \end{aligned}$$

那么关于 x_1, f_1 的阶数低于 $p-1$,

$$f_1\left(\varphi\left(x_2, \cdots, x_n\right), x_2, \cdots, x_n\right) = 0.$$

因此 $f_1(x_1, x_2, \cdots, x_n)$ 能被 $x_1 - \varphi(x_2, \cdots, x_n)$ 整除，$f(x_1, x_2, \cdots, x_n)$ 也能被 $x_1 - \varphi(x_2, \cdots, x_n)$ 整除. 证毕.

[3.2] n 变量多项式 f 和非零的有限个多项式 $g_1, g_2, \cdots, g_s$ 存在. 如果对于满足

$$g_i(\alpha_1, \alpha_2, \cdots, \alpha_n) \neq 0 \quad (1 \leqslant i \leqslant s)$$

的所有复数集 $(\alpha_1, \alpha_2, \cdots, \alpha_n)$, $f(\alpha_1, \alpha_2, \cdots, \alpha_n) = 0$ 成立，那么 f 总是等于 0.

证明：如果 $f \neq 0$，则乘积 $h = fg_1g_2\cdots g_s$ 也不为 0. 另外，根据条件，h 应该恒为 0，所以 $f = 0$. 证毕.

[3.3] n 变量多项式 $f(x_1, x_2, \cdots, x_n)$ 被 $g(x_1, x_2, \cdots, x_n) = x_1 - \varphi(x_2, \cdots, x_n)$ 及 $h(x_1, x_2, \cdots, x_n)$ 整除. 如果 $n-1$ 变量多项式 $h(\varphi(x_2, \cdots, x_n), x_2, \cdots, x_n)$ 不恒为 0，那么 f 可被积 gh 整除. 其中，φ 为 $n-1$ 变量多项式.

证明：设 $f = hq$. f 被 g 整除，$f(\varphi(x_2, \cdots, x_n), x_2, \cdots, x_n) = 0$，所以只要 $h(\varphi(\alpha_2, \cdots, \alpha_n), \alpha_2, \cdots, \alpha_n) \neq 0$，则

$$q(\varphi(\alpha_2, \cdots, \alpha_n), \alpha_2, \cdots, \alpha_n) = 0 \tag{3}$$

成立. 根据 [3.2]，式 (3) 无条件成立. 因此，根据 [3.1]，$q(x_1, x_2, \cdots, x_n)$ 能被 $g(x_1, x_2, \cdots, x_n)$ 整除. 证毕.

注：这些结果是更为一般的定理的特例. 关于多变量多项式的零点的理论，尤其是联立高阶代数方程组的理论，研究起来难度很大. 它属于代数几何这个数学分支.

现在，对于 n 变量的多项式 $f(x_1, x_2, \cdots, x_n)$ 和 n 字符的置换 σ，定义一个新的多项式 f^σ，则有

$$(f^\sigma)(x_1, x_2, \cdots, x_n) = f\left(x_{\sigma(1)}, x_{\sigma(2)}, \cdots, x_{\sigma(n)}\right).$$

对于置换 σ，满足 $f^\sigma = f$ 的多项式 f 称为**对称多项式**.

此外，对于奇置换 σ 满足 $f^\sigma = -f$，对于偶置换 σ 满足 $f^\sigma = f$ 的 f 称为**交错多项式**. 也就是说，对于任意的置换 σ，$f^\sigma = -f$ 均成立.

对称多项式的和、差、积也是对称多项式.

$$\left.\begin{array}{l} s_1 = x_1 + x_2 + \cdots + x_n \\ s_2 = x_1x_2 + x_1x_3 + \cdots + x_{n-1}x_n \\ \cdots\cdots\cdots\cdots\cdots \\ s_{n-1} = x_2\cdots x_n + x_1x_3\cdots x_n + \cdots + x_1\cdots x_{n-1} \\ s_n = x_1x_2\cdots x_n \end{array}\right\}. \tag{4}$$

上式都是对称多项式. 它们称为 n 变量**初等对称多项式**.

[3.4] 任何 n 变量对称多项式可表示为 n 变量初等对称多项式的多项式. 也就是说,对于对称多项式 $f(x_1,x_2,\cdots,x_n)$,存在多项式 $\varphi(x_1,x_2,\cdots,x_n)$, 使

$$f(x_1,x_2,\cdots,x_n)=\varphi(s_1,s_2,\cdots,s_n)$$

成立.

证明：如果对称多项式包含 $x_1^{r_1}x_2^{r_2}\cdots x_n^{r_n}$ 的常数倍的项，则包含

$$p_{r_1,r_2,\cdots,r_n}=\sum_{\sigma\in S_n}x_{\sigma(1)}^{r_1}\cdots x_{\sigma(2)}^{r_2}x_{\sigma(n)}^{r_n}=\sum_{\sigma\in S_n}x_1^{r_{\sigma(1)}}x_2^{r_{\sigma(2)}}\cdots x_n^{r_{\sigma(n)}} \quad (5)$$

的常数倍在内，f 是形如 $p_{r_1,r_2,\cdots,r_n}$ 的项的线性组合. 这里，在 $r_1\geqslant r_2\geqslant\cdots\geqslant r_n$ 的情况下，一般性也不会丢失.

对于 $p=p_{r_1,r_2,\cdots,r_n}$, $p'=p_{r'_1,r'_2,\cdots,r'_n}$，当 $r_1=r'_1,r_2=r'_2,\cdots,r_{k-1}=r'_{k-1}$，$r_k>r'_k$ 时，p 高于 p'.

如果 $p\neq p'$，则 p 要么高于或低于 p'.

此外，比 p_0 低的 p 只存在有限个（总以 $r_1\geqslant r_2\geqslant\cdots\geqslant r_n$ 为条件）.

最低位的 p 为 1，第二低的 p 为 $s_1=x_1+x_2+\cdots+x_n$，都是初等对称多项式的多项式.

因此,我们假设该结论对于上述对称多项式是正确的. 对于 $p_0=p_{r_1,r_2,\cdots,r_n}$，如果

$$f_1=p_0-s_1^{r_1-r_2}s_2^{r_2-r_3}\cdots s_{n-1}^{r_{n-1}-r_n}s_n^{r_n},$$

则很容易明白，f_1 是低位 p 的线性组合. 因此，p_0 是初等对称多项式的多项式.

通过数学归纳法，该命题得证.

例 代数方程 $f(x)=a_0x^n+a_1x^{n-1}+\cdots+a_n=0$ 的根为 $\alpha_1,\alpha_2,\cdots,\alpha_n$ 时，根与系数之间的关系以

$$\left.\begin{array}{l}a_1=-a_0s_1(\alpha_1,\alpha_2,\cdots,\alpha_n)\\a_2=a_0s_2(\alpha_1,\alpha_2,\cdots,\alpha_n)\\\cdots\cdots\cdots\cdots\cdots\cdots\\a_n=(-1)^na_0s_n(\alpha_1,\alpha_2,\cdots,\alpha_n)\end{array}\right\} \quad (6)$$

来表示. 因此，根据 [3.4]，根的对称多项式是以 a_0 作为分母的系数的有理式. 也就是说，对于任意 n 变量对称多项式 $p(x_1,x_2,\cdots,x_n)$，存在 n 变量

多项式 $f(x_1,x_2,\cdots,x_n)$，使

$$p(\alpha_1,\alpha_2,\cdots,\alpha_n)=f\left(\frac{a_1}{a_0},\frac{a_2}{a_0},\cdots,\frac{a_n}{a_0}\right)$$

成立.

下式表示的**差积**是交错多项式（参照 3.1 节）.

$$\Delta(x_1,x_2,\cdots,x_n)=\prod_{i<j}(x_j-x_i).$$

从下述内容的意义上来说，差积是最基本的交错多项式.

[3.5] 任意 n 变量交错多项式表示为差积与对称多项式的乘积.

证明: 如果 f 是交错多项式，当 $x_i=x_j(i\neq j)$ 时，f 的值为 0 成立. 因此，根据 [3.1]，f 可被 x_j-x_i 整除. 通过重复应用 [3.3]，f 可被差积 Δ 整除. 如果 $f=\Delta\cdot g$，对于任意的置换 σ，$\Delta\cdot g=f=-f^\sigma=-\Delta^\sigma\cdot g^\sigma=\Delta\cdot g^\sigma$，因此 $g^\sigma=g$，即 g 是对称式. 证毕.

问题 1　将下列对称式用初等对称多项式表示.

(i) $x_1^2+x_2^2+\cdots+x_n^2$.　(ii) $x_1^3+x_2^3+\cdots+x_n^3$.

问题 2　用差积和初等对称多项式表示下列交错多项式.

(i) $(x-y)^3+(y-z)^3+(z-x)^3$.　(ii) $(x-y)^5+(y-z)^5+(z-x)^5$.

习　题

1. 如果两个 $\mathbb{K}$-系数多项式 $f(x)$ 和 $g(x)$ 的最大公约数是 $d(x)$，最小公倍数为 $m(x)$，请证明下式成立.

$$d(x)m(x)=cf(x)g(x),\quad c\in\mathbb{K},\quad c\neq 0.$$

2. 对于以下两个多项式

$$f(x)=a_0x^n+a_1x^{n-1}+\cdots+a_n,\quad a_0\neq 0,$$
$$g(x)=b_0x^m+b_1x^{m-1}+\cdots+b_m,\quad b_0\neq 0,$$

$m+n$ 阶行列式

$$\begin{vmatrix} a_0 & a_1 & \cdots\cdots & a_n & & & \\ & a_0 & a_1 & \cdots\cdots & a_n & & \\ & & \ddots & \ddots & & \ddots & \\ & & & a_0 & a_1 & \cdots\cdots & a_n \\ b_0 & b_1 & \cdots & b_m & & & \\ & b_0 & b_1 & \cdots & b_m & & \\ & & \ddots & \ddots & & \ddots & \\ & & & b_0 & b_1 & \cdots & b_m \end{vmatrix} \begin{matrix} \left.\vphantom{\begin{matrix}1\\1\\1\\1\end{matrix}}\right\} m \\ \left.\vphantom{\begin{matrix}1\\1\\1\\1\end{matrix}}\right\} n \end{matrix}$$

称为 $f(x)$ 和 $g(x)$ 的**结式**，用 $R(f,g)$ 表示（也称为**西尔维斯特行列式**）.

请证明 $f(x)$ 和 $g(x)$ 具有共同的零点的充分必要条件是 $R(f,g)=0$.

当 $f(x)$ 和 $g(x)$ 的零点是 $\alpha_1,\alpha_2,\cdots,\alpha_n$ 和 $\beta_1,\beta_2,\cdots,\beta_m$ 时，请证明

$$R(f,g)=a_0^m b_0^n \prod_{i,j=1}^{n,m}(\alpha_i-\beta_j).$$

3. 假设 n 变量的差积用 $\Delta(x_1,x_2,\cdots,x_n)$ 表示. 当 n 阶多项式 $f(x)=a_0x^n+a_1x^{n-1}+\cdots+a_n$ 的零点是 $\alpha_1,\alpha_2,\cdots,\alpha_n$ 时，$D(f)=\Delta(\alpha_1,\alpha_2,\cdots,\alpha_n)^2$ 是 $f(x)$ 的系数 $a_0,a_1,\cdots,a_n$ 的多项式. $D(f)$ 称为 $f(x)$ 的**判别式**. 请证明方程 $f(x)=0$ 有重根的充分必要条件是 $D(f)=0$. 当 $f(x)$ 的导数是 $f'(x)=na_0x^{n-1}+(n-1)a_1x^{n-2}+\cdots+a_{n-1}$ 时，请证明下式成立.

$$R(f,f')=(-1)^{n(n-1)/2}a_0D(f).$$

4. 证明 n 阶行列式 $\det(x_{ij})$ 作为 n^2 个变量 $x_{ij}(1\leqslant i,\ j\leqslant n)$ 的多项式，在 $\mathbb{C}$ 上不可约.

5. 请证明齐次多项式的约数仍是齐次多项式.

6. 请因式分解 $(x+y+x)^5-x^5-y^5-z^5$.

7. 当多项式 $f(x)$ 除以 $x-\alpha$ 和 $x-\beta(\alpha\neq\beta)$ 的余数分别为 r 和 s 时，求 $f(x)$ 除以 $(x-\alpha)(x-\beta)$ 的余数.

8. n 变量的对称多项式

$$t_k(x_1,x_2,\cdots,x_n)=x_1^k+x_2^k+\cdots+x_n^k\quad(k=1,2,\cdots)$$

称作 n 变量的幂和. 如果 n 变量的初等对称多项式是 $s_1, s_2, \cdots, s_n$，请证明下列关系式成立.

$$t_k - t_{k-1}s_1 + t_{k-2}s_2 - \cdots + (-1)^{k-1}t_1 s_{k-1} + (-1)^k k s_k = 0 \quad (1 \leqslant k \leqslant n),$$
$$t_k - t_{k-1}s_1 + \cdots + (-1)^{n-1}t_{k-n+1}s_{n-1} + (-1)^n t_{k-n}s_n = 0 \quad (k > n).$$

附录 2　欧几里得几何的公理

本书在处理平面和空间问题时，总是以我们对物理空间的直觉为基础，但这并不足以作为数学理论.

下面给出欧几里得空间的公理，并根据它重新定义直线、平面、长度、角、平面的方向等概念，证明一些基本的问题. 在此基础上，几何学可以完全得到再现.

当然，为何这样创造出来的欧几里得几何学会和我们的空间直觉如此吻合，则是另外的问题了.

我们的空间是三维的，但在数学上，我们可以以同样的方式处理任何维数.

定义　对由非空集 (S) 和 n 维实度量空间 $\boldsymbol{V}$ 组合而成的 $((S),\boldsymbol{V})$ 应用以下公理时，$((S),\boldsymbol{V})$ 称为 n 维**欧几里得空间**.

1) V 的元素 $\boldsymbol{a}$ 对应于 (S) 的任意两个元素 P 和 Q. 写作 $\boldsymbol{a}=\overrightarrow{(PQ)}$.

2) 对于 (S) 的任意元素 P 和 $\boldsymbol{V}$ 的任意元素 $\boldsymbol{a}$，只有一个 (S) 的元素 $\overrightarrow{PQ}=\boldsymbol{a}$ 成立.

3) 如果 $\boldsymbol{a}=\overrightarrow{(PQ)},\boldsymbol{b}=\overrightarrow{(QR)}$, 则 $\boldsymbol{a}+\boldsymbol{b}=\overrightarrow{(PR)}$.

我们通常会说 (S) 是欧几里得空间，而非 $((S),\boldsymbol{V})$ 是欧几里得空间. 它被称为线性空间，其中 (S) 的元素是点，$\boldsymbol{V}$ 的元素是向量.

$\overrightarrow{(PP)}=\mathbf{0},\overrightarrow{(QP)}=-\overrightarrow{(PQ)}$ 成立.

证明：依据 $\overrightarrow{(PP)}+\overrightarrow{(PP)}=\overrightarrow{(PP)},\overrightarrow{(PP)}=\mathbf{0}$. $\overrightarrow{(PQ)}+\overrightarrow{(QP)}=\overrightarrow{(PP)}=\mathbf{0},\overrightarrow{(QP)}=-\overrightarrow{(PQ)}$. 证毕.

例　有满足此公理的对象存在. 实际上，对于任意 n 维实度量空间 $\boldsymbol{V}$ 的两个元素 $\boldsymbol{a}$ 和 $\boldsymbol{b}$，如果 $\overrightarrow{(\boldsymbol{ab})}=\boldsymbol{b}-\boldsymbol{a}$，$\boldsymbol{V}$ 就是 n 维欧几里得空间. 这就是实度量空间也称为欧几里得空间的原因. 但是，最好不要这么使用.

特别地，通过使 $\boldsymbol{V}=\mathbb{R}^n$，$\mathbb{R}^n$ 可以被视为一个 n 维欧几里得空间. 它通常称为 n **维实数空间**.

两个 n 维欧几里得空间 $((S),\boldsymbol{V})$ 和 $((S'),\boldsymbol{V}')$ 从以下意义上来说是同构的. 也就是说，集合 (S) 和 (S') 之间存在双射，$\boldsymbol{V}$ 和 $\boldsymbol{V}'$ 之间度量同构，对应于 (S) 中的点 P 和 Q 的 (S') 中的点是 P'、Q'，对应于 $\boldsymbol{V}$ 的元素

$\overrightarrow{(PQ)}$ 的 $\boldsymbol{V}'$ 的元素为 $\overrightarrow{(P'Q')}$.

实际上，$\boldsymbol{V}$ 和 $\boldsymbol{V}'$ 是度量同构的，因为它们是同维的实度量空间. 对应于 $\boldsymbol{V}$ 的元素 $\boldsymbol{a}$ 的 $\boldsymbol{V}'$ 的元素用 $\boldsymbol{a}'$ 表示. 在 (S) 和 (S') 中确定任意的点 P_0 和 P_0'. 对于 (S) 的点 P，只存在一个 (S') 的点 P'，使得 $\left(\overrightarrow{P_0P}\right)' = \left(\overrightarrow{P_0'P'}\right)$ 成立. 让 P 和 P' 对应即可.

通过上面的例子，至少存在一个 n 维欧几里得空间，任何 n 维欧几里得空间都是同构的. 因此，只有一种 n 维欧几里得几何 (n 维欧几里得空间的理论).

① 平坦子空间. 对于 n 维欧几里得空间 (S) 的非空子集 (A)，存在 $\boldsymbol{V}$ 的 r 维子空间 $\boldsymbol{W}$，当满足条件

(i) $P, Q \in (A) \Rightarrow \overrightarrow{(PQ)} \in \boldsymbol{W}$

(ii) $P \in (A), Q \in (S), \overrightarrow{(PQ)} \in \boldsymbol{W} \Rightarrow Q \in (A)$

时，我们说 (A) 是 (S) 的 r 维**平坦子空间**，或直接说**子空间**.

此时 $\boldsymbol{W}$ 是唯一确定的，$((A), \boldsymbol{W})$ 是 r 维欧几里得空间（各自确认）.

对于 (S) 中的一点 P_1 和 $\boldsymbol{V}$ 的子空间 $\boldsymbol{W}$，只存在一个包含 P_1 的 (S) 的子集 (A)，使得 $((A), \boldsymbol{W})$ 是 (S) 的一个平坦子空间. 实际上，让

$$(A) = \left\{P \mid P \in (S), \left(\overrightarrow{P_1P}\right) \in \boldsymbol{W}\right\}$$

即可.

(S) 的 0 维子空间是 (S) 的一点.

(S) 的一维子空间为**直线**.

只有一条直线穿过两个不同的点 P_1 和 P_2，即 $(l) = \{P|P \in (S), \left(\overrightarrow{P_1P}\right) = t\left(\overrightarrow{P_1P_2}\right), t \in \mathbb{R}\}$.

(S) 的二维子空间为**平面**.

只有一个平面穿过 P_1、P_2 和 P_3 这 3 个不在同一直线上的点，即 $(A) = \{P|P \in (S)$，$\left(\overrightarrow{P_1P}\right) = t\left(\overrightarrow{P_1P_2}\right) + s\overrightarrow{(P_1P_3)}$，$t, s \in \mathbb{R}\}$（各自证明）.

例　当有 n 个未知数、m 个一次方程的实系数一次方程组 $\boldsymbol{Ax} = \boldsymbol{b}$（$\boldsymbol{A}$ 是 $m \times n$ 实矩阵，$\boldsymbol{b}$ 是 m 项实列向量）有解时，整个实数解的集合 (A) 是 n 维实数空间 $\mathbb{R}^n$ 的平坦子空间，它的维数等于 $n - r$（r 是 A 的秩）. (A) 上的 $\mathbb{R}^n$ 的线性子空间是对应的齐次方程 $\boldsymbol{Ax} = \boldsymbol{0}$ 的实解空间.

② 平行性. 当 $\boldsymbol{V}$ 的子空间重合时，两条直线或两个平面平行. 一般来说，当附属于两个平坦子空间的 $\boldsymbol{V}$ 的子空间中的一个包含在另一个中时，它们是平行的.

如果两个子空间 (A) 和 (B) 平行，则 (A) 和 (B) 没有共同点，除非其中一个子空间是另一个的子集.

证明：设 (A) 和 (B) 附带的 $\boldsymbol{V}$ 的子空间为 $\boldsymbol{W}$ 和 $\boldsymbol{U}$，$\boldsymbol{W} \subset \boldsymbol{U}$. 如果 (A)$\cap(B) \ni P$，$(A) \ni Q$，则 $\overrightarrow{(PQ)} \in \boldsymbol{W} \subset \boldsymbol{U}$，因此 $Q \in (B)$. 证毕.

③ 长度和角. 对于两点 P、Q，(S) 的子集

$$PQ = \{R \mid R \in (S), \quad \overrightarrow{(PR)} = t\overrightarrow{(PQ)}, \quad 0 \leqslant t \leqslant 1\}$$

表示连接 P 和 Q 的线段. 向量 $\overrightarrow{(PQ)}$ 的长度称为**线段** PQ 的**长度**或 P 和 Q 两点之间的**距离**，用 $(\overline{PQ})$ 表示.

$$\overline{PQ} \geqslant 0; \quad \overline{PQ} = 0 \Leftrightarrow P = Q,$$

$$\overrightarrow{PQ} = \overrightarrow{QP},$$

$$\overrightarrow{PQ} + \overrightarrow{QR} \geqslant \overrightarrow{PR}\text{（三角不等式）}$$

成立.

当 $\overrightarrow{(PQ)} = \boldsymbol{a} \neq \mathbf{0}, \overrightarrow{(PR)} = \boldsymbol{b} \neq \mathbf{0}$ 时, 通过

$$\cos\theta = \frac{(\boldsymbol{a}, \boldsymbol{b})}{\|\boldsymbol{a}\|\|\boldsymbol{b}\|}$$

确定的 $\theta(0 \leqslant \theta \leqslant \pi)$ 定义为线段 PQ 和 PR 的角 $\angle QPR$.

问题 证明余弦定理和勾股定理.

与点 O 的距离为 $r(r > 0)$ 的所有点的集合称为以 O 为中心的半径为 r 的 $n-1$ 维**球面**. 一维球面称为**圆**，二维球面简称为**球面**.

④ 平行体和单体. 当 $P_0, P_1, \cdots, P_r$ 这 $r+1$ 个点不包含于 $r-1$ 维平面子空间时，它们是**独立的**.

当 $P_0, P_1, \cdots, P_r$ 独立时，集合

$$\left\{P \mid P \in (S), \left(\overrightarrow{P_0P}\right) = \sum_{i=1}^{r} t_i \left(\overrightarrow{P_0P_i}\right), \quad 0 \leqslant t_i \leqslant 1\right\}$$

被称为以 $P_0P_1, P_0P_2, \cdots, P_0P_r$ 为**边**的 r 维**平行体**. 一维平行体是线段，二维平行体称为**平行四边形**，三维平行体称为**平行六面体**. 长方体、立方体等的定义由此也就明确了（请自己尝试分析）.

如果 $(\overrightarrow{P_0P_i}) = \boldsymbol{a}_i$，则 $\boldsymbol{a}_1, \boldsymbol{a}_2, \cdots, \boldsymbol{a}_r$ 是线性独立的. 格拉姆行列式的正平方根 $\sqrt{\det(\boldsymbol{a}_i, \boldsymbol{a}_j)}$ 称为平行体的**体积**.

当 $P_0, P_1, \cdots, P_r$ 独立时，下列集合

$$\left\{P \mid P \in (S),\quad \left(\overrightarrow{P_0P}\right) = \sum_{i=1}^{r} t_i \left(\overrightarrow{P_0P_i}\right),\quad t_i \geqslant 0,\quad \sum_{i=1}^{r} t_i \leqslant 1\right\}$$

被称为以 $P_0, P_1, \cdots, P_r$ 为顶点的 r 维**单元**. 二维单元称为**三角形**，三维单元称为**四面体**.

⑤ 坐标系. 由 (S) 的一点 O 和 $\boldsymbol{V}$ 的一个标准正交基 $E = \langle \boldsymbol{e}_1, \boldsymbol{e}_2, \cdots, \boldsymbol{e}_n \rangle$ 组成的 $(O; E)$ 称作 (S) 的**正交坐标系**. O 是坐标系的**原点**.

对于点 P，向量 $\boldsymbol{x} = (\overrightarrow{OP})$ 称为点 P 在该坐标系上的**位置向量**.

当 $\boldsymbol{x} = x_1\boldsymbol{e}_1 + x_2\boldsymbol{e}_2 + \cdots + x_n\boldsymbol{e}_n$ 时，由 n 个实数组成的 $(x_1, x_2, \cdots, x_n)$ 称为点 P 的**坐标**.

如果 $\mathbb{R}^n$ 的元素 (x_i) 对应于 (S) 中的点 P 及其位置向量 $\boldsymbol{x}$，则 (S) 与 n 维实数空间 $\mathbb{R}^n$ 同构. 相反，从 (S) 到 $\mathbb{R}^n$ 的同构映射给出了 (S) 的一个坐标系.

取与 (S) 的 r 维子空间 (A) 附属的 $\boldsymbol{V}$ 的子空间 $\boldsymbol{W}$ 的一个基 $\langle \boldsymbol{a}_1, \boldsymbol{a}_2, \cdots, \boldsymbol{a}_r \rangle$. 固定 (A) 中的一点 P_1，如果其位置向量为 $\boldsymbol{x}_1$，则 (A) 中任意一点 P 的位置向量 $\boldsymbol{x}$ 表示为

$$\boldsymbol{x} = \boldsymbol{x}_1 + t_1\boldsymbol{a}_1 + \cdots + t_r\boldsymbol{a}_r,\quad t_i \in \mathbb{R}.$$

我们称其为子空间 (A) 的**向量表示**或**辅助变量表示**.

⑥ 空间方向. 当 (S) 有两个坐标系 $(O; E)$ 和 $(O'; E')$ 时，设 $\boldsymbol{A}$ 为 $E \to E'$ 的基变换矩阵，则 $\boldsymbol{A}$ 为 n 阶正交矩阵. 当 $\det \boldsymbol{A} = 1$ 时，$(O; E)$ 和 $(O'; E')$ **方向相同**，当 $\det \boldsymbol{A} = -1$ 时，它们的**方向不同**.

在 (S) 的所有坐标系的集合中，两个坐标系具有相同方向的关系是等价关系，由此产生的商集由两个元素组成. 它们都称为欧几里得空间 (S) 的**方向**. 当为 (S) 指定一个方向时，我们说 (S) 已被**定向**. 属于指定方向的坐标系称为所定向空间 (S) 的**正系统**.

在本书中，我们将右手定则一词用于三维欧几里得空间的坐标系，但从我们的角度来看，右的概念无法定义. 因此，从公理的角度看本书时，右手定则应该被理解为定向空间的系统. 这意味着直观的物理空间已经被定向.

⑦ 合同变换. 从 (S) 到 (S) 自身的同构叫作 (S) 的**合同变换**. 合同变换当然不改变两点间的距离. 相反，如果从 (S) 到 (S) 的映射不改变两点间的距离，那么它就是 (S) 的合同变换.

问题　请按照 2.7 节来证明这一点.

保持坐标系方向的合同变换称为 (S) 的**运动**.

假设坐标系 $(O;E)$ 固定在 (S) 中. 对于 (S) 的合同变换 T，设 $\boldsymbol{a}$ 为 O 在 T 下的像 O' 的位置向量，设 $\boldsymbol{A}$ 为 T 引起的 $\boldsymbol{V}$ 的基 E 的正交变换矩阵. 如果点 P 的坐标是 (x_i)，P 在 T 下的像 P' 的坐标是 (x_i')，则

$$\boldsymbol{x}' = \boldsymbol{A}\boldsymbol{x} + \boldsymbol{a}$$

成立. 其中 $\boldsymbol{x} = (x_i)$，$\boldsymbol{x}' = (x_i')$.

当 $\det \boldsymbol{A} = 1$ 时，T 呈动态.

附记　仿射空间. 在欧几里得空间的公理中，将实度量空间 $\boldsymbol{V}$ 替换为实线性空间 $\boldsymbol{V}$ 得到的 $((S),\boldsymbol{V})$ 称为**仿射空间**. 仿射空间中没有定义长度、角、圆、体积等概念，但是定义了仿射空间的子空间、平行性、（斜）坐标系、空间方向、仿射变换等，并在此基础上形成了仿射几何.

习　　题

1. 证明对于 n 维欧几里得空间 (S) 的 r 维子空间 (A) 和 (S) 的一点 P_1，只有一个包含 P_1 并平行于 (A) 的 r 维子空间与之对应.

2. 证明 n 维欧几里得空间中三角形的内角之和等于 π.

3. 证明对于 n 维欧几里得空间 (S) 的 r 维子空间 (A) 和不属于 (A) 的点 P_0，只有一个包含 P_0 和 (A) 的 $r+1$ 维子空间.

4. 证明 n 维欧几里得空间 (S) 的非空子集 (A) 为子空间的充分必要条件是连接 (A) 中任意两点的直线都在 (A) 中.

5. 如果 (A) 和 (B) 是 (S) 的平坦子空间，$(A)\cap(B)\neq\varnothing$，那么 $(A)\cap(B)$ 也是子空间. 因此，有一个包含了 (A) 和 (B) 的最小的子空间，用 $(A)\vee(B)$ 表示.

(i) 如果 $(A)\cap(B)\neq\varnothing$，请证明

$$\dim((A)\cap(B)) + \dim((A)\vee(B)) = \dim(A) + \dim(B)$$

成立.

(ii) 如果 $(A)\cap(B)=\varnothing$，请证明当 $\dim(A)\leqslant\dim(B)$ 时，

$$\dim(B)+1\leqslant\dim((A)\vee(B))\leqslant\dim(A)+\dim(B)+1$$

成立，并证明左边的等号只在 (A) 和 (B) 平行时成立.

6. 求坐标变换公式.

附录 3　群与域的公理

1.1　群的公理

定义　对于集合 G 的元素 a 与 b，当被称为**积**的第 3 个元素（将其表示为 ab）确定，并满足以下公理时，G 就是**群**（group）.

1. $(ab)c = a(bc)$（结合律）.

2. 存在一个被称为**单位元素**的特殊的元素 e，对于 G 的所有元素 a，

$$ae = ea = a$$

成立.

3. 对于 G 的任意一个元素 a，有唯一的 G 的元素 x 使

$$ax = xa = e$$

成立. 这个元素称为 a 的**逆元素**，用 a^{-1} 来表示.

例 1　以 $\mathbb{K}$ 的元素为元素的全体 n 阶可逆矩阵在乘法下构成一个群，这个群被称为**一般线性群**，记作 $GL(n, \mathbb{K})$.

例 2　所有 n 个元素的置换所构成的 S_n 在乘法下构成一个群，这个群被称为 n 次**对称群**.

例 3　所有欧几里得空间 (S) 的合同变换构成的群是**合同变换群**.

例 4　$\mathbb{K}$ 上的线性空间 $\boldsymbol{V}$ 是在加法下构建的群.

满足交换律 $ab = ba$ 的群被称**可交换群**或**阿贝尔群**. 例 4 属于可交换群，其他例子则不是.

当 G 的子集 H 是基于与 G 相同的运算得出的群时，我们可以称 H 是 G 的**子群**.

例 5　所有 n 阶正交矩阵构成的 $O(n)$ 是 $GL(n, \mathbb{R})$ 的子群，我们称之为**正交群**.

此外，行列式为 1 的所有 $\mathbb{K}$-矩阵为 $GL(n, \mathbb{K})$ 的子群.

例 6　由 n 个元素的偶置换构成的群为 n 次对称群的子群，它被称为**交错群**.

1.2　域的公理

定义　对于集合 $\mathbb{K}$ 的元素 a 与 b，当被称为**和**的一个元素 $a+b$（这一运算被称为**加法**）以及被称为**积**的一个元素 ab（这一运算被称为**乘法**）确定，并满足下述公理时，$\mathbb{K}$ 就称为**域**.

I. $\mathbb{K}$ 是关于加法的可交换群. 此时单位元素为 0，a 的逆元素为-a.

II. 从 $\mathbb{K}$ 中除去 0 之后的集合 $\mathbb{K}^*$ 是关于乘法的可交换群，此时单位元素为 1，a 的逆元素为 a^{-1} 或者 $1/a$.

III. $a(b+c)=ab+ac$，$(b+c)a=ba+ca$（分配律）.

从公理中我们可以直观地理解下述的内容.

(i) $a0=0a=0$.

(ii) 如果 $ab=0$，那么 $a=0$ 或者 $b=0$.

问题　证明下述示例.

例 1　全体有理数、全体实数、全体复数的集合都是域. 我们分别用 $\mathbb{Q}$、$\mathbb{R}$、$\mathbb{C}$ 来表示它们.

例 2　在由两个元素组成的集合 {0,1} 中，以 0+0=0，0+1=1+0=1，1+1=0，00=0，01=10=0，11=1 定义运算时，就形成了域.

对于 $\mathbb{K}$ 的元素 a 与正整数 n，我们将 n 个 a 之和 $a+a+\cdots+a$ 用 na 来表示. 对于任意一个不为 0 的 a 与任意一个 n 而言，当 na 不为 0 时，$\mathbb{K}$ 的**特征**为 0. 例 1 中各个域的特征都为 0，但例 2 的特征不为 0.

本书将 $\mathbb{K}$ 作为 $\mathbb{R}$ 或 $\mathbb{C}$ 来展开论述 $\mathbb{K}$ 上的线性空间的理论. 实际上，其中有些部分对于任意域成立，有些部分对于特征为 0 的任意域成立. 几乎所有不涉及度量或连续性的部分，至少对于特征为 0 的域是成立的. 具体内容就不赘述了，如果对这部分内容感兴趣，可以翻阅一些抽象代数学的书.

1.3　实数域的构成

我们在已知实数与复数的基础上对本书的内容进行了讨论. 但如果要求更严格一些，我们最终仍会回到何为复数、何为实数的问题上来. 实际上，实数域可以在有理数域的基础上构建.

如何处理最基本的正整数当然是一个问题，但它更多属于数学基础理论方面的问题. 在此，我们先假设正整数是已知的.

通过引入负数的概念，我们可以很轻易地构建起整数的体系.

通过整数构建有理数域也并非难事.

将由整数 m 和非零的整数 n 构成的 (m,n) 的集合设为 A，对于 A 的两个元素 (m,n) 与 (p,q)，当 $mq{=}np$ 成立时，定义关系 $\sim$，即 $(m,n)\sim(p,q)$. $\sim$ 为 A 的等价关系. 设 A 基于 $\sim$ 的商集为 $\mathbb{Q}$. 如果用 m/n 来表示包含 (m,n) 的类，那么通过简单的运算就能让 $\mathbb{Q}$ 变为域. 这就是**有理数域**，$\mathbb{Q}$ 的元素称为有理数. 整数 n 被视为一个特殊的有理数，与 $n/1$ 相同.

定义有理数的大小关系和绝对值并非难事. 如果 $a<b$，则存在符合 $a<c<b$ 的有理数 c. 此外，$|a+b|\leqslant|a|+|b|$，$|ab|=|a||b|$ 成立（可以逐个尝试）.

有理数列 $\{a_n\}$ **收敛**于有理数 a 是指，对于正有理数 ε，如果取 n_0，则对于 n_0 之后的任意的 n 而言，

$$|a-a_n|<\varepsilon$$

成立.

有理数列 $\{a_n\}$ 是**基本列或柯西列**是指，对于任意的正有理数 ε，如果取 n_0，则对于 n_0 之后的任意 m、n 而言，

$$|a_m-a_n|<\varepsilon$$

成立.

收敛数列是基本列，但基本列不一定收敛.

基本列是有界的.

那么接下来我们将以 $\mathbb{Q}$ 为基础来构建实数域.

将由有理数的基本列组成的集合设为 A. 对于 A 的元素 $\{a_n\}$ 和 $\{b_n\}$，当有理数列 $\{a_1,b_1,a_2,b_2,\cdots\}$ 也是基本列时，即对于任意正有理数 ε，如果取 n_0，则对于 n_0 之后的任意 m、n 而言，

$$|a_m-b_n|<\varepsilon$$

成立. 此时，我们定义关系 $\sim$，即 $\{a_n\}\sim\{b_n\}$. $\sim$ 是 A 的等价关系.

事实上，自反性和对称性是显而易见的，因此我们来试着证明传递性. 如果 $\{a_n\}\sim\{b_n\}$，$\{b_n\}\sim\{c_n\}$，则对于任意的正有理数 ε，取某个 n_0，当 $l,m,n\geqslant n_0$ 时，

$$|a_l-b_m|<\varepsilon,|b_m-c_n|<\varepsilon$$

成立，所以 $|a_l-c_n|<2\varepsilon$.

设基于 A 的 $\sim$ 的商集为 $\mathbb{R}$. 我们用 $[a_n]$ 来表示包含 $\{a_n\}$ 的类. 对于 $\mathbb{R}$ 的元素 $\alpha=[a_n]$、$\beta=[b_n]$，我们可以将**和**$\alpha+\beta$ 及**积**$\alpha\beta$ 定义为

$$\alpha+\beta=[a_n+b_n],\alpha\beta=[a_nb_n].$$

也就是说，不考虑类 α 和 β 的代表元素的取法，$\alpha+\beta$ 和 $\alpha\beta$ 就能得到确定.

实际上，如果 $\alpha=[a_n]=[a'_n]$，$\beta=[b_n]=[b'_n]$，因为 $\{a_n\}\sim\{a'_n\}$，$\{b_n\}\sim\{b'_n\}$，所以，

$$|(a_m+b_m)-(a'_n+b'_n)|\leqslant|a_m-a'_n|+|b_m-b'_n|<2\varepsilon.$$

此外，如果取足够大的有理数 M，因为 $|a_n|\leqslant M$，$|b'_n|\leqslant M$，所以

$$|a_mb_m-a'_nb'_n|\leqslant|a_m||b_m-b'_n|+|a_m-a'_n||b'_n|<2M\varepsilon.$$

因此，$\{a_n+b_n\}\sim\{a'_n+b'_n\}$、$\{a_nb_n\}\sim\{a'_nb'_n\}$ 成立. 证毕.

与刚刚定义的加法和乘法相关的 $\mathbb{R}$ 是域，这一点很容易证明. 我们将其称为**实数域**，将其元素称为**实数**.

问题 证明 $\mathbb{R}$ 是域. 为了说明倒数的存在，要注意如果 $[a_n]\neq[0]$，则存在某个正有理数 δ，对于 n，满足 $a_n\geqslant\delta$（或 $a_n\leqslant-\delta$）.

我们将有理数 a 与包含基本列 $\{a,a,\cdots\}$ 的类看作同一种东西，由此可以将 a 视为一个特殊的实数. 由此，我们将 $\mathbb{Q}$ 视为 $\mathbb{R}$ 的子集.

对于非零实数 $\alpha=[a_n]$，a_n 都为正或都为负. 为正时 $\alpha>0$，为负时 $\alpha<0$. 此外，当 $\alpha-\beta>0$ 时，$\alpha>\beta$；当 $\alpha-\beta<0$ 时，$\alpha<\beta$.

对于任意实数 α 与 β，$\alpha<\beta$、$\alpha=\beta$、$\alpha>\beta$ 中只有一个成立，

(i) $\alpha<\beta$，$\beta<\gamma\Rightarrow\alpha<\gamma$;

(ii) $\alpha>\beta\Rightarrow\alpha+\gamma<\beta+\gamma$;

(iii) $\alpha,\beta>0\Rightarrow\alpha\beta>0$

成立.

问题 证明上述关系.

在 α 和 $-\alpha$ 中，非负的那个称为 α 的**绝对值**，用 $|\alpha|$ 表示. 可以证明

$$|\alpha+\beta|\leqslant|\alpha|+|\beta|,\quad |\alpha\beta|=|\alpha||\beta|.$$

实数列 $\{a_n\}$ **收敛**于实数 α 是指，对于任何正实数 ε，如果取 n_0，则对于 n_0 之后的任意 n 而言，

$$|a_n-\alpha|<\varepsilon$$

成立.

实数列 $\{a_n\}$ 是**基本列**或**柯西列**是指，对于任意正实数 ε，如果取 n_0，则对于 n_0 之前的任意 m 与 n，

$$|\alpha_m-\alpha_n|<\varepsilon$$

都是成立的.

收敛列当然是基本列. 反过来，我们也可以证明基本列收敛于某实数 α. 这一事实被称为实数的**完备性**或**连续性**. 它是将实数域和有理数域区别开来的最显著的性质，是分析学的基础性质.

下面给出证明.

首先请注意，如果 $\alpha = [a_n](a_n \in \mathbb{Q})$，那么实数列 $\{a_n\}$ 就会收敛为实数 α.

事实上，对于任何一个正实数 ε，都存在一个比 ε 小的正有理数，所以从一开始我们就可以将 ε 视为有理数. 因为 $\{a_n\}$ 是 $\mathbb{Q}$ 的基本列，所以如果取某个 n_0，那么对于 n_0 之后的 m 与 n，$|a_m - a_n| < \varepsilon$ 是成立的. 如果我们固定 n，并把它看作一个关于 m 的有理数列，那么 $|a_m - a_n|$ 就是一个基本列，$|\alpha - a_n| = [|a_m - a_n|]$，$\varepsilon = [\varepsilon]$，所以 $|\alpha - a_n| \leqslant \varepsilon$. 证毕.

接下来证明，当实数列 $[\alpha_n]$ 是一个基本列时，$\{\alpha_n\}$ 就会收敛为某实数 α.

如果 $\alpha_n = [a_{n,p}](p = 1, 2, \cdots, a_{n,p} \in \mathbb{Q})$，那么根据上述说明，作为关于 p 的数列，$\{a_{n,p}\}$ 会收敛于 α_n. 因此，如果取 $p(n)$，$|\alpha_n - a_{n,p(n)}| < 1/n$ 成立.

设 $a_n = a_{n,p(n)}$，那么有理数列 $\{a_n\}$ 就是一个基本列. 事实上，对于任意的正有理数 ε，如果我们取某个满足 $1/\varepsilon \leqslant n_0$ 的 n_0，那么对于 n_0 之后的任何 m 与 n，根据假设，$|\alpha_m - \alpha_n| < \varepsilon$ 成立. 因此，

$$|a_m - a_n| \leqslant |a_{m,p(m)} - \alpha_m| + |\alpha_m - \alpha_n| + |\alpha_n - a_{n,p(n)}| < 1/m + \varepsilon + 1/n \leqslant 3\varepsilon.$$

也就是说，$\{a_n\}$ 是一个有理基本列. 根据 $\alpha = [a_n]$ 可以确定实数 α. 通过前文的说明，对于任何正实数 ε，取某个满足 $1/\varepsilon \leqslant n_0$ 的 n_0，那么对于 n_0 之后的任意的 n，都有 $|\alpha - a_n| < \varepsilon$ 成立. 因此，

$$|\alpha - \alpha_n| \leqslant |\alpha - a_n| + |a_{n,p(n)} - \alpha_n| < \varepsilon + 1/n \leqslant 2\varepsilon.$$

也就是说，实数列 $\{\alpha_n\}$ 收敛于实数 α. 证毕.

1.4 复数域的构成

以实数域为基础构建复数域其实很简单.

我们将由两个实数组成的 (a, b) 的集合设为 $\mathbb{C}$. 对于 $\mathbb{C}$ 的两个元素 $\alpha = (a, b)$ 和 $\beta = (c, d)$，将其和$\alpha + \beta$ 与其积$\alpha\beta$ 定义为

$$\alpha + \beta = (a + c, b + d),$$

$$\alpha\beta = (ac - bd, ad + bc).$$

通过该运算，可以简单地证明 $\mathbb{C}$ 是域. 它被称为**复数域**，其元素被称为**复数**.

通过将实数 a 看作与复数 $(a, 0)$ 相同的东西，我们就可以将 a 视为特殊的复数. 因为

$$(a, 0) + (c, 0) = (a + c, 0),$$
$$(a, 0)(c, 0) = (ac, 0),$$

所以，在保持作为实数域的运算的同时，被嵌入 $\mathbb{C}$ 中. 就这样，$\mathbb{R}$ 被认为是 $\mathbb{C}$ 的子集（子域）.

复数 (0, 1) 称为**虚数单位**，一般用 i 表示. $\mathrm{i}^2 = -1$ 成立.

对于任意复数 $\alpha = (a, b)$，

$$\alpha = (a, 0) + (0, b) = a + b\mathrm{i}$$

成立. 这是复数的标准表示方式. a、b 分别是 α 的**实部**与**虚部**. 虚部非 0 的复数称为**虚数**，实部为 0 的虚数称为**纯虚数**.

复数域不存在大小关系.

对于 $\alpha = a + b\mathrm{i}$，$\bar{\alpha} = a - b\mathrm{i}$ 被称为 α 的**共轭复数**. $\sqrt{\alpha\bar{\alpha}} = \sqrt{\mathrm{a}^2 + b^2}$ 被称为 α 的**绝对值**，用 $|\alpha|$ 表示.

$$\bar{\bar{\alpha}} = \alpha, \quad \overline{\alpha + \beta} = \bar{\alpha} + \bar{\beta}, \quad \overline{\alpha\beta} = \bar{\alpha}\bar{\beta},$$
$$|\alpha + \beta| \leqslant |\alpha| + |\beta|, \quad |\alpha\beta| = |\alpha||\beta|$$

成立.

我们可以把复数 $\alpha = a + b\mathrm{i}$ 视作具有坐标 (a, b) 的平面上的点. 这个平面叫作**复平面**. 第一坐标的轴称为**实轴**，第二坐标的轴称为**虚轴**，原点用 0 表示.

设原点 0 和非 0 的复数 α 之间的距离为 γ，射线 0α 成为实轴的正方向的角为 θ，那么，

$$a = \gamma \cos\theta, \quad b = \gamma \sin\theta.$$

因此，

$$\alpha = \gamma(\cos\theta + \mathrm{i}\sin\theta)$$

成立. γ 为正数，等于 α 的绝对值. 我们将其称为复数 α 的**极形式**，并将 θ 称为 α 的**偏角**. **偏角**并不是唯一的. $\theta + 2\pi k (k = 0, \pm 1, \pm 2, \cdots)$ 也是 α 的偏角.

对于复数 $z = x + y\mathrm{i}(x, y \in \mathbb{R})$，有

$$\mathrm{e}^z = \mathrm{e}^x(\cos y + \mathrm{i}\sin y).$$

如果 z 为实数，则它等同于普通的指数函数. 如果 z 为纯虚数，则

$$\mathrm{e}^{\mathrm{i}y} = \cos y + \mathrm{i}\sin y,$$

表示绝对值为 1、偏角 y 的复数.

对于任意的复数 z_1 与 z_2，

$$\mathrm{e}^{z_1+z_2} = \mathrm{e}^{z_1}\mathrm{e}^{z_2} \quad \text{（加法定理）}$$

成立.

习　题

1. 对于群 G 的非空子集 H 的任意元素 a 与 b，如果 ab^{-1} 也属于 H，试证明 H 是 G 的子集.

2. 证明对于域 $\mathbb{K}$ 的非零元素 a，满足 $pa = 0$ 的最小正整数（如果存在）是质数，且这一质数 p 对于所有元素来说都是共通的（此时，$\mathbb{K}$ 的特征为 p）.

3. 当存在质数 p，两个整数 m 和 n 除以 p 的余数相等时，定义 $m \sim n$. $\sim$ 表示整数的集合 $\mathbb{Z}$ 的等价关系. 基于 $\mathbb{Z}$ 的 $\sim$ 的商集用 F_p 表示. 证明当用 $[m]$ 表示整数 m 所属的类时，可以用 $[m]+[n]=[m+n]$，$[m][n]=[mn]$ 来定义 F_p 中的加法运算和乘法运算. 证明与这个运算相关的 F_p 为域. F_p 由 p 个元素组成，特征为 p.

4. 证明特征为 0 的任意域包含与有理数域同构的域作为子域.

5. 证明正整数的集合 $\mathbb{N}$ 和有理数的集合 $\mathbb{Q}$ 之间存在一一对应的关系.

6. 证明区间 (0,1)（0 和 1 之间的全体实数的集合）和 $\mathbb{N}$ 之间不存在一一对应的关系.

7. 对于任意正实数 a 和正整数 k，请证明只有一个正实数 x 满足 $x^k = a$.

8. 证明包含 $\mathbb{R}$ 且被 $\mathbb{C}$ 包含的域只有 $\mathbb{R}$ 和 $\mathbb{C}$. 另外，证明包含 $\mathbb{Q}$ 且被 $\mathbb{R}$ 包含在内的域有无数个.

后　记

在本书问世 30 年之际，我重新写了后记.

本书刚出版的时候，就有人问我写它的目的是什么. 我记得自己回答:“这样做是为了提高日本 10 年后的技术水平.” 结果如我所愿，甚是欣慰.

当时，大学理科的数学基础课程主要分为微积分和线性代数这两大类. 也就是说，线性代数在此之前占据了代数和几何的位置.

在线性代数内部，曾经在矩阵和行列式的章节中，行列式是重点，但后来线性空间逐渐受到重视. 我认为这种新思想在佐武一郎所著的《矩阵与行列式》(后来在 1974 年的修订中更名为《线性代数》) 中表现得最为鲜明.

在此背景下，本书的写作受到佐武先生的著作很大的影响. 尽管在介绍线性空间的定理之前分析了矩阵和行列式，但佐武先生的书读起来仍很有难度. 我觉得内容对非数学专业的学生来说太难了.

关于联立线性方程，我只知道克拉默法则. 但是，一位我认识的工程师（计算机学家）告诉我，用来计算大量行列式的克拉默法则不适合用来进行数值计算，高斯消元法更好.

因此，我证明了矩阵的阶数可以通过初等变换定义，由此同时提出线性方程组的理论和解法（消元法）.

在那之后，很高兴基于这种方法的线性代数教科书的数量增加了.

由于没有找到简洁的几何方法，本书中关于若尔当标准形的证明不得已使用了不变因子理论，这可以说是本书的一大遗憾.

本书出版很久之后，我终于找到了非常简洁的若尔当标准形的几何证明方法. 1985 年，我出版了本书的姊妹篇《线性代数练习》[①]，书中介绍了这个几何证明方法.

为了正确理解数学，做练习是必不可少的. 本书也有练习，但数量很少. 想进一步学习的人，建议配套使用《线性代数练习》.

斋藤正彦

1996 年 4 月

① 原书名为『線型代数演習』. ——编者注.

习 题 答 案

第 1 章

1. 先证明四面体的情况，使用数学归纳法. 当 P 为四面体 $P_1P_2P_3P_4$ 时，P 点在连接 P_1 和三角形 $P_2P_3P_4$ 内的点的线段上.

2. 略.

3. $\begin{pmatrix} \cos 2\theta & \sin 2\theta \\ \sin 2\theta & -\cos 2\theta \end{pmatrix}$.

4. 参照前一题.

5. $\boldsymbol{x} \to \boldsymbol{x} - \dfrac{2(\boldsymbol{a}, \boldsymbol{x})}{(\boldsymbol{a}, \boldsymbol{a})}\boldsymbol{a}$.

6. (i) $\dfrac{|d|^3}{6|abc|}$.　　(ii) $\dfrac{d^2\sqrt{a^2+b^2+c^2}}{2|abc|}$.

7. (i) $\dfrac{|\det(\boldsymbol{a}, \boldsymbol{b}, \boldsymbol{c})|}{\|\boldsymbol{b} \times \boldsymbol{c}\|}$.　　(ii) $\dfrac{\|(\boldsymbol{a}-\boldsymbol{b}) \times (\boldsymbol{c}-\boldsymbol{b})\|}{\|\boldsymbol{c}-\boldsymbol{b}\|}$.

8. 如果 $\boldsymbol{a} = \begin{pmatrix} a_1 \\ a_2 \\ a_3 \end{pmatrix}$，$\boldsymbol{b} = \begin{pmatrix} b_1 \\ b_2 \\ b_3 \end{pmatrix}$，$\boldsymbol{c} = \begin{pmatrix} c_1 \\ c_2 \\ c_3 \end{pmatrix}$，那么

$$\begin{pmatrix} a_1 & a_2 & a_3 \\ b_1 & b_2 & b_3 \\ c_1 & c_2 & c_3 \end{pmatrix} \begin{pmatrix} a_1 & b_1 & c_1 \\ a_2 & b_2 & c_2 \\ a_3 & b_3 & c_3 \end{pmatrix} = \begin{pmatrix} (\boldsymbol{a}, \boldsymbol{a}) & (\boldsymbol{a}, \boldsymbol{b}) & (\boldsymbol{a}, \boldsymbol{c}) \\ (\boldsymbol{b}, \boldsymbol{a}) & (\boldsymbol{b}, \boldsymbol{b}) & (\boldsymbol{b}, \boldsymbol{c}) \\ (\boldsymbol{c}, \boldsymbol{a}) & (\boldsymbol{c}, \boldsymbol{b}) & (\boldsymbol{c}, \boldsymbol{c}) \end{pmatrix},$$

另外，$\begin{vmatrix} a_1 & a_2 & a_3 \\ b_1 & b_2 & b_3 \\ c_1 & c_2 & c_3 \end{vmatrix} = \begin{vmatrix} a_1 & b_1 & c_1 \\ a_2 & b_2 & c_2 \\ a_3 & b_3 & c_3 \end{vmatrix}$ 成立.

9. 由 $\boldsymbol{x}$、$\boldsymbol{y}$ 和 $\boldsymbol{z}$ 张成的平行六面体的体积在立方体时最大. 因此，最大值为 1，最小值为 -1.

10. (i) 两边都与如何获取右手坐标系无关. 选择适当的右手坐标系 $\boldsymbol{e}_1$、$\boldsymbol{e}_2$ 和 $\boldsymbol{e}_3$，则

$$\boldsymbol{a} = a_1\boldsymbol{e}_1, \quad \boldsymbol{b} = b_1\boldsymbol{e}_1 + b_2\boldsymbol{e}_2, \quad \boldsymbol{c} = c_1\boldsymbol{e}_1 + c_2\boldsymbol{e}_2 + c_3\boldsymbol{e}_3$$

成立.

$$(\boldsymbol{a}\times\boldsymbol{b})\times\boldsymbol{c}=a_1b_2\boldsymbol{e}_3\times(c_1\boldsymbol{e}_1+c_2\boldsymbol{e}_2+c_3\boldsymbol{e}_3)$$
$$=a_1b_2c_1\boldsymbol{e}_2-a_1b_2c_2\boldsymbol{e}_1=-(\boldsymbol{b},\boldsymbol{c})\boldsymbol{a}+(\boldsymbol{a},\boldsymbol{c})\boldsymbol{b}.$$

(ii) 根据 (i) 很快可以计算出来.

第 2 章

1. (i) $\begin{pmatrix}4&18&-16&-3\\0&-1&1&1\\1&3&-3&0\\1&6&-5&-1\end{pmatrix}$. (ii) $\begin{pmatrix}-3&-1&1&-1\\-3&-1&0&1\\-4&-1&1&0\\-10&-3&1&1\end{pmatrix}$.

2. (i) $\begin{pmatrix}x_1\\x_2\\x_3\\x_4\\x_5\end{pmatrix}=\begin{pmatrix}0\\0\\1/5\\0\\-3/5\end{pmatrix}+\alpha\begin{pmatrix}-2\\0\\1\\1\\0\end{pmatrix}+\beta\begin{pmatrix}-2\\1\\0\\0\\0\end{pmatrix}$.

(ii) $\begin{pmatrix}x_1\\x_2\\x_3\\x_4\end{pmatrix}=\begin{pmatrix}-1\\1\\-1\\0\end{pmatrix}+\alpha\begin{pmatrix}-2\\1\\1\\1\end{pmatrix}$.

(iii) $\begin{pmatrix}x_1\\x_2\\x_3\\x_4\end{pmatrix}=\begin{pmatrix}3\\4\\1\\1\end{pmatrix}$.

(iv) $\begin{pmatrix}x_1\\x_2\\x_3\\x_4\\x_5\end{pmatrix}=\begin{pmatrix}0\\0\\4\\3\\0\end{pmatrix}+\alpha\begin{pmatrix}-2\\1\\0\\0\\0\end{pmatrix}+\beta\begin{pmatrix}2\\0\\-24\\-10\\1\end{pmatrix}$.

3. (i) $\begin{pmatrix}2&0&0\\0&1&0\\0&0&0\end{pmatrix}$.

(ii) $\begin{pmatrix} -2^{n+1}+3 & -2^n-3 & 2^n-3 \\ 2^{n+1}-2 & 2^n+2 & -2^n+2 \\ -2^{n+2}+4 & -2^{n+1}-4 & 2^{n+1}-4 \end{pmatrix} = 2^n \cdot \begin{pmatrix} -2 & -1 & 1 \\ 2 & 1 & -1 \\ -4 & -2 & 2 \end{pmatrix} +$
$\begin{pmatrix} 3 & -3 & -3 \\ -2 & 2 & 2 \\ 4 & -4 & -4 \end{pmatrix}$.

4. 如果 $x=1$,则为 1;如果 $x=-\dfrac{1}{n-1}$,则为 n−1;如果 $x\neq 1,-\dfrac{1}{n-1}$,则为 n.

5. 如果 $\boldsymbol{A}$ 不可逆，则齐次方程 $\boldsymbol{A}\boldsymbol{x}=\mathbf{0}$ 有一个非平凡解 $\boldsymbol{x}_0=(x_i)$. 如果 $\boldsymbol{x}_0$ 的元素中绝对值最大的是 x_k，则 $x_k=-\sum\limits_{i\neq k} a_{ki}x_i$.

$$|x_k| \leqslant \sum_{i\neq k} |a_{ki}|\,|x_i| < \sum_{i\neq k} \frac{1}{n-1}\cdot |x_k| = |x_k|\,.$$

矛盾.

6. (i) $\boldsymbol{A}\cdot\boldsymbol{A}^{k-1}=\boldsymbol{A}^{k-1}\cdot\boldsymbol{A}=\boldsymbol{E}$.

(ii) 和 (iii) 用反证法可证.

(iv) $(\boldsymbol{E}-\boldsymbol{A})^{-1}=\boldsymbol{E}+\boldsymbol{A}+\boldsymbol{A}^2+\cdots+\boldsymbol{A}^{k-1}$.

7. 取两边的迹.

8. 如果 $\boldsymbol{B}$ 的阶数为 r，对于 m 阶和 n 阶可逆矩阵 $\boldsymbol{P}$、$\boldsymbol{Q}$，$\boldsymbol{PBQ}=\boldsymbol{F}_{m,n}(r)=\boldsymbol{F}$ 成立. 因此 $\boldsymbol{AB}=\boldsymbol{AP}^{-1}\boldsymbol{FQ}^{-1}$，$(\boldsymbol{AB})\boldsymbol{Q}=(\boldsymbol{AP}^{-1})\boldsymbol{F}$.

$$\boldsymbol{AP}^{-1} = r\Big[\begin{pmatrix} \overset{r}{\overbrace{\boldsymbol{A}_{11}}} & \boldsymbol{A}_{12} \\ \boldsymbol{A}_{21} & \boldsymbol{A}_{22} \end{pmatrix},\quad \boldsymbol{F}=\begin{pmatrix} \boldsymbol{E}_r & \boldsymbol{O} \\ \boldsymbol{O} & \boldsymbol{O} \end{pmatrix},$$

$$\text{则 } (\boldsymbol{AB})\boldsymbol{Q}=\begin{pmatrix} \boldsymbol{A}_{11} & \boldsymbol{O} \\ \boldsymbol{A}_{21} & \boldsymbol{O} \end{pmatrix}.$$

因此，$(\boldsymbol{AB})\boldsymbol{Q}$ 的阶数小于等于 r. 因为 $\boldsymbol{Q}$ 是可逆的，是初等矩阵的乘积，所以 $\boldsymbol{AB}$ 的阶数也小于等于 r. $\boldsymbol{A}$ 也可以被证明. 第 4 章给出了更自然的定义和证明.

9. $r(\boldsymbol{A})=\mathrm{r}(\tilde{\boldsymbol{A}})=2$.

12. 证明对于任意 x，$||\boldsymbol{Ax}||=||\boldsymbol{A}^*\boldsymbol{x}||$ 成立和对于任意 $\boldsymbol{x}$ 和 $\boldsymbol{y}$，$(\boldsymbol{Ax},\boldsymbol{Ay})=(\boldsymbol{A}^*\boldsymbol{x},\boldsymbol{A}^*\boldsymbol{Y})$ 成立是等价的（参照第 2 章 [6.4] 的证明）.

14. (i) → (ii) 以 $\boldsymbol{x}=\boldsymbol{A}^{-1}(\boldsymbol{Ax})$ 为计算依据.

(ii) → (i) 如果 $\boldsymbol{Ax} = \mathbf{0}$，则 $\boldsymbol{A}(-\boldsymbol{x}) = \mathbf{0}$. 根据规定的条件，因为 $\boldsymbol{x}$ 和 $-\boldsymbol{x}$ 为非负向量，所以 $\boldsymbol{x} = \mathbf{0}$. 因此 $\boldsymbol{A}$ 是可逆的. 如果 $\boldsymbol{A}^{-1}$ 不是非负矩阵，那么对于某个单位向量 $\boldsymbol{e}_j$，$\boldsymbol{A}^{-1}\boldsymbol{e}_j$ 不是非负向量.

15. (iii) 在 $\boldsymbol{x}$ 的元素中，如果绝对值最大的是 x_p，则 $|x_p| > 0$. 如果在 $\alpha x_p = \sum\limits_{j=1}^{n} a_{pj}x_j$ 的两边取绝对值，则

$$|\alpha|\,|x_p| \leqslant \sum_{j=1}^{n} a_{pj}\,|x_j| \leqslant \sum_{j=1}^{n} a_{pj}\,|x_p| = |x_p|.$$

第 3 章

1. (i) $a_0x^n + a_1x^{n-1} + \cdots + a_{n-1}x + a_n$.

(ii) $\left(x + \sum\limits_{i=1}^{n} a_i\right) \cdot \prod\limits_{i=1}^{n} (x - a_i)$.

(iii) $1 + x^2 + x^4 + \cdots + x^{2n}$.

(iv) $-(a+b+c)(-a+b+c)(a-b+c)(a+b-c)$.

3. (i) $\begin{vmatrix} \boldsymbol{A} & \boldsymbol{B} \\ \boldsymbol{B} & \boldsymbol{A} \end{vmatrix} = \begin{vmatrix} \boldsymbol{A}+\boldsymbol{B} & \boldsymbol{B}+\boldsymbol{A} \\ \boldsymbol{B} & \boldsymbol{A} \end{vmatrix} = \begin{vmatrix} \boldsymbol{A}+\boldsymbol{B} & \boldsymbol{O} \\ \boldsymbol{B} & \boldsymbol{A}-\boldsymbol{B} \end{vmatrix}$.

(ii) $\begin{vmatrix} \boldsymbol{A} & -\boldsymbol{B} \\ \boldsymbol{B} & \boldsymbol{A} \end{vmatrix} = \begin{vmatrix} \boldsymbol{A}+\mathrm{i}\boldsymbol{B} & -\boldsymbol{B}+\mathrm{i}\boldsymbol{A} \\ \boldsymbol{B} & \boldsymbol{A} \end{vmatrix} = \begin{vmatrix} \boldsymbol{A}+\mathrm{i}\boldsymbol{B} & \boldsymbol{O} \\ \boldsymbol{B} & \boldsymbol{A}-\mathrm{i}\boldsymbol{B} \end{vmatrix}$.

4. 将第 j 列的 a^{j-1} 倍的结果加到第 1 列，左侧可除以 $x_0 + ax_1 + \cdots + a^{n-1}x_{n-1}$. 它们的乘积，即式子右侧可作为除数，因此比较系数即可.

5. $(x+1)^3(x-3)$（可参照前一个问题）.

6. 设 n 个点的坐标为 (x_i, y_i)，$i = 1, 2, \cdots, \mathrm{n}$，则满足 $a_0, a_1, \cdots, a_{n-1}$ 的线性方程的系数行列式为范德蒙德行列式.

7. $x = -z = \dfrac{a}{2\left(a^2+b^2\right)}, \quad -y = u = \dfrac{b}{2\left(a^2+b^2\right)}$.

8. 平行或通过同一点.

11. (i) 每行每列都有一个 1.

(ii) 如果 α 是互换，则 $\det \boldsymbol{A}_\sigma = -1$.

(iii) 如果 $\boldsymbol{A}_\alpha = (a_{ij})$，$\boldsymbol{A}_\tau = (b_{ij})$，则 $\boldsymbol{A}_\alpha\boldsymbol{A}_\tau$ 的元素 (i, k) 为

$$\sum_{j=1}^{n} a_{ij}b_{jk} = \sum_{j=1}^{n} a_{ij}\delta_{j,\tau(k)} = a_{i,\tau(k)} = \delta_{i,\sigma\tau(k)}.$$

第 4 章

1. $\dim(\boldsymbol{W}_1 \cap \boldsymbol{W}_2) = 1$. 基为 $\begin{pmatrix} 1 \\ 8 \\ 6 \\ 6 \end{pmatrix}$.

2. $\dim(\boldsymbol{W}_1 + \boldsymbol{W}_2) = 3$ ，例如 $\begin{pmatrix} 1 \\ -1 \\ 1 \\ 0 \end{pmatrix}, \begin{pmatrix} -9 \\ 3 \\ 0 \\ 1 \end{pmatrix}, \begin{pmatrix} 1 \\ 2 \\ -2 \\ 0 \end{pmatrix}$.

3. $n \cdot r(\boldsymbol{A})$.

4. 设 $T_{\boldsymbol{B}}(\mathbb{C}^n) = \boldsymbol{W}$.

$$r(\boldsymbol{AB}) = \dim T_{\boldsymbol{A}}(\boldsymbol{W}) \leqslant \dim \boldsymbol{W} = r(\boldsymbol{B}).$$

$$r(\boldsymbol{AB}) = \dim T_{\boldsymbol{A}}(\boldsymbol{W}) \leqslant \dim \mathrm{T}_{\boldsymbol{A}}(\mathbb{C}^m) = r(\boldsymbol{A}).$$

$$r(\boldsymbol{B}) - r(\boldsymbol{AB}) = \dim \boldsymbol{W} - \dim T_{\boldsymbol{A}}(\boldsymbol{W}) = \dim(\boldsymbol{W} \cap T_{\boldsymbol{A}}^{-1}(\boldsymbol{0}_l))$$

$$\leqslant \dim T_{\boldsymbol{A}}^{-1}(\boldsymbol{0}_l) = m - r(\boldsymbol{A}).$$

5. 对于 $\boldsymbol{A}$、$\boldsymbol{B}$ 的列向量的极大线性无关组 $\boldsymbol{a}_1, \boldsymbol{a}_2, \cdots, \boldsymbol{a}_r$ 和 $\boldsymbol{b}_1, \boldsymbol{b}_2, \cdots, \boldsymbol{b}_s$，$\boldsymbol{A} + \boldsymbol{B}$ 的任意列向量为 $\boldsymbol{a}_1, \boldsymbol{a}_2, \cdots, \boldsymbol{a}_r$ 和 $\boldsymbol{b}_1, \boldsymbol{b}_2, \cdots, \boldsymbol{b}_s$ 的线性组合.

6. (ii) $r(\boldsymbol{A}) = r(\boldsymbol{B}) = m$ 且 $T_{\boldsymbol{B}}(\mathbb{C}^m) \cap T_{\boldsymbol{A}}^{-1}(\boldsymbol{0}_m) = \{\boldsymbol{0}_n\}$.

7. 设 $\boldsymbol{E}_{ij}$ 是一个 n 阶矩阵，其中只有元素 (i, j) 为 1，其他元素均为 0. 设 $T(\boldsymbol{E}_{ij}) = a_{ji}$，$\boldsymbol{A} = (a_{ij})$ 即可.

8. $a_0 = \dfrac{1}{2\pi}\displaystyle\int_{-\pi}^{\pi} f(x)\mathrm{d}x$, $\quad a_k = \dfrac{1}{\pi}\displaystyle\int_{-\pi}^{\pi} f(x)\cos(kx)\mathrm{d}x$, $\quad b_k = \dfrac{1}{\pi}\displaystyle\int_{-\pi}^{\pi} f(x)$ $\sin(kx)\mathrm{d}x$.

9. $T \leftrightarrow \begin{pmatrix} \frac{2}{3} & 0 & \frac{2}{5} \\ 0 & -\frac{4}{3} & 0 \\ 2 & 0 & \frac{2}{3} \end{pmatrix}$, $\quad S \leftrightarrow \begin{pmatrix} -1 & 1 & 0 \\ 0 & -1 & 2 \\ 0 & 0 & -1 \end{pmatrix}$.

11. 如果 $\boldsymbol{A} = (\boldsymbol{a}_1 \quad \boldsymbol{a}_2 \quad \cdots \quad \boldsymbol{a}_n)$，则 $E = \langle \boldsymbol{a}_1, \boldsymbol{a}_2, \cdots, \boldsymbol{a}_n \rangle$ 是 $\mathbb{C}^n$ 的基. 因此，设通过施密特正交化法构建的标准正交基为 $E' = \langle \boldsymbol{u}_1, \boldsymbol{u}_2, \cdots, \boldsymbol{u}_n \rangle$，则基变换 $E \to E'$ 的矩阵 $\boldsymbol{T}$ 是一个上三角矩阵. 令 $\boldsymbol{U} = (\boldsymbol{u}_1 \quad \boldsymbol{u}_2 \quad \cdots \quad \boldsymbol{u}_n)$ 即可.

第 5 章

1. (i) $\boldsymbol{D}=\begin{pmatrix}2&0&0\\0&2&0\\0&0&-1\end{pmatrix}$, $\boldsymbol{P}=\begin{pmatrix}1&1&2\\0&-1&1\\1&1&1\end{pmatrix}$.

(ii) $\boldsymbol{D}=\begin{pmatrix}1&0&0\\0&-1&0\\0&0&0\end{pmatrix}$, $\boldsymbol{P}=\begin{pmatrix}1&2&2\\1&1&2\\0&2&1\end{pmatrix}$.

(iii) $\boldsymbol{D}=\begin{pmatrix}0&0&0&0\\0&2&0&0\\0&0&1&0\\0&0&0&1\end{pmatrix}$, $\boldsymbol{P}=\begin{pmatrix}1&1&0&1\\0&-2&1&-1\\-1&0&-1&0\\1&1&0&2\end{pmatrix}$.

2. (i) $\boldsymbol{D}=\begin{pmatrix}4&0&0\\0&2&0\\0&0&2\end{pmatrix}$, $\boldsymbol{U}=\begin{pmatrix}\dfrac{1}{\sqrt{2}}&\dfrac{1}{2}&\dfrac{1}{2}\\0&\dfrac{1}{\sqrt{2}}&-\dfrac{1}{\sqrt{2}}\\-\dfrac{1}{\sqrt{2}}&\dfrac{1}{2}&\dfrac{1}{2}\end{pmatrix}$.

(ii) $\boldsymbol{D}=\begin{pmatrix}1&0&0\\0&-3&0\\0&0&3\end{pmatrix}$, $\boldsymbol{U}=\begin{pmatrix}\dfrac{1}{\sqrt{2}}&\dfrac{1}{\sqrt{6}}&\dfrac{1}{\sqrt{3}}\\-\dfrac{1}{\sqrt{2}}&\dfrac{1}{\sqrt{6}}&\dfrac{1}{\sqrt{3}}\\0&-\dfrac{2}{\sqrt{6}}&\dfrac{1}{\sqrt{3}}\end{pmatrix}$.

(iii) $\boldsymbol{D}=\begin{pmatrix}2&0&0\\0&2&0\\0&0&-2\end{pmatrix}$, $\boldsymbol{U}=\begin{pmatrix}\dfrac{1}{\sqrt{2}}&-\dfrac{1}{2}&-\dfrac{1}{2}\\\dfrac{1}{\sqrt{2}}&\dfrac{1}{2}&\dfrac{1}{2}\\0&-\dfrac{1}{\sqrt{2}}&\dfrac{1}{\sqrt{2}}\end{pmatrix}$.

(iv) $\boldsymbol{D}=\begin{pmatrix}4&0&0\\0&4&0\\0&0&-4\end{pmatrix},\boldsymbol{U}=\begin{pmatrix}\dfrac{1}{2\sqrt{2}}&-\dfrac{\sqrt{3}}{2}&\dfrac{1}{2\sqrt{2}}\\\dfrac{\sqrt{3}}{2\sqrt{2}}&\dfrac{1}{2}&\dfrac{\sqrt{3}}{2\sqrt{2}}\\-\dfrac{1}{\sqrt{2}}&0&\dfrac{1}{\sqrt{2}}\end{pmatrix}.$

(v) $\boldsymbol{D}=\begin{pmatrix}2&0&0\\0&6&0\\0&0&3\end{pmatrix},\quad \boldsymbol{U}=\begin{pmatrix}\dfrac{1}{\sqrt{2}}&-\dfrac{1}{\sqrt{6}}&\dfrac{1}{\sqrt{3}}\\0&\dfrac{2\mathrm{i}}{\sqrt{6}}&-\dfrac{\mathrm{i}}{\sqrt{3}}\\\dfrac{1}{\sqrt{2}}&\dfrac{1}{\sqrt{6}}&-\dfrac{1}{\sqrt{3}}\end{pmatrix}.$

(vi) $\boldsymbol{D}=\begin{pmatrix}a-3&0&0&0\\0&a+1&0&0\\0&0&a+1&0\\0&0&0&a+1\end{pmatrix},$

$$\boldsymbol{U}=\begin{pmatrix}\dfrac{1}{2}&-\dfrac{1}{\sqrt{2}}&0&\dfrac{1}{2}\\\dfrac{\mathrm{i}}{2}&0&\dfrac{1}{\sqrt{2}}&-\dfrac{\mathrm{i}}{2}\\-\dfrac{1}{2}&\dfrac{1}{\sqrt{2}}&0&-\dfrac{1}{2}\\-\dfrac{\mathrm{i}}{2}&0&\dfrac{1}{\sqrt{2}}&\dfrac{\mathrm{i}}{2}\end{pmatrix}.$$

(vii) $n=2m,\quad \boldsymbol{D}=\begin{pmatrix}\boldsymbol{E}_m&\boldsymbol{O}\\\boldsymbol{O}&-\boldsymbol{E}_m\end{pmatrix},$

$$\boldsymbol{U}=\left(\begin{array}{ccc:ccc}\dfrac{1}{\sqrt{2}}&&&&&\dfrac{1}{\sqrt{2}}\\&\ddots&&&\iddots&\\&&\dfrac{1}{\sqrt{2}}&\dfrac{1}{\sqrt{2}}&&\\\hdashline&&\dfrac{1}{\sqrt{2}}&-\dfrac{1}{\sqrt{2}}&&\\&\iddots&&&\ddots&\\\dfrac{1}{\sqrt{2}}&&&&&-\dfrac{1}{\sqrt{2}}\end{array}\right);\quad n=2m+1,$$

$$D=\begin{pmatrix} E_{m+1} & O \\ O & -E_m \end{pmatrix},U=\left(\begin{array}{ccc|c|ccc} \frac{1}{\sqrt{2}} & & & & & & \frac{1}{\sqrt{2}} \\ & \ddots & & & & \iddots & \\ & & \frac{1}{\sqrt{2}} & & \frac{1}{\sqrt{2}} & & \\ \hline & & & 1 & & & \\ \hline & & \frac{1}{\sqrt{2}} & & -\frac{1}{\sqrt{2}} & & \\ & \iddots & & & & \ddots & \\ \frac{1}{\sqrt{2}} & & & & & & -\frac{1}{\sqrt{2}} \end{array}\right).$$

3. 将 T 的矩阵 $\boldsymbol{A}$ 转换为三角矩阵.

4. $\boldsymbol{A}$ 的特征空间均为 $\boldsymbol{B}$-不变子空间.

6. (ii) $\boldsymbol{U}^{-1}\boldsymbol{A}\boldsymbol{U}=\boldsymbol{B}$. 如果 $\boldsymbol{B}$ 是三角矩阵，则

$$\sum_{i,j=1}^{n}|a_{ij}|^2=\mathrm{Tr}\,\boldsymbol{A}^*\boldsymbol{A}=\mathrm{Tr}\,\boldsymbol{B}^*\boldsymbol{B}=\sum_{i,j=1}^{n}|b_{ij}|^2\geqslant\sum_{i=1}^{n}|b_{ii}|^2=\sum_{i=1}^{n}|\alpha_i|^2.$$

7. $\alpha\geqslant(\boldsymbol{A}\boldsymbol{e}_i,\boldsymbol{e}_i)=a_{ii}\geqslant\beta$.

8. (i) $(x+y-z)^2+(y+2z)^2-(\sqrt{2}z)^2$.

(ii) $(x+y)^2+(y-z+u)^2-(\sqrt{2}z+\sqrt{2}u)^2$.

9. $\left(\dfrac{n(n+1)}{2},\dfrac{n(n-1)}{2}\right)$.

10. 如果 $\boldsymbol{A}=\begin{pmatrix} \boldsymbol{A}_{n-1} & \boldsymbol{b} \\ \overline{\boldsymbol{b}}^{\mathrm{T}} & a_{nn} \end{pmatrix}$，则与定理 [4.3] 的证明相同，$\boldsymbol{A}_{n-1},\boldsymbol{A}_{n-1}^{-1}$ 都是正定埃尔米特矩阵. 因此如果 $|\boldsymbol{A}|=a_{nn}|\boldsymbol{A}_{n-1}|-|\boldsymbol{A}_{n-1}|\overline{\boldsymbol{b}}^{\mathrm{T}}\boldsymbol{A}_{n-1}^{-1}\boldsymbol{b}\leqslant a_{nn}|\boldsymbol{A}_{n-1}|$. $\boldsymbol{b}\neq\boldsymbol{0}$，则不等式成立.

11. 对 $\boldsymbol{A}^{\mathrm{T}}\overline{\boldsymbol{A}}$ 利用前一个问题的证明.

第 6 章

1. (i) $\boldsymbol{J}=\begin{pmatrix} 1&0&0&0\\0&1&1&0\\0&0&1&1\\0&0&0&1 \end{pmatrix}$，假设 $\boldsymbol{P}=\begin{pmatrix} 1&1&0&1\\0&-2&1&-1\\-1&0&-1&0\\1&1&0&2 \end{pmatrix}$（下同）.

(ii) $\boldsymbol{J}=\begin{pmatrix}1&1&0&0\\0&1&0&0\\0&0&0&1\\0&0&0&0\end{pmatrix},\boldsymbol{P}=\begin{pmatrix}1&1&0&1\\0&-2&1&-1\\-1&0&-1&0\\1&1&0&2\end{pmatrix}$.

(iii) $\boldsymbol{J}=\begin{pmatrix}1&0&0&0\\0&1&1&0\\0&0&1&0\\0&0&0&-1\end{pmatrix},\boldsymbol{P}=\begin{pmatrix}-1&-2&-1&0\\-1&0&3&1\\2&2&0&-1\\0&-2&0&0\end{pmatrix}$.

(iv) $\boldsymbol{J}=\begin{pmatrix}1&1&0&0\\0&1&1&0\\0&0&1&1\\0&0&0&1\end{pmatrix},\boldsymbol{P}=\begin{pmatrix}1&1&1&2\\0&-2&1&3\\-1&0&-2&0\\1&1&1&3\end{pmatrix}$.

2. $a\neq 0,\quad b\neq 0\Rightarrow \boldsymbol{J}(\alpha,3);a\neq 0,b=0\Rightarrow \boldsymbol{J}(\alpha,1)\dot{+}\boldsymbol{J}(\alpha,2);a=0,(b,c)\neq(0,0)\Rightarrow \boldsymbol{J}(\alpha,1)\dot{+}\boldsymbol{J}(\alpha,2);a=b=c=0\Rightarrow \alpha E_3$.

3. $\langle 2b^2,2bx,x^2-bx\rangle,\quad \boldsymbol{J}=\boldsymbol{J}(1,3)$.

4. $\begin{pmatrix}n^2+3n-3 & -\dfrac{n^2}{2}-\dfrac{n}{2}+2 & n\\ 2n^2+6n-6 & -n^2-n+4 & 2n\\ -2n^2-4n+4 & n^2-2 & -2n+1\end{pmatrix}$.

5. (i) $\phi_{\boldsymbol{A}}(x)$ 被 x^k-1 整除. (ii) $\boldsymbol{A}$ 的特征值都是 0.

6. $n-r(\boldsymbol{A})$ 为 $\boldsymbol{J}$ 的特征值 0 对应的特征空间的维数.

7. 如果 $\phi_{\boldsymbol{A}}(x)=a_0x^k+a_1x^{k-1}+\cdots+a_{k-1}x+a_k$，则 $a_k\neq 0$.

$$\boldsymbol{A}^{-1}=-a_k^{-1}(a_0\boldsymbol{A}^{k-1}+a_1\boldsymbol{A}^{k-2}+\cdots+a_{k-1}\boldsymbol{E}).$$

8. 设定理 [3.8] 的分解结果为 $\boldsymbol{A}=\boldsymbol{S}+\boldsymbol{N}$，$\boldsymbol{U}=\boldsymbol{S}^{-1}\boldsymbol{N}+\boldsymbol{E}$，$\boldsymbol{S}$ 和 $\boldsymbol{U}$ 满足条件（$\boldsymbol{S}^{-1}$ 也是 $\boldsymbol{A}$ 的多项式）. 其唯一性也归结为定理 [3.8].

9. 初等矩阵的定义更改如下. $\boldsymbol{P}_n(i,j)$ 保持原样. $\boldsymbol{Q}_{\rm n}(i;c)$ 中的 c 限定为 ±1. $\boldsymbol{R}_{\rm n}(i,j;c)$ 中的 c 限定为整数. 按照这种方式定义初等变换，$\boldsymbol{A}$ 和 $\boldsymbol{B}$ 幺模对等就等价于通过初等变换，$\boldsymbol{A}$ 转移到 $\boldsymbol{B}$. 剩余内容可参照定理 [1.2] 的证明.

第 7 章

1. 对于切向量 $\boldsymbol{a}_1$ 和 $\boldsymbol{a}_1+\Delta\boldsymbol{a}$，有 $\lim\limits_{\Delta s\to 0}\dfrac{\boldsymbol{a}_1\times\Delta\boldsymbol{a}_1}{\Delta s}=\boldsymbol{a}_1\times\boldsymbol{a}_1'=\kappa\boldsymbol{a}_3$，$\|\boldsymbol{a}_1\times\Delta\boldsymbol{a}_1\|=\|\boldsymbol{a}_1\times(\boldsymbol{a}_1+\Delta\boldsymbol{a}_1)\|=\sin\Delta\theta$.

因此，$\kappa=\|\kappa\boldsymbol{a}_3\|=\lim\limits_{\Delta s\to 0}\dfrac{\sin\Delta\theta}{\Delta s}=\lim\limits_{\Delta s\to 0}\dfrac{\Delta\theta}{\Delta s}$. 余同.

2. 如果 $\boldsymbol{B}$ 是可逆的，则 $\boldsymbol{AB}=\boldsymbol{B}^{-1}(\boldsymbol{BA})\boldsymbol{B}$. 一般来说，$\boldsymbol{B}(t)=\boldsymbol{B}+t\boldsymbol{E}$ 对于足够小的非零 t 是可逆的，因此有 $\Phi_{\boldsymbol{AB}(t)}(x)=\Phi_{\boldsymbol{B}(t)\boldsymbol{A}}(x)$. 设 $t\to 0$ 即可.

3. 假设 $\alpha=\sqrt{|a^2+bc|}$，如果 $a\neq 0$，根据 a^2+bc 的正负，有

$$\begin{pmatrix}\cosh\alpha+\dfrac{a}{\alpha}\sinh\alpha & \dfrac{b}{\alpha}\sinh\alpha\\ \dfrac{c}{\alpha}\sinh\alpha & \cosh\alpha-\dfrac{a}{\alpha}\sinh\alpha\end{pmatrix},$$

$$\begin{pmatrix}\cos\alpha+\dfrac{a}{\alpha}\sin\alpha & \dfrac{b}{\alpha}\sin\alpha\\ \dfrac{c}{\alpha}\sin\alpha & \cos\alpha-\dfrac{a}{\alpha}\sin\alpha\end{pmatrix}.$$

4. 参考 $\lim\limits_{n\to\infty}\left(1+\dfrac{x}{n}\right)^n=e^x$ 的证明过程.

6. 假设 $\boldsymbol{A}$ 有非零特征值 α. 因为 $\dfrac{1}{\alpha}\boldsymbol{A}$ 的特征值是 1，所以 $\sum\limits_{p=0}^{\infty}\dfrac{1}{\alpha_p}\boldsymbol{A}^p$ 不收敛. 另外，对于 p，$\|\boldsymbol{A}^p\|^{1/p}<|\alpha|$，所以满足 $\left\|\dfrac{1}{\alpha^p}\boldsymbol{A}^p\right\|\leqslant r^p<1$ 的 r 存在，$\sum\limits_{p=0}^{\infty}\dfrac{1}{\alpha^p}\boldsymbol{A}^p$ 收敛.

7. 如果 $\rho>\alpha$，因为 $\dfrac{1}{\rho}\boldsymbol{A}$ 的特征值的绝对值小于 1，所以 $\rho\boldsymbol{E}-\boldsymbol{A}$ 是可逆的，$(\rho\boldsymbol{E}-\boldsymbol{A})^{-1}=\rho^{-1}\sum\limits_{p=0}^{\infty}\left(\dfrac{\boldsymbol{A}}{\rho}\right)^p$. 相反，$\boldsymbol{B}=(\rho\boldsymbol{E}-\boldsymbol{A})^{-1}$ 为非负矩阵. 如果设 α 对应的 $\boldsymbol{A}$ 的非负特征向量为 $\boldsymbol{u}$，则 $\boldsymbol{Bu}=(\rho\boldsymbol{E}-\boldsymbol{A})^{-1}\boldsymbol{u}=(\rho-\alpha)^{-1}\boldsymbol{u}$. 因此 $\rho>\alpha$.

8. 元素均为 1 的向量 $\boldsymbol{u}$ 是 $\boldsymbol{A}$ 的弗罗贝尼乌斯根 1 对应的唯一的特征向量. 如果正确选择第一列包含 $\boldsymbol{u}$ 的可逆矩阵 $\boldsymbol{U}$，则 $\boldsymbol{U}^{-1}\boldsymbol{AU}=\boldsymbol{J}=\begin{pmatrix}1 & \boldsymbol{0}^{\mathrm{T}}\\ \boldsymbol{0} & \boldsymbol{A}_1\end{pmatrix}$ 成立，$\boldsymbol{A}_1$ 的特征值的绝对值小于 1. 因此，$\lim\limits_{p\to\infty}\boldsymbol{J}^p=\begin{pmatrix}1 & \boldsymbol{0}^{\mathrm{T}}\\ \boldsymbol{0} & \boldsymbol{O}\end{pmatrix}$ 成立. 如果 $\boldsymbol{U}^{-1}$ 的第 1 行为 $(b_1\quad b_2\quad\cdots\quad b_n)$，$\lim\limits_{p\to\infty}\boldsymbol{A}^p=$

$\begin{pmatrix} 1 & \mathbf{0}^{\mathrm{T}} \\ \mathbf{0} & \boldsymbol{O} \end{pmatrix} \boldsymbol{U}^{-1}$ 就是我们要求的形式. $\boldsymbol{A}^p$ 是随机矩阵，所以 $\boldsymbol{B}$ 也是随机矩阵.

如果 $\boldsymbol{A}$ 是对称的，则 $\boldsymbol{U}$ 为正交矩阵的形式，$b_1 = b_2 = \cdots = b_n$ 成立.

附录 1

1. 假设 $f(x)=d(x)f_0(x), g(x)=d(x)g_0(x)$, 那么 $n(x) = d(x)f_0(x)g_0(x)$ 是 $f(x)$ 和 $g(x)$ 的最小公倍数. 因此，对 $f(x)$ 和 $g(x)$ 与任意的公倍数 $h(x)$，只要 $d(x)h(x)$ 能被 $d(x)n(x) = f(x)g(x)$ 整除即可. 如果 $h(x) = p(x)f(x) = q(x)g(x)$，$d(x) = f(x)u(x) + g(x)v(x)$，则 $d(x)h(x) = f(x)g(x)\{u(x)q(x) + v(x)p(x)\}$.

2. 如果有一个公共零点 α，因为关于 $m+n$ 个变量 $\boldsymbol{x} = (x_i)$ 的齐次线性方程组 $\boldsymbol{Ax} = \mathbf{0}$（$\boldsymbol{A}$ 是与 $R(f,g)$ 元素相同的 $m+n$ 阶矩阵）有非平凡解 $x_i = \alpha^{m+n-i}(x_{m+n} = 1)$，所以 $R(f,g) = \det\boldsymbol{A} = 0$. 为了证明其可逆性，我们将零点 α_i、β_j 视为变量，将 $R(f,g)$ 视为 $m+n$ 个变量 α_i 和 β_j 的多项式. 如果 $\alpha_i = \beta_j$，则 $R(f,g) = 0$，$R(f,g)$ 可被 $\alpha_i - \beta_j$ 整除. 因此 $R(f,g)$ 可被 $\prod\limits_{i,j=1}^{n,m} (\alpha_i - \beta_j)$ 整除. 比较阶数可得 $R(f,g) = c\prod(\alpha_i - \beta_j)$，$\quad c \neq 0$，因此，反过来也成立. 比较系数可得 $c = a_0^m b_0^n$.

3. 前半部分无须多说. 关于后半部分，一般当 $f(x)$ 和 $g(x)$ 的零点为 $\alpha_1, \alpha_2, \cdots, \alpha_n$ 和 $\beta_1, \beta_2, \cdots, \beta_m$ 时，$R(f,g) = a_0^m \prod\limits_{i=1}^{n} g(\alpha_i) = (-1)^{mn} b_0^n \prod\limits_{j=1}^{m} f(\beta_j)$ 成立，我们将这一点应用于 $R(f,f')$.

4. 假设分解结果为两个因数 f 和 g 的乘积. 如果仅将第一行视为变量，则 $\det\,(x_{ij})$ 是 n 个变量 $x_{11}, x_{12}, \cdots, x_{1n}$ 的齐次一阶表达式，所以如果 f 包括 x_{11}，则 g 不包含 $x_{1j}(1 \leqslant j \leqslant n)$. 因此 f 包含 x_{1j}. 如果将第 j 列视为变量，则 g 是一个不包含 $x_{ij}(1 \leqslant j \leqslant n)$ 的常数.

5. 设 $f = gh$，在 g 和 h 的各项中，如果总次数最高者之和为 p 和 q，总次数最低者之和为 r 和 $s(p,q,r,s \neq 0)$，则 f 的最高次项之和为 pq，最低次项之和为 rs.

6. $5(x+y)(y+z)(z+x)\left(x^2+y^2+z^2+xy+yz+zx\right)$.

7. $\dfrac{1}{\alpha-\beta}\{(r-s)x + \alpha s - \beta r\}$.

8. 可由 $t_{k-i}s_i = p_{\underbrace{k-i+1,1,\cdots,1}_{i},0,\cdots,0} + p_{\underbrace{k-i,1,\cdots,1}_{i+1},1,0,\cdots,0}$ 求得. 参照附录 1[3.4] 中的证明.

附录 2

1. $(B) = \left\{P \mid P \in (S), \overrightarrow{(P_1P)} \in \boldsymbol{W}\right\}$.

2. 通过 P_1 画一条平行于 P_2P_3 的直线.

3. 设 $\boldsymbol{W}$ 是 (A) 附属的 $\boldsymbol{V}$ 的子空间. 如果 $\boldsymbol{U} = \left\{t\overrightarrow{(P_0P)} + \boldsymbol{a} \mid P \in (A), t \in \mathbb{R}, \boldsymbol{a} \in \boldsymbol{W}\right\}$，则存在一个包含 P_0、将 $\boldsymbol{U}$ 作为附属空间的 (B).

4. $\Rightarrow$ 显而易见，关于 $\Leftarrow$，自 (A) 内两点起，递归创建逐渐增大的子空间的列，就能到达 (A).

5. 如果取 (A) 的点 P_0 和 (B) 的点 Q_0，则 $(A) \vee (B)$ 的附属空间为 $\left\{t\left(\overrightarrow{P_0Q_0}\right) + \boldsymbol{a} + \boldsymbol{b} \mid t \in \mathbb{R}, \boldsymbol{a} \in \boldsymbol{W}, \boldsymbol{b} \in \boldsymbol{U}\right\}$. 要利用这一点. 其中，$\boldsymbol{W}$ 和 $\boldsymbol{U}$ 是 (A) 和 (B) 的附属空间.

6. $\boldsymbol{x} = \boldsymbol{A}'\boldsymbol{x}' + \boldsymbol{a}$. 这里，$\boldsymbol{x}$ 和 $\boldsymbol{a}$ 是点 P、O' 的 $(O; E)$ 的坐标向量，x' 是点 P 的 $(O'; E')$ 的坐标向量，$\boldsymbol{A}$ 是 $E \to E'$ 的基变换矩阵.

附录 3

1. 设 $H \ni a_0$，如果 $e = a_0a_0^{-1} \in H$. $a \in H$，则 $a^{-1} = ea^{-1} \in H$. 如果 $a, b \in H$，则 $ab = a\left(b^{-1}\right)^{-1} \in H$. 结合律很容易弄明白.

2. 当 $a = 1$ 时，如果 $p = ml$，则 $(m1)(l1) = (ml)1 = 0$. 由此，$m1 = 0$ 或 $l1$=0. 因此，$m = p$ 或 $l = p$，p 是质数. 如果 $pa = (p1)a = 0$，$n < p$，则 na=$(n1)\cdot a \neq 0$.

4. 将 $\mathbb{K}$ 的元素 $(m1)$ (n1) $^{-1}$ 与有理数 mn^{-1} 相对应.

5. 有理数以不可约分数的形式表示为 p/q，$q > 0$，并对应于整数对 (p, q). 我们很容易给它编号.

6. 假设有一一对应的关系存在，n 对应的实数为 a_n. a_n 用十进制小数表示，设 $a_n = 0.a_{n1}a_{n2}a_{n3}\cdots(a_{ni} = 0, 1, \cdots, 9)$. 其中，$0.\cdots c999\cdots$ 写成 $0.\cdots(c+1)000\cdots$. 如果 $b_n = a_{nn} + 1(a_{nn} \neq 9)$，$b_n = 0(a_{nn} = 9)$，则 $b = 0.b_1b_2b_3\cdots$ 在 0 和 1 之间，与任何 a_n 都不同. 这称为对角线论证法.

7. 对于 $a_1^p < a < b_1^p$，取有理数 a_1 和 b_1. 如果 $\left(\dfrac{a_1+b_1}{2}\right)^p \leqslant a$，则 $a_2 = a_1$. 设 $b_2 = \dfrac{a_1+b_1}{2}$，如果 $\left(\dfrac{a_1+b_1}{2}\right)^p > a$，则 $a_2 = \dfrac{a_1+b_1}{2}, b_2 = b_1$.

如果继续此操作并创建有理数列 $\{a_n\}$ 和 $\{b_n\}$，则它们都是基本列，并且 $[a_n]=[b_n]$. 把它们设为 x 即可.

8. 如果 $\mathbb{R}\subset\mathbb{K}\subset\mathbb{C}$, $\mathbb{R}\neq\mathbb{K}$，则 $\mathbb{K}$ 中有满足 $\alpha=a+b\mathrm{i}(b\neq 0)$ 的元素. 因为 K 是域，$\mathrm{i}=b^{-1}(\alpha-a)\in\mathbb{K}$，所以 $\mathbb{K}=\mathbb{C}$.

另外，如果用 $\mathbb{Q}(\alpha)$ 表示包含所有有理数和一个实数 α 的最小的域（始终存在），则 $\mathbb{Q}\subsetneqq\mathbb{Q}(\sqrt{2})\subsetneqq\mathbb{Q}(\sqrt[4]{2})\subsetneqq\cdots\subsetneqq\mathbb{Q}(\sqrt[2^n]{2})\subsetneqq\cdots$.